河南省“十四五”普通高等教育规划教材
普通高等教育“十三五”规划教材

线性代数与空间解析几何

谭瑞梅　郭晓丽　主编

科学出版社
北京

内 容 简 介

本书为普通高等教育“十三五”规划教材，是针对当前MOOC、SPOC微课的教学改革背景和普通高等院校的教学实际而编写的一本新形态数字化教材，在原有经典基本内容的基础上，适当增加了数字化时代下需要的新知识，删减了某些陈旧不必要的内容.

全书共有六章，主要内容为行列式及其计算、几何向量空间与几何图形、矩阵、n维向量与线性方程组、矩阵的特征值与特征向量、二次型. 每节后有习题. 每章最后有拓展知识，包括MATLAB数学软件介绍及相关应用程序和数学应用实例，书的最后附有习题和复习题的参考答案.

本书可作为普通高等院校理工科非数学类专业本科生教材或教学参考书.

图书在版编目（CIP）数据

线性代数与空间解析几何 / 谭瑞梅，郭晓丽主编. —北京：科学出版社，2018.1

普通高等教育“十三五”规划教材

ISBN 978-7-03-056026-1

Ⅰ. ①线… Ⅱ. ①谭… ②郭… Ⅲ. ①线性代数-高等学校-教材 ②立体几何-解析几何-高等学校-教材 Ⅳ. ①O151.2 ②O182.2

中国版本图书馆 CIP 数据核字（2017）第 317552 号

责任编辑：张中兴　梁　清 / 责任校对：彭　涛

责任印制：师艳茹 / 封面设计：迷底书装

科学出版社 出版

北京东黄城根北街16号

邮政编码：100717

http://www.sciencep.com

保定市中画美凯印刷有限公司 印刷

科学出版社发行　各地新华书店经销

*

2018年1月第　一　版　开本：720 × 1000　1/16

2021年12月第七次印刷　印张：18 1/2

字数：373 000

定价：45.00元

(如有印装质量问题，我社负责调换)

《线性代数与空间解析几何》编委会

主　编　谭瑞梅　郭晓丽

副主编　黄守佳

编　委　（以姓氏笔画为序）

王淑娟　刘　强　李　乐

时海亮　孟令显

前 言

在目前国内外流行的MOOC、SPOC、微课等教学改革的背景下，随着网络的普及和信息化的高度发展，学生的学习方式、学习环境发生了很大变化，已经突破了时间和空间的限制，并且不同的专业、不同的学生学习目标不同，导致他们的学习态度和动机有很大差异. 鉴于此，如何让学生在有限的课堂教学时间里，在接受大量繁杂信息的同时，切实掌握课程需要掌握的内容、思想、方法，编写更能适应新形势下学生学习的教材势在必行. 课程和教材本身就是社会的产物，社会的发展必然导致课程的改革. 教材是课程的重要组成部分，是课程改革的核心内容，是实现课程目标的主要途径. 一本好的教材对塑造学生的素质类型起着至关重要的作用. 基于此，我们编写了本书.

编写本教材我们有丰富的经验和课程改革成果做支撑.

我校“线性代数与空间解析几何”课程建设经历了从无到有、从弱到强，不断发展完善的过程. 我校“线性代数”课程的改革始于1998年. 在此之前课程名称是“线性代数”，使用的是同济大学数学系编写的《线性代数》教材. 1999年根据我校的实际情况，首次把“线性代数”与“空间解析几何”结合起来，形成了“线性代数与空间解析几何”课程. 该课程2000年被评为校级优秀课程，并于2001年在全校一年级第一学期开设(之前的“线性代数”安排在第三学期）. 该课程2004年被评为学校精品建设课程，同年获批省级项目“网络工程”建设， 2005年通过学校精品课程评审，2007年评为省级精品课程. 2015年9月成功申报河南省精品资源共享课建设课程，2016年4月通过河南省教育厅验收，正式成为河南省精品资源共享课程，也是该项目中河南省高校唯一的一门“线性代数与空间解析几何”精品资源共享课程，处于河南省同类高校的领先地位.

经过近二十年的课程改革，“线性代数与空间解析几何”课程取得了丰硕成果，获得学校教学成果奖多项，先后出版了《线性代数与空间解析几何》和《线性代数与空间解析几何及其应用》等教材，以及与之同步的《线性代数与空间解析几何习题课教程》，同时还制作了与教材配套的多媒体课件. 在课程改革与教材编写的过程中，我们取得了丰富的经验，后续的改革都是在前次改革的基础上听取了同行专家学者的意见和建议，取长补短，不断完善.

本书在原有经典基本内容的基础上，适当增加了数字化时代下需要的新知识，删减了某些陈旧不必要的内容. 本书有三大特点：其一，也是最大特点是把教材内容通过二维码的平台与教学微视频等教学资源结合起来，突破了教学时间和空间以及条件的限制，给不同层次不同需要的学习者提供了更多的学习机会；其二在拓展知识中，把MATLAB软件程序应用于每章的主要内容(第6章除外)，为学生将来的实际应用和数学建模奠定基础；其三，进行理论与实际结合的引导，即在拓展知识中，有每章对应内容的应用模型或范例，可增强学生的应用意识和兴趣. 教材内容体系的呈现在强调科学性、系统性、逻辑性的同时，兼顾学生的可接受性. 把“线性代数”与“空间解析几何”进行了“数”与“形”的有机融合. 利用解析几何为抽象的代数理论提供形象直观的几何背景，同时线性代数又为研究几何图形的性质提供方法论基础，实现了从几何向量空间向n维向量空间的自然过渡. 比如，向量组的线性相关性是本书中较抽象难懂的内容，学生不易理解，而借助于几何向量的解释，挖掘揭示其中的数学思想，可大大降低其理解的难度.

全书内容的编排顺序合理，由易到难，循序渐进，既有理论知识的训练，又有实际应用案例的引导，可对学生数学素质的形成和提高起到应有的作用. 另外本书增加了使用MATLAB软件对相关问题的求解程序，并以线性方程组为主线贯穿整个教材，每章内容都与线性方程组有关. 第1章的行列式起源于解线性方程组；第2章的平面、直线方程可用线性方程组表示；第3章的矩阵更是讨论线性方程组解的有力工具；第4章的n维向量与线性方程组给出了解线性方程组的具体方法；第5章的特征值与特征向量实际就是线性方程组的应用；第6章的二次型化标准形，主要方法是求二次型对应矩阵的特征值与特征向量，也是解线性方程组. 整本书结构严谨，内容丰富，为学生数学建模并有效解决实际问题提供了保障.

全书由郭晓丽教授审稿并提出修改意见和建议，谭瑞梅最后统稿并整理. 黄守佳老师对编写本书做了很多工作并提出了宝贵的意见和建议. 第1、6章由李乐编写，第2、4章由谭瑞梅编写，第3章由刘强编写，第5章由黄守佳编写，每章拓展知识的第一部分MATLAB软件应用由时海亮编写，每章拓展知识的第二部分应用模型或案例由孟令显编写，王淑娟编写了课后习题与答案. 本书在申报与编写的过程中得到了郑州轻工业大学领导和教务处领导的关心与支持，同时也得到了数学与信息科学学院的大力支持，黄士国副院长做了很多相应的工作. 秦建国教授审阅了书稿并提出了建议. 科学出版社对本书的出版给予了很大的帮助，出版社张中兴老师做了很多细致具体的工作. 在此一并表示最诚挚的感谢.

尽管我们竭尽全力使本书成为一本便于教和学的新时代的教材，但限于水平，书中难免有不尽如人意的地方，恳请读者提出宝贵的意见.

编　者

2017年8月

目　　录

第 1 章　行列式及其计算

行列式起源于解 n 个方程 n 个未知量的线性方程组，是研究矩阵、线性方程组、向量间的线性关系、特征值和二次型等问题的有力工具，它不仅贯穿于线性代数的始终，在数学的其他分支领域以及经济管理、物理、工程技术等学科中也都有着广泛的应用. 本章从解二元与三元线性方程组入手引入二阶与三阶行列式的概念，进而用排列的奇偶性把行列式推广到 n 阶，再讨论行列式的性质、计算方法以及用行列式求解线性方程组的克拉默法则.

1.1　n 阶行列式

1.1.1　二、三阶行列式

对于二元线性方程组

$$\begin{cases} a_{11}x_1 + a_{12}x_2 = b_1, \\ a_{21}x_1 + a_{22}x_2 = b_2. \end{cases}$$

利用消元法可得

$$\begin{cases} (a_{11}a_{22} - a_{12}a_{21})x_1 = b_1a_{22} - a_{12}b_2, \\ (a_{11}a_{22} - a_{12}a_{21})x_2 = a_{11}b_2 - b_1a_{21}. \end{cases}$$

当 $a_{11}a_{22} - a_{12}a_{21} \neq 0$ 时，可得方程组的唯一解

$$\begin{cases} x_1 = \dfrac{b_1a_{22} - a_{12}b_2}{a_{11}a_{22} - a_{12}a_{21}}, \\ x_2 = \dfrac{a_{11}b_2 - b_1a_{21}}{a_{11}a_{22} - a_{12}a_{21}}. \end{cases}$$

为了便于记忆上述解的公式，引入记号

$$\begin{vmatrix} a_{11} & a_{12} \\ a_{21} & a_{22} \end{vmatrix},$$

并给出如下二阶行列式的定义.

定义 1.1.1　由 2×2 个数构成的记号 $\begin{vmatrix} a_{11} & a_{12} \\ a_{21} & a_{22} \end{vmatrix}$ 称为**二阶行列式**，它表示代数和 $a_{11}a_{22}-a_{12}a_{21}$，即

$$\begin{vmatrix} a_{11} & a_{12} \\ a_{21} & a_{22} \end{vmatrix} = a_{11}a_{22}-a_{12}a_{21}. \tag{1.1.1}$$

它的横排称为**行**，竖排称为**列**，数 $a_{ij}(i,j=1,2)$ 称为行列式的**元素**. 元素 a_{ij} 的第一个下标 i 称为**行标**，表明该元素位于第 i 行；第二个下标 j 称为**列标**，表明该元素位于第 j 列. 通常用"D"或"det"表示行列式.

二阶行列式(1.1.1)中，等号右端的表示式又称为**行列式的展开式**. 二阶行列式的展开式可以用如下**对角线法则**来记忆：

$$\begin{vmatrix} a_{11} & a_{12} \\ a_{21} & a_{22} \end{vmatrix} = a_{11}a_{22}-a_{12}a_{21}.$$

称上式的实线为**主对角线**，虚线为**副对角线**. 于是二阶行列式便是主对角线上两元素之积减去副对角线上两元素之积所得的差.

利用二阶行列式，可以把上述方程组的解表示为

$$x_1=\frac{\begin{vmatrix} b_1 & a_{12} \\ b_2 & a_{22} \end{vmatrix}}{\begin{vmatrix} a_{11} & a_{12} \\ a_{21} & a_{22} \end{vmatrix}}=\frac{D_1}{D},\qquad x_2=\frac{\begin{vmatrix} a_{11} & b_1 \\ a_{21} & b_2 \end{vmatrix}}{\begin{vmatrix} a_{11} & a_{12} \\ a_{21} & a_{22} \end{vmatrix}}=\frac{D_2}{D},$$

称 D 为方程组的系数行列式.

例 1.1.1　计算二阶行列式 $D=\begin{vmatrix} 1 & -2 \\ 3 & 4 \end{vmatrix}$.

解　$D=\begin{vmatrix} 1 & -2 \\ 3 & 4 \end{vmatrix}=1\times 4-(-2)\times 3=10$.

为解三个方程三个未知量的线性方程组

$$\begin{cases} a_{11}x_1+a_{12}x_2+a_{13}x_3=b_1, \\ a_{21}x_1+a_{22}x_2+a_{23}x_3=b_2, \\ a_{31}x_1+a_{32}x_2+a_{33}x_3=b_3. \end{cases}$$

我们用类似的方法，引入三阶行列式的概念.

定义 1.1.2　由 3×3 个数构成的记号 $\begin{vmatrix} a_{11} & a_{12} & a_{13} \\ a_{21} & a_{22} & a_{23} \\ a_{31} & a_{32} & a_{33} \end{vmatrix}$ 称为**三阶行列式**，它表示代

数和 $a_{11}a_{22}a_{33}+a_{12}a_{23}a_{31}+a_{13}a_{21}a_{32}-a_{11}a_{23}a_{32}-a_{12}a_{21}a_{33}-a_{13}a_{22}a_{31}$，即

$$\begin{vmatrix} a_{11} & a_{12} & a_{13} \\ a_{21} & a_{22} & a_{23} \\ a_{31} & a_{32} & a_{33} \end{vmatrix}=a_{11}a_{22}a_{33}+a_{12}a_{23}a_{31}+a_{13}a_{21}a_{32}-a_{11}a_{23}a_{32}-a_{12}a_{21}a_{33}-a_{13}a_{22}a_{31}.$$

三阶行列式也可用对角线法则得到. 三阶行列式的对角线法则如图 1.1.1 所示. 图中有三条实线可看作平行于主对角线的连线，三条虚线可看作平行于副对角线的连线，实线上三元素的乘积带正号，虚线上三元素的乘积带负号，所得六项的代数和就是三阶行列式的展开式.

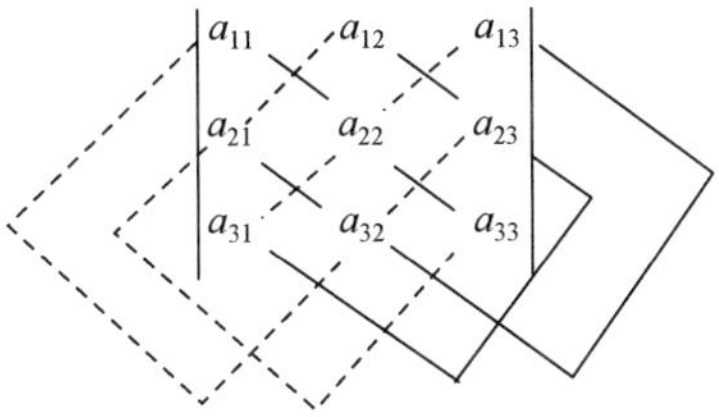

图 1.1.1

若上述三元线性方程组的系数行列式 $D=\begin{vmatrix} a_{11} & a_{12} & a_{13} \\ a_{21} & a_{22} & a_{23} \\ a_{31} & a_{32} & a_{33} \end{vmatrix}\neq 0$，则方程组有唯一解

$$x_1=\frac{D_1}{D},\quad x_2=\frac{D_2}{D},\quad x_3=\frac{D_3}{D}.$$

其中

$$D_1=\begin{vmatrix} b_1 & a_{12} & a_{13} \\ b_2 & a_{22} & a_{23} \\ b_3 & a_{32} & a_{33} \end{vmatrix},\quad D_2=\begin{vmatrix} a_{11} & b_1 & a_{13} \\ a_{21} & b_2 & a_{23} \\ a_{31} & b_3 & a_{33} \end{vmatrix},\quad D_3=\begin{vmatrix} a_{11} & a_{12} & b_1 \\ a_{21} & a_{22} & b_2 \\ a_{31} & a_{32} & b_3 \end{vmatrix}.$$

例 1.1.2　计算三阶行列式 $D=\begin{vmatrix} 1 & 2 & -4 \\ -2 & 2 & 1 \\ -3 & 4 & -2 \end{vmatrix}$.

解　按对角线法则，有

$$\begin{aligned} D &= 1\times 2\times(-2)+2\times 1\times(-3)+(-4)\times(-2)\times 4-1\times 1\times 4-2\times(-2)\times(-2) \\ &\quad -(-4)\times 2\times(-3) \\ &= -14. \end{aligned}$$

对角线法则只适用于二阶与三阶行列式. 为研究四阶及更高阶的行列式，下

面先介绍有关排列的知识，然后引出 n 阶行列式的概念.

1.1.2　排列与反序数

定义 1.1.3　由正整数 $1,2,\cdots,(n-1),n$ 组成的一个有序数组，称为一个 n **级排列**.

如 2431 是一个 4 级排列，45123 是一个 5 级排列，$12\cdots(n-1)n$ 是一个 n 级排列，它具有自然顺序，称为**自然排列**(**或标准排列**).

n 级排列共有 $n!$ 个，例如，3 级排列共 $3!$ 个，它们分别是 123，132，213，231，312，321，其中只有 123 是自然排列，其他的 3 级排列都或多或少破坏了自然顺序.

定义 1.1.4　在一个排列中，如果一个大数排在了一个小数前面，就称这两个数构成一个**反序**. 一个排列的反序总数称为这个排列的**反序数**. 以后用 $\tau(j_1j_2\cdots j_n)$ 表示排列 $j_1j_2\cdots j_n$ 的反序数.

反序数为奇数的排列称为**奇排列**，反序数为偶数的排列称为**偶排列**.

例 1.1.3　计算下列排列的反序数，并判断其奇偶性.

(1) 2431；　　　　(2) 45132.

解　(1) 在 4 级排列 2431 中,共有反序 21,43,41,31,故 $\tau(2431)=4$,所以 2431 为偶排列；

(2) 在 5 级排列 45132 中，共有反序 41,43,42,51,53,52,32，故 $\tau(45132)=7$ ，所以 45132 为奇排列.

例 1.1.4　求排列 $n(n-1)\cdots321$ 的反序数，并讨论其奇偶性.

解　排列 $n(n-1)\cdots321$ 的反序数

$$\tau(n(n-1)\cdots321)=(n-1)+(n-2)+\cdots+2+1=\frac{n(n-1)}{2},$$

故当 $n=4k$ 或 $n=4k+1$ 时，排列 $n(n-1)\cdots321$ 是偶排列，而当 $n=4k+2$ 或 $n=4k+3$ 时，排列 $n(n-1)\cdots321$ 是奇排列.

定义 1.1.5　在一个排列中，交换其中某两个数的位置，而其余各数的位置不动，就得到一个同级的新排列.对排列施行这样的一个交换称为一个**对换**，将相邻的两个数对换，叫做**相邻对换**.

关于对换有如下结论：

定理 1.1.1　对换改变排列的奇偶性，即经过一次对换，奇排列变成偶排列，偶排列变成奇排列.

证明略.

推论 1　任意一个 n 级排列可经过一系列对换变成自然排列，并且所作对换次数的奇偶性与这个排列的奇偶性相同.

证明　由定理 1.1.1 知，对换的次数就是排列奇偶性的变换次数，而自然排列是偶排列，因此结论成立.

推论 2　在全部的 n 级排列中，奇偶排列各占一半，即各有 $\frac{n!}{2}$ 个.

证明　设奇、偶排列各有 p,q 个，则 $p+q=n!$. 将 p 个奇排列的前两个数对换，则这 p 个奇排列全变成偶排列，并且它们互不相同，所以 $p\leqslant q$. 同理，将 q 个偶排列的前两个数对换，则这 q 个偶排列全变成奇排列，并且它们互不相同，所以 $q\leqslant p$. 综上所述有 $p=q=\frac{n!}{2}$.

1.1.3　n 阶行列式的定义

为了给出 n 阶行列式的定义，先来研究三阶行列式的展开式中项的构成规律. 三阶行列式定义为

$$\begin{vmatrix} a_{11} & a_{12} & a_{13} \\ a_{21} & a_{22} & a_{23} \\ a_{31} & a_{32} & a_{33} \end{vmatrix} = a_{11}a_{22}a_{33}+a_{12}a_{23}a_{31}+a_{13}a_{21}a_{32}-a_{11}a_{23}a_{32}-a_{12}a_{21}a_{33}-a_{13}a_{22}a_{31}.$$

容易看出：

(1) 它的每一项都是 3 个元素的乘积，并且这三个元素位于三阶行列式的不同行、不同列；

(2) 每一项的三个元素的行标排成自然排列 123 时，列标都是 1,2,3 的某一排列，这样的排列共有 3!=6 种，故三阶行列式展开式中含有 6 项；

(3) 当每一项中元素的行标按自然顺序排列时，带正号的三项的列标排列是 123, 231, 312，它们全是偶排列. 而带负号的三项的列标排列是 132, 213, 321，它们全是奇排列. 即三阶行列式展开式中每一项的符号是当每一项中元素的行标按自然顺序排列时，如果对应的列标为偶排列时取正号，为奇排列时取负号.

综上所述，三阶行列式的展开式中的一般项可表示为 $(-1)^{\tau(j_1j_2j_3)}a_{1j_1}a_{2j_2}a_{3j_3}$，从而三阶行列式可简写为

$$\begin{vmatrix} a_{11} & a_{12} & a_{13} \\ a_{21} & a_{22} & a_{23} \\ a_{31} & a_{32} & a_{33} \end{vmatrix} = \sum_{j_1j_2j_3}(-1)^{\tau(j_1j_2j_3)}a_{1j_1}a_{2j_2}a_{3j_3},$$

其中 $\sum\limits_{j_1j_2j_3}$ 表示对所有的 3 级排列求和. 类似地，二阶行列式可写成

$$\begin{vmatrix} a_{11} & a_{12} \\ a_{21} & a_{22} \end{vmatrix} = \sum_{j_1j_2}(-1)^{\tau(j_1j_2)}a_{1j_1}a_{2j_2},$$

其中$\sum\limits_{j_1j_2}$表示对所有的 2 级排列求和.

由此可归纳出一般 n 阶行列式的定义.

定义 1.1.6　由 $n\times n$ 个数 $a_{ij}(i=1,2,\cdots,n;\ j=1,2,\cdots,n)$ 排成的 n 行 n 列的记号

$$\begin{vmatrix} a_{11} & a_{12} & \cdots & a_{1n} \\ a_{21} & a_{22} & \cdots & a_{2n} \\ \vdots & \vdots & & \vdots \\ a_{n1} & a_{n2} & \cdots & a_{nn} \end{vmatrix}$$

称为 n **阶行列式**. 它表示所有取自不同行不同列的 n 个元素乘积 $a_{1j_1}a_{2j_2}\cdots a_{nj_n}$ 的代数和，其中 $j_1j_2\cdots j_n$ 是数 $1,2,\cdots,n$ 的一个排列，且当这 n 个元素的行标按自然顺序排列时，列标是偶排列时该项带正号，列标是奇排列时该项带负号，共有 $n!$项. 即

$$\begin{vmatrix} a_{11} & a_{12} & \cdots & a_{1n} \\ a_{21} & a_{22} & \cdots & a_{2n} \\ \vdots & \vdots & & \vdots \\ a_{n1} & a_{n2} & \cdots & a_{nn} \end{vmatrix} = \sum_{j_1j_2\cdots j_n} (-1)^{\tau(j_1j_2\cdots j_n)} a_{1j_1}a_{2j_2}\cdots a_{nj_n}\ , \tag{1.1.2}$$

其中 $\sum\limits_{j_1j_2\cdots j_n}$ 表示 对所有的 n 级排列求和. 上述 n 阶行列式可简记为$|a_{ij}|$.

一阶行列式$|a_{11}|=a_{11}$，注意不要与数的绝对值相混淆.

例 1.1.5　计算行列式

$$D=\begin{vmatrix} 0 & 0 & \cdots & 0 \\ a_{21} & a_{22} & \cdots & a_{2n} \\ \vdots & \vdots & & \vdots \\ a_{n1} & a_{n2} & \cdots & a_{nn} \end{vmatrix}.$$

解　由 n 阶行列式的定义知，D 的一般项为$(-1)^{\tau(j_1j_2\cdots j_n)}a_{1j_1}a_{2j_2}\cdots a_{nj_n}$. 因为 D 的第一行元素都是零,即对任意的 j_1，$a_{1j_1}=0$，所以 D 的展开式中所有项都为零，从而 $D=0$.

例 1.1.6　主对角线(从左上角到右下角的线)以上(下)的元素都是零的行列式叫做**下(上)三角形行列式**. 计算下三角形行列式

$$D=\begin{vmatrix} a_{11} & 0 & \cdots & 0 \\ a_{21} & a_{22} & \cdots & 0 \\ \vdots & \vdots & & \vdots \\ a_{n1} & a_{n2} & \cdots & a_{nn} \end{vmatrix}.$$

解　由 n 阶行列式的定义

$$D=\sum_{j_1j_2\cdots j_n}(-1)^{\tau(j_1j_2\cdots j_n)}a_{1j_1}a_{2j_2}\cdots a_{nj_n}.$$

显然，这个代数和中有很多项为零. 根据定义不难分析出 D 中可能不为零的项，即一般项中 a_{1j_1} 必取自第一行，而第一行中只有 a_{11} 可能不为零，所以 $j_1=1$. 一般项中 a_{2j_2} 必取自第二行，而第二行中只有 a_{21},a_{22} 可能不为零，然而 a_{11} 已取自第一列，所以 a_{2j_2} 不能再取第一列，这样，只能取第二列元素 a_{22}，故 $j_2=2$. 以此类推，可得 $j_3=3$，$j_4=4,\cdots$，$j_n=n$. 因此，D 中除 $a_{11}a_{22}\cdots a_{nn}$ 这一项外，其余各项均为零，于是

$$D=(-1)^{\tau(12\cdots n)}a_{11}a_{22}\cdots a_{nn}=a_{11}a_{22}\cdots a_{nn}.$$

同理，可计算上三角形行列式

$$\begin{vmatrix}a_{11} & a_{12} & \cdots & a_{1n}\\ 0 & a_{22} & \cdots & a_{2n}\\ \vdots & \vdots & & \vdots\\ 0 & 0 & \cdots & a_{nn}\end{vmatrix}=a_{11}a_{22}\cdots a_{nn}.$$

这个例子说明，上(下)三角形行列式等于主对角线上元素的乘积.

主对角线以外的元素全为零的行列式称为**对角行列式**. 显然，对角行列式的值也等于主对角线上元素的乘积，即

$$D=\begin{vmatrix}a_{11} & 0 & \cdots & 0\\ 0 & a_{22} & \cdots & 0\\ \vdots & \vdots & & \vdots\\ 0 & 0 & \cdots & a_{nn}\end{vmatrix}=a_{11}a_{22}\cdots a_{nn}.$$

例 1.1.7　计算行列式(其中未写出的元素都是零)

$$D=\begin{vmatrix} & & & \lambda_1\\ & & \lambda_2 & \\ & \iddots & & \\ \lambda_n & & & \end{vmatrix}.$$

解　由 n 阶行列式的定义，D 中可能不为零的项只有一项 $\lambda_1\lambda_2\cdots\lambda_n$. 它的符号也不难确定. 为此，令 $\lambda_i=a_{i,n-i+1}$，则由定义

$$D=\begin{vmatrix} & & & \lambda_1 \\ & & \lambda_2 & \\ & \iddots & & \\ \lambda_n & & & \end{vmatrix}=\begin{vmatrix} & & & a_{1n} \\ & & a_{2,n-1} & \\ & \iddots & & \\ a_{n1} & & & \end{vmatrix}$$

$$=(-1)^{\tau(n(n-1)\cdots 21)}a_{1n}a_{2,n-1}\cdots a_{n1}$$

$$=(-1)^{\frac{n(n-1)}{2}}\lambda_1\lambda_2\cdots\lambda_n.$$

由于数的乘法满足交换律，因此 n 阶行列式中取自不同行不同列的 n 个元素相乘时，其顺序可以是任意的，利用定理 1.1.1 可以证明，n 阶行列式展开式中的一般项还可以写成 $(-1)^{\tau(i_1i_2\cdots i_n)}a_{i_11}a_{i_22}\cdots a_{i_nn}$ 或 $(-1)^{\tau(i_1i_2\cdots i_n)+\tau(j_1j_2\cdots j_n)}a_{i_1j_1}a_{i_2j_2}\cdots a_{i_nj_n}$，其中 $i_1i_2\cdots i_n$ 与 $j_1j_2\cdots j_n$ 均为 n 级排列. 于是有下面 n 阶行列式的等价定义：

$$\begin{vmatrix} a_{11} & a_{12} & \cdots & a_{1n} \\ a_{21} & a_{22} & \cdots & a_{2n} \\ \vdots & \vdots & & \vdots \\ a_{n1} & a_{n2} & \cdots & a_{nn} \end{vmatrix}=\sum_{i_1i_2\cdots i_n}(-1)^{\tau(i_1i_2\cdots i_n)}a_{i_11}a_{i_22}\cdots a_{i_nn},$$

$$\begin{vmatrix} a_{11} & a_{12} & \cdots & a_{1n} \\ a_{21} & a_{22} & \cdots & a_{2n} \\ \vdots & \vdots & & \vdots \\ a_{n1} & a_{n2} & \cdots & a_{nn} \end{vmatrix}=\sum(-1)^{\tau(i_1i_2\cdots i_n)+\tau(j_1j_2\cdots j_n)}a_{i_1j_1}a_{i_2j_2}\cdots a_{i_nj_n}.$$

二、三阶行列式　　排列与反序数　　n 阶行列式

习　题　1.1

1. 利用对角线法则计算下列行列式：

(1) $\begin{vmatrix} 2 & 1 & -1 \\ 3 & -1 & 1 \\ 2 & 0 & 1 \end{vmatrix}$；(2) $\begin{vmatrix} 1 & 2 & 1 \\ 2 & -1 & 1 \\ -1 & 4 & -2 \end{vmatrix}$；(3) $\begin{vmatrix} a & b & c \\ c & a & b \\ b & c & a \end{vmatrix}$；(4) $\begin{vmatrix} 1 & 1 & 1 \\ a & b & c \\ a^2 & b^2 & c^2 \end{vmatrix}$.

2. 解下列方程：

(1) $\begin{vmatrix} 1 & 1 & -1 \\ -1 & 2 & x \\ 1 & x & 1 \end{vmatrix}=2$；　(2) $\begin{vmatrix} x & x & 3 \\ 0 & -1 & 2 \\ 1 & 2 & x \end{vmatrix}=0$.

3. 求下列排列的反序数，并判断它们的奇偶性：

(1) 51432；　(2) 32157864；　(3) $13\cdots(2n-1)(2n)(2n-2)\cdots42$；

(4) $(2n)1(2n-1)2(2n-2)3\cdots(n+1)n$.

4. 根据行列式的定义，计算多项式

$$f(x)=\begin{vmatrix} x & x & 1 & 0 \\ 1 & x & 2 & 3 \\ 2 & 3 & x & 2 \\ 1 & 1 & 2 & x \end{vmatrix}$$

中 x^3 的系数与常数项.

5. 用行列式的定义计算下列行列式：

(1) $\begin{vmatrix} 0 & 0 & 1 & 0 \\ 0 & 1 & 0 & 0 \\ 0 & 0 & 0 & 1 \\ 1 & 0 & 0 & 0 \end{vmatrix}$；　(2) $\begin{vmatrix} 0 & 1 & 0 & \cdots & 0 \\ 0 & 0 & 2 & \cdots & 0 \\ \vdots & \vdots & \vdots & & \vdots \\ 0 & 0 & 0 & \cdots & n-1 \\ n & 0 & 0 & \cdots & 0 \end{vmatrix}$.

1.2　行列式的性质

行列式的计算是一个重要的问题. 当行列式的阶数 n 较大时，直接用定义计算不是一件容易的事. 下面介绍的行列式的基本性质不仅可以用于行列式的计算，而且对行列式的理论研究也很重要.

1.2.1　行列式的性质

设 n 阶行列式为

$$D=\begin{vmatrix} a_{11} & a_{12} & \cdots & a_{1n} \\ a_{21} & a_{22} & \cdots & a_{2n} \\ \vdots & \vdots & & \vdots \\ a_{n1} & a_{n2} & \cdots & a_{nn} \end{vmatrix},$$

将 D 的行与列互换后得到的行列式记为 D^{T}，即

$$D^{\mathrm{T}}=\begin{vmatrix} a_{11} & a_{21} & \cdots & a_{n1} \\ a_{12} & a_{22} & \cdots & a_{n2} \\ \vdots & \vdots & & \vdots \\ a_{1n} & a_{2n} & \cdots & a_{nn} \end{vmatrix},$$

称 D^{T} 为 D 的**转置行列式**.

性质 1.2.1　行列式与它的转置行列式的值相等，即 $D^{\mathrm{T}}=D$.

证明　设 $D^{\mathrm{T}}=\left|b_{ij}\right|$ ，其中 $b_{ij}=a_{ji}(i,j=1,2,\cdots,n)$. 按行列式的定义

$$\begin{aligned}D^{\mathrm{T}}&=\sum_{j_1j_2\cdots j_n}(-1)^{\tau(j_1j_2\cdots j_n)}b_{1j_1}b_{2j_2}\cdots b_{nj_n}\\&=\sum_{j_1j_2\cdots j_n}(-1)^{\tau(j_1j_2\cdots j_n)}a_{j_11}a_{j_22}\cdots a_{j_nn}\\&=D.\end{aligned}$$

性质 1.2.1 表明，在行列式中行与列的地位是对称的. 因此，凡是有关行的性质，对列也同样成立，反之亦然. 因此，后面的性质仅对行进行论证.

性质 1.2.2　互换行列式的两行(列)的位置，行列式的值变号.

证明　设 n 阶行列式

$$D=\begin{vmatrix}a_{11}&a_{12}&\cdots&a_{1n}\\\vdots&\vdots&&\vdots\\a_{i1}&a_{i2}&\cdots&a_{in}\\\vdots&\vdots&&\vdots\\a_{j1}&a_{j2}&\cdots&a_{jn}\\\vdots&\vdots&&\vdots\\a_{n1}&a_{n2}&\cdots&a_{nn}\end{vmatrix},$$

交换 D 的第 i 行与第 j 行对应元素 $(1\leqslant i<j\leqslant n)$ ，得到行列式

$$D_1=\begin{vmatrix}a_{11}&a_{12}&\cdots&a_{1n}\\\vdots&\vdots&&\vdots\\a_{j1}&a_{j2}&\cdots&a_{jn}\\\vdots&\vdots&&\vdots\\a_{i1}&a_{i2}&\cdots&a_{in}\\\vdots&\vdots&&\vdots\\a_{n1}&a_{n2}&\cdots&a_{nn}\end{vmatrix},$$

则由定义

$$\begin{aligned}D_1&=\sum(-1)^{\tau(p_1\cdots p_j\cdots p_i\cdots p_n)}a_{1p_1}\cdots a_{jp_j}\cdots a_{ip_i}\cdots a_{np_n}\\&=-\sum(-1)^{\tau(p_1\cdots p_i\cdots p_j\cdots p_n)}a_{1p_1}\cdots a_{ip_i}\cdots a_{jp_j}\cdots a_{np_n}\\&=-D.\end{aligned}$$

以 r_i 表示行列式的第 i 行， c_i 表示行列式的第 i 列. 交换 i,j 两行记作 $r_i\leftrightarrow r_j$ ，交换 i,j 两列记作 $c_i\leftrightarrow c_j$.

推论　若行列式中有两行(列)完全相同，则此行列式为零.

证明　把相同的两行互换，则 $D=-D$，故有 $D=0$.

性质 1.2.3　行列式的某一行(列)中所有元素都乘以同一数 k，等于用数 k 乘此行列式，即

$$\begin{vmatrix} a_{11} & a_{12} & \cdots & a_{1n} \\ \vdots & \vdots & & \vdots \\ ka_{i1} & ka_{i2} & \cdots & ka_{in} \\ \vdots & \vdots & & \vdots \\ a_{n1} & a_{n2} & \cdots & a_{nn} \end{vmatrix} = k\begin{vmatrix} a_{11} & a_{12} & \cdots & a_{1n} \\ \vdots & \vdots & & \vdots \\ a_{i1} & a_{i2} & \cdots & a_{in} \\ \vdots & \vdots & & \vdots \\ a_{n1} & a_{n2} & \cdots & a_{nn} \end{vmatrix}.$$

证明　按行列式的定义

$$\begin{aligned} \text{左端} &= \sum_{j_1j_2\cdots j_n}(-1)^{\tau(j_1j_2\cdots j_n)}a_{1j_1}\cdots(ka_{ij_i})\cdots a_{nj_n} \\ &= k\sum_{j_1j_2\cdots j_n}(-1)^{\tau(j_1j_2\cdots j_n)}a_{1j_1}\cdots a_{ij_i}\cdots a_{nj_n} \\ &= \text{右端}. \end{aligned}$$

推论 1　行列式的某一行(列)的元素的公因子可以提到行列式符号外.

行列式的第 i 行(列)乘以 k，记作 $r_i\times k$ (或 $c_i\times k$)；第 i 行提出公因子 k ($k\neq 0$)，记作 $r_i\div k$ (或 $c_i\div k$).

推论 2　若行列式的某一行(列)的元素全为零，则此行列式的值为零.

性质 1.2.4　行列式中如果有两行(列)元素对应成比例，则此行列式的值为零，即

$$\begin{vmatrix} a_{11} & a_{12} & \cdots & a_{1n} \\ \vdots & \vdots & & \vdots \\ a_{i1} & a_{i2} & \cdots & a_{in} \\ \vdots & \vdots & & \vdots \\ ka_{i1} & ka_{i2} & \cdots & ka_{in} \\ \vdots & \vdots & & \vdots \\ a_{n1} & a_{n2} & \cdots & a_{nn} \end{vmatrix} = 0.$$

证明　由性质 1.2.3 及性质 1.2.2 的推论即可得证，即

$$\begin{vmatrix} a_{11} & a_{12} & \cdots & a_{1n} \\ \vdots & \vdots & & \vdots \\ a_{i1} & a_{i2} & \cdots & a_{in} \\ \vdots & \vdots & & \vdots \\ ka_{i1} & ka_{i2} & \cdots & ka_{in} \\ \vdots & \vdots & & \vdots \\ a_{n1} & a_{n2} & \cdots & a_{nn} \end{vmatrix} = k\begin{vmatrix} a_{11} & a_{12} & \cdots & a_{1n} \\ \vdots & \vdots & & \vdots \\ a_{i1} & a_{i2} & \cdots & a_{in} \\ \vdots & \vdots & & \vdots \\ a_{i1} & a_{i2} & \cdots & a_{in} \\ \vdots & \vdots & & \vdots \\ a_{n1} & a_{n2} & \cdots & a_{nn} \end{vmatrix} = k\times 0 = 0.$$

性质 1.2.5　若行列式的某一行(列)的元素都是两数之和，则此行列式等于两个行列式之和，即

$$\begin{vmatrix} a_{11} & a_{12} & \cdots & a_{1n} \\ \vdots & \vdots & & \vdots \\ a_{i1}+a'_{i1} & a_{i2}+a'_{i2} & \cdots & a_{in}+a'_{in} \\ \vdots & \vdots & & \vdots \\ a_{n1} & a_{n2} & \cdots & a_{nn} \end{vmatrix} = \begin{vmatrix} a_{11} & a_{12} & \cdots & a_{1n} \\ \vdots & \vdots & & \vdots \\ a_{i1} & a_{i2} & \cdots & a_{in} \\ \vdots & \vdots & & \vdots \\ a_{n1} & a_{n2} & \cdots & a_{nn} \end{vmatrix} + \begin{vmatrix} a_{11} & a_{12} & \cdots & a_{1n} \\ \vdots & \vdots & & \vdots \\ a'_{i1} & a'_{i2} & \cdots & a'_{in} \\ \vdots & \vdots & & \vdots \\ a_{n1} & a_{n2} & \cdots & a_{nn} \end{vmatrix}$$

$$(i=1,2,\cdots,n).$$

证明　由行列式的定义

$$\begin{aligned} 左端 &= \sum_{j_1j_2\cdots j_n}(-1)^{\tau(j_1j_2\cdots j_n)}a_{1j_1}\cdots(a_{ij_i}+a'_{ij_i})\cdots a_{nj_n} \\ &= \sum_{j_1j_2\cdots j_n}(-1)^{\tau(j_1j_2\cdots j_n)}a_{1j_1}\cdots a_{ij_i}\cdots a_{nj_n} + \sum_{j_1j_2\cdots j_n}(-1)^{\tau(j_1j_2\cdots j_n)}a_{1j_1}\cdots a'_{ij_i}\cdots a_{nj_n} \\ &= 右端. \end{aligned}$$

性质 1.2.6　如果把行列式某一行(列)的各元素乘以同一数 k 再加到另一行(列)的对应元素上，则行列式的值不变，即

$$\begin{vmatrix} a_{11} & a_{12} & \cdots & a_{1n} \\ \vdots & \vdots & & \vdots \\ a_{i1} & a_{i2} & \cdots & a_{in} \\ \vdots & \vdots & & \vdots \\ a_{j1} & a_{j2} & \cdots & a_{jn} \\ \vdots & \vdots & & \vdots \\ a_{n1} & a_{n2} & \cdots & a_{nn} \end{vmatrix} = \begin{vmatrix} a_{11} & a_{12} & \cdots & a_{1n} \\ \vdots & \vdots & & \vdots \\ a_{i1}+ka_{j1} & a_{i2}+ka_{j2} & \cdots & a_{in}+ka_{jn} \\ \vdots & \vdots & & \vdots \\ a_{j1} & a_{j2} & \cdots & a_{jn} \\ \vdots & \vdots & & \vdots \\ a_{n1} & a_{n2} & \cdots & a_{nn} \end{vmatrix}.$$

证明　由性质 1.2.5 得

$$\begin{vmatrix} a_{11} & a_{12} & \cdots & a_{1n} \\ \vdots & \vdots & & \vdots \\ a_{i1}+ka_{j1} & a_{i2}+ka_{j2} & \cdots & a_{in}+ka_{jn} \\ \vdots & \vdots & & \vdots \\ a_{j1} & a_{j2} & \cdots & a_{jn} \\ \vdots & \vdots & & \vdots \\ a_{n1} & a_{n2} & \cdots & a_{nn} \end{vmatrix} = \begin{vmatrix} a_{11} & a_{12} & \cdots & a_{1n} \\ \vdots & \vdots & & \vdots \\ a_{i1} & a_{i2} & \cdots & a_{in} \\ \vdots & \vdots & & \vdots \\ a_{j1} & a_{j2} & \cdots & a_{jn} \\ \vdots & \vdots & & \vdots \\ a_{n1} & a_{n2} & \cdots & a_{nn} \end{vmatrix} + \begin{vmatrix} a_{11} & a_{12} & \cdots & a_{1n} \\ \vdots & \vdots & & \vdots \\ ka_{j1} & ka_{j2} & \cdots & ka_{jn} \\ \vdots & \vdots & & \vdots \\ a_{j1} & a_{j2} & \cdots & a_{jn} \\ \vdots & \vdots & & \vdots \\ a_{n1} & a_{n2} & \cdots & a_{nn} \end{vmatrix},$$

又由性质 1.2.4 知

$$\begin{vmatrix} a_{11} & a_{12} & \cdots & a_{1n} \\ \vdots & \vdots & & \vdots \\ ka_{j1} & ka_{j2} & \cdots & ka_{jn} \\ \vdots & \vdots & & \vdots \\ a_{j1} & a_{j2} & \cdots & a_{jn} \\ \vdots & \vdots & & \vdots \\ a_{n1} & a_{n2} & \cdots & a_{nn} \end{vmatrix} = 0,$$

所以有

$$\begin{vmatrix} a_{11} & a_{12} & \cdots & a_{1n} \\ \vdots & \vdots & & \vdots \\ a_{i1} & a_{i2} & \cdots & a_{in} \\ \vdots & \vdots & & \vdots \\ a_{j1} & a_{j2} & \cdots & a_{jn} \\ \vdots & \vdots & & \vdots \\ a_{n1} & a_{n2} & \cdots & a_{nn} \end{vmatrix} = \begin{vmatrix} a_{11} & a_{12} & \cdots & a_{1n} \\ \vdots & \vdots & & \vdots \\ a_{i1}+ka_{j1} & a_{i2}+ka_{j2} & \cdots & a_{in}+ka_{jn} \\ \vdots & \vdots & & \vdots \\ a_{j1} & a_{j2} & \cdots & a_{jn} \\ \vdots & \vdots & & \vdots \\ a_{n1} & a_{n2} & \cdots & a_{nn} \end{vmatrix}.$$

以数 k 乘第 j 行(列)加到第 i 行(列)上，记作 $r_i + kr_j$ (或 $c_i + kc_j$).

性质 1.2.1～性质 1.2.3 证明

性质 1.2.4～性质 1.2.6 证明

1.2.2　利用性质计算行列式

我们知道上(下)三角形行列式等于主对角线上元素的乘积. 实际上，一般的行列式也可以利用性质尤其是运用 $r_i + kr_j$ (或 $c_i + kc_j$)将其化为上(下)三角形行列式进行计算. 下面通过例子说明如何应用行列式的性质简化行列式的计算.

例 1.2.1　计算四阶行列式

$$D = \begin{vmatrix} 1 & 2 & -3 & 4 \\ 2 & 3 & -4 & 7 \\ -1 & -2 & 5 & -8 \\ 1 & 3 & -5 & 10 \end{vmatrix}.$$

解

$$D\xlongequal[r_4-r_1]{\substack{r_2-2r_1\\ r_3+r_1}}\begin{vmatrix}1&2&-3&4\\0&-1&2&-1\\0&0&2&-4\\0&1&-2&6\end{vmatrix}\xlongequal{r_4+r_2}\begin{vmatrix}1&2&-3&4\\0&-1&2&-1\\0&0&2&-4\\0&0&0&5\end{vmatrix}$$

$$=1\times(-1)\times2\times5$$

$$=-10.$$

例 1.2.2　计算四阶行列式

$$D=\begin{vmatrix}3&1&1&1\\1&3&1&1\\1&1&3&1\\1&1&1&3\end{vmatrix}.$$

解　这个行列式的特点是各行、各列 4 个数之和都是 6. 把二、三、四行同时加到第一行，提出公因子 6，然后再将其化为上三角形行列式：

$$D\xlongequal{r_1+r_2+r_3+r_4}\begin{vmatrix}6&6&6&6\\1&3&1&1\\1&1&3&1\\1&1&1&3\end{vmatrix}\xlongequal{r_1\div6}6\begin{vmatrix}1&1&1&1\\1&3&1&1\\1&1&3&1\\1&1&1&3\end{vmatrix}$$

$$\xlongequal[r_4-r_1]{\substack{r_2-r_1\\ r_3-r_1}}6\begin{vmatrix}1&1&1&1\\0&2&0&0\\0&0&2&0\\0&0&0&2\end{vmatrix}=6\times1\times2\times2\times2=48.$$

以上各例都用到了把 n 个运算写在一起的省略写法，要注意各个运算的次序一般不能颠倒，这是因为后一次的运算是在前一次运算的基础上进行的，例如

$$\begin{vmatrix}x&y\\z&w\end{vmatrix}\xlongequal{r_1+r_2}\begin{vmatrix}x+z&y+w\\z&w\end{vmatrix}\xlongequal{r_2-r_1}\begin{vmatrix}x+z&y+w\\-x&-y\end{vmatrix};$$

$$\begin{vmatrix}x&y\\z&w\end{vmatrix}\xlongequal{r_2-r_1}\begin{vmatrix}x&y\\z-x&w-y\end{vmatrix}\xlongequal{r_1+r_2}\begin{vmatrix}z&w\\z-x&w-y\end{vmatrix}.$$

因此，运算次序不同所得结果可能也会不同. 忽略前一次运算作为后一次运算的基础，就会出错. 例如

$$\begin{vmatrix} x & y \\ z & w \end{vmatrix} \xlongequal[r_2 - r_1]{r_1 + r_2} \begin{vmatrix} x+z & y+w \\ z-x & w-y \end{vmatrix}$$

就是一种错误的运算. 另外，还要注意 $r_i + r_j$ 与 $r_j + r_i$ 是不同的，同样 $r_i + kr_j$ 也不能写作 $kr_j + r_i$.

上述各例都是把行列式化为上三角形行列式，这是一种非常重要而且常用的方法. 用归纳法可以证明,任何 n 阶行列式总能利用运算 $r_i + kr_j$ (或 $c_i + kc_j$)化为上三角形行列式或下三角形行列式.

例 1.2.3　设

$$D = \begin{vmatrix} a_{11} & \cdots & a_{1k} & & & \\ \vdots & & \vdots & & O & \\ a_{k1} & \cdots & a_{kk} & & & \\ c_{11} & \cdots & c_{1k} & b_{11} & \cdots & b_{1n} \\ \vdots & & \vdots & \vdots & & \vdots \\ c_{n1} & \cdots & c_{nk} & b_{n1} & \cdots & b_{nn} \end{vmatrix}, \quad D_1 = \begin{vmatrix} a_{11} & \cdots & a_{1k} \\ \vdots & & \vdots \\ a_{k1} & \cdots & a_{kk} \end{vmatrix}, \quad D_2 = \begin{vmatrix} b_{11} & \cdots & b_{1n} \\ \vdots & & \vdots \\ b_{n1} & \cdots & b_{nn} \end{vmatrix},$$

证明: $D = D_1 D_2$.

证明　利用运算 $r_i + kr_j$，把 D_1 化成下三角形行列式

$$D_1 = \begin{vmatrix} p_{11} & & O \\ \vdots & \ddots & \\ p_{k1} & \cdots & p_{kk} \end{vmatrix} = p_{11} \cdots p_{kk};$$

利用运算 $c_i + kc_j$，把 D_2 化成下三角形行列式

$$D_2 = \begin{vmatrix} q_{11} & & O \\ \vdots & \ddots & \\ q_{n1} & \cdots & q_{nn} \end{vmatrix} = q_{11} \cdots q_{nn}.$$

因此，对 D 的前 k 行作如上运算 $r_i + kr_j$，再对后 n 列作如上运算 $c_i + kc_j$，即把 D 化为下三角形行列式

$$D = \begin{vmatrix} p_{11} & & & & & \\ \vdots & \ddots & & & O & \\ p_{k1} & \cdots & p_{kk} & & & \\ c_{11} & \cdots & c_{1k} & q_{11} & & \\ \vdots & & \vdots & \vdots & \ddots & \\ c_{n1} & \cdots & c_{nk} & q_{n1} & \cdots & q_{nn} \end{vmatrix},$$

故

$$D = p_{11}\cdots p_{kk}q_{11}\cdots q_{nn} = D_1D_2 .$$

利用本例题的结论，还可以证明

(1) $\begin{vmatrix} a_{11} & \cdots & a_{1k} & c_{11} & \cdots & c_{1n} \\ \vdots & & \vdots & \vdots & & \vdots \\ a_{k1} & \cdots & a_{kk} & c_{k1} & \cdots & c_{kn} \\ & & & b_{11} & \cdots & b_{1n} \\ & O & & \vdots & & \vdots \\ & & & b_{n1} & \cdots & b_{nn} \end{vmatrix} = \begin{vmatrix} a_{11} & \cdots & a_{1k} \\ \vdots & & \vdots \\ a_{k1} & \cdots & a_{kk} \end{vmatrix} \cdot \begin{vmatrix} b_{11} & \cdots & b_{1n} \\ \vdots & & \vdots \\ b_{n1} & \cdots & b_{nn} \end{vmatrix}$；

(2) $\begin{vmatrix} & & & a_{11} & \cdots & a_{1k} \\ & O & & \vdots & & \vdots \\ & & & a_{k1} & \cdots & a_{kk} \\ b_{11} & \cdots & b_{1n} & c_{11} & \cdots & c_{1k} \\ \vdots & & \vdots & \vdots & & \vdots \\ b_{n1} & \cdots & b_{nn} & c_{n1} & \cdots & c_{nk} \end{vmatrix} = (-1)^{kn} \begin{vmatrix} a_{11} & \cdots & a_{1k} \\ \vdots & & \vdots \\ a_{k1} & \cdots & a_{kk} \end{vmatrix} \cdot \begin{vmatrix} b_{11} & \cdots & b_{1n} \\ \vdots & & \vdots \\ b_{n1} & \cdots & b_{nn} \end{vmatrix}$.

习　题　1.2

1. 用行列式的性质计算下列行列式：

(1) $\begin{vmatrix} 35214 & 36214 \\ 27192 & 28192 \end{vmatrix}$；　(2) $\begin{vmatrix} 427 & 543 & 721 \\ 856 & 1090 & 1444 \\ 327 & 443 & 621 \end{vmatrix}$；　(3) $\begin{vmatrix} 2 & 1 & 1 & 1 \\ 1 & 2 & 1 & 1 \\ 1 & 1 & 2 & 1 \\ 1 & 1 & 1 & 2 \end{vmatrix}$；

(4) $\begin{vmatrix} a & b & c & d \\ a & a+b & a+b+c & a+b+c+d \\ a & 2a+b & 3a+2b+c & 4a+3b+2c+d \\ a & 3a+b & 6a+3b+c & 10a+6b+3c+d \end{vmatrix}$.

2. 利用行列式的性质证明下列等式：

(1) $\begin{vmatrix} a_1+kb_1 & b_1+c_1 & kc_1 \\ a_2+kb_2 & b_2+c_2 & kc_2 \\ a_3+kb_3 & b_3+c_3 & kc_3 \end{vmatrix} = k\begin{vmatrix} a_1 & b_1 & c_1 \\ a_2 & b_2 & c_2 \\ a_3 & b_3 & c_3 \end{vmatrix}$；

(2) $\begin{vmatrix} a_1+b_1 & b_1+c_1 & c_1+a_1 \\ a_2+b_2 & b_2+c_2 & c_2+a_2 \\ a_3+b_3 & b_3+c_3 & c_3+a_3 \end{vmatrix} = 2\begin{vmatrix} a_1 & b_1 & c_1 \\ a_2 & b_2 & c_2 \\ a_3 & b_3 & c_3 \end{vmatrix}$.

3. 计算下列行列式：

(1) $D_n=\begin{vmatrix} x & a & \cdots & a \\ a & x & \cdots & a \\ \vdots & \vdots & & \vdots \\ a & a & \cdots & x \end{vmatrix}$；

(2) $D_n=\begin{vmatrix} 1+a_1 & a_1 & \cdots & a_1 \\ a_2 & 1+a_2 & \cdots & a_2 \\ \vdots & \vdots & & \vdots \\ a_n & a_n & \cdots & 1+a_n \end{vmatrix}$.

4. 形如

$$\begin{vmatrix} 0 & a_{12} & \cdots & a_{1n} \\ -a_{12} & 0 & \cdots & a_{2n} \\ \vdots & \vdots & & \vdots \\ -a_{1n} & -a_{2n} & \cdots & 0 \end{vmatrix}$$

的行列式称为**反对称行列式**. 证明：奇数阶的反对称行列式的值为零.

行列式的计算方法

习题 1.2 第 3,4 题解答

1.3　行列式按行(列)展开

1.3.1　余子式、代数余子式的概念

一般地说，低阶行列式的计算比高阶行列式的计算要简便. 于是，降阶是简化计算行列式的另一途径. 所谓的降阶即是把高阶行列式的计算化为低阶行列式的计算. 这方面的一个基本工具就是行列式按一行(列)的展开公式. 为此，先引进余子式和代数余子式的概念.

定义 1.3.1　在 n 阶行列式 $|a_{ij}|$ 中，把元素 a_{ij} 所在的第 i 行和第 j 列划去后，余下的 $n-1$ 阶行列式叫做元素 a_{ij} 的**余子式**，记为 M_{ij}；记 $A_{ij}=(-1)^{i+j}M_{ij}$，A_{ij} 叫做元素 a_{ij} 的**代数余子式**.

例如，四阶行列式

$$D=\begin{vmatrix} a_{11} & a_{12} & a_{13} & a_{14} \\ a_{21} & a_{22} & a_{23} & a_{24} \\ a_{31} & a_{32} & a_{33} & a_{34} \\ a_{41} & a_{42} & a_{43} & a_{44} \end{vmatrix}$$

中元素 a_{23} 的余子式和代数余子式分别为

$$M_{23}=\begin{vmatrix} a_{11} & a_{12} & a_{14} \\ a_{31} & a_{32} & a_{34} \\ a_{41} & a_{42} & a_{44} \end{vmatrix}, \quad A_{23}=(-1)^{2+3}M_{23}=-M_{23}.$$

引理　如果 n 阶行列式 D 中第 i 行除 a_{ij} 外所有元素都是零，那么该行列式 D 等于 a_{ij} 与它的代数余子式的乘积，即

$$D=a_{ij}A_{ij}.$$

证明　先证 a_{ij} 位于第一行第一列的情形，此时

$$D=\begin{vmatrix} a_{11} & 0 & \cdots & 0 \\ a_{21} & a_{22} & \cdots & a_{2n} \\ \vdots & \vdots & & \vdots \\ a_{n1} & a_{n2} & \cdots & a_{nn} \end{vmatrix},$$

这是例 1.2.3 中当 $k=1$ 时的特殊情形，故有 $D=a_{11}M_{11}$. 又 $A_{11}=(-1)^{1+1}M_{11}=M_{11}$，因此 $D=a_{11}A_{11}$.

再证一般情形，此时

$$D=\begin{vmatrix} a_{11} & \cdots & a_{1j} & \cdots & a_{1n} \\ \vdots & & \vdots & & \vdots \\ 0 & \cdots & a_{ij} & \cdots & 0 \\ \vdots & & \vdots & & \vdots \\ a_{n1} & \cdots & a_{nj} & \cdots & a_{nn} \end{vmatrix}.$$

为了利用上述特殊情形的结果，将 D 的第 i 行依次与第 $i-1, i-2, \cdots, 2, 1$ 行交换后，再将第 j 列依次与第 $j-1, j-2, \cdots, 2, 1$ 列交换，这样，经过 $i+j-2$ 次交换 D 的行与列，得

$$\begin{aligned} D&=(-1)^{i+j-2}\begin{vmatrix} a_{ij} & 0 & \cdots & 0 & 0 & \cdots & 0 \\ a_{1j} & a_{11} & \cdots & a_{1,j-1} & a_{1,j+1} & \cdots & a_{1n} \\ \vdots & \vdots & & \vdots & \vdots & & \vdots \\ a_{nj} & a_{n1} & \cdots & a_{n,j-1} & a_{n,j+1} & \cdots & a_{nn} \end{vmatrix} \\ &=(-1)^{i+j}a_{ij}M_{ij}=a_{ij}A_{ij}. \end{aligned}$$

1.3.2 行列式按行(列)展开定理

定理 1.3.1 行列式等于它的任一行(列)的各元素与其对应的代数余子式的乘积之和，即

$$D=\begin{vmatrix} a_{11} & a_{12} & \cdots & a_{1n} \\ \vdots & \vdots & & \vdots \\ a_{i1} & a_{i2} & \cdots & a_{in} \\ \vdots & \vdots & & \vdots \\ a_{n1} & a_{n2} & \cdots & a_{nn} \end{vmatrix}=a_{i1}A_{i1}+a_{i2}A_{i2}+\cdots+a_{in}A_{in}\quad(i=1,2,\cdots,n)\text{；}$$

或

$$D=\begin{vmatrix} a_{11} & \cdots & a_{1j} & \cdots & a_{1n} \\ a_{21} & \cdots & a_{2j} & \cdots & a_{2n} \\ \vdots & & \vdots & & \vdots \\ a_{n1} & \cdots & a_{nj} & \cdots & a_{nn} \end{vmatrix}=a_{1j}A_{1j}+a_{2j}A_{2j}+\cdots+a_{nj}A_{nj}\quad(j=1,2,\cdots,n).$$

证明 将 D 中第 i 行的各元素表示为 n 项之和，即

$$D=\begin{vmatrix} a_{11} & a_{12} & \cdots & a_{1n} \\ \vdots & \vdots & & \vdots \\ a_{i1}+0+\cdots+0 & 0+a_{i2}+0+\cdots+0 & \cdots & 0+\cdots+0+a_{in} \\ \vdots & \vdots & & \vdots \\ a_{n1} & a_{n2} & \cdots & a_{nn} \end{vmatrix}$$

$$\xlongequal{\text{性质 1.2.5}}\begin{vmatrix} a_{11} & a_{12} & \cdots & a_{1n} \\ \vdots & \vdots & & \vdots \\ a_{i1} & 0 & \cdots & 0 \\ \vdots & \vdots & & \vdots \\ a_{n1} & a_{n2} & \cdots & a_{nn} \end{vmatrix}+\begin{vmatrix} a_{11} & a_{12} & \cdots & a_{1n} \\ \vdots & \vdots & & \vdots \\ 0 & a_{i2} & \cdots & 0 \\ \vdots & \vdots & & \vdots \\ a_{n1} & a_{n2} & \cdots & a_{nn} \end{vmatrix}+\cdots+\begin{vmatrix} a_{11} & a_{12} & \cdots & a_{1n} \\ \vdots & \vdots & & \vdots \\ 0 & 0 & \cdots & a_{in} \\ \vdots & \vdots & & \vdots \\ a_{n1} & a_{n2} & \cdots & a_{nn} \end{vmatrix},$$

由引理得

$$D=a_{i1}A_{i1}+a_{i2}A_{i2}+\cdots+a_{in}A_{in}=\sum_{k=1}^{n}a_{ik}A_{ik}\quad(i=1,2,\cdots,n).$$

同理可证

$$D=a_{1j}A_{1j}+a_{2j}A_{2j}+\cdots+a_{nj}A_{nj}=\sum_{k=1}^{n}a_{kj}A_{kj}\quad(j=1,2,\cdots,n).$$

这个定理叫做**行列式按行(列)展开法则**. 利用这一法则，在计算行列式时选择

零元素较多的行(列)展开会简化计算.

例 1.3.1　计算行列式 $D=-\begin{vmatrix} 0 & 0 & 0 & 2 \\ 3 & 3 & 2 & 4 \\ 1 & 0 & 0 & 3 \\ 1 & 2 & 1 & 5 \end{vmatrix}$.

解　$D \xlongequal{\text{按第一行展开}} 2\times(-1)^{1+4}\begin{vmatrix} 3 & 3 & 2 \\ -1 & 0 & 0 \\ 1 & 2 & 1 \end{vmatrix}$

$$\xlongequal{\text{按第二行展开}}(-2)\cdot(-1)\cdot(-1)^{2+1}\cdot\begin{vmatrix} 3 & 2 \\ 2 & 1 \end{vmatrix}=2.$$

行列式的计算方法灵活多样，通常离不开行列式的性质、行列式按行(列)展开公式及其综合应用.

例 1.3.2　计算四阶行列式

$$D=\begin{vmatrix} 3 & 1 & -1 & 2 \\ -5 & 1 & 3 & -4 \\ 2 & 0 & 1 & -1 \\ 1 & -5 & 3 & -3 \end{vmatrix}.$$

解

$$D \xlongequal[c_4+c_3]{c_1-2c_3} \begin{vmatrix} 5 & 1 & -1 & 1 \\ -11 & 1 & 3 & -1 \\ 0 & 0 & 1 & 0 \\ -5 & -5 & 3 & 0 \end{vmatrix} \xlongequal{\text{按第三行展开}} (-1)^{3+3}\begin{vmatrix} 5 & 1 & 1 \\ -11 & 1 & -1 \\ -5 & -5 & 0 \end{vmatrix}$$

$$\xlongequal{r_2+r_1} \begin{vmatrix} 5 & 1 & 1 \\ -6 & 2 & 0 \\ -5 & -5 & 0 \end{vmatrix} \xlongequal{\text{按第三列展开}} (-1)^{1+3}\begin{vmatrix} -6 & 2 \\ -5 & -5 \end{vmatrix}=40.$$

例 1.3.3　计算 n 阶行列式

$$D_n=\begin{vmatrix} x & -1 & 0 & \cdots & 0 & 0 \\ 0 & x & -1 & \cdots & 0 & 0 \\ \vdots & \vdots & \vdots & & \vdots & \vdots \\ 0 & 0 & 0 & \cdots & x & -1 \\ a_n & a_{n-1} & a_{n-2} & \cdots & a_2 & x+a_1 \end{vmatrix}.$$

解　采用"递推法"，即将原行列式转化为形状相同但阶数逐次降低的行列式计算. 将 D_n 按第一列展开，得

$$D_n=(-1)^{n+1}a_n\begin{vmatrix}-1&0&\cdots&0&0\\x&-1&\cdots&0&0\\\vdots&\vdots&&\vdots&\vdots\\0&0&\cdots&x&-1\end{vmatrix}+(-1)^{1+1}x\begin{vmatrix}x&-1&\cdots&0&0\\\vdots&\vdots&&\vdots&\vdots\\0&0&\cdots&x&-1\\a_{n-1}&a_{n-2}&\cdots&a_2&x+a_1\end{vmatrix}$$

$$=(-1)^{n+1}a_n\cdot(-1)^{n-1}+xD_{n-1}=xD_{n-1}+a_n\ .$$

所以，$D_n=xD_{n-1}+a_n(n=2,3,\cdots)$. 以此作递推公式，可得

$$\begin{aligned}D_n&=x(xD_{n-2}+a_{n-1})+a_n=x^2D_{n-2}+a_{n-1}x+a_n\\&=x^2(xD_{n-3}+a_{n-2})+a_{n-1}x+a_n\\&=x^3D_{n-3}+a_{n-2}x^2+a_{n-1}x+a_n\\&\cdots\cdots\\&=x^{n-1}D_1+a_2x^{n-2}+\cdots+a_{n-2}x^2+a_{n-1}x+a_n\\&=x^{n-1}(x+a_1)+a_2x^{n-2}+\cdots+a_{n-2}x^2+a_{n-1}x+a_n\\&=x^n+a_1x^{n-1}+a_2x^{n-2}+\cdots+a_{n-2}x^2+a_{n-1}x+a_n\ .\end{aligned}$$

例 1.3.4　证明范德蒙德(Vandermonde)行列式($n\geqslant 2$)

$$D_n=\begin{vmatrix}1&1&\cdots&1\\x_1&x_2&\cdots&x_n\\x_1^2&x_2^2&\cdots&x_n^2\\\vdots&\vdots&&\vdots\\x_1^{n-1}&x_2^{n-1}&\cdots&x_n^{n-1}\end{vmatrix}=\prod_{1\leqslant j<i\leqslant n}(x_i-x_j)\ ,$$

其中 $\prod$ 是连乘号，表示全体同类因子的乘积.

证明　用数学归纳法证明. 当 $n=2$ 时

$$D_2=\begin{vmatrix}1&1\\x_1&x_2\end{vmatrix}=x_2-x_1=\prod_{1\leqslant j<i\leqslant 2}(x_i-x_j)\ ,$$

所以，当 $n=2$ 时结论成立.

下面假设对 $n-1$ 阶范德蒙德行列式结论成立，来证明对 n 阶范德蒙德行列式结论也成立. 为此，对 n 阶范德蒙德行列式 D_n，从第 n 行开始，后行减去前行的 x_1 倍，得

$$D_n=\begin{vmatrix}1 & 1 & 1 & \cdots & 1\\ 0 & x_2-x_1 & x_3-x_1 & \cdots & x_n-x_1\\ 0 & x_2(x_2-x_1) & x_3(x_3-x_1) & \cdots & x_n(x_n-x_1)\\ \vdots & \vdots & \vdots & & \vdots\\ 0 & x_2^{n-2}(x_2-x_1) & x_3^{n-2}(x_3-x_1) & \cdots & x_n^{n-2}(x_n-x_1)\end{vmatrix},$$

按第一列展开，然后各列提出公因子，就有

$$D_n=(x_2-x_1)(x_3-x_1)\cdots(x_n-x_1)\begin{vmatrix}1 & 1 & \cdots & 1\\ x_2 & x_3 & \cdots & x_n\\ \vdots & \vdots & & \vdots\\ x_2^{n-2} & x_3^{n-2} & \cdots & x_n^{n-2}\end{vmatrix},$$

上式右边的行列式是$n-1$阶范德蒙德行列式，由归纳假设，它等于$\prod\limits_{2\leqslant j<i\leqslant n}(x_i-x_j)$，于是

$$D_n=(x_2-x_1)(x_3-x_1)\cdots(x_n-x_1)\prod_{2\leqslant j<i\leqslant n}(x_i-x_j)=\prod_{1\leqslant j<i\leqslant n}(x_i-x_j),$$

即对于n阶范德蒙德行列式结论成立.

由定理 1.3.1，还可得下述关于代数余子式的重要性质：

推论　n阶行列式$D=|a_{ij}|$的任一行(列)各元素与另一行(列)对应元素的代数余子式的乘积之和等于零，即

$$a_{i1}A_{j1}+a_{i2}A_{j2}+\cdots+a_{in}A_{jn}=0\quad(i\neq j),$$

或

$$a_{1i}A_{1j}+a_{2i}A_{2j}+\cdots+a_{ni}A_{nj}=0\quad(i\neq j).$$

证明　将行列式$D=|a_{ij}|$的第j行元素$a_{j1},a_{j2},\cdots,a_{jn}$分别换成第$i$行元素$a_{i1},a_{i2},\cdots,a_{in}$，其他行不变，从而得到一个新的行列式

$$D_1=\begin{vmatrix}a_{11} & a_{12} & \cdots & a_{1n}\\ \vdots & \vdots & & \vdots\\ a_{i1} & a_{i2} & \cdots & a_{in}\\ \vdots & \vdots & & \vdots\\ a_{i1} & a_{i2} & \cdots & a_{in}\\ \vdots & \vdots & & \vdots\\ a_{n1} & a_{n2} & \cdots & a_{nn}\end{vmatrix}.$$

显然，D_1 中第 j 行各元素的代数余子式与 D 中第 j 行各元素的代数余子式相同，且 $D_1=0$．另一方面，把 D_1 按第 j 行展开，得

$$D_1=a_{i1}A_{j1}+a_{i2}A_{j2}+\cdots+a_{in}A_{jn}=0\quad(i\neq j).$$

同理可得

$$a_{1i}A_{1j}+a_{2i}A_{2j}+\cdots+a_{ni}A_{nj}=0\quad(i\neq j).$$

综合定理 1.3.1 及其推论，可得代数余子式的重要性质：

$$a_{i1}A_{j1}+a_{i2}A_{j2}+\cdots+a_{in}A_{jn}=\sum_{k=1}^{n}a_{ik}A_{jk}=D\delta_{ij}=\begin{cases}D, & i=j,\\ 0, & i\neq j,\end{cases}$$

$$a_{1i}A_{1j}+a_{2i}A_{2j}+\cdots+a_{ni}A_{nj}=\sum_{k=1}^{n}a_{ki}A_{kj}=D\delta_{ij}=\begin{cases}D, & i=j,\\ 0, & i\neq j,\end{cases}$$

其中 $\delta_{ij}=\begin{cases}1, & i=j,\\ 0, & i\neq j\end{cases}$ 称为**克罗内克**(Kronecker)**符号函数**.

例 1.3.5　设

$$D=\begin{vmatrix}1&2&3&4\\5&6&7&8\\2&3&4&5\\6&7&8&9\end{vmatrix},$$

求 $3A_{12}+7A_{22}+4A_{32}+8A_{42}$，其中 $A_{i2}(i=1,2,3,4)$ 为 D 中元素 $a_{i2}(i=1,2,3,4)$ 的代数余子式.

解　因 3,7,4,8 恰为 D 中第三列元素，而 A_{12}，A_{22}，A_{32}，A_{42} 为 D 中第二列元素的代数余子式，故 $3A_{12}+7A_{22}+4A_{32}+8A_{42}$ 表示 D 中第三列元素与第二列对应元素的代数余子式的乘积之和，由代数余子式的性质知

$$3A_{12}+7A_{22}+4A_{32}+8A_{42}=0.$$

行列式按行(列)展开定理　　递推法

习　题　1.3

1. 计算下列行列式：

(1) $D=\begin{vmatrix} a^2+\frac{1}{a^2} & a & \frac{1}{a} & 1 \\ b^2+\frac{1}{b^2} & b & \frac{1}{b} & 1 \\ c^2+\frac{1}{c^2} & c & \frac{1}{c} & 1 \\ d^2+\frac{1}{d^2} & d & \frac{1}{d} & 1 \end{vmatrix}$，其中 $abcd=1$；

(2) $D=\begin{vmatrix} a & b & c \\ a^2 & b^2 & c^2 \\ b+c & c+a & a+b \end{vmatrix}$；

(3) $D_{n+1}=\begin{vmatrix} a^n & (a-1)^n & \cdots & (a-n)^n \\ a^{n-1} & (a-1)^{n-1} & \cdots & (a-n)^{n-1} \\ \vdots & \vdots & & \vdots \\ a & a-1 & \cdots & a-n \\ 1 & 1 & \cdots & 1 \end{vmatrix}$；

(4) $D_{2n}=\begin{vmatrix} a_n & & & & & b_n \\ & \ddots & & & \iddots & \\ & & a_1 & b_1 & & \\ & & c_1 & d_1 & & \\ & \iddots & & & \ddots & \\ c_n & & & & & d_n \end{vmatrix}$，其中未写出的元素都是 0.

2. 已知 4 阶行列式 D 中第二行元素分别为 1，-2，0，1，它们的余子式分别为 3，5，7，-4，求 D 的值.

3. 已知 5 阶行列式

$$D_5=\begin{vmatrix} 1 & 2 & 3 & 4 & 5 \\ 2 & 2 & 2 & 1 & 1 \\ 3 & 1 & 2 & 4 & 5 \\ 1 & 1 & 1 & 2 & 2 \\ 4 & 3 & 1 & 5 & 0 \end{vmatrix}=27,$$

求 $A_{41}+A_{42}+A_{43}$ 和 $A_{44}+A_{45}$，其中 $A_{4j}(j=1,2,3,4,5)$ 为 D_5 中第四行元素的代数余子式.

4. 设 n 阶行列式

$$D_n=\begin{vmatrix}1&2&3&\cdots&n\\1&2&0&\cdots&0\\1&0&3&\cdots&0\\\vdots&\vdots&\vdots&&\vdots\\1&0&0&\cdots&n\end{vmatrix},$$

求第一行各元素的代数余子式之和 $A_{11}+A_{12}+\cdots+A_{1n}$.

习题 1.3 第 1(3)(4)题解答　　　　习题 1.3 第 3,4 题解答

1.4　克拉默法则

本节介绍行列式在线性方程组中的应用——克拉默(Cramer)法则.

1.4.1　克拉默法则

我们把 1.1.1 小节中二元、三元线性方程组的解的形式推广到 n 元线性方程组，就是本节所要讲的克拉默法则.

一般地，含有 n 个未知量 n 个方程的线性方程组为

$$\begin{cases}a_{11}x_1+a_{12}x_2+\cdots+a_{1n}x_n=b_1,\\a_{21}x_1+a_{22}x_2+\cdots+a_{2n}x_n=b_2,\\\qquad\cdots\cdots\\a_{n1}x_1+a_{n2}x_2+\cdots+a_{nn}x_n=b_n.\end{cases}\tag{1.4.1}$$

方程组中 n 个未知量的系数 $a_{ij}(i=1,2,\cdots,n;\quad j=1,2,\cdots,n)$ 构成的行列式

$$D=\begin{vmatrix}a_{11}&a_{12}&\cdots&a_{1n}\\a_{21}&a_{22}&\cdots&a_{2n}\\\vdots&\vdots&&\vdots\\a_{n1}&a_{n2}&\cdots&a_{nn}\end{vmatrix}$$

称为方程组(1.4.1)的系数行列式.

定理 1.4.1(克拉默法则)　若线性方程组(1.4.1)的系数行列式 $D\neq 0$，则方程组有唯一解：

$$x_1=\frac{D_1}{D},\quad x_2=\frac{D_2}{D},\quad\cdots,\quad x_n=\frac{D_n}{D},\tag{1.4.2}$$

其中 $D_j(j=1,2,\cdots,n)$ 是将系数行列式 D 的第 j 列 $(j=1,2,\cdots,n)$ 各元素依次换成方程组右端的常数项所得到的 n 阶行列式，即

$$D_j=\begin{vmatrix} a_{11} & \cdots & a_{1,j-1} & b_1 & a_{1,j+1} & \cdots & a_{1n} \\ a_{21} & \cdots & a_{2,j-1} & b_2 & a_{2,j+1} & \cdots & a_{2n} \\ \vdots & & \vdots & \vdots & \vdots & & \vdots \\ a_{n1} & \cdots & a_{n,j-1} & b_n & a_{n,j+1} & \cdots & a_{nn} \end{vmatrix}.$$

证明 (1)**存在性** 即证(1.4.2)式是线性方程组(1.4.1)的解.

构造如下 $n+1$ 阶行列式：

$$D_{n+1}=\begin{vmatrix} b_1 & a_{11} & a_{12} & \cdots & a_{1n} \\ b_1 & a_{11} & a_{12} & \cdots & a_{1n} \\ b_2 & a_{21} & a_{22} & \cdots & a_{2n} \\ \vdots & \vdots & \vdots & & \vdots \\ b_n & a_{n1} & a_{n2} & \cdots & a_{nn} \end{vmatrix},$$

显然，$D_{n+1}=0$. 将 D_{n+1} 按第一行展开，得

$$b_1D-a_{11}D_1-a_{12}D_2-\cdots-a_{1n}D_n=0.$$

由于 $D\neq 0$，所以

$$a_{11}\frac{D_1}{D}+a_{12}\frac{D_2}{D}+\cdots+a_{1n}\frac{D_n}{D}=b_1,$$

即(1.4.2)式满足线性方程组(1.4.1)中第一个方程.

同理可证，(1.4.2)式也满足线性方程组(1.4.1)的其余方程，即得证(1.4.2)式是线性方程组(1.4.1)的解.

(2) **唯一性** 即要证(1.4.2)式是线性方程组(1.4.1)的唯一解.

设 x_1，x_2，$\cdots$，x_n 是(1.4.1)的任一解，则(1.4.1)中 n 个等式都成立. 由行列式的性质有

$$x_1D=\begin{vmatrix} a_{11}x_1+a_{12}x_2+\cdots+a_{1n}x_n & a_{12} & \cdots & a_{1n} \\ a_{21}x_1+a_{22}x_2+\cdots+a_{2n}x_n & a_{22} & \cdots & a_{2n} \\ \vdots & \vdots & & \vdots \\ a_{n1}x_1+a_{n2}x_2+\cdots+a_{nn}x_n & a_{n2} & \cdots & a_{nn} \end{vmatrix}=\begin{vmatrix} b_1 & a_{12} & \cdots & a_{1n} \\ b_2 & a_{22} & \cdots & a_{2n} \\ \vdots & \vdots & & \vdots \\ b_n & a_{n2} & \cdots & a_{nn} \end{vmatrix}=D_1.$$

同理可得 $x_2D=D_2,\cdots$，$x_nD=D_n$，故当 $D\neq 0$ 时，有

$$x_1=\frac{D_1}{D},\quad x_2=\frac{D_2}{D},\quad \cdots,\quad x_n=\frac{D_n}{D},$$

即线性方程组(1.4.1)在系数行列式 $D\neq 0$ 时有唯一解：

$$x_1=\frac{D_1}{D},\quad x_2=\frac{D_2}{D},\quad \cdots,\quad x_n=\frac{D_n}{D}.$$

例 1.4.1　解线性方程组

$$\begin{cases} x_1 + x_2 + x_3 = 1, \\ x_1 + 2x_2 - x_3 = 0, \\ 3x_1 + 5x_2 + x_3 = 3. \end{cases}$$

解　方程组的系数行列式

$$D = \begin{vmatrix} 1 & 1 & 1 \\ 1 & 2 & -1 \\ 3 & 5 & 1 \end{vmatrix} = 2 \neq 0,$$

所以方程组有唯一解. 又

$$D_1 = \begin{vmatrix} 1 & 1 & 1 \\ 0 & 2 & -1 \\ 3 & 5 & 1 \end{vmatrix} = -2, \quad D_2 = \begin{vmatrix} 1 & 1 & 1 \\ 1 & 0 & -1 \\ 3 & 3 & 1 \end{vmatrix} = 2, \quad D_3 = \begin{vmatrix} 1 & 1 & 1 \\ 1 & 2 & 0 \\ 3 & 5 & 3 \end{vmatrix} = 2,$$

故方程组的唯一解为

$$x_1 = \frac{D_1}{D} = -1, \quad x_2 = \frac{D_2}{D} = 1, \quad x_3 = \frac{D_3}{D} = 1.$$

利用克拉默法则求解未知量较多的线性方程组时，计算量较大. 但是，克拉默法则在理论上有着重大意义：它给出了线性方程组解与系数的明显关系.

撇开求解公式(1.4.2)，克拉默法则可叙述如下：

如果线性方程组(1.4.1)的系数行列式 $D \neq 0$，则方程组(1.4.1)一定有解，且解是唯一的.

其等价命题为：如果线性方程组(1.4.1)无解或有两个不同的解，则它的系数行列式必为零.

1.4.2　齐次线性方程组有非零解的条件

常数项全为零的线性方程组

$$\begin{cases} a_{11}x_1 + a_{12}x_2 + \cdots + a_{1n}x_n = 0, \\ a_{21}x_1 + a_{22}x_2 + \cdots + a_{2n}x_n = 0, \\ \quad\quad\cdots\cdots \\ a_{n1}x_1 + a_{n2}x_2 + \cdots + a_{nn}x_n = 0 \end{cases} \tag{1.4.3}$$

称为**齐次线性方程组**. 齐次线性方程组(1.4.3)显然有解 $x_1 = x_2 = \cdots = x_n = 0$，称此解为(1.4.3)的**零解**. 如果一组不全为零的数是方程组(1.4.3)的解，则此解叫做方程组的**非零解**. 齐次线性方程组一定有零解，但不一定有非零解.这里要讨论的问题是齐次线性方程组(1.4.3)有非零解的条件.

由克拉默法则可得下面结论.

定理 1.4.2 如果齐次线性方程组(1.4.3)的系数行列式 $D \neq 0$，则它只有零解.

定理 1.4.2 的等价命题：若齐次线性方程组(1.4.3)有非零解，则它的系数行列式 $D = 0$. 这个结论说明系数行列式 $D = 0$ 是齐次线性方程组有非零解的必要条件，今后还可以证明这个条件也是充分的.

例 1.4.2 问 λ 取何值时，齐次线性方程组

$$\begin{cases} (1-\lambda)x_1 - 2x_2 + 4x_3 = 0, \\ 2x_1 + (3-\lambda)x_2 + x_3 = 0, \\ x_1 + x_2 + (1-\lambda)x_3 = 0 \end{cases}$$

有非零解？

解 齐次线性方程组若有非零解，则其系数行列式 $D = 0$.而

$$D = \begin{vmatrix} 1-\lambda & -2 & 4 \\ 2 & 3-\lambda & 1 \\ 1 & 1 & 1-\lambda \end{vmatrix} = -\lambda(\lambda-3)(\lambda-2).$$

故当 $\lambda = 0,2,3$ 时，方程组有非零解.

克拉默法则

齐次方程组非零解的条件

习 题 1.4

1. 用克拉默法则解下列线性方程组：

(1) $\begin{cases} x_1 + x_2 = 1, \\ x_1 + 2x_2 = -1; \end{cases}$

(2) $\begin{cases} x_1 - x_2 + x_3 = 1, \\ x_1 + 2x_2 - 5x_3 = -4, \\ x_1 + 3x_2 - 2x_3 = 2; \end{cases}$

(3) $\begin{cases} x_1 + a_1x_2 + a_1^2x_3 + a_1^3x_4 = 1, \\ x_1 + a_2x_2 + a_2^2x_3 + a_2^3x_4 = 1, \\ x_1 + a_3x_2 + a_3^2x_3 + a_3^3x_4 = 1, \\ x_1 + a_4x_2 + a_4^2x_3 + a_4^3x_4 = 1, \end{cases}$ 其中 a_1, a_2, a_3, a_4 是互不相同的数.

2. k 取何值时，下面齐次线性方程组只有零解？

$$\begin{cases} kx_1 + x_2 + x_3 = 0, \\ kx_1 + 3x_2 - x_3 = 0, \\ -x_2 + kx_3 = 0. \end{cases}$$

3. λ 取何值时，下面齐次线性方程组有非零解？

$$\begin{cases} x_1 - 2x_2 + 3x_3 = 0, \\ 2x_1 + (\lambda - 3)x_2 + 6x_3 = 0, \\ x_1 + x_2 + (\lambda - 1)x_3 = 0. \end{cases}$$

复 习 题 1

1. 选择题

(1) 下列排列是奇排列的是(　　).

(A) 54321　　(B) 13542　　(C) 31542　　(D) 42135

(2) 排列 134782695 的反序数 $\tau(134782695) = ($　　$)$.

(A) 1　　(B) 2　　(C) 3　　(D) 10

(3) 当 $k = ($　　$)$时，$\begin{vmatrix} 3 & k & -1 \\ 0 & -4 & -1 \\ -k & 5 & 1 \end{vmatrix} = 0$.

(A) 1　　(B) 2　　(C) 3　　(D) -1 或 -3

(4) 设 $f(x) = \begin{vmatrix} x-2 & x-1 & x-2 & x-3 \\ 2x-2 & 2x-1 & 2x-2 & 2x-3 \\ 3x-3 & 3x-2 & 4x-5 & 3x-5 \\ 4x & 4x-3 & 5x-7 & 4x-3 \end{vmatrix}$，则方程 $f(x) = 0$ 的根的个数为(　　).

(A) 1　　(B) 2　　(C) 3　　(D) 4

(5) 若三阶行列式 $D_3 = \left|a_{ij}\right| = a \neq 0$，则 $\begin{vmatrix} a_{11} & a_{11} - 2a_{12} & a_{12} + 3a_{13} \\ a_{21} & a_{21} - 2a_{22} & a_{22} + 3a_{23} \\ a_{31} & a_{31} - 2a_{32} & a_{32} + 3a_{33} \end{vmatrix} = ($　　$)$.

(A) a　　(B) $-2a$　　(C) $3a$　　(D) $-6a$

(6) 下列选项中(　　)不是 n 阶行列式的值为零的充分条件.

(A) 行列式有两行(列)元素对应成比例

(B) 行列式有一行(列)元素全为零

(C) 行列式中零元素的个数多于 n 个

(D) 行列式中每行(列)元素之和都为零

(7) n 阶行列式的值为零的充分条件是(　　).

(A) 行列式主对角线上的元素全为零

(B) 行列式中零元素的个数多于 n 个

(C) 行列式中非零元素的个数少于 n 个

(D) 行列式中零元素的个数少于 n 个

(8) 下列选项中(　　)不是 n 阶行列式的值不为零的必要条件.

(A) 行列式中任意一行(列)元素不全为零

(B) 行列式中任意两行(列)对应元素不成比例

(C) 行列式中非零元素的个数不少于 n 个

(D) 行列式中零元素的个数少于 n 个

(9) 已知四阶行列式 D 中第三列元素分别为 1，3，−2，2，它们的余子式的值分别为 3，−2，1，1，则 $D=($　　$)$.

(A) 5　　(B) −5　　(C) −3　　(D) 3

(10) 行列式 $\begin{vmatrix} 0 & a & b & 0 \\ a & 0 & 0 & b \\ 0 & c & d & 0 \\ c & 0 & 0 & d \end{vmatrix} = ($　　$)$.

(A) $(ad-bc)^2$　　(B) $-(ad-bc)^2$　　(C) $a^2d^2-b^2c^2$　　(D) $b^2c^2-a^2d^2$

2. 填空题

(1) $\begin{vmatrix} a & 1 & 1 \\ 0 & -1 & 0 \\ 4 & a & a \end{vmatrix} > 0$ 的充分必要条件是____________.

(2) 若 $1274i56k9$ 是偶排列，则 i,k 的值分别为____________.

(3) 排列 $135\cdots(2n-1)246\cdots2n$ 的反序数为____________.

(4) $\begin{vmatrix} 0 & x & y \\ -x & 0 & z \\ -y & -z & 0 \end{vmatrix} =$ ____________.

(5) 如果 $\begin{vmatrix} a_{11} & a_{12} & a_{13} \\ a_{21} & a_{22} & a_{23} \\ a_{31} & a_{32} & a_{33} \end{vmatrix} = 2$，则 $\begin{vmatrix} 2a_{11} & 2a_{13} & 2a_{12} \\ 2a_{21} & 2a_{23} & 2a_{22} \\ 2a_{31} & 2a_{33} & 2a_{32} \end{vmatrix} =$ ____________.

(6) $\begin{vmatrix} a^2 & b^2 & c^2 & d^2 \\ (a+1)^2 & (b+1)^2 & (c+1)^2 & (d+1)^2 \\ (a+2)^2 & (b+2)^2 & (c+2)^2 & (d+2)^2 \\ (a+3)^2 & (b+3)^2 & (c+3)^2 & (d+3)^2 \end{vmatrix} =$ ____________.

(7) 设五阶行列式 $D_5 = \begin{vmatrix} 1 & 7 & 3 & 2 & 5 \\ 7 & 7 & 7 & 3 & 3 \\ 5 & 1 & 2 & 4 & 1 \\ 3 & 3 & 3 & 5 & 5 \\ 4 & -3 & 1 & 5 & 4 \end{vmatrix}$，$A_{3j}\,(j=1,2,3,4,5)$ 为 D_5 中第三行元素的代数余子

式，则 $A_{31}+A_{32}+A_{33}=$______；$A_{34}+A_{35}=$______.

(8) 利用范德蒙德行列式的计算公式，n 阶行列式

$$\begin{vmatrix} 1 & 1 & \cdots & 1 \\ x_1+1 & x_2+1 & \cdots & x_n+1 \\ x_1^2+x_1 & x_2^2+x_2 & \cdots & x_n^2+x_n \\ \vdots & \vdots & & \vdots \\ x_1^{n-1}+x_1^{n-2} & x_2^{n-1}+x_2^{n-2} & \cdots & x_n^{n-1}+x_n^{n-2} \end{vmatrix} = \underline{\qquad\qquad}.$$

(9) 克拉默法则告诉我们，系数行列式 $D\neq 0$ 是 n 元线性方程组

$$\begin{cases} a_{11}x_1+a_{12}x_2+\cdots+a_{1n}x_n=b_1, \\ a_{21}x_1+a_{22}x_2+\cdots+a_{2n}x_n=b_2, \\ \cdots\cdots \\ a_{n1}x_1+a_{n2}x_2+\cdots+a_{nn}x_n=b_n \end{cases}$$

有唯一解的______条件.

(10) 若齐次线性方程组 $\begin{cases} kx_1+x_4=0, \\ x_1+2x_2-x_4=0, \\ (k+2)x_1-x_2+4x_4=0, \\ 2x_1+x_2+3x_3+kx_4=0 \end{cases}$ 有非零解，则 k 的取值为______.

3. 计算下列行列式：

(1) $\begin{vmatrix} 2 & 0 & 1 \\ 1 & -4 & -1 \\ -1 & 8 & 3 \end{vmatrix}$；　(2) $\begin{vmatrix} 2 & 1 & 4 & 1 \\ 3 & -1 & 2 & 1 \\ 1 & 2 & 3 & 2 \\ 5 & 0 & 6 & 2 \end{vmatrix}$；

(3) $\begin{vmatrix} 6 & 1 & 0 & 0 \\ -1 & 1 & 0 & 0 \\ 3 & 7 & 2 & 2 \\ 4 & 8 & 3 & 5 \end{vmatrix}$；　(4) $\begin{vmatrix} 1 & -2 & -1 & -2 \\ 4 & 1 & 2 & 0 \\ 2 & 5 & 4 & 1 \\ 1 & 1 & 1 & 1 \end{vmatrix}$.

4. 在五阶行列式的展开式中，下列各项前面的符号是什么？

(1) $a_{14}a_{23}a_{32}a_{41}a_{55}$；　(2) $a_{25}a_{32}a_{13}a_{41}a_{54}$.

5.设

$$D_4=\begin{vmatrix} 4x & 3 & 1 & 0 \\ -x & x & 2 & 3 \\ 1 & 3 & x & 2 \\ x & 1 & 2 & -x \end{vmatrix},$$

求 D_4 中 x^4，x^3 的系数及常数项.

6. 证明下列等式：

$$(1)\quad \begin{vmatrix} 1 & 1 & 1 & \cdots & 1 \\ x_1 & x_2 & x_3 & \cdots & x_n \\ x_1^2 & x_2^2 & x_3^2 & \cdots & x_n^2 \\ \vdots & \vdots & \vdots & & \vdots \\ x_1^{n-2} & x_2^{n-2} & x_3^{n-2} & \cdots & x_n^{n-2} \\ x_1^n & x_2^n & x_3^n & \cdots & x_n^n \end{vmatrix} = \prod_{1\leqslant j<i\leqslant n}(x_i - x_j)\sum_{i=1}^{n} x_i\ ;$$

$$(2)\quad \begin{vmatrix} 2 & -1 & & & & \\ -1 & 2 & -1 & & & \\ & -1 & 2 & -1 & & \\ & & \ddots & \ddots & \ddots & \\ & & & \ddots & \ddots & -1 \\ & & & & -1 & 2 \end{vmatrix} = n+1\,.$$

7. 设四阶行列式

$$D = \begin{vmatrix} 3 & 2 & 4 & 0 \\ 3 & -1 & 2 & 1 \\ 1 & 1 & 1 & -1 \\ 5 & 3 & 6 & 2 \end{vmatrix},$$

求 D 的第四行元素的余子式之和 $M_{41}+M_{42}+M_{43}+M_{44}$.

8. 用克拉默法则解下列线性方程组:

(1) $\begin{cases} x_1 + 3x_2 = 1, \\ x_1 + 2x_2 = -1; \end{cases}$

(2) $\begin{cases} x_2 + x_4 = 1, \\ x_1 + x_3 = 0, \\ x_3 + x_4 = 0, \\ x_2 + x_3 = 0. \end{cases}$

9. k, λ 取何值时，下面齐次线性方程组有非零解?

$$\begin{cases} \lambda x_1 + x_2 + x_3 = 0, \\ x_1 + kx_2 + x_3 = 0, \\ x_1 + 2kx_2 + x_3 = 0. \end{cases}$$

复习题 1 第 6(1)题证明

复习题 1 第 6(2)题证明

*1 拓 展 知 识

*1.5 MATLAB 软件介绍及计算行列式的程序

1.5.1 MATLAB 简介

MATLAB 是 Matrix Laboratory 的缩写，是由美国 MathWorks 公司出品的商业数学软件(http://www.mathworks.com)，其语言被称为第四代高级编程语言，现已成为优秀的数学软件之一，目前已被广泛应用于科学与工程计算、系统建模与仿真、数学分析与可视化等领域.

1.5.2 MATLAB 桌面

MATLAB 桌面是 MATLAB 软件的主要工作环境，是针对诸如运行 MATLAB 命令、观察结果、管理文件与变量、查看历史命令的工作平台. 图 1.5.1 显示了以 MATLAB 2016b 为例的 MATLAB 桌面. 如图所示，MATLAB 桌面由工具栏、命令窗口、工作空间窗口、当前目录浏览器和历史命令窗口组成.

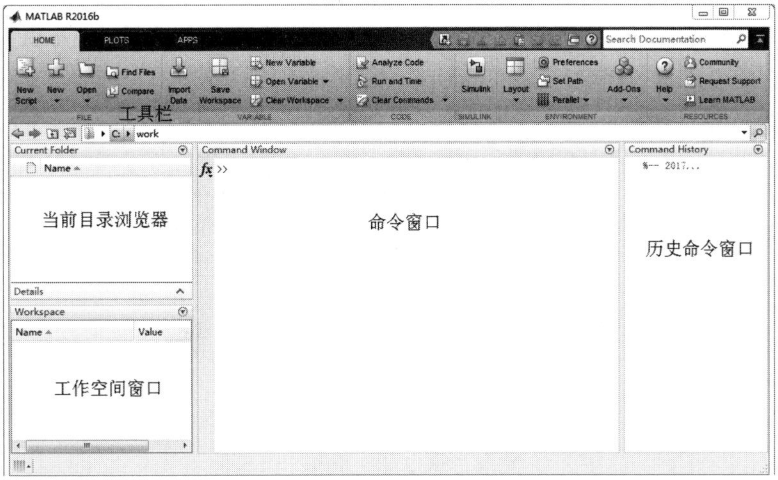

图 1.5.1 MATLAB 桌面主要组成部分

1.5.3 命令窗口

MATLAB 在输入命令时常用两种方式：命令窗口方式和 M 文件方式.

在命令窗口方式中，可直接将命令在命令窗口中输入，在回车后立即执行命令并显示运算结果. 该方式在一些简单的运算中及在代码调试时经常使用. 图 1.5.2 为一个五阶魔方矩阵的命令输入和显示结果的例子.

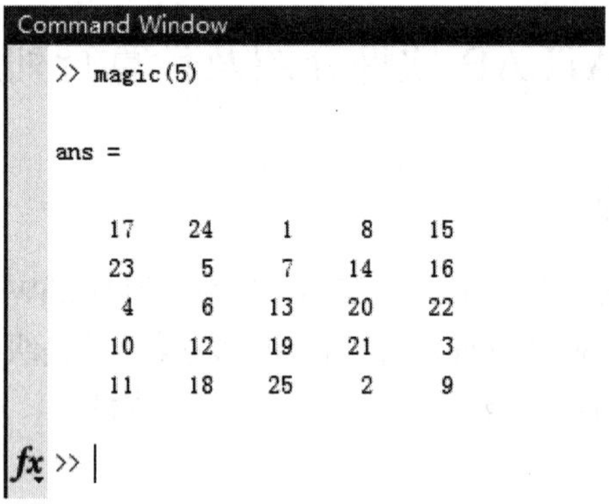

图 1.5.2　命令窗口方式中的五阶魔方矩阵

1.5.4　M 文件

在输入或处理较复杂的命令组合时，常采用 M 文件方式. 在该方式中，命令输入在后缀名为 “.m” 的文件中，在保存文件后便可将文件名作为命令输入在命令窗口中，结果仍显示在命令窗口中，免去每次重复键入诸多代码的麻烦.

启动 M 文件编辑模式有两种方法，一个是在命令窗口中输入 “edit” 命令，另一个是在工具栏中单击 “New Script” 按钮. 图 1.5.3 显示了一个 M 文件中手工输入的范德蒙德矩阵.

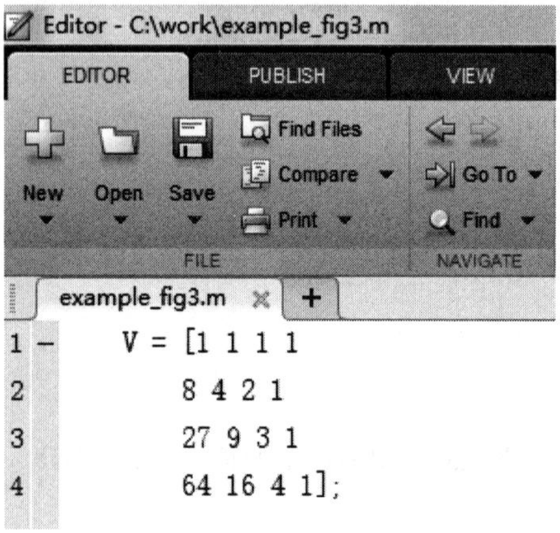

图 1.5.3　M 文件方式中的范德蒙德矩阵

1.5.5 MATLAB 基础知识

1) 变量

MATLAB 变量区分字母的大小写. 表 1.5.1 列举了常见的系统变量.

表 1.5.1 常见的系统变量

变量名	说明
ans	命令窗口中用于表示结果的默认变量名
pi	圆周率
eps	计算机可表示的最小数
inf	无穷大
NaN	非数值
i(或 j)	虚数单位 $\sqrt{-1}$

2)矩阵

矩阵的表示和运算是 MATLAB 的核心.

在创建矩阵时, 可采用类似于图 1.5.3 的方式进行输入, 其中的空格与逗号的作用相同, 换行与分号的作用相同. 如图 1.5.4 所示, 在输入贾宪三角形时采用了逗号和分号的方式.

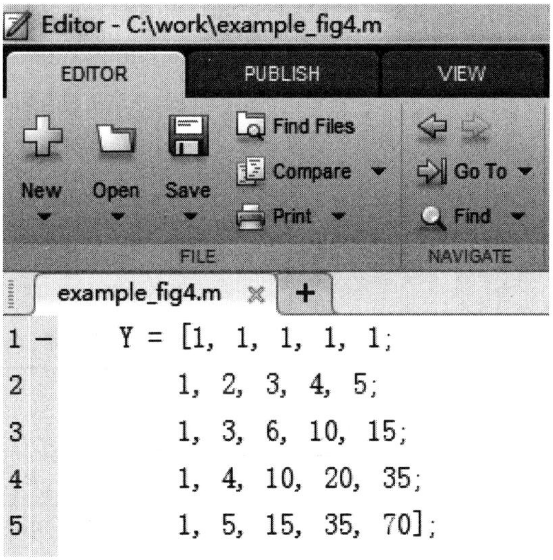

图 1.5.4 输入贾宪三角形

此外，MATLAB 系统提供了一些标准的特殊矩阵，如表 1.5.2 所示.

表 1.5.2　一些标准的特殊矩阵

MATLAB 函数	功能说明
ones(m, n)	生成大小为 $m\times n$ 的 1 矩阵，其元素均为 1
zeros(m, n)	生成大小为 $m\times n$ 的 0 矩阵，其元素均为 0
eye(m, n)	生成大小为 $m\times n$ 的单位矩阵
magic(m, n)	生成大小为 $m\times n$ 的魔方矩阵
rand(m, n)	生成大小为 $m\times n$ 的随机矩阵，其元素是在[0, 1]上的服从均匀分布的随机数
randn(m, n)	生成大小为 $m\times n$ 的随机矩阵，其元素是在[0, 1]上的服从高斯分布的随机数，均值为 0，方差为 1
vander(v)	生成范德蒙德矩阵
pascal(n)	生成 n 阶贾宪三角形(帕斯卡矩阵)

3) 运算符

MATLAB 运算符可以分为三种主要类别：算术运算符、关系运算符和逻辑运算符. 它们的主要内容如表 1.5.3～表 1.5.5 所示.

表 1.5.3　常用的算术运算符

运算符	含义
+	加，用于标量的加法和矩阵的加法
−	减，用于标量的减法和矩阵的减法
*	乘，用于矩阵的乘法和标量的乘法
.*	乘，用于矩阵对应元素相乘
/	除，用于矩阵的除法和标量的除法
./	除，用于矩阵对应元素相除
^	矩阵求幂
.^	矩阵的元素求幂

表 1.5.4　关系运算符

运算符	含义
<	小于
<=	小于等于

续表

运算符	含义
>	大于
>=	大于等于
==	等于
~=	不等于

表 1.5.5　逻辑运算符

运算符	含义
&	与
|	或
~	非

4) 流程控制

常见的 MATLAB 流程控制语句如表 1.5.6 所示.

表 1.5.6　流程控制

语句	含义
if	与 else 和 elseif 结合使用，执行一组基于指定逻辑条件的语句
for	执行规定次数的一组语句
while	根据规定的逻辑条件，执行不确定次数的一组语句
break	中止执行 for 或 while 循环
continue	将控制传递给下一轮循环，跳过循环体中的剩余语句
return	返回

5) 帮助文档

MATLAB 软件本身提供了全面的、权威的帮助文档，这是学习和使用 MATLAB 的第一手资料. 启动 MATLAB 帮助文档的方式有多种，最常用的也是最简单一种是在工具栏右侧单击“Help”按钮，如图 1.5.5 所示.

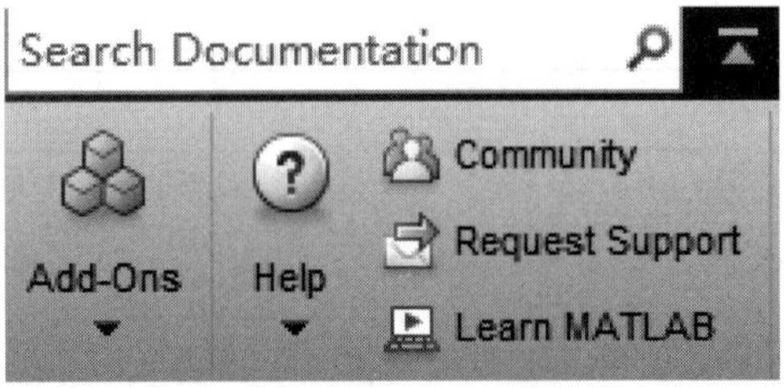

图 1.5.5　帮助文档

1.5.6　计算行列式的软件程序示例

【例 1】　计算行列式 $|A|=\begin{vmatrix}1 & -2 & 4\\ -5 & 2 & 0\\ 2 & 1 & 4\end{vmatrix}$.

解　MATLAB 命令为

```
A = [1, -2, 4; -5, 2, 0; 2, 1, 4];
d = det(A);
```

运行结果为 d=-68.

说明　det(A)是 MATLAB 软件提供的用于计算行列式的函数,其中 A 为方阵.

【例 2】　利用行列式求解三元线性方程组 $\begin{cases}2x-3y+2z=-3,\\ x+4y-3z=0,\\ 3x-y-z=1.\end{cases}$

解　MATLAB 命令为

```
A = [2, -3, 2; 1, 4, -3; 3, -1, -1];
A1 = [-3, -3, 2; 0, 4, -3; 1, -1, -1];
A2 = [2, -3, 2; 1, 0, -3; 3, 1, -1];
A3 = [2, -3, -3; 1, 4, 0; 3, -1, 1];
x = det(A1)/det(A);
y = det(A2)/det(A);
z = det(A3)/det(A);
```

运行结果为

x=-1.375, y=-2, z=-3.125.

*1.6　行列式的应用模型

行列式起源于解线性方程组，但后来的发展已远远超出了解方程组的范围.

在很多方面有应用，在后续的内容中我们将系统介绍. 这里仅给出其他方面的某些应用，为有兴趣的同学提供一些阅读材料.

斐波那契数列与行列式的关系

意大利数学家斐波那契在 1202 年所著的《算法之书》中，给出了一个数列，它们满足如下的递推关系：$F_n = F_{n-1} + F_{n-2}$，其中 $F_1 = 1$，$F_2 = 2$. 这个数列称为**斐波那契(Fibonacci)数列**. 容易知道，它的前几项是 1, 2, 3, 5, 8, 13, 21, ⋯.

斐波那契数列中的一般项，可用行列式表示为

$$F_n = \begin{vmatrix} 1 & -1 & 0 & 0 & \cdots & 0 & 0 & 0 \\ 1 & 1 & -1 & 0 & \cdots & 0 & 0 & 0 \\ 0 & 1 & 1 & -1 & \cdots & 0 & 0 & 0 \\ \vdots & \vdots & \vdots & \vdots & & \vdots & \vdots & \vdots \\ 0 & 0 & 0 & 0 & \cdots & 1 & 1 & -1 \\ 0 & 0 & 0 & 0 & \cdots & 0 & 1 & 1 \end{vmatrix}$$

按第一列展开，可得相邻项间的递推关系式：$F_n = F_{n-1} + F_{n-2}$，且满足 $F_1 = 1$，$F_2 = 2$. n 阶带状行列式

$$D_n = \begin{vmatrix} a+b & ab & 0 & 0 & \cdots & 0 & 0 & 0 \\ 1 & a+b & ab & 0 & \cdots & 0 & 0 & 0 \\ 0 & 1 & a+b & ab & \cdots & 0 & 0 & 0 \\ \vdots & \vdots & \vdots & \vdots & & \vdots & \vdots & \vdots \\ 0 & 0 & 0 & 0 & \cdots & 1 & a+b & ab \\ 0 & 0 & 0 & 0 & \cdots & 0 & 1 & a+b \end{vmatrix}$$

有取值公式 $D_n = \dfrac{a^{n+1} - b^{n+1}}{a-b}$. 当 $a = \dfrac{1+\sqrt{5}}{2}, b = \dfrac{1-\sqrt{5}}{2}$ 时，$D_n = F_n$，即

$$F_n = \frac{1}{\sqrt{5}}\left[\left(\frac{1+\sqrt{5}}{2}\right)^{n+1} - \left(\frac{1-\sqrt{5}}{2}\right)^{n+1}\right].$$

斐波那契数列应用也非常广泛. 它与两个重要极限相关，$\lim\limits_{n\to\infty}\dfrac{F_n}{F_{n-1}} = = \dfrac{\sqrt{5}+1}{2} \approx 1.618$，$\lim\limits_{n\to\infty}\dfrac{F_{n-1}}{F_n} = \dfrac{\sqrt{5}-1}{2} \approx 0.618$，这是黄金分割点的位置. 另外，一个楼梯共有 n 级，每次只能跨一步或者两步，则登上去的所有走法为斐波那契数 F_n；钢琴的 13 个半音阶，可能的排列组合数目也与斐波那契数列有关.

第 2 章　几何向量空间与几何图形

17 世纪笛卡儿(Descartes)建立的坐标系，把数学中的两个研究对象“数”与“形”结合了起来，使数学产生一次划时代的变革. 平面解析几何就是通过坐标系，把平面上的点、向量与两个数构成的有序数组(坐标)建立一一对应关系，从而把平面上的图形与方程对应. 空间解析几何也用类似的方法研究空间的几何问题，即用代数方法研究几何问题.

本章首先简要介绍向量及其线性运算，接着建立空间直角坐标系，引入空间的点、向量与三元有序数组的对应关系，并建立向量的代数运算，然后以向量为工具讨论向量的数量积、向量积，进而讨论空间的几何图形：平面与直线、曲面与曲线.

2.1　几何向量空间

2.1.1　向量及其线性运算

中学我们已经讨论过向量. 称既有大小又有方向的量为**向量**，如力、速度、加速度、位移、力矩等. 在几何上，用有向线段 $\overrightarrow{AB}$ 表示 A 是起点 B 是终点的向量.也可用粗体字母 $\boldsymbol{a}, \boldsymbol{b}, \boldsymbol{c}$ 或 $\boldsymbol{\alpha}$, $\boldsymbol{\beta}$, $\boldsymbol{\gamma}$ 等表示向量. 对于起点在坐标原点 O，终点是 M 的向量 $\overrightarrow{OM}$ 称为点 M 对于原点 O 的向径，常用 $\boldsymbol{r}$ 表示.

向量的**大小**叫做向量的**模**，向量 $\overrightarrow{AB}$ ，$\boldsymbol{\alpha}$ 的模分别记为 $\left|\overrightarrow{AB}\right|$，$|\boldsymbol{\alpha}|$. 模等于 1 的向量称为**单位向量**，模等于 0 的向量称为**零向量**，记为 $\mathbf{0}$，方向是任意的.

与向量 $\boldsymbol{a}$ 的大小相等方向相反的向量称为 $\boldsymbol{a}$ 的**负向量**(或**反向量**)，记为 $-\boldsymbol{a}$. 如果向量 $\boldsymbol{a}$ 与 $\boldsymbol{b}$ 的大小相等方向相同，则称 $\boldsymbol{a}$ 与 $\boldsymbol{b}$ 相等，记作 $\boldsymbol{a}=\boldsymbol{b}$.

在许多实际问题中，我们所关心的常常是向量的大小和方向，而不考虑它的起点位置,这种向量称为**自由向量**. 也就是说自由向量可自由平行移动. 这种情况下，两个相等的向量可平移到完全重合成一个向量. 本书中所指的向量都是自由向量.

物理学中常遇到力、速度等的合成问题，也就是向量的加法. 下面我们给出一般向量的加法定义.

定义 2.1.1　设有向量 $\boldsymbol{a}$ 与 $\boldsymbol{b}$，将向量 $\boldsymbol{b}$ 平行移动，使它的起点与 $\boldsymbol{a}$ 的终点重合，则以 $\boldsymbol{a}$ 的起点为起点，以 $\boldsymbol{b}$ 的终点为终点的向量 $\boldsymbol{c}$ 称为向量 $\boldsymbol{a}$ 与 $\boldsymbol{b}$ 的**和**(图 2.1.1)，记作 $\boldsymbol{c}=\boldsymbol{a}+\boldsymbol{b}$. 这称为向量的**三角形法则**.

向量的加法还有平行四边形法则：设 $\boldsymbol{a},\boldsymbol{b}$ 为非零向量且不平行，平行移动向量 $\boldsymbol{a}$ 与 $\boldsymbol{b}$，使 $\boldsymbol{a}$ 与 $\boldsymbol{b}$ 的起点在同一点 A，记 $\overrightarrow{AB}=\boldsymbol{a},\overrightarrow{AD}=\boldsymbol{b}$，以 $\boldsymbol{a}$，$\boldsymbol{b}$ 为邻边作平行四边形 $ABCD$，对角线向量 $\overrightarrow{AC}$ 称为 $\boldsymbol{a}$ 与 $\boldsymbol{b}$ 的和向量(图 2.1.2).

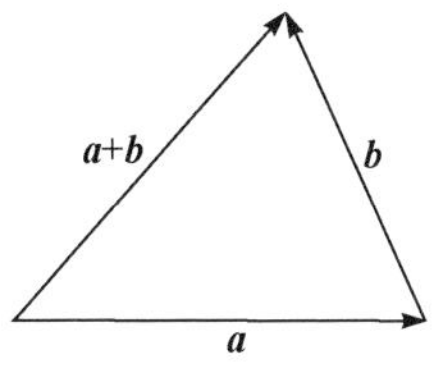

图 2.1.1

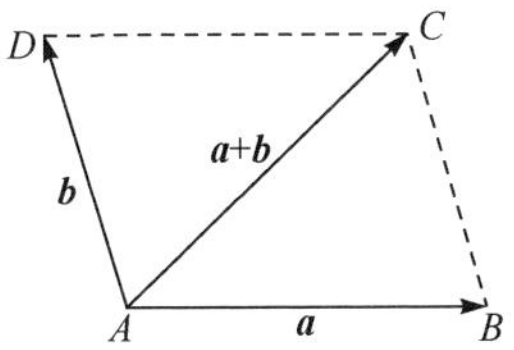

图 2.1.2

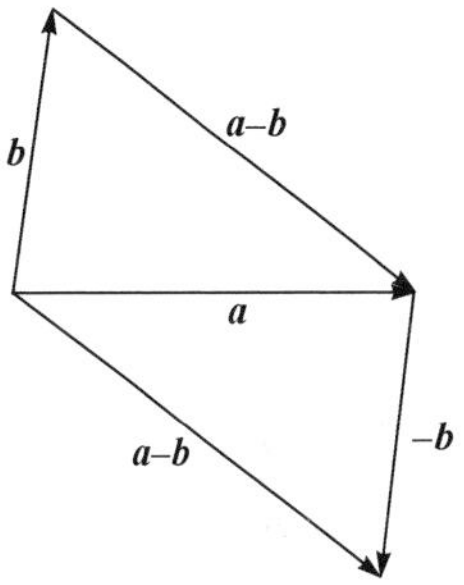

图 2.1.3

由向量的加法，还可以定义向量的减法(图 2.1.3)：

$$\boldsymbol{a}-\boldsymbol{b}=\boldsymbol{a}+(-\boldsymbol{b}).$$

可以证明向量的加法满足以下运算律：(设 $\boldsymbol{a},\boldsymbol{b},\boldsymbol{c}$ 为三个向量)

(1) 交换律：$\boldsymbol{a}+\boldsymbol{b}=\boldsymbol{b}+\boldsymbol{a}$；

(2) 结合律：$(\boldsymbol{a}+\boldsymbol{b})+\boldsymbol{c}=\boldsymbol{a}+(\boldsymbol{b}+\boldsymbol{c})$；

(3) $\boldsymbol{a}+\boldsymbol{0}=\boldsymbol{0}+\boldsymbol{a}=\boldsymbol{a}$；

(4) $\boldsymbol{a}+(-\boldsymbol{a})=\boldsymbol{0}$.

由加法的交换律和结合律，n 个向量 $\boldsymbol{a}_1,\boldsymbol{a}_2,\cdots,\boldsymbol{a}_n\,(n\geqslant 3)$ 相加可写成

$$\boldsymbol{a}_1+\boldsymbol{a}_2+\cdots+\boldsymbol{a}_n,$$

把三角形法则推广，可得 n 个向量相加的**多边形法则**：使前一向量的终点作为次一向量的起点，依次作出这 n 个向量，再以第一向量的起点为起点，最后一向量的终点为终点作一向量，该向量即为所求. 如 $\boldsymbol{s}=\boldsymbol{a}_1+\boldsymbol{a}_2+\boldsymbol{a}_3+\boldsymbol{a}_4+\boldsymbol{a}_5$，和向量 $\boldsymbol{s}$ 如图 2.1.4.

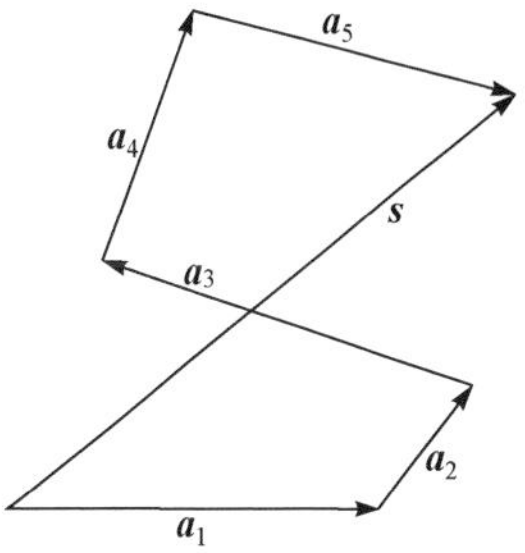

图 2.1.4

实际中，我们还会遇到数与向量相乘的情况. 如一行驶的列车，其速度 $\boldsymbol{v}$ 在方向不变(或相反)时，大小增加到原来的二倍，那么这时的速度应该是原来速度的 2 倍(或 -2 倍)，即 $2\boldsymbol{v}$ (或 $-2\boldsymbol{v}$). 由此引入数与向量的乘法定义.

定义 2.1.2 实数 λ 与向量 $\boldsymbol{a}$ 的乘积 $\lambda\boldsymbol{a}$ 是一个向量，它的模 $|\lambda\boldsymbol{a}|=|\lambda||\boldsymbol{a}|$. 当 $\lambda>0$ 时，$\lambda\boldsymbol{a}$ 的方向与 $\boldsymbol{a}$ 的方向相同；当 $\lambda<0$ 时，$\lambda\boldsymbol{a}$ 的方向与 $\boldsymbol{a}$ 的方向相反；当 $\lambda=0$ 时，$\lambda\boldsymbol{a}=\boldsymbol{0}$，方向任意. 数与向量的乘法简称**数乘**.

由定义 2.1.2，对任意向量 $\boldsymbol{a}\neq\boldsymbol{0}$，存在与 $\boldsymbol{a}$ 同方向的单位向量 $\boldsymbol{a}^0$：$\dfrac{\boldsymbol{a}}{|\boldsymbol{a}|}=\boldsymbol{a}^0$，同时又有 $\boldsymbol{a}=|\boldsymbol{a}|\boldsymbol{a}^0$.

数与向量的乘法满足运算律：($\boldsymbol{a},\boldsymbol{b}$ 为向量，λ,μ 为数)

(1) $1\boldsymbol{a}=\boldsymbol{a}$；

(2) 结合律：$\lambda(\mu\boldsymbol{a})=(\lambda\mu)\boldsymbol{a}$；

(3) 分配律：$(\lambda+\mu)\boldsymbol{a}=\lambda\boldsymbol{a}+\mu\boldsymbol{a}$；

(4) 分配律：$\lambda(\boldsymbol{a}+\boldsymbol{b})=\lambda\boldsymbol{a}+\lambda\boldsymbol{b}$.

向量的加法与数乘运算统称为向量的**线性运算**.

2.1.2 空间直角坐标系与向量的坐标

要使向量与数组产生联系，需要借助坐标系. 在中学我们介绍了平面直角坐标系，但要指出，在平面上建立坐标系，两个坐标轴的夹角不一定是直角. 只要在平面上取一定点 O 和两条相交的数轴，就构成平面上一个坐标系，称为**仿射坐标系**. 由于直角坐标系可使许多计算简化，所以直角坐标系是最常用的坐标系之一. 下面我们将在平面直角坐标系的基础上建立**空间直角坐标系**，并给出**向量的坐标**的概念.

在空间任取一点 O，过点 O 作三条互相垂直的数轴 Ox，Oy，Oz，三个数轴的正方向符合右手系(图 2.1.5)，这样就构成了空间直角坐标系. 称 O 为坐标原点，Ox，Oy，Oz 为坐标轴，分别称为 x 轴(横轴)，y 轴(纵轴)，z 轴(竖轴)，图 2.1.6 就是一个 O-xyz 空间直角坐标系. 每两条坐标轴所确定的平面称为坐标面，分别是 xOy 面，yOz 面，zOx 面.

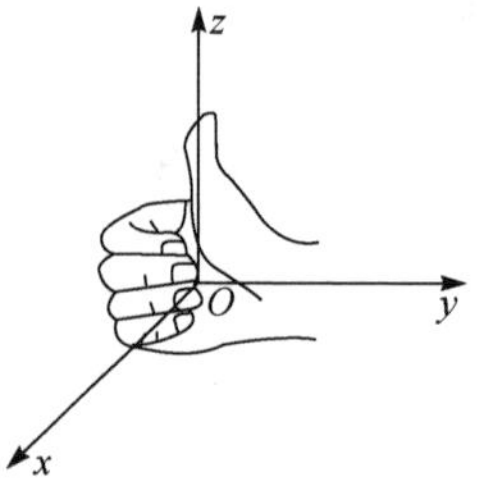

图 2.1.5

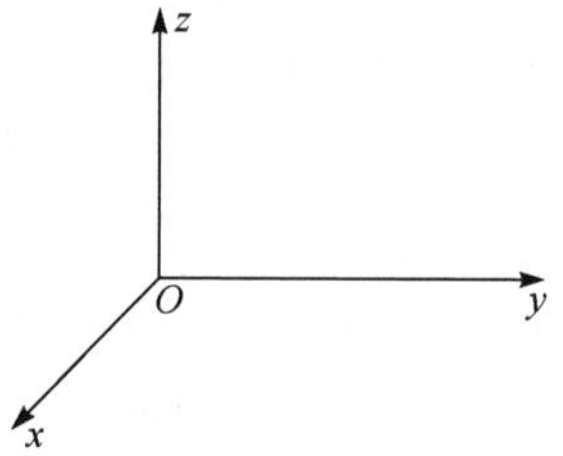

图 2.1.6

三个坐标面 xOy，yOz，zOx 把空间分成八个部分，每一部分称为一个卦限. xOy

平面上方含三条坐标轴正向的那部分称为第Ⅰ卦限，然后按逆时针方向依次确定第Ⅱ，Ⅲ，Ⅳ卦限；在 xOy 面下方，与第Ⅰ卦限相对的为第Ⅴ卦限，再按逆时针方向依次确定第Ⅵ，Ⅶ，Ⅷ卦限(图 2.1.7).

空间点 M 与三元有序数组 (x, y, z) 一一对应.

设空间任一点 M，如图 2.1.8，过点 M 分别作垂直于 x，y，z 轴的平面，这三个平面分别与 x，y，z 轴有唯一交点 A，B，C，交点的坐标 x，y，z 可构成一组有序数 (x, y, z)；反过来，给定一组有序数 (x, y, z)，在 x 轴上取坐标为 x 的点 A，y 轴上取坐标为 y 的点 B，z 轴上取坐标为 z 的点 C，过 A，B，C 分别作垂直于 x，y，z 轴的平面，三个平面有唯一的交点就是 M. 我们称三元有序数组 (x, y, z) 为点 M 的坐标，记作 $M(x, y, z)$.

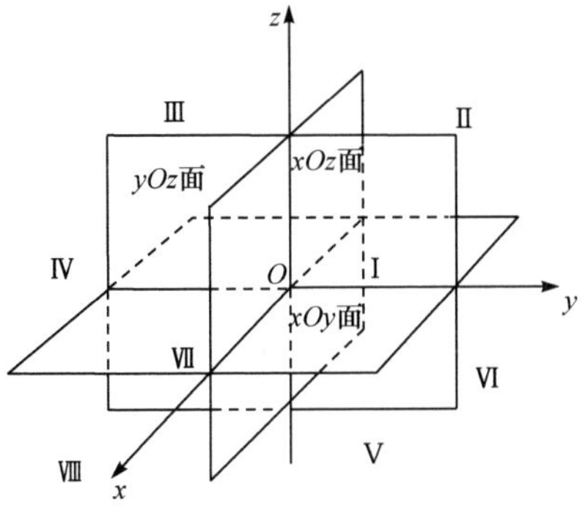

图 2.1.7

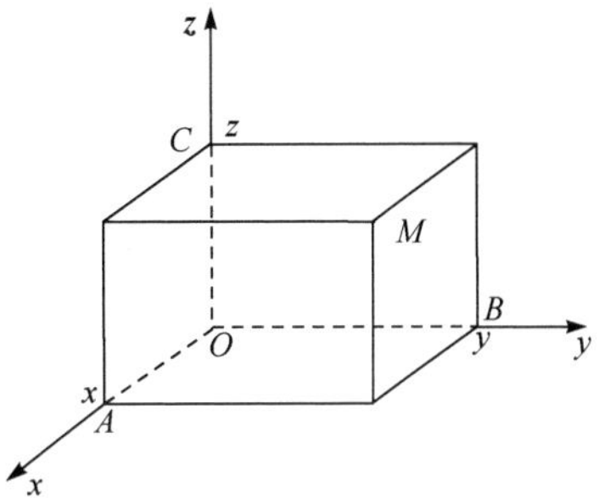

图 2.1.8

显然，原点 O 的坐标为 $(0,0,0)$，x 轴，y 轴，z 轴上点的坐标分别为 $(x,0,0)$，$(0,y,0)$，$(0, 0, z)$；xOy 面，yOz 面，zOx 面上点的坐标分别为 $(x, y, 0)$，$(0, y, z)$，$(x, 0, z)$. 八个卦限中点的坐标特点：Ⅰ$(+, +, +)$，Ⅱ$(-, +, +)$，Ⅲ$(-, -, +)$，Ⅳ$(+, -, +)$，Ⅴ$(+, +, -)$，Ⅵ$(-, +, -)$，Ⅶ$(-, -, -)$，Ⅷ$(+, -, -)$.

有了空间点的坐标，如何引入空间向量的坐标呢？ 我们知道，在物理学中常常将力、速度等向量沿坐标轴分解，于是我们就此给出向量的坐标概念.

设点 M 的坐标是 (x, y, z)，则 x, y, z 轴上分别存在点 $A(x,0,0)$，$B(0, y,0)$，$C(0,0,z)$，向径 $\boldsymbol{r} = \overrightarrow{OM}$ (图 2.1.9)，由三角形法则可得 $\boldsymbol{r} = \overrightarrow{OM} = \overrightarrow{OA} + \overrightarrow{AD} + \overrightarrow{DM}$，而 $\overrightarrow{AD} = \overrightarrow{OB}$，$\overrightarrow{DM} = \overrightarrow{OC}$，所以 $\boldsymbol{r} = \overrightarrow{OM} = \overrightarrow{OA} + \overrightarrow{OB} + \overrightarrow{OC}$. 若以 $\boldsymbol{i}, \boldsymbol{j}, \boldsymbol{k}$ 分别表示 x, y, z 轴正方向的单位向量，那么由数与向量的乘法

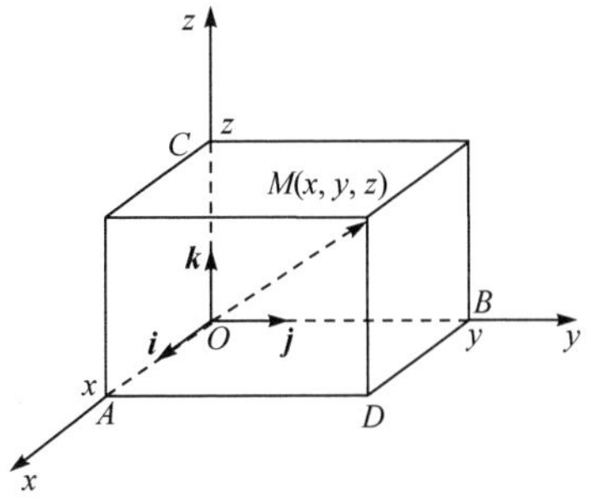

图 2.1.9

知$\overrightarrow{OA}=x\boldsymbol{i}$，$\overrightarrow{OB}=y\boldsymbol{j}$，$\overrightarrow{OC}=z\boldsymbol{k}$. 则有

$$\boldsymbol{r}=\overrightarrow{OM}=x\boldsymbol{i}+y\boldsymbol{j}+z\boldsymbol{k}.$$

上式称为向量$\overrightarrow{OM}$(或向径$\boldsymbol{r}$)的**坐标分解式**，$\overrightarrow{OA}=x\boldsymbol{i}$，$\overrightarrow{OB}=y\boldsymbol{j}$，$\overrightarrow{OC}=z\boldsymbol{k}$ 分别称为向量$\overrightarrow{OM}$(向径$\boldsymbol{r}$)沿三个坐标轴方向的**分向量**，三个数 x，y，z 分别称为向量$\overrightarrow{OM}$ 在三个坐标轴上的**分量**，三元有序数组(x, y, z)称为向量$\overrightarrow{OM}$ 的**坐标**，记作$\overrightarrow{OM}=(x,y,z)$.

向径的坐标就是其终点 M **的坐标**. 三元有序数组(x, y, z)与向径一一对应.

下面讨论空间任意两点构成的向量的坐标.

例 2.1.1　设两定点 $M_1(x_1, y_1, z_1)$，$M_2(x_2, y_2, z_2)$，求向量$\overrightarrow{M_1M_2}$ 的坐标.

解　如图 2.1.10，由向量的减法、加法及数乘运算律易得

$$\begin{aligned}\overrightarrow{M_1M_2}&=\overrightarrow{OM_2}-\overrightarrow{OM_1}\\&=(x_2\boldsymbol{i}+y_2\boldsymbol{j}+z_2\boldsymbol{k})-(x_1\boldsymbol{i}+y_1\boldsymbol{j}+z_1\boldsymbol{k})\\&=(x_2-x_1)\boldsymbol{i}+(y_2-y_1)\boldsymbol{j}+(z_2-z_1)\boldsymbol{k}\\&=(x_2-x_1,y_2-y_1,z_2-z_1).\end{aligned}$$

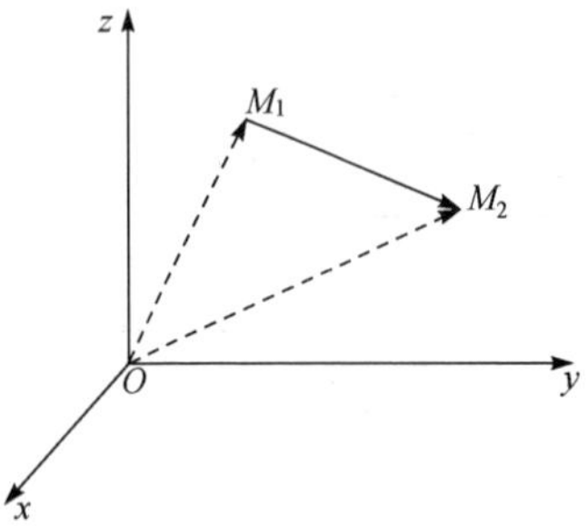

图 2.1.10

所以，空间任意两点构成的向量的坐标等于终点坐标减去对应的起点坐标.

如果把向量$\overrightarrow{M_1M_2}$ 平行移动到 M_1 与原点重合，则这时终点的坐标就是$(x_2-x_1,y_2-y_1,z_2-z_1)$，坐标分解式为$(x_2-x_1)\boldsymbol{i}+(y_2-y_1)\boldsymbol{j}+(z_2-z_1)\boldsymbol{k}$，三个数$x_2-x_1,y_2-y_1,z_2-z_1$分别为$\overrightarrow{M_1M_2}$ 在 x, y, z 轴上的**分量**，$(x_2-x_1)\boldsymbol{i}, (y_2-y_1)\boldsymbol{j}, (z_2-z_1)\boldsymbol{k}$ 分别是$\overrightarrow{M_1M_2}$ 在 x, y, z 轴上的**分向量**.

规定零向量的坐标为$(0, 0, 0)$，即 $\mathbf{0}=(0, 0, 0)$. 利用向量的坐标进行向量的线性运算可使问题变得简单方便.

设向量$\boldsymbol{a}=(a_1,a_2,a_3)$，$\boldsymbol{b}=(b_1,b_2,b_3)$，$\lambda$ 为数，则有

$$\boldsymbol{a}+\boldsymbol{b}=(a_1+b_1,a_2+b_2,a_3+b_3);$$

$$\boldsymbol{a}-\boldsymbol{b}=(a_1-b_1,a_2-b_2,a_3-b_3);$$

$$\lambda\boldsymbol{a}=(\lambda a_1,\lambda a_2,\lambda a_3).$$

对于加法与数乘的共八条运算律仍然适用.

2.1.3　向量的模、方向角与方向余弦

已知两点 $M_1(x_1, y_1, z_1)$，$M_2(x_2, y_2, z_2)$，求这两点间的距离，即向量$\overrightarrow{M_1M_2}$ 的模$\left|\overrightarrow{M_1M_2}\right|$. 做一个长方体，使线段 M_1M_2 为该长方体的对角线，如图 2.1.11 .

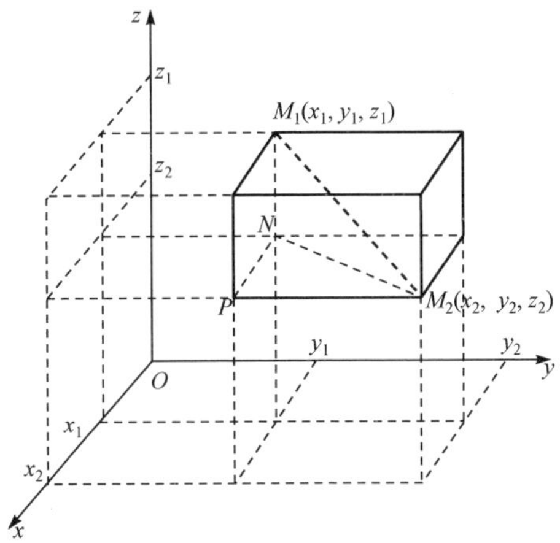

图 2.1.11

由图 2.1.11 可以看出，线段 M_1N 的长度 $|M_1N|=|z_2-z_1|$，$|NP|=|x_2-x_1|$，$|PM_2|=|y_2-y_1|$，则

$$|M_1M_2|^2=|M_1N|^2+|NM_2|^2=|M_1N|^2+|NP|^2+|PM_2|^2$$
$$=(z_2-z_1)^2+(x_2-x_1)^2+(y_2-y_1)^2 .$$

由于线段 M_1M_2 的长度 $|M_1M_2|$ 等于向量 $\overrightarrow{M_1M_2}$ 的模 $|\overrightarrow{M_1M_2}|$，所以有两点间的距离公式：

$$|\overrightarrow{M_1M_2}|=\sqrt{(x_2-x_1)^2+(y_2-y_1)^2+(z_2-z_1)^2} .$$

特别地，向径 $\boldsymbol{r}=\overrightarrow{OM}$ 的模

$$|\boldsymbol{r}|=|\overrightarrow{OM}|=\sqrt{x^2+y^2+z^2}.$$

综上，如果一个向量的坐标(或分量)已知，那么向量的模就能唯一求出. 而向量的方向如何确定呢？下面讨论这个问题.

两个向量 $\boldsymbol{a}, \boldsymbol{b}$ 的**夹角**规定如下：使其中一个向量旋转到与另一个向量同向时旋转的最小角度，记为 $(\widehat{\boldsymbol{a},\boldsymbol{b}})$，显然 $0\leqslant(\widehat{\boldsymbol{a},\boldsymbol{b}})\leqslant\pi$.

同理可定义**向量与数轴，数轴与数轴**的夹角.

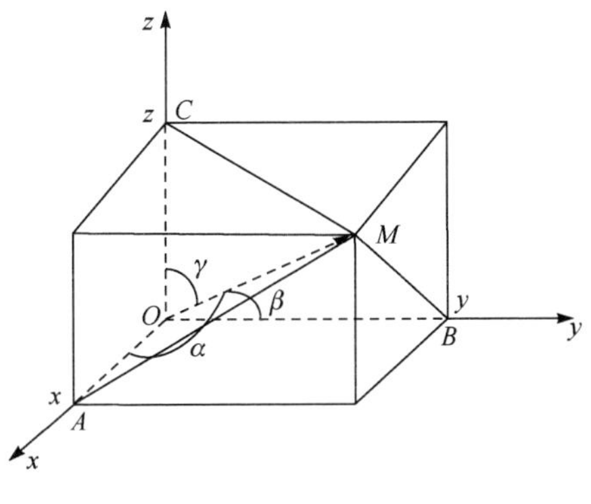

图 2.1.12

对于起点在坐标原点的非零向量 $\overrightarrow{OM}$，它与三条坐标轴正向的夹角 α, β, γ $(0\leqslant\alpha,\beta,\gamma\leqslant\pi)$ 称为它的三个**方向**

角(图 2.1.12)，三个方向角的余弦 $\cos\alpha$ ， $\cos\beta$ ， $\cos\gamma$ 称为向量 $\overrightarrow{OM}$ 的**方向余弦**. **零向量**的方向角在 0 与 π 之间任意取值. 如果终点 M 的坐标为 (x, y, z)，由图 2.1.12 易得

$$\cos\alpha = \frac{x}{|\overrightarrow{OM}|} = \frac{x}{\sqrt{x^2+y^2+z^2}},$$

$$\cos\beta = \frac{y}{|\overrightarrow{OM}|} = \frac{y}{\sqrt{x^2+y^2+z^2}},$$

$$\cos\gamma = \frac{z}{|\overrightarrow{OM}|} = \frac{z}{\sqrt{x^2+y^2+z^2}}.$$

向量 $\overrightarrow{M_1M_2} = (x_2-x_1, y_2-y_1, z_2-z_1)$ 的方向余弦分别为

$$\cos\alpha = \frac{x_2-x_1}{\sqrt{(x_2-x_1)^2+(y_2-y_1)^2+(z_2-z_1)^2}},$$

$$\cos\beta = \frac{y_2-y_1}{\sqrt{(x_2-x_1)^2+(y_2-y_1)^2+(z_2-z_1)^2}},$$

$$\cos\gamma = \frac{z_2-z_1}{\sqrt{(x_2-x_1)^2+(y_2-y_1)^2+(z_2-z_1)^2}}.$$

方向余弦满足 $\cos^2\alpha+\cos^2\beta+\cos^2\gamma=1$.

任何非零向量 $\boldsymbol{a}=(x,y,z)$ 都存在与它同方向的单位向量 $\boldsymbol{a}^0$ ，即

$$\boldsymbol{a}^0 = \frac{\boldsymbol{a}}{|\boldsymbol{a}|} = \left(\frac{x}{|\boldsymbol{a}|}, \frac{y}{|\boldsymbol{a}|}, \frac{z}{|\boldsymbol{a}|}\right) = (\cos\alpha, \cos\beta, \cos\gamma).$$

由此可见，如果一个向量的起点和终点给定，则向量的坐标就唯一确定，从而向量的大小和方向也就能唯一确定. 所以一个向量完全可由其坐标来描述.

于是，两个向量 $\boldsymbol{a}=(a_1,a_2,a_3)$ 与 $\boldsymbol{b}=(b_1,b_2,b_3)$ 相等当且仅当它们的对应分量相等，即

$$(a_1,a_2,a_3)=(b_1,b_2,b_3) \Leftrightarrow a_1=b_1,\ a_2=b_2,\ a_3=b_3.$$

两个平行的向量称为**共线向量**. 规定零向量和任何向量平行. 当向量 $\boldsymbol{a}\neq\boldsymbol{0}$ 时，向量 $\boldsymbol{b}//\boldsymbol{a} \Leftrightarrow \exists\lambda\in\mathbf{R}$ ，使 $\boldsymbol{b}=\lambda\boldsymbol{a}$. 设 $\boldsymbol{a}=(a_1,a_2,a_3)$ ， $\boldsymbol{b}=(b_1,b_2,b_3)$ ，则

$$\boldsymbol{b}//\boldsymbol{a} \Leftrightarrow \frac{b_1}{a_1}=\frac{b_2}{a_2}=\frac{b_3}{a_3}.$$

在数轴、平面、空间中讨论的向量统称为**几何向量**，几何向量相加得到的向量还是几何向量；几何向量乘以一个数后还是一个几何向量，具有这些特征的向

量的集合称为**向量空间**，即**几何向量空间**.

例 2.1.2　已知空间两点 $M_1(-1, 0, -2)$，$M_2(2, -2, -1)$，求 $\overrightarrow{M_1M_2}$ 的模、方向余弦和方向角.

解　因 $\overrightarrow{M_1M_2}=(2-(-1), -2-0, -1-(-2))=(3,-2, 1)$，则

$$\left|\overrightarrow{M_1M_2}\right|=\sqrt{3^2+(-2)^2+1^2}=\sqrt{14},$$

方向余弦

$$\cos\alpha=\frac{3}{\sqrt{14}},\quad \cos\beta=\frac{-2}{\sqrt{14}}=-\frac{\sqrt{14}}{7},\quad \cos\gamma=\frac{1}{\sqrt{14}};$$

方向角

$$\alpha=\arccos\frac{3}{\sqrt{14}},\quad \beta=\pi-\arccos\frac{\sqrt{14}}{7},\quad \gamma=\arccos\frac{1}{\sqrt{14}}.$$

例 2.1.3　设 $A(x_1, y_1, z_1)$和 $B(x_2, y_2, z_2)$为两个已知点，点 M 在 AB 直线上且分有向线段 $\overrightarrow{AB}$ 为两个有向线段 $\overrightarrow{AM}$ 和 $\overrightarrow{MB}$，使 $\overrightarrow{AM}=\lambda\overrightarrow{MB}\ (\lambda\neq-1)$，求分点 M 的坐标.

解　如图 2.1.13，设点 M 的坐标为(x, y, z)，则

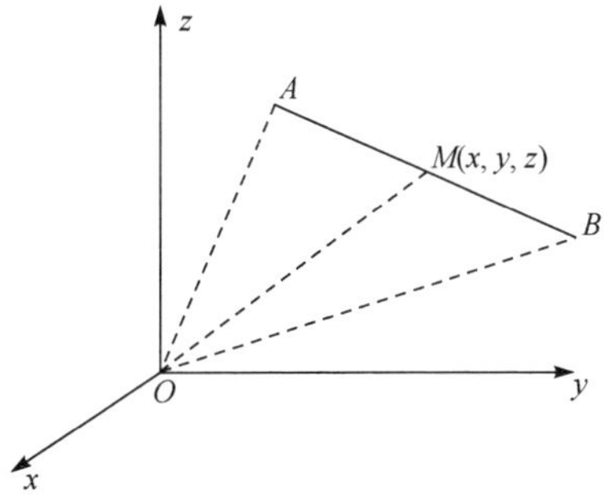

图 2.1.13

$$\overrightarrow{AM}=(x-x_1, y-y_1, z-z_1),\quad \overrightarrow{MB}=(x_2-x, y_2-y, z_2-z).$$

从而有 $(x-x_1, y-y_1, z-z_1)=(\lambda(x_2-x), \lambda(y_2-y), \lambda(z_2-z))$，由向量相等的充分必要条件得

$$x-x_1=\lambda(x_2-x),\quad y-y_1=\lambda(y_2-y),\quad z-z_1=\lambda(z_2-z),$$

于是有

$$x=\frac{x_1+\lambda x_2}{1+\lambda},\quad y=\frac{y_1+\lambda y_2}{1+\lambda},\quad z=\frac{z_1+\lambda z_2}{1+\lambda}.$$

如果 M 是 AB 的中点，则可得

$$x=\frac{x_1+x_2}{2},\quad y=\frac{y_1+y_2}{2},\quad z=\frac{z_1+z_2}{2}.$$

2.1.4 几何向量的投影

定义 2.1.3 过空间点 A 作垂直于轴 l 的平面，平面与轴 l 的交点 A' 叫做点 A 在轴 l 上的投影(图 2.1.14).

定义 2.1.4 设向量 $\overrightarrow{AB}$ 的起点 A 和终点 B 在轴 l 上的投影分别为 A' 和 B' (图 2.1.15)，轴 l 上有向线段 $\overrightarrow{A'B'}$ 称为向量 $\overrightarrow{AB}$ 的投影向量，l 叫做投影轴，$\overrightarrow{AB}$ 在 l 上的投影，记作 $\mathrm{Prj}_l \overrightarrow{AB}$，且 $\mathrm{Prj}_l \overrightarrow{AB} = \begin{cases} |\overrightarrow{A'B'}|, & \overrightarrow{A'B'}\text{与}l\text{同向}, \\ -|\overrightarrow{A'B'}|, & \overrightarrow{A'B'}\text{与}l\text{反向}. \end{cases}$

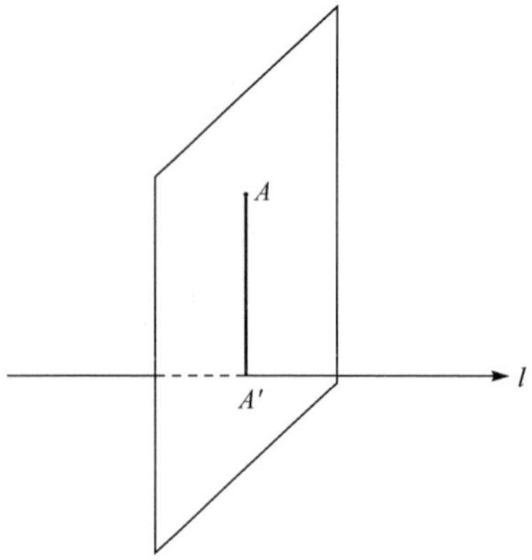

图 2.1.14

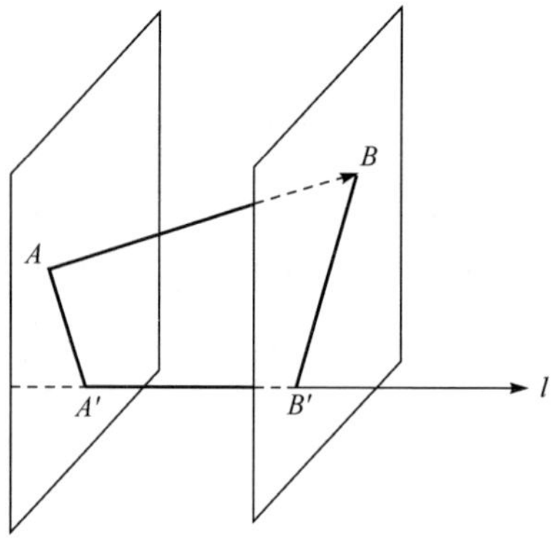

图 2.1.15

向量 $\overrightarrow{AB}$ 在 l 上的投影具有以下性质.

(1) $\mathrm{Prj}_l \overrightarrow{AB} = |\overrightarrow{AB}|\cos\varphi$，其中$\varphi$为向量$\overrightarrow{AB}$与轴$l$的夹角($0 \leqslant \varphi \leqslant \pi$),

(2) $\mathrm{Prj}_l (\boldsymbol{\alpha}+\boldsymbol{\beta}) = \mathrm{Prj}_l \boldsymbol{\alpha} + \mathrm{Prj}_l \boldsymbol{\beta}$.

(3) $\mathrm{Prj}_l (\lambda\boldsymbol{\alpha}) = \lambda \mathrm{Prj}_l \boldsymbol{\alpha}$，其中 λ 为实数.

性质(2)还可以推广：

$$\mathrm{Prj}_l (\boldsymbol{\alpha}_1+\boldsymbol{\alpha}_2+\cdots+\boldsymbol{\alpha}_m) = \mathrm{Prj}_l \boldsymbol{\alpha}_1 + \mathrm{Prj}_l \boldsymbol{\alpha}_2 + \cdots + \mathrm{Prj}_l \boldsymbol{\alpha}_m .$$

容易推出：向量 $\overrightarrow{AB}=(a,b,c)$ 在 x，y，z 三个坐标轴上的投影分别为 a, b, c，即 $\mathrm{Prj}_x \overrightarrow{AB}=a$, $\mathrm{Prj}_y \overrightarrow{AB}=b$, $\mathrm{Prj}_z \overrightarrow{AB}=c$.

习　题　2.1

1. 指出下列各点所在的卦限或位置：

(1) M_1 (2，−1，5)；　(2) M_2 (−3，4，−1)；　(3) M_3 (0，1，2)；

(4) M_4 (−2，5，0)；　(5) M_5 (0，0，−1)；　(6) M_6 (0，6，0).

2. 已知向量 $\boldsymbol{\alpha}=(2,\ -1,\ 3)$，$\boldsymbol{\beta}=(-1,\ 0,\ 6)$，$\boldsymbol{\gamma}=(3,-1,-4)$，求：$2(3\boldsymbol{\alpha}-2\boldsymbol{\beta})+3(\boldsymbol{\beta}+\boldsymbol{\gamma}-\boldsymbol{\alpha})$.

3. 求点 $P_0(2,\ -5,\ 3)$关于(1) 各坐标面；(2) 各坐标轴；(3) 坐标原点的对称点.

4. 已知两点 $M_1(4,\sqrt{2},1)$，$M_2(3,0,2)$，求(1) 向量 $\overrightarrow{M_1M_2}$ 的模，方向余弦和方向角；(2) 向量 $\overrightarrow{M_1M_2}$ 在 x 轴上的投影，并求与 $\overrightarrow{M_1M_2}$ 同方向的单位向量.

5. 已知向量 $\boldsymbol{\alpha}$ 的模为 $\sqrt{2}$，$\boldsymbol{\alpha}$ 与 y 轴，z 轴的夹角均为 θ，与 x 轴的夹角为 2θ，求向量 $\boldsymbol{\alpha}$.

2.2　几何向量的乘法

2.2.1　数量积

设一物体在力 $\boldsymbol{F}$ 的作用下产生位移 $\boldsymbol{S}$(图 2.2.1)，则力 $\boldsymbol{F}$ 所做的功为

$$W=|\boldsymbol{F}|\,|\boldsymbol{S}|\cos\theta,$$

其中 θ 是向量 $\boldsymbol{F}$ 与 $\boldsymbol{S}$ 的夹角. 抽去上述问题的物理意义，向量的这种运算在数学上称为**向量的数量积.**

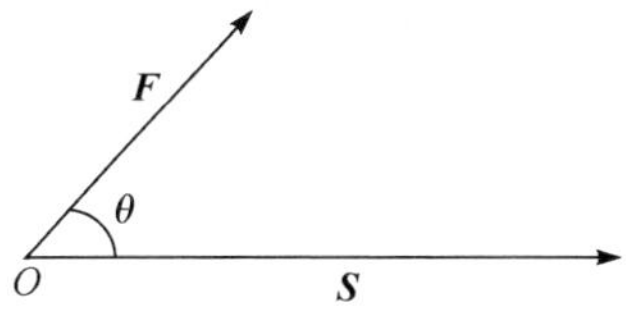

图 2.2.1

下面给出定义.

定义 2.2.1　两个向量 $\boldsymbol{\alpha}$ 与 $\boldsymbol{\beta}$ 的数量积是一个数,它等于这两个向量的模与它们的夹角 $\theta=(\widehat{\boldsymbol{\alpha},\boldsymbol{\beta}})$ 余弦的乘积，记作 $\boldsymbol{\alpha}\cdot\boldsymbol{\beta}$ 或 $(\boldsymbol{\alpha},\boldsymbol{\beta})$，即 $\boldsymbol{\alpha}\cdot\boldsymbol{\beta}=|\boldsymbol{\alpha}||\boldsymbol{\beta}|\cos\theta$.

数量积又称**内积**或**点积.**

由向量的投影定义，$\boldsymbol{\alpha}\cdot\boldsymbol{\beta}=|\boldsymbol{\alpha}|\,\mathrm{Prj}_{\alpha}\boldsymbol{\beta}=|\boldsymbol{\beta}|\,\mathrm{Prj}_{\beta}\boldsymbol{\alpha}$.

特别地，向量 α 与自身的内积 $\boldsymbol{\alpha}\cdot\boldsymbol{\alpha}=\boldsymbol{\alpha}^2=|\boldsymbol{\alpha}|^2$，从而有

$$|\boldsymbol{\alpha}|=\sqrt{(\boldsymbol{\alpha},\boldsymbol{\alpha})}=\sqrt{\boldsymbol{\alpha}\cdot\boldsymbol{\alpha}}.$$

由定义 2.2.1，若 $\boldsymbol{\alpha}\neq\mathbf{0},\boldsymbol{\beta}\neq\mathbf{0}$，则 $\cos(\widehat{\boldsymbol{\alpha},\boldsymbol{\beta}})=\dfrac{\boldsymbol{\alpha}\cdot\boldsymbol{\beta}}{|\boldsymbol{\alpha}||\boldsymbol{\beta}|}$.

向量的数量积满足下列运算律：

(1) 交换律：$\boldsymbol{\alpha}\cdot\boldsymbol{\beta}=\boldsymbol{\beta}\cdot\boldsymbol{\alpha}$.

(2) 分配律：$(\boldsymbol{\alpha}+\boldsymbol{\beta})\cdot\boldsymbol{\gamma}=\boldsymbol{\alpha}\cdot\boldsymbol{\gamma}+\boldsymbol{\beta}\cdot\boldsymbol{\gamma}$.

(3) 若λ为数：$(\lambda\boldsymbol{\alpha})\cdot\boldsymbol{\beta}=\boldsymbol{\alpha}\cdot(\lambda\boldsymbol{\beta})=\lambda(\boldsymbol{\alpha}\cdot\boldsymbol{\beta})$.

若 λ，μ 为数：$(\lambda\boldsymbol{\alpha})\cdot(\mu\boldsymbol{\beta})=\lambda\mu(\boldsymbol{\alpha}\cdot\boldsymbol{\beta})$.

只对运算律(2)给出证明.

证明　当$\boldsymbol{\gamma}=\mathbf{0}$ 时，结论显然成立.

当$\boldsymbol{\gamma}\neq\mathbf{0}$ 时，有

$$\begin{aligned}(\boldsymbol{\alpha}+\boldsymbol{\beta})\cdot\boldsymbol{\gamma}&=|\boldsymbol{\gamma}|\,\mathrm{Prj}_{\gamma}(\boldsymbol{\alpha}+\boldsymbol{\beta})\\&=|\boldsymbol{\gamma}|\,\mathrm{Prj}_{\gamma}\boldsymbol{\alpha}+|\boldsymbol{\gamma}|\,\mathrm{Prj}_{\gamma}\boldsymbol{\beta}=\boldsymbol{\alpha}\cdot\boldsymbol{\gamma}+\boldsymbol{\beta}\cdot\boldsymbol{\gamma}.\end{aligned}$$

例 2.2.1 已知向量 $\boldsymbol{\alpha}$，$\boldsymbol{\beta}$，且 $|\boldsymbol{\alpha}|=3, |\boldsymbol{\beta}|=2, |\boldsymbol{\alpha}-\boldsymbol{\beta}|=\sqrt{5}$，求 $|\boldsymbol{\alpha}+\boldsymbol{\beta}|$ 及 $|2\boldsymbol{\alpha}-3\boldsymbol{\beta}|$.

解 因 $|\boldsymbol{\alpha}-\boldsymbol{\beta}|^2=(\boldsymbol{\alpha}-\boldsymbol{\beta})^2=\boldsymbol{\alpha}^2+\boldsymbol{\beta}^2-2(\boldsymbol{\alpha}\cdot\boldsymbol{\beta})=|\boldsymbol{\alpha}|^2+|\boldsymbol{\beta}|^2-2(\boldsymbol{\alpha}\cdot\boldsymbol{\beta})$，即

$$2(\boldsymbol{\alpha}\cdot\boldsymbol{\beta})=|\boldsymbol{\alpha}|^2+|\boldsymbol{\beta}|^2-|\boldsymbol{\alpha}-\boldsymbol{\beta}|^2=3^2+2^2-(\sqrt{5})^2=8,$$

所以 $\boldsymbol{\alpha}\cdot\boldsymbol{\beta}=4$．于是

$$|\boldsymbol{\alpha}+\boldsymbol{\beta}|=\sqrt{(\boldsymbol{\alpha}+\boldsymbol{\beta})^2}=\sqrt{|\boldsymbol{\alpha}|^2+|\boldsymbol{\beta}|^2+2(\boldsymbol{\alpha}\cdot\boldsymbol{\beta})}=\sqrt{21}.$$

同理

$$|2\boldsymbol{\alpha}-3\boldsymbol{\beta}|=\sqrt{(2\boldsymbol{\alpha}-3\boldsymbol{\beta})\cdot(2\boldsymbol{\alpha}-3\boldsymbol{\beta})}=\sqrt{4|\boldsymbol{\alpha}|^2+9|\boldsymbol{\beta}|^2-12(\boldsymbol{\alpha}\cdot\boldsymbol{\beta})}=2\sqrt{6}.$$

由数量积的定义易得，空间直角坐标系中三个坐标轴 x，y，z 轴上的单位向量 $\boldsymbol{i}$，$\boldsymbol{j}$，$\boldsymbol{k}$ 的内积有以下结果：

$$\boldsymbol{i}^2=\boldsymbol{j}^2=\boldsymbol{k}^2=1,\quad \boldsymbol{i}\cdot\boldsymbol{j}=\boldsymbol{j}\cdot\boldsymbol{k}=\boldsymbol{i}\cdot\boldsymbol{k}=0.$$

下面讨论向量的数量积与向量的坐标有何关系.

设任意向量 $\boldsymbol{\alpha}=(x_1,y_1,z_1)$，$\boldsymbol{\beta}=(x_2,y_2,z_2)$，则

$$\begin{aligned}\boldsymbol{\alpha}\cdot\boldsymbol{\beta}&=(x_1\boldsymbol{i}+y_1\boldsymbol{j}+z_1\boldsymbol{k})\cdot(x_2\boldsymbol{i}+y_2\boldsymbol{j}+z_2\boldsymbol{k})\\&=(x_1x_2)\boldsymbol{i}^2+(x_1y_2)\boldsymbol{i}\cdot\boldsymbol{j}+(x_1z_2)\boldsymbol{i}\cdot\boldsymbol{k}\\&\quad+(y_1x_2)\boldsymbol{j}\cdot\boldsymbol{i}+(y_1y_2)\boldsymbol{j}^2+(y_1z_2)\boldsymbol{j}\cdot\boldsymbol{k}\\&\quad+(z_1x_2)\boldsymbol{k}\cdot\boldsymbol{i}+(z_1y_2)\boldsymbol{k}\cdot\boldsymbol{j}+(z_1z_2)\boldsymbol{k}^2\\&=x_1x_2+y_1y_2+z_1z_2.\end{aligned}$$

即

$$\boldsymbol{\alpha}\cdot\boldsymbol{\beta}=x_1x_2+y_1y_2+z_1z_2.$$

这就是向量的数量积的坐标表示式. 利用这个表示式还可得出两个向量的夹角余弦的坐标表示式：

$$\cos(\widehat{\boldsymbol{\alpha},\boldsymbol{\beta}})=\frac{\boldsymbol{\alpha}\cdot\boldsymbol{\beta}}{|\boldsymbol{\alpha}||\boldsymbol{\beta}|}=\frac{x_1x_2+y_1y_2+z_1z_2}{\sqrt{x_1^2+y_1^2+z_1^2}\sqrt{x_2^2+y_2^2+z_2^2}}\quad(\boldsymbol{\alpha}\neq\boldsymbol{0},\boldsymbol{\beta}\neq\boldsymbol{0}).$$

若向量 $\boldsymbol{\alpha}$ 与 $\boldsymbol{\beta}$ 的夹角为 $\frac{\pi}{2}$，则称 $\boldsymbol{\alpha}$ 与 $\boldsymbol{\beta}$ 垂直(或正交)，记作 $\boldsymbol{\alpha}\perp\boldsymbol{\beta}$. 并且有

$$\boldsymbol{\alpha}\perp\boldsymbol{\beta}\Leftrightarrow\boldsymbol{\alpha}\cdot\boldsymbol{\beta}=x_1x_2+y_1y_2+z_1z_2=0.$$

由于零向量的方向任意(在 0 到 π 之间任意取值)，所以零向量与任何向量垂直.

例 2.2.2 设 $\boldsymbol{\alpha}=(1,2,3)$，$\boldsymbol{\beta}=(8,5,11)$，$\boldsymbol{\gamma}=(7,5,1)$，求 $\boldsymbol{\alpha}+\boldsymbol{\beta}+\boldsymbol{\gamma}$ 的模和方向余弦，并求 $\boldsymbol{\alpha}+\boldsymbol{\beta}+\boldsymbol{\gamma}$ 与 $\boldsymbol{\alpha}$ 的夹角 θ.

解 因 $\boldsymbol{\alpha}+\boldsymbol{\beta}+\boldsymbol{\gamma}=(1,2,3)+(8,5,11)+(7,5,1)=(16,12,15)$，所以

$$|\boldsymbol{\alpha}+\boldsymbol{\beta}+\boldsymbol{\gamma}|=\sqrt{16^2+12^2+15^2}=25,$$

方向余弦分别为

$$\cos\boldsymbol{\alpha}=\frac{16}{25},\quad \cos\boldsymbol{\beta}=\frac{12}{25},\quad \cos\boldsymbol{\gamma}=\frac{15}{25}=\frac{3}{5}.$$

$$\cos\theta=\frac{(\boldsymbol{\alpha}+\boldsymbol{\beta}+\boldsymbol{\gamma})\cdot\boldsymbol{\alpha}}{|\boldsymbol{\alpha}+\boldsymbol{\beta}+\boldsymbol{\gamma}||\boldsymbol{\alpha}|}=\frac{16\times1+12\times2+15\times3}{25\times\sqrt{1^2+2^2+3^2}}=\frac{85}{25\times\sqrt{14}}=\frac{17}{70}\sqrt{14}.$$

因此 $\theta=\arccos\frac{17}{70}\sqrt{14}$.

例 2.2.3　已知向量 $\boldsymbol{\alpha}$，$\boldsymbol{\beta}$ 的模分别为 $|\boldsymbol{\alpha}|=1$，$|\boldsymbol{\beta}|=2$，它们的夹角 $(\widehat{\boldsymbol{\alpha},\boldsymbol{\beta}})=\frac{\pi}{3}$，求向量 $\boldsymbol{A}=3\boldsymbol{\alpha}-2\boldsymbol{\beta}$ 与 $\boldsymbol{B}=\boldsymbol{\alpha}+2\boldsymbol{\beta}$ 的夹角.

解　因 $\cos(\widehat{\boldsymbol{A},\boldsymbol{B}})=\frac{\boldsymbol{A}\cdot\boldsymbol{B}}{|\boldsymbol{A}||\boldsymbol{B}|}$，而

$$\begin{aligned}\boldsymbol{A}\cdot\boldsymbol{B}&=(3\boldsymbol{\alpha}-2\boldsymbol{\beta})\cdot(\boldsymbol{\alpha}+2\boldsymbol{\beta})=3|\boldsymbol{\alpha}|^2+4\boldsymbol{\alpha}\cdot\boldsymbol{\beta}-4|\boldsymbol{\beta}|^2\\&=3\times1^2+4\times\left(1\times2\times\cos\frac{\pi}{3}\right)-4\times2^2=-9,\end{aligned}$$

$$\begin{aligned}|\boldsymbol{A}|&=\sqrt{\boldsymbol{A}^2}=\sqrt{(3\boldsymbol{\alpha}-2\boldsymbol{\beta})^2}=\sqrt{9\boldsymbol{\alpha}^2-12\boldsymbol{\alpha}\cdot\boldsymbol{\beta}+4\boldsymbol{\beta}^2}\\&=\sqrt{9\times1^2-12\times1\times2\times\frac{1}{2}+4\times2^2}=\sqrt{13},\end{aligned}$$

$$|\boldsymbol{B}|=\sqrt{\boldsymbol{B}^2}=\sqrt{(\boldsymbol{\alpha}+2\boldsymbol{\beta})^2}=\sqrt{\boldsymbol{\alpha}^2+4\boldsymbol{\alpha}\cdot\boldsymbol{\beta}+4\boldsymbol{\beta}^2}=\sqrt{21},$$

所以

$$\cos(\widehat{\boldsymbol{A},\boldsymbol{B}})=\frac{\boldsymbol{A}\cdot\boldsymbol{B}}{|\boldsymbol{A}||\boldsymbol{B}|}=-\frac{9}{\sqrt{13}\sqrt{21}},$$

$$(\widehat{\boldsymbol{A},\boldsymbol{B}})=\pi-\arccos\frac{9}{\sqrt{13}\sqrt{21}}\approx123^\circ.$$

例 2.2.4　已知 $|\boldsymbol{\alpha}|=3$，$|\boldsymbol{\beta}|=6$，它们的夹角 $(\widehat{\boldsymbol{\alpha},\boldsymbol{\beta}})=\frac{\pi}{3}$，且向量 $3\boldsymbol{\alpha}-\lambda\boldsymbol{\beta}$ 与 $\boldsymbol{\alpha}+2\boldsymbol{\beta}$ 垂直，求 λ 的值.

解　由两个向量垂直的充要条件，得

$$\begin{aligned}0&=(3\boldsymbol{\alpha}-\lambda\boldsymbol{\beta})\cdot(\boldsymbol{\alpha}+2\boldsymbol{\beta})\\&=3\boldsymbol{\alpha}^2+(6-\lambda)\boldsymbol{\alpha}\cdot\boldsymbol{\beta}-2\lambda\boldsymbol{\beta}^2\\&=3|\boldsymbol{\alpha}|^2+(6-\lambda)|\boldsymbol{\alpha}||\boldsymbol{\beta}|\cos\frac{\pi}{3}-2\lambda|\boldsymbol{\beta}|^2\\&=81-81\lambda,\end{aligned}$$

于是 $\lambda=1$.

2.2.2　向量积

设 O 为一根杠杆 L 的支点，有一力 $\boldsymbol{F}$ 作用于这杠杆上点 P 处(图 2.2.2). 力 $\boldsymbol{F}$ 与 OP 的夹角为 θ，力 $\boldsymbol{F}$ 对支点 O 的力矩是一向量 $\boldsymbol{M}$，它的模为 $|\boldsymbol{M}|=|\overrightarrow{OP}||\boldsymbol{F}|\sin\theta$，$\boldsymbol{M}$ 的方向垂直于 $\boldsymbol{F}$ 与 $\overrightarrow{OP}$ 所确定的平面，且符合右手系.

这种物理问题：一个向量 $\boldsymbol{F}$ 作用在向量 $\overrightarrow{OP}$ 上产生另一个新的向量力矩，这个新的向量在数学上称为两个向量的**向量积**. 抽去这个问题的物理意义，我们给出任意两个向量的向量积的定义.

定义 2.2.2　两向量 $\boldsymbol{\alpha}$ 与 $\boldsymbol{\beta}$ 的向量积是一个向量，记作 $\boldsymbol{\alpha}\times\boldsymbol{\beta}$ 或 $[\boldsymbol{\alpha},\boldsymbol{\beta}]$，它的模 $|\boldsymbol{\alpha}\times\boldsymbol{\beta}|=|\boldsymbol{\alpha}||\boldsymbol{\beta}|\sin\theta$ $(\theta=(\widehat{\boldsymbol{\alpha},\boldsymbol{\beta}}))$，方向与 $\boldsymbol{\alpha}$ 和 $\boldsymbol{\beta}$ 垂直，并且 $\boldsymbol{\alpha},\boldsymbol{\beta},\boldsymbol{\alpha}\times\boldsymbol{\beta}$ 符合右手系.

向量积又称**外积**或**叉积**.

向量积**模的几何意义**：

如果 $\boldsymbol{\alpha}$ 与 $\boldsymbol{\beta}$ 是非零且不共线的向量，则 $\boldsymbol{\alpha}$ 与 $\boldsymbol{\beta}$ 的向量积的模 $|\boldsymbol{\alpha}\times\boldsymbol{\beta}|=|\boldsymbol{\alpha}||\boldsymbol{\beta}|\sin\theta$，等于以 $\boldsymbol{\alpha}$ 和 $\boldsymbol{\beta}$ 为邻边的平行四边形的面积(图 2.2.3).

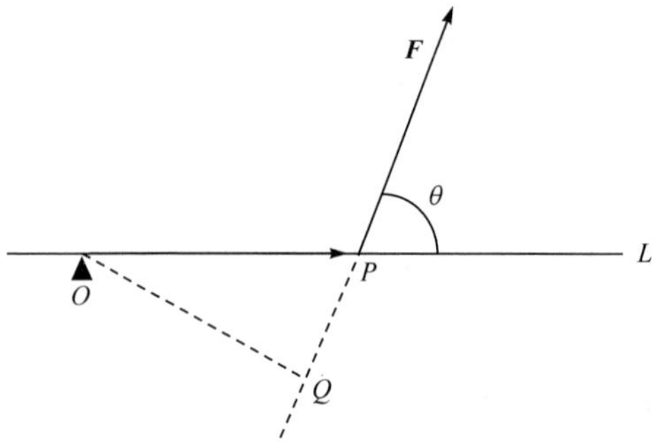

图 2.2.2

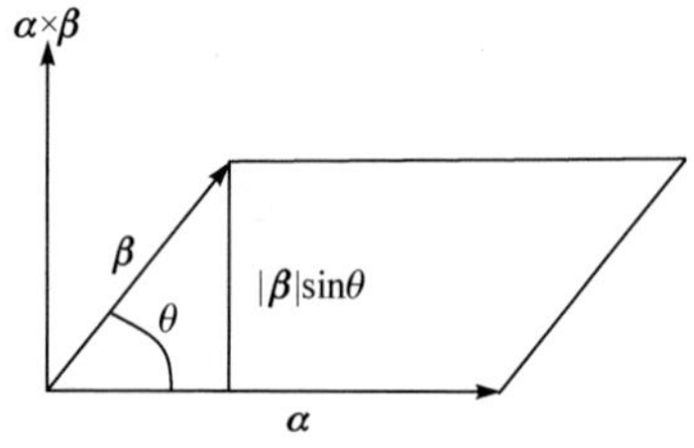

图 2.2.3

由向量积的定义可以推得

(1) $\boldsymbol{\alpha}\times\boldsymbol{\alpha}=\boldsymbol{0}$；

(2) $\boldsymbol{\alpha}/\!/\boldsymbol{\beta}\Leftrightarrow\boldsymbol{\alpha}\times\boldsymbol{\beta}=\boldsymbol{0}$.

向量积的运算律：

(1) 反对称性：$\boldsymbol{\alpha}\times\boldsymbol{\beta}=-\boldsymbol{\beta}\times\boldsymbol{\alpha}$；

(2) 分配律：$(\boldsymbol{\alpha}+\boldsymbol{\beta})\times\boldsymbol{\gamma}=\boldsymbol{\alpha}\times\boldsymbol{\gamma}+\boldsymbol{\beta}\times\boldsymbol{\gamma}$；

(3) 若 λ,μ 为数：$(\lambda\boldsymbol{\alpha})\times(\mu\boldsymbol{\beta})=\lambda\mu(\boldsymbol{\alpha}\times\boldsymbol{\beta})$.

运算律(2)和(3)证明较繁，这里不予证明.

由向量积的定义不难得出

$$\boldsymbol{i}\times\boldsymbol{i}=\boldsymbol{j}\times\boldsymbol{j}=\boldsymbol{k}\times\boldsymbol{k}=\boldsymbol{0},$$

$$\boldsymbol{i}\times\boldsymbol{j}=\boldsymbol{k},\quad \boldsymbol{j}\times\boldsymbol{k}=\boldsymbol{i},\quad \boldsymbol{k}\times\boldsymbol{i}=\boldsymbol{j},$$
$$\boldsymbol{j}\times\boldsymbol{i}=-\boldsymbol{k},\quad \boldsymbol{k}\times\boldsymbol{j}=-\boldsymbol{i},\quad \boldsymbol{i}\times\boldsymbol{k}=-\boldsymbol{j}.$$

下面讨论向量积的坐标表示式.

设 $\boldsymbol{\alpha}=(x_1,y_1,z_1)$，$\boldsymbol{\beta}=(x_2,y_2,z_2)$，由向量积的运算律可得

$$\begin{aligned}\boldsymbol{\alpha}\times\boldsymbol{\beta}&=(x_1\boldsymbol{i}+y_1\boldsymbol{j}+z_1\boldsymbol{k})\times(x_2\boldsymbol{i}+y_2\boldsymbol{j}+z_2\boldsymbol{k})\\&=x_1x_2(\boldsymbol{i}\times\boldsymbol{i})+x_1y_2(\boldsymbol{i}\times\boldsymbol{j})+x_1z_2(\boldsymbol{i}\times\boldsymbol{k})\\&\quad+y_1x_2(\boldsymbol{j}\times\boldsymbol{i})+y_1y_2(\boldsymbol{j}\times\boldsymbol{j})+y_1z_2(\boldsymbol{j}\times\boldsymbol{k})\\&\quad+z_1x_2(\boldsymbol{k}\times\boldsymbol{i})+z_1y_2(\boldsymbol{k}\times\boldsymbol{j})+z_1z_2(\boldsymbol{k}\times\boldsymbol{k})\\&=(y_1z_2-z_1y_2)\boldsymbol{i}-(x_1z_2-z_1x_2)\boldsymbol{j}+(x_1y_2-y_1x_2)\boldsymbol{k}.\end{aligned}$$

为了便于记忆，上述结果可用行列式表示：

$$\boldsymbol{\alpha}\times\boldsymbol{\beta}=\begin{vmatrix}\boldsymbol{i}&\boldsymbol{j}&\boldsymbol{k}\\x_1&y_1&z_1\\x_2&y_2&z_2\end{vmatrix}=\begin{vmatrix}y_1&z_1\\y_2&z_2\end{vmatrix}\boldsymbol{i}-\begin{vmatrix}x_1&z_1\\x_2&z_2\end{vmatrix}\boldsymbol{j}+\begin{vmatrix}x_1&y_1\\x_2&y_2\end{vmatrix}\boldsymbol{k}.$$

注意　该行列式只按第一行展开. $\boldsymbol{i},\boldsymbol{j},\boldsymbol{k}$ 的代数余子式分别是向量 $\boldsymbol{\alpha}\times\boldsymbol{\beta}$ 的坐标(或分量)，这就是向量积的**坐标表示式.**

例 2.2.5　已知向量 $\overrightarrow{AB}=(-1,2,1)$，$\overrightarrow{CD}=(2,0,-1)$，求 $\overrightarrow{AB}\times\overrightarrow{CD}$.

解　因向量 $\overrightarrow{AB}$ 和 $\overrightarrow{CD}$ 的对应坐标不成比例，所以 $\overrightarrow{AB}$ 与 $\overrightarrow{CD}$ 不平行，则

$$\overrightarrow{AB}\times\overrightarrow{CD}=\begin{vmatrix}\boldsymbol{i}&\boldsymbol{j}&\boldsymbol{k}\\-1&2&1\\2&0&-1\end{vmatrix}=\begin{vmatrix}2&1\\0&-1\end{vmatrix}\boldsymbol{i}-\begin{vmatrix}-1&1\\2&-1\end{vmatrix}\boldsymbol{j}+\begin{vmatrix}-1&2\\2&0\end{vmatrix}\boldsymbol{k}$$
$$=(-2,1,-4).$$

例 2.2.6　已知 $\triangle ABC$ 的三个顶点分别为 $A(3,1,-1)$, $B(2,2,1)$, $C(-1,0,-2)$,求 $\triangle ABC$ 的面积.

解　由向量积模的几何意义，可得 $\triangle ABC$ 的面积为平行四边形 $ABCD$ 面积的一半(图 2.2.4)，即

$$S_{\triangle ABC}=\frac{1}{2}S_{\square ABCD}=\frac{1}{2}\left|\overrightarrow{AB}\times\overrightarrow{AC}\right|.$$

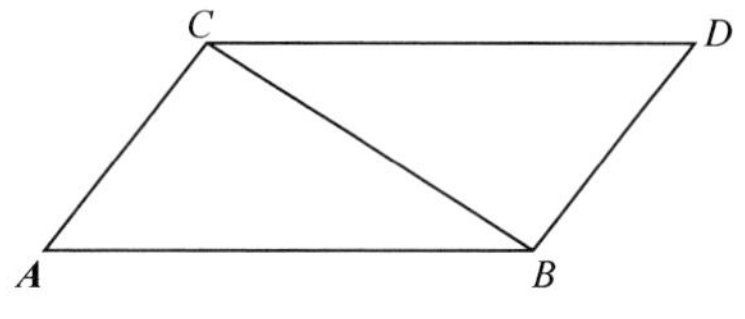

图 2.2.4

而 $\overrightarrow{AB}=(-1,1,2)$，$\overrightarrow{AC}=(-4,-1,-1)$，

$$\overrightarrow{AB}\times\overrightarrow{AC}=\begin{vmatrix}\boldsymbol{i}&\boldsymbol{j}&\boldsymbol{k}\\-1&1&2\\-4&-1&-1\end{vmatrix}=(1,-9,5).$$

所以 $S_{\triangle ABC}=\dfrac{1}{2}\left|\overrightarrow{AB}\times\overrightarrow{AC}\right|=\dfrac{1}{2}\sqrt{1^2+(-9)^2+5^2}=\dfrac{\sqrt{107}}{2}$.

2.2.3 混合积

定义 2.2.3 设三个向量 $\boldsymbol{\alpha}$，$\boldsymbol{\beta}$ 和 $\boldsymbol{\gamma}$. 先作两个向量 $\boldsymbol{\alpha}$ 和 $\boldsymbol{\beta}$ 的向量积 $\boldsymbol{\alpha}\times\boldsymbol{\beta}$，把所得到的向量与第三个向量 $\boldsymbol{\gamma}$ 再作数量积 $(\boldsymbol{\alpha}\times\boldsymbol{\beta})\cdot\boldsymbol{\gamma}$，这样得到的数量叫做三个向量 $\boldsymbol{\alpha}$，$\boldsymbol{\beta}$，$\boldsymbol{\gamma}$ 的混合积. 记作 $(\boldsymbol{\alpha},\boldsymbol{\beta},\boldsymbol{\gamma})$ 或 $[\boldsymbol{\alpha}\ \boldsymbol{\beta}\ \boldsymbol{\gamma}]$.

下面推导混合积的坐标表示式.

设

$$\boldsymbol{\alpha}=x_1\boldsymbol{i}+y_1\boldsymbol{j}+z_1\boldsymbol{k},\quad \boldsymbol{\beta}=x_2\boldsymbol{i}+y_2\boldsymbol{j}+z_2\boldsymbol{k},\quad \boldsymbol{\gamma}=x_3\boldsymbol{i}+y_3\boldsymbol{j}+z_3\boldsymbol{k}.$$

因

$$\boldsymbol{\alpha}\times\boldsymbol{\beta}=\begin{vmatrix}\boldsymbol{i}&\boldsymbol{j}&\boldsymbol{k}\\x_1&y_1&z_1\\x_2&y_2&z_2\end{vmatrix}=\left(\begin{vmatrix}y_1&z_1\\y_2&z_2\end{vmatrix},-\begin{vmatrix}x_1&z_1\\x_2&z_2\end{vmatrix},\begin{vmatrix}x_1&y_1\\x_2&y_2\end{vmatrix}\right),$$

所以

$$\begin{aligned}(\boldsymbol{\alpha},\boldsymbol{\beta},\boldsymbol{\gamma})&=(\boldsymbol{\alpha}\times\boldsymbol{\beta})\cdot\boldsymbol{\gamma}\\&=x_3\begin{vmatrix}y_1&z_1\\y_2&z_2\end{vmatrix}-y_3\begin{vmatrix}x_1&z_1\\x_2&z_2\end{vmatrix}+z_3\begin{vmatrix}x_1&y_1\\x_2&y_2\end{vmatrix}=\begin{vmatrix}x_1&y_1&z_1\\x_2&y_2&z_2\\x_3&y_3&z_3\end{vmatrix}.\end{aligned}$$

平行于同一平面的向量称为**共面向量**，三个向量 $\boldsymbol{\alpha}$，$\boldsymbol{\beta}$，$\boldsymbol{\gamma}$ 共面的充分必要条件是它们的混合积等于零，即

$$\begin{vmatrix}x_1&y_1&z_1\\x_2&y_2&z_2\\x_3&y_3&z_3\end{vmatrix}=0.$$

混合积的几何意义：$(\boldsymbol{\alpha},\boldsymbol{\beta},\boldsymbol{\gamma})=(\boldsymbol{\alpha}\times\boldsymbol{\beta})\cdot\boldsymbol{\gamma}$ 的绝对值表示以向量 $\boldsymbol{\alpha}$，$\boldsymbol{\beta}$，$\boldsymbol{\gamma}$ 为相邻棱的平行六面体的体积(图 2.2.5).

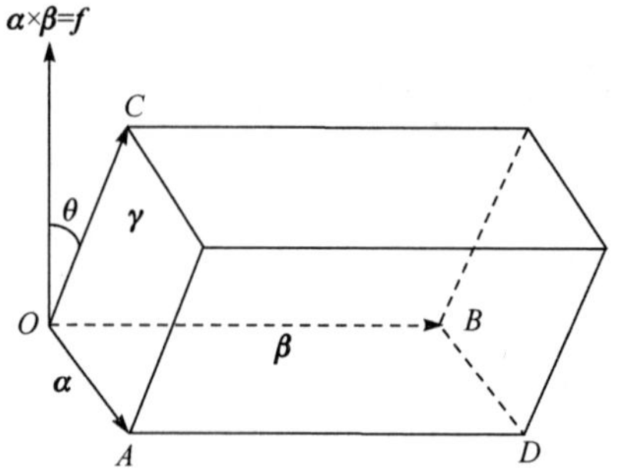

图 2.2.5

因为以向量 $\boldsymbol{\alpha}$，$\boldsymbol{\beta}$，$\boldsymbol{\gamma}$ 为棱的平行六面体的底面积 S 在数值上等于 $|\boldsymbol{\alpha}\times\boldsymbol{\beta}|$，它的高 h 等于向量 $\boldsymbol{\gamma}$ 在向量 $\boldsymbol{f}$ 上的投影的绝对值，即 $h=|\mathrm{Prj}_{\boldsymbol{f}}\boldsymbol{\gamma}|=|\boldsymbol{\gamma}||\cos\theta|$，所以平行六面体的体积

$$V=Sh=|\boldsymbol{\alpha}\times\boldsymbol{\beta}||\boldsymbol{\gamma}||\cos\theta|=|(\boldsymbol{\alpha},\ \boldsymbol{\beta},\ \boldsymbol{\gamma})|.$$

如果向量 $\boldsymbol{\alpha}$，$\boldsymbol{\beta}$，$\boldsymbol{\gamma}$ 构成右手系，那么混合积的符号是正的；如果 $\boldsymbol{\alpha}$，$\boldsymbol{\beta}$，$\boldsymbol{\gamma}$ 构成左手系，那么混合积的符号是负的.

由混合积的定义可得下列性质：

(1) $(\boldsymbol{\alpha},\boldsymbol{\beta},\boldsymbol{\gamma})=(\boldsymbol{\alpha}\times\boldsymbol{\beta})\cdot\boldsymbol{\gamma}=(\boldsymbol{\beta}\times\boldsymbol{\gamma})\cdot\boldsymbol{\alpha}=(\boldsymbol{\gamma}\times\boldsymbol{\alpha})\cdot\boldsymbol{\beta}$；

(2) $(\boldsymbol{\alpha},\ \boldsymbol{\alpha},\ \boldsymbol{\gamma})=0$；

(3) $((\boldsymbol{\alpha}_1+\boldsymbol{\alpha}_2),\ \boldsymbol{\beta},\ \boldsymbol{\gamma})=(\boldsymbol{\alpha}_1,\boldsymbol{\beta},\boldsymbol{\gamma})+(\boldsymbol{\alpha}_2,\boldsymbol{\beta},\boldsymbol{\gamma})$；

(4) $(k\boldsymbol{\alpha},\boldsymbol{\beta},\boldsymbol{\gamma})=(\boldsymbol{\alpha},k\boldsymbol{\beta},\boldsymbol{\gamma})=(\boldsymbol{\alpha},\boldsymbol{\beta},k\boldsymbol{\gamma})=k(\boldsymbol{\alpha},\boldsymbol{\beta},\boldsymbol{\gamma})$；

(5) $(\boldsymbol{\alpha},\boldsymbol{\beta},\boldsymbol{\gamma}+m\boldsymbol{\alpha})=(\boldsymbol{\alpha},\boldsymbol{\beta},\boldsymbol{\gamma})$.

其中 k，m 是实数.

数量积　　向量积　　混合积

习　题　2.2

1. 设向量 $\boldsymbol{\alpha}$，$\boldsymbol{\beta}$ 的模分别为 $|\boldsymbol{\alpha}|=2$，$|\boldsymbol{\beta}|=3$，夹角 $\theta=\dfrac{\pi}{3}$，求下列各值：

(1) $(\boldsymbol{\alpha}-\boldsymbol{\beta})^2$；　(2) $(\boldsymbol{\alpha}-2\boldsymbol{\beta})\cdot(3\boldsymbol{\alpha}+\boldsymbol{\beta})$；　(3) $-5\boldsymbol{\beta}\cdot(2\boldsymbol{\alpha}-\boldsymbol{\beta})$.

2. 已知向量 $\boldsymbol{a},\boldsymbol{b},\boldsymbol{c}$ 满足 $\boldsymbol{a}+\boldsymbol{b}+\boldsymbol{c}=\boldsymbol{0}$，并且 $|\boldsymbol{a}|=|\boldsymbol{b}|=|\boldsymbol{c}|=1$，求 $\boldsymbol{a}\cdot\boldsymbol{b}+\boldsymbol{a}\cdot\boldsymbol{c}+\boldsymbol{b}\cdot\boldsymbol{c}$.

3. 已知向量 $\boldsymbol{\alpha}=\boldsymbol{i}-2\boldsymbol{j}$，$\boldsymbol{\beta}=\boldsymbol{i}-\boldsymbol{j}+\boldsymbol{k}$，求 $\mathrm{Prj}_{\boldsymbol{\beta}}\boldsymbol{\alpha}$ 及 $(\widehat{\boldsymbol{\alpha},\boldsymbol{\beta}})$.

4. 若向量 $\boldsymbol{x}$ 与 $\boldsymbol{\alpha}=(1,-1,2)$ 共线，且 $\boldsymbol{\alpha}\boldsymbol{x}=-3$，求向量 $\boldsymbol{x}$.

5. 已知 $\boldsymbol{\alpha}=(1,0,-1)$，$\boldsymbol{\beta}=(2,1,0)$，$\boldsymbol{\gamma}=(0,3,-1)$，求(1) $2\boldsymbol{\alpha}\times(-3\boldsymbol{\beta})$；(2) $\boldsymbol{\alpha}\cdot(\boldsymbol{\beta}\times\boldsymbol{\gamma})$；(3) $(\boldsymbol{\beta}+\boldsymbol{\gamma})\times\boldsymbol{\alpha}$；(4) $(\boldsymbol{\alpha}\times\boldsymbol{\beta})\cdot(\boldsymbol{\beta}\times\boldsymbol{\gamma})$.

6. 已知三点 $M_1(2,-1,3)$，$M_2(1,0,1)$，$M_3(-1,1,2)$，求与 $\overrightarrow{M_1M_2}$，$\overrightarrow{M_2M_3}$ 同时垂直的单位向量.

7. 已知 $\overrightarrow{AB}=2\boldsymbol{\alpha}-\boldsymbol{\beta}$，$\overrightarrow{AD}=\boldsymbol{\alpha}+\boldsymbol{\beta}$，其中 $|\boldsymbol{\alpha}|=3$，$|\boldsymbol{\beta}|=2$，$\sin(\widehat{\boldsymbol{\alpha},\boldsymbol{\beta}})=\dfrac{1}{3}$，求平行四边形 $ABCD$ 的面积.

8. 证明：$|\boldsymbol{\alpha}\times\boldsymbol{\beta}|^2+(\boldsymbol{\alpha}\cdot\boldsymbol{\beta})^2=|\boldsymbol{\alpha}|^2\cdot|\boldsymbol{\beta}|^2$.

9. 证明点 $A(2,-1,-2)$, $B(1,2,1)$, $C(2,3,0)$, $D(5,0,-6)$在同一平面上.

2.3　空间的平面与直线

本节以向量为工具,讨论空间中较简单的几何图形,即空间的平面与直线. 主要研究平面与直线的方程及性质. 而图形与方程具有一一对应的关系,即图形上任一点的坐标都满足某个方程,坐标满足方程的点都在图形上.

2.3.1　平面及其方程

1. 平面的点法式方程

我们知道,过空间一点和一条直线垂直的平面有且只有一个. 设平面π过一个已知点 $M_0(x_0, y_0, z_0)$,非零向量 $\boldsymbol{n}=(A, B, C)$与平面π垂直,称非零向量 $\boldsymbol{n}$ 为平面π的法线向量,简称**法向量**(图 2.3.1). 在平面π上任取一点 $M(x, y, z)$,可得向量 $\overrightarrow{M_0M}=(x-x_0, y-y_0, z-z_0)$ 则 $\overrightarrow{M_0M}\subset\pi$,故有 $\overrightarrow{M_0M}\perp\boldsymbol{n}$,于是 $\overrightarrow{M_0M}\cdot\boldsymbol{n}=0$,即

$$A(x-x_0)+B(y-y_0)+C(z-z_0)=0. \tag{2.3.1}$$

这就是平面上任一点 M 的坐标所满足的方程,反过来,坐标满足方程的点必在平面上. 所以方程(2.3.1)就是平面π的方程,称为**点法式方程.**

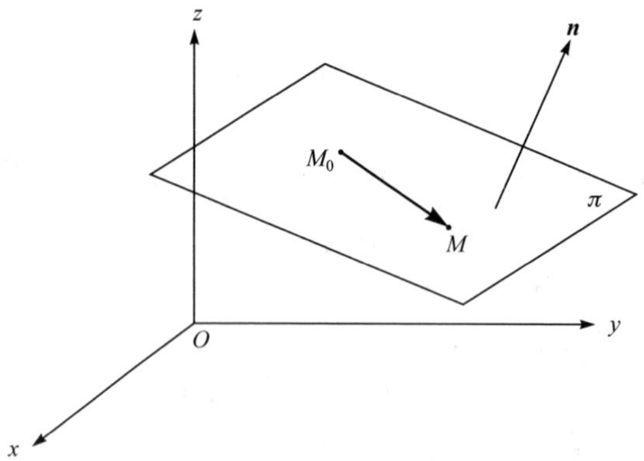

图 2.3.1

例 2.3.1　求过三点 $A(2,-1,4)$,$B(-1,3,-2)$,$C(0,2,3)$的平面方程.

解　$\overrightarrow{AB}=(-3,4,-6)$, $\overrightarrow{AC}=(-2,3,-1)$,

$$\boldsymbol{n}=\overrightarrow{AB}\times\overrightarrow{AC}=\begin{vmatrix}\boldsymbol{i} & \boldsymbol{j} & \boldsymbol{k}\\ -3 & 4 & -6\\ -2 & 3 & -1\end{vmatrix}=(14,9,-1).$$

故所求平面方程为

$$14(x-2)+9(y+1)-(z-4)=0,$$

化简得

$$14x+9y-z-15=0.$$

这就是所求的平面方程.

例 2.3.2　设平面过原点 O 及点 $P(6,-3,2)$，且与平面 $4x-y+2z=8$ 垂直，求此平面方程.

解　因已知平面与所求平面垂直，所以所求平面的法向量 $\boldsymbol{n}$ 与已知平面的法向量 $\boldsymbol{n}_1=(4,-1,2)$ 垂直，则有

$$\boldsymbol{n}=\overrightarrow{OP}\times\boldsymbol{n}_1=\begin{vmatrix}\boldsymbol{i} & \boldsymbol{j} & \boldsymbol{k}\\ 6 & -3 & 2\\ 4 & -1 & 2\end{vmatrix}=(-4,-4,6)=-2(2,2,-3).$$

取向量 $(2,2,-3)$ 作为所求平面的法向量，原点 $O(0,0,0)$ 作为已知点，由点法式可得平面方程为

$$2(x-0)+2(y-0)-3(z-0)=0.$$

即 $2x+2y-3z=0$.

2. 平面的一般式方程

平面的点法式方程(2.3.1)可改写成

$$Ax+By+Cz+D=0, \tag{2.3.2}$$

其中 $D=-(Ax_0+By_0+Cz_0)$，且 $A^2+B^2+C^2\neq 0$.

方程(2.3.2)称为平面的**一般式方程.** 可见平面方程是三元一次方程；反之，任何三元一次方程(2.3.2)都表示一个平面. 事实上，因 $A^2+B^2+C^2\neq 0$，不妨设 $A\neq 0$，方程(2.3.2)可以写成 $A\left(x+\dfrac{D}{A}\right)+B(y-0)+C(z-0)=0$. 这表示一个过点 $M_0\left(-\dfrac{D}{A},0,0\right)$，法向量 $\boldsymbol{n}=(A,B,C)$的平面.

用平面的一般式方程可以讨论一些特殊平面的性质.

(1) 当 $D=0$ 时，平面经过坐标原点.

(2) 当 $A=0$ 且 $D=0$ 时，平面过 x 轴；$D\neq 0$ 时，平面平行于 x 轴.

类似地可讨论 $B=0$，$C=0$ 的情形.

(3) $A=B=0$ 且 $D=0$ 时，平面既过 x 轴又过 y 轴，就是 xOy 坐标面；$D\neq 0$ 时，平面平行于 xOy 坐标面.

类似地可讨论 $A=C=0$，$B=C=0$ 的情形.

例 2.3.3 求过点 $M_0(1,2,3)$，且

(1) 通过 x 轴的平面方程；

(2) 与 yOz 面平行的平面方程.

并分别画出它们的图形.

解 (1) 平面方程可设为 $By+Cz=0$；把点 M_0 的坐标(1, 2, 3)代入所设方程，得 $2B+3C=0$，所求的平面方程为 $-\frac{3}{2}Cy+Cz=0$，即 $3y-2z=0$. 其图形为图 2.3.2.

(2) 平面方程可设为 $Ax+D=0$，把 M_0 的坐标(1, 2, 3)代入得 $A=-D$，将其代入所设方程得所求平面方程 $x-1=0$，其图形为图 2.3.3.

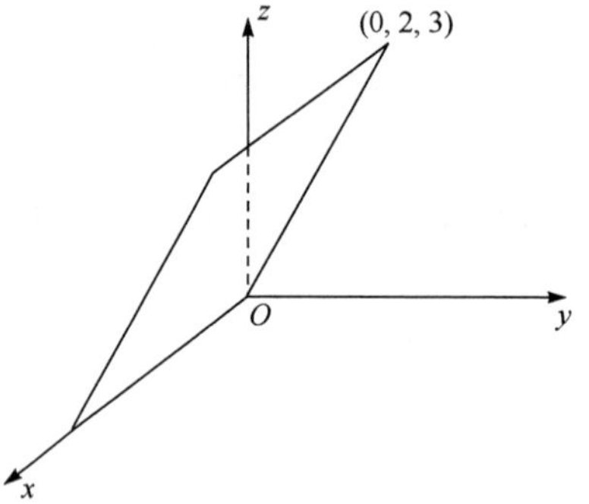

图 2.3.2

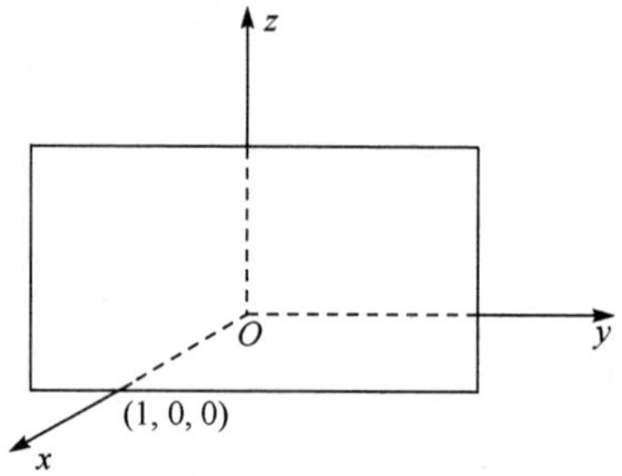

图 2.3.3

3. 平面的截距式方程

如果一平面与三条坐标轴都相交但不过原点，三个交点坐标分别为 $P(a,0,0)$，$Q(0,b,0)$，$R(0,0,c)$(图 2.3.4)，其中 a,b,c 均不为零. 则这平面的方程可写为

$$\frac{x}{a}+\frac{y}{b}+\frac{z}{c}=1.$$

这个方程称为平面的**截距式方程.** a,b,c 分别称为在 x,y,z 三个坐标轴上的截距.

事实上，利用平面的一般式方程 $Ax+By+Cz+D=0$，把三个交点坐标代入求出 A,B,C 再代回一般方程即可得到截距式方程.

例 2.3.4 求平行于平面 $6x+y+6z+5=0$ 而与第一卦限的坐标面所围成的四

面体体积为一个单位的平面方程(图 2.3.5).

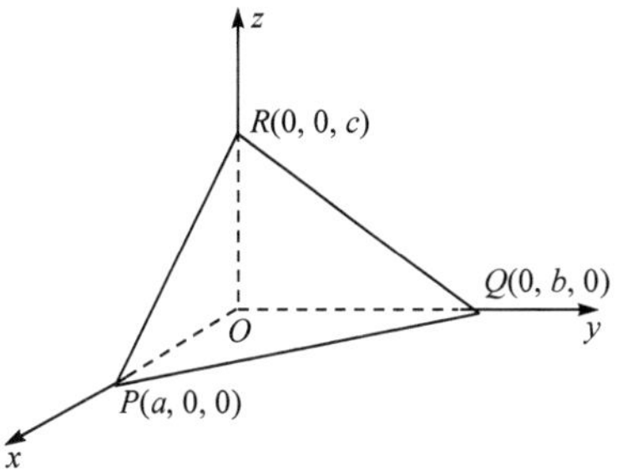

图 2.3.4

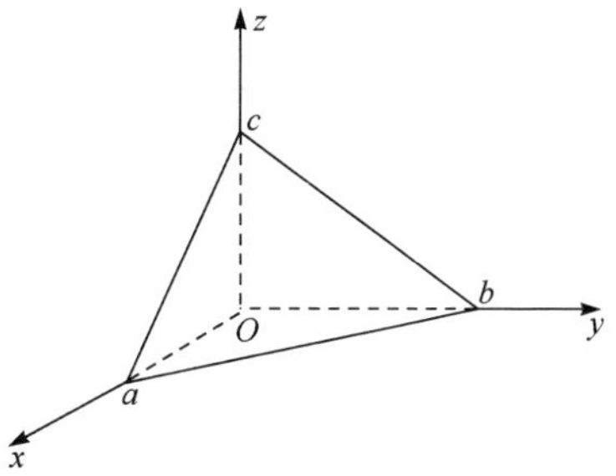

图 2.3.5

解　设平面方程为

$$\frac{x}{a}+\frac{y}{b}+\frac{z}{c}=1,$$

因 $V=1$，所以 $\frac{1}{3}\cdot\frac{1}{2}abc=1$，由所求平面与已知平面平行得

$$\frac{\frac{1}{a}}{6}=\frac{\frac{1}{b}}{1}=\frac{\frac{1}{c}}{6},$$

即 $\frac{1}{6a}=\frac{1}{b}=\frac{1}{6c}$，令 $\frac{1}{6a}=\frac{1}{b}=\frac{1}{6c}=t$，得 $a=\frac{1}{6t}$，$b=\frac{1}{t}$，$c=\frac{1}{6t}$，代入体积式 $1=\frac{1}{6}\cdot\frac{1}{6t}\cdot\frac{1}{t}\cdot\frac{1}{6t}$ 得 $t=\frac{1}{6}$，于是 $a=1, b=6, c=1$，故所求平面方程为 $6x+y+6z=6$.

4. 两平面的位置关系

两平面的法向量的夹角(通常指锐角)称为**两平面的夹角**(图 2.3.6).

设两平面 Π_1: $A_1x+B_1y+C_1z+D_1=0$，Π_2: $A_2x+B_2y+C_2z+D_2=0$，法向量分别记作 $\boldsymbol{n}_1=(A_1,B_1,C_1)$，$\boldsymbol{n}_2=(A_2,B_2,C_2)$，由两向量夹角的余弦公式可得两平面的夹角 θ 的余弦公式:

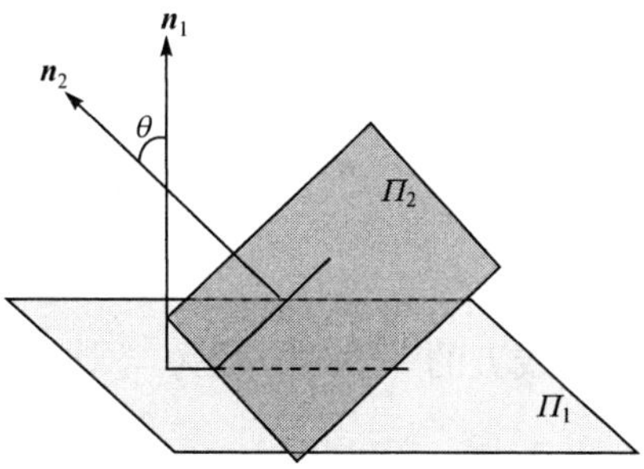

图 2.3.6

$$\cos\theta=\frac{|A_1A_2+B_1B_2+C_1C_2|}{\sqrt{A_1^2+B_1^2+C_1^2}\cdot\sqrt{A_2^2+B_2^2+C_2^2}}.$$

由两平面的夹角的余弦公式可得出两平面的位置关系：

(1) Π_1, Π_2 垂直 $\Leftrightarrow A_1A_2 + B_1B_2 + C_1C_2 = 0$；

(2) Π_1, Π_2 平行但不重合 $\Leftrightarrow \dfrac{A_1}{A_2} = \dfrac{B_1}{B_2} = \dfrac{C_1}{C_2} \neq \dfrac{D_1}{D_2}$；

(3) Π_1, Π_2 重合 $\Leftrightarrow \dfrac{A_1}{A_2} = \dfrac{B_1}{B_2} = \dfrac{C_1}{C_2} = \dfrac{D_1}{D_2}$.

例 2.3.5　讨论以下各组平面的位置关系：

(1) $-x + 2y - z + 1 = 0, y + 3z - 1 = 0$；

(2) $2x - y + z - 1 = 0, -4x + 2y - 2z - 1 = 0$；

(3) $2x - y - z + 1 = 0, -4x + 2y + 2z - 2 = 0$.

解　(1) $\cos\theta = \dfrac{|-1\times 0 + 2\times 1 - 1\times 3|}{\sqrt{(-1)^2 + 2^2 + (-1)^2}\cdot\sqrt{1^2 + 3^2}} = \dfrac{1}{\sqrt{60}} = \dfrac{\sqrt{15}}{30}$，两平面相交，夹角 $\theta = \arccos\dfrac{\sqrt{15}}{30}$.

(2) 两平面的法向量为 $\boldsymbol{n}_1 = (2, -1, 1)$，$\boldsymbol{n}_2 = (-4, 2, -2)$. 因 $\dfrac{2}{-4} = \dfrac{-1}{2} = \dfrac{1}{-2} \neq \dfrac{-1}{-1}$，所以两平面平行但不重合.

(3) 两平面的法向量为 $\boldsymbol{n}_1 = (2, -1, -1)$，$\boldsymbol{n}_2 = (-4, 2, 2)$. 因 $\dfrac{2}{-4} = \dfrac{-1}{2} = \dfrac{-1}{2} = \dfrac{1}{-2}$，所以两平面重合.

2.3.2　直线及其方程

1. 直线的一般式方程

空间直线 L 可看成两平面 Π_1 和 Π_2 的交线(图 2.3.7).

设

$$\Pi_1:\ A_1x + B_1y + C_1z + D_1 = 0,$$

$$\Pi_2:\ A_2x + B_2y + C_2z + D_2 = 0,$$

则直线 L 的一般式方程为

$$\begin{cases} A_1x + B_1y + C_1z + D_1 = 0, \\ A_2x + B_2y + C_2z + D_2 = 0, \end{cases}$$

其中 A_1, B_1, C_1 与 A_2, B_2, C_2 对应不成比例.

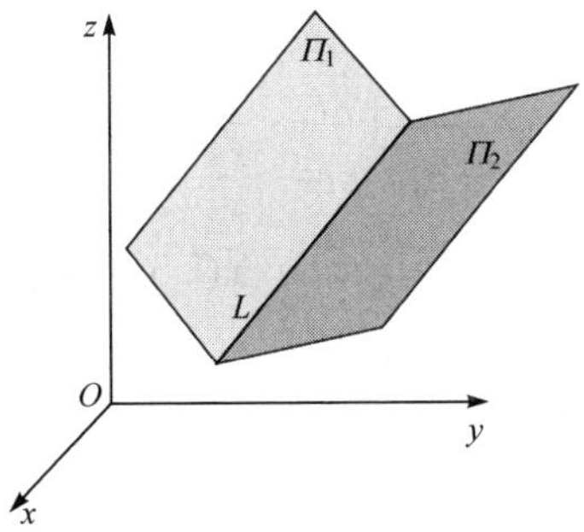

图 2.3.7

2. 直线的点向式与参数方程

我们知道，过一点和一条已知直线平行的直线有且只有一条，所以如果一直线 L 过一个已知点 $P_0(x_0, y_0, z_0)$，并平行于一非零向量 $\boldsymbol{s}=(m,n,p)$，则直线 L 的位置可完全确定，那么其方程也就能确定，这里的非零向量 $\boldsymbol{s}=(m,n,p)$ 称为直线 L 的**方向向量**. 下面建立直线 L 的方程.

设点 $P(x, y, z)$是 L 上任一点(图 2.3.8)，则 $\overrightarrow{P_0P}=(x-x_0,y-y_0,z-z_0)$，必有向量 $\overrightarrow{P_0P}//\boldsymbol{s}$. 由两向量平行的充分必要条件得

$$\frac{x-x_0}{m}=\frac{y-y_0}{n}=\frac{z-z_0}{p}. \qquad (2.3.3)$$

式(2.3.3)表明：直线上任一点的坐标都满足方程，反之，坐标满足方程的点都在直线上. 所以式(2.3.3)就是直线的**点向式方程**. 也称**对称式方程**或**标准方程.**

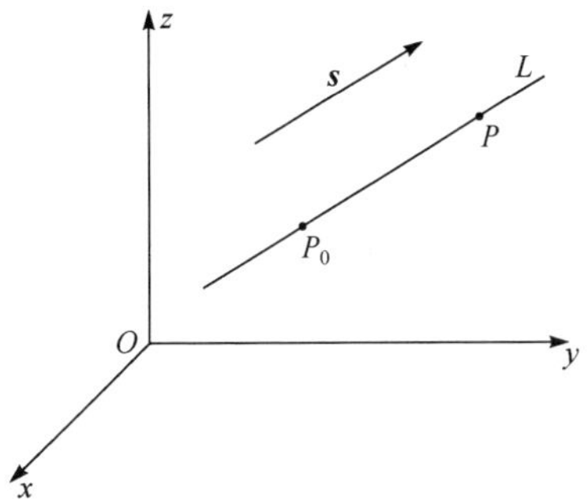

图 2.3.8

特殊地，式(2.3.3)中，若 m, n, p 有一个为零，假设 $p=0$, 则式(2.3.3)等价于

$$\begin{cases}\dfrac{x-x_0}{m}=\dfrac{y-y_0}{n},\\ z-z_0=0;\end{cases}$$

若 m, n, p 有两个为零，不妨设 $m=0, n=0$, 则式(2.3.3)等价于

$$\begin{cases}x-x_0=0,\\ y-y_0=0.\end{cases}$$

令

$$\frac{x-x_0}{m}=\frac{y-y_0}{n}=\frac{z-z_0}{p}=t,$$

得直线的**参数方程**

$$\begin{cases} x = x_0 + mt, \\ y = y_0 + nt, \quad (t \text{ 为参数}). \\ z = z_0 + pt \end{cases} \tag{2.3.4}$$

注意　直线的一般式方程、点向式方程(2.3.3)和参数方程(2.3.4)可以互化.

例 2.3.6　求过两点 $M_1(x_1, y_1, z_1)$和 $M_2(x_2, y_2, z_2)$的直线方程.

解　取直线的方向向量 $\boldsymbol{s} = \overrightarrow{M_1M_2} = (x_2 - x_1, y_2 - y_1, z_2 - z_1)$，$M_1$，$M_2$ 中任一点都可作为已知点，则所求直线的方程为

$$\frac{x - x_1}{x_2 - x_1} = \frac{y - y_1}{y_2 - y_1} = \frac{z - z_1}{z_2 - z_1}.$$

例 2.3.7　设直线 L 过点 $P(2, -1, 3)$，$\boldsymbol{s}$ 是 L 的方向向量，$\boldsymbol{s}$ 的方向角分别为 $\frac{2\pi}{3}, \frac{\pi}{3}, \frac{\pi}{4}$，求 L 的方程.

解　只要求出方向向量 $\boldsymbol{s}$，L 的方程即可写出. 因为与 $\boldsymbol{s}$ 同方向的单位向量

$$\boldsymbol{s}^0 = (\cos\alpha, \cos\beta, \cos\gamma) = \left(\cos\frac{2\pi}{3}, \cos\frac{\pi}{3}, \cos\frac{\pi}{4}\right) = \left(-\frac{1}{2}, \frac{1}{2}, \frac{\sqrt{2}}{2}\right) = -\frac{1}{2}(1, -1, -\sqrt{2}).$$

取 $s = (1, -1, -\sqrt{2})$，所以 L 的方程为

$$\frac{x-2}{1} = \frac{y+1}{-1} = \frac{z-3}{-\sqrt{2}} \quad \text{或者} \quad \begin{cases} x = 2 + t, \\ y = -1 - t, \\ z = 3 - \sqrt{2}t. \end{cases}$$

上述点向式方程还可以化为一般式方程

$$\begin{cases} \dfrac{x-2}{1} = \dfrac{y+1}{-1}, \\ \dfrac{y+1}{-1} = \dfrac{z-3}{-\sqrt{2}} \end{cases} \Rightarrow \begin{cases} x + y - 1 = 0, \\ \sqrt{2}y - z + \sqrt{2} + 3 = 0. \end{cases}$$

例 2.3.8　将直线 L 的一般式方程

$$\begin{cases} 2x + y - z + 3 = 0, \\ x - y + 2z - 1 = 0 \end{cases}$$

化为点向式方程.

解　先求出直线上一点 $M_0(x_0, y_0, z_0)$. 取 $z_0 = 1$，代入方程组，得

$$\begin{cases} 2x_0 + y_0 + 2 = 0, \\ x_0 - y_0 + 1 = 0, \end{cases}$$

解得 $x_0 = -1$，$y_0 = 0$. 则 $M_0(-1, 0, 1) \in L$. 下面求 L 的方向向量 $\boldsymbol{s}$.

两个平面的法向量分别为 $\boldsymbol{n}_1=(2,1,-1)$，$\boldsymbol{n}_2=(1,-1,2)$，则

$$\boldsymbol{s}=\boldsymbol{n}_1\times\boldsymbol{n}_2=\begin{vmatrix}\boldsymbol{i}&\boldsymbol{j}&\boldsymbol{k}\\2&1&-1\\1&-1&2\end{vmatrix}=(1,-5,-3).$$

所以 L 的点向式方程为 $\dfrac{x+1}{1}=\dfrac{y}{-5}=\dfrac{z-1}{-3}$.

3. 两直线的位置关系

两直线的方向向量的夹角(指锐角)称为**两直线的夹角**.

设空间两直线

$$L_1:\frac{x-x_1}{m_1}=\frac{y-y_1}{n_1}=\frac{z-z_1}{p_1},$$

$$L_2:\frac{x-x_2}{m_2}=\frac{y-y_2}{n_2}=\frac{z-z_2}{p_2},$$

它们的方向向量分别为 $\boldsymbol{s}_1=(m_1,n_1,p_1),\boldsymbol{s}_2=(m_2,n_2,p_2)$，分别过点 $M_1(x_1,y_1,z_1)$，$M_2(x_2,y_2,z_2)$，则直线 L_1 与 L_2 的夹角 θ 的余弦公式为

$$\cos\theta=\frac{|m_1m_2+n_1n_2+p_1p_2|}{\sqrt{m_1^2+n_1^2+p_1^2}\cdot\sqrt{m_2^2+n_2^2+p_2^2}}.$$

由此可得两直线的位置关系有

(1) $L_1\perp L_2\Leftrightarrow s_1\perp s_2\Leftrightarrow m_1m_2+n_1n_2+p_1p_2=0$,

(2) $L_1/\!/L_2$ 但不重合 $\Leftrightarrow \boldsymbol{s}_1/\!/\boldsymbol{s}_2\not/\!/\overrightarrow{M_1M_2}$,

(3) L_1,L_2 重合 $\Leftrightarrow \boldsymbol{s}_1/\!/\boldsymbol{s}_2/\!/\overrightarrow{M_1M_2}$,

(4) L_1,L_2 相交 $\Leftrightarrow \boldsymbol{s}_1\not/\!/\boldsymbol{s}_2$ 且 $(\boldsymbol{s}_1,\boldsymbol{s}_2,\overrightarrow{M_1M_2})=0$,

(5) L_1,L_2 异面 $\Leftrightarrow \boldsymbol{s}_1\not/\!/\boldsymbol{s}_2$ 且 $(\boldsymbol{s}_1,\boldsymbol{s}_2,\overrightarrow{M_1M_2})\neq 0$.

4. 直线与平面的位置关系

直线和它在平面上的投影直线的夹角 φ 称为**直线与平面的夹角**，$0\leqslant\varphi\leqslant\dfrac{\pi}{2}$，如图 2.3.9 所示.

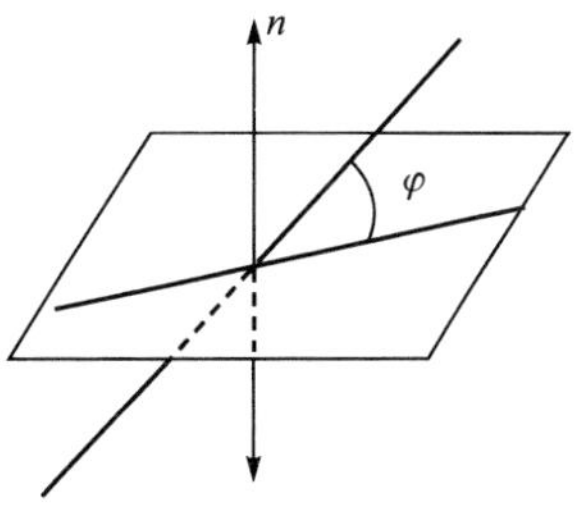

图 2.3.9

设直线 L 与平面 Π 的方程分别为

$$L:\ \frac{x-x_0}{m}=\frac{y-y_0}{n}=\frac{z-z_0}{p},\qquad \boldsymbol{s}=(m,n,p),$$

$$\Pi:\ Ax+By+Cz+D=0,\qquad \boldsymbol{n}=(A,B,C).$$

由定义

$$(\widehat{\boldsymbol{s},\boldsymbol{n}})=\frac{\pi}{2}-\varphi \quad 或 \quad (\widehat{\boldsymbol{s},\boldsymbol{n}})=\frac{\pi}{2}+\varphi.$$

所以可得直线与平面夹角的正弦公式：

$$\sin\varphi=\left|\cos(\widehat{\boldsymbol{s},\boldsymbol{n}})\right|=\frac{|Am+Bn+Cp|}{\sqrt{A^2+B^2+C^2}\cdot\sqrt{m^2+n^2+p^2}}.$$

由此可得直线与平面的位置关系：

(1) $L\perp \Pi \Leftrightarrow \boldsymbol{s}//\boldsymbol{n} \Leftrightarrow \dfrac{A}{m}=\dfrac{B}{n}=\dfrac{C}{p}$.

(2) $L//\Pi \Leftrightarrow \boldsymbol{s}\perp\boldsymbol{n} \Leftrightarrow Am+Bn+Cp=0$.

(3) L 与 Π 相交 $\Leftrightarrow Am+Bn+Cp\neq 0$.

(4) L 在 Π 上 $\Leftrightarrow Am+Bn+Cp=0$ 且 $Ax_0+By_0+Cz_0+D=0$ ，其中$(x_0, y_0, z_0)\in L$.

例 2.3.9 判定直线 $\dfrac{x-2}{1}=\dfrac{y-3}{1}=\dfrac{z-4}{2}$ 与平面 $2x+y+z-6=0$ 的位置关系，若相交则求出夹角和交点坐标.

解 直线的方向向量 $\boldsymbol{s}=(1,1,2)$ 与平面的法向量 $\boldsymbol{n}=(2,1,1)$ 既不平行也不垂直，则一定相交.由直线与平面夹角的正弦公式

$$\sin\varphi=\frac{|Am+Bn+Cp|}{\sqrt{A^2+B^2+C^2}\cdot\sqrt{m^2+n^2+p^2}}=\frac{|2\times1+1\times1+1\times2|}{\sqrt{2^2+1^2+1^2}\sqrt{1^2+1^2+2^2}}=\frac{5}{6}.$$

所以直线与平面的夹角为 $\varphi=\arcsin\dfrac{5}{6}$.

把所给直线的参数方程 $x=2+t, y=3+t, z=4+2t$，代入平面方程中，$2(2+t)+(3+t)+(4+2t)-6=0$，得 $t=-1$. 于是求得交点坐标为 $x=1, y=2, z=2$.

例 2.3.10 求过点 $P_0(1, 2, 3)$且与直线 $\dfrac{x-1}{2}=\dfrac{y+2}{-1}=\dfrac{z+1}{1}$ 垂直相交的直线方程.

解 过点 P_0 且与已知直线垂直的平面方程为

$$2(x-1)-(y-2)+(z-3)=0,$$

即

$$2x-y+z-3=0, \tag{2.3.5}$$

把已知直线的参数方程 $x=1+2t$，$y=-2-t$, $z=-1+t$ 代入方程(2.3.5)得

$$2(1+2t)-(-2-t)-1+t-3=0,$$

即得 $t=0$.于是得交点坐标 $P(1,-2,-1)$. $\overrightarrow{P_0P}=(0,-4,-4)=-4(0, 1, 1)$. 取所求

直线的方向向量 $\boldsymbol{s}=(0,1,1)$，得所求直线方程为

$$\frac{x-1}{0}=\frac{y-2}{1}=\frac{z-3}{1} \quad \text{或} \quad \begin{cases} x-1=0, \\ y-z+1=0. \end{cases}$$

平面方程　　　　直线方程

2.3.3　距离与平面束

1. 点到直线的距离

设 M_0 是直线 l 外一点，M 是直线 l 上任一点，且直线的方向向量为 $\boldsymbol{s}$，求点 M_0 到直线 l 的距离 d (图 2.3.10).

由于以 $\overrightarrow{MM_0}$，$\boldsymbol{s}$ 为两邻边的平行四边形的面积为

$$|\overrightarrow{MM_0}\times\boldsymbol{s}|=|\boldsymbol{s}|d,$$

所以点 M_0 到直线 l 的距离为

$$d=\frac{|\overrightarrow{MM_0}\times\boldsymbol{s}|}{|\boldsymbol{s}|}=\frac{|\overrightarrow{M_0M}\times\boldsymbol{s}|}{|\boldsymbol{s}|}.$$

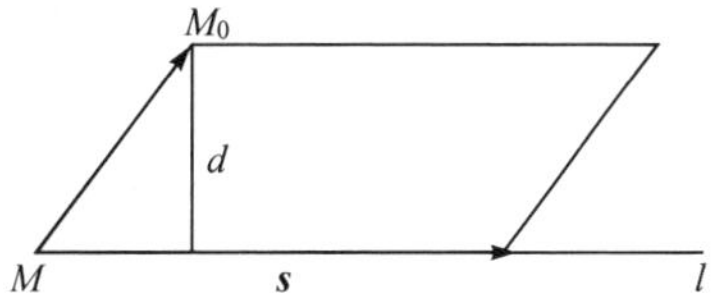

图 2.3.10

例 2.3.11　求两条平行直线 $\frac{x+1}{-2}=\frac{y-2}{2}=\frac{z-1}{1}$ 与 $\frac{x}{-2}=\frac{y+1}{2}=\frac{z}{1}$ 之间的距离.

解　在两条直线上分别取点 $M_0(-1,2,1)$ 和 $M(0,-1,0)$，则 $\overrightarrow{MM_0}=(-1,3,1)$. 又

$$\boldsymbol{s}=(-2,2,1), \quad \overrightarrow{MM_0}\times\boldsymbol{s}=\begin{vmatrix} \boldsymbol{i} & \boldsymbol{j} & \boldsymbol{k} \\ -1 & 3 & 1 \\ -2 & 2 & 1 \end{vmatrix}=(1,-1,4).$$

所以

$$d=\frac{|\overrightarrow{MM_0}\times s|}{|s|}=\frac{\sqrt{1^2+(-1)^2+4^2}}{\sqrt{(-2)^2+2^2+1^2}}=\frac{\sqrt{18}}{\sqrt{9}}=\sqrt{2}.$$

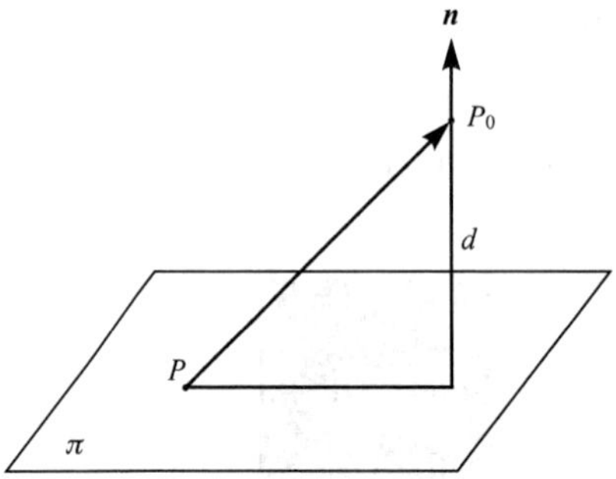

图 2.3.11

2. 点到平面的距离

已知平面 $\pi: Ax+By+Cz+D=0$ 及平面外点 $P_0(x_0, y_0, z_0)$，求点 P_0 到平面 π 的距离 d(图 2.3.11).

作平面π的法向量 $\boldsymbol{n}=(A, B, C)$ 过点 P_0，再在平面π上任取一点 $P(x, y, z)$，得向量 $\overrightarrow{PP_0}=(x_0-x, y_0-y, z_0-z)$，则

$$d=\left|\mathrm{Prj}_{\boldsymbol{n}}\overrightarrow{PP_0}\right|,$$

而

$$\left|\mathrm{Prj}_{\boldsymbol{n}}\overrightarrow{PP_0}\right|=\frac{\left|\overrightarrow{PP_0}\cdot\boldsymbol{n}\right|}{|\boldsymbol{n}|}$$
$$=\frac{|A(x_0-x)+B(y_0-y)+C(z_0-z)|}{\sqrt{A^2+B^2+C^2}}$$
$$=\frac{|Ax_0+By_0+Cz_0+D-(Ax+By+Cz+D)|}{\sqrt{A^2+B^2+C^2}}$$
$$=\frac{|Ax_0+By_0+Cz_0+D|}{\sqrt{A^2+B^2+C^2}}.$$

所以点到平面的距离公式为

$$d=\frac{|Ax_0+By_0+Cz_0+D|}{\sqrt{A^2+B^2+C^2}}.$$

例 2.3.12　已知一个平面平行于一个定平面 $\pi_0: x+y+z+1=0$，且相隔 $\sqrt{3}$ 单位的距离，求这平面的方程.

解　设这个平面 π 的方程为 $x+y+z+D=0$. 取 π_0 上一点 $P_0(0, 0, -1)$，代入公式可得 P_0 到 π 的距离为

$$d=\frac{|0+0+(-1)+D|}{\sqrt{1^2+1^2+1^2}}=\sqrt{3},$$

解得 $D=1\pm3$，因此所求平面的方程为 $x+y+z-2=0$ 或 $x+y+z+4=0$.

3. 平面束

通过定直线的所有平面的全体称为**平面束**.

下面我们来介绍它的方程.

设直线 l 由方程组 $\begin{cases} A_1x+B_1y+C_1z+D_1=0, \\ A_2x+B_2y+C_2z+D_2=0 \end{cases}$ 所确定，A_1, B_1, C_1 与 A_2, B_2, C_2 不成比例. 则通过定直线 l 的平面束方程(除去平面 $A_2x+B_2y+C_2z+D_2=0$ 外)可表示为

$$A_1x+B_1y+C_1z+D_1+\lambda(A_2x+B_2y+C_2z+D_2)=0, \tag{2.3.6}$$

λ 为待定常数. (2.3.6)式表示平面束方程. 首先它是一个三元一次方程，表示平面，其次直线上所有的点都在平面上.

例 2.3.13　求直线 $\begin{cases} x+2y-z+1=0, \\ 2x-y+3z-3=0 \end{cases}$ 在平面 $x+y-z-1=0$ 上的投影直线方程.

解　过直线 $\begin{cases} x+2y-z+1=0, \\ 2x-y+3z-3=0 \end{cases}$ 的平面束方程为

$$x+2y-z+1+\lambda(2x-y+3z-3)=0,$$

即

$$(1+2\lambda)x+(2-\lambda)y-(1-3\lambda)z+1-3\lambda=0, \tag{2.3.7}$$

其中 λ 为特定常数.

这平面与平面 $x+y-z-1=0$ 垂直的充要条件是

$$(1+2\lambda)\cdot 1+(2-\lambda)\cdot 1-(1-3\lambda)\cdot(-1)=0,$$

解得 $\lambda=2$ 代入(2.3.7)式，得投影平面方程

$$x+z-1=0,$$

所以投影直线的方程为 $\begin{cases} x+z-1=0, \\ x+y-z-1=0. \end{cases}$

点到平面的距离　　点到直线的距离　　平面束与投影直线

习　题　2.3

1. 求过不在同一直线上的三点 $A(1, -2, 3)$，$B(2, 0, -1)$，$C(4, 1, 5)$的平面方程.
2. 求过点 $P_1(-1, 2, -2)$，$P_2(1, 1, 1)$且与 y 轴平行的平面方程.

3. 求过点(1, 2, 3)且平行于向量 $\boldsymbol{\alpha}=(3,-1,1)$，$\boldsymbol{\beta}=(-2,1,2)$的平面方程.

4. 求平面 $x-2y-z+3=0$ 与 xOz 坐标面的夹角.

5. 求过两点 $A(1,1,2)$, $B(-2,1,3)$的直线方程.

6. 求过点(1, 0, −1)且与直线$\begin{cases}3x-2y+z-5=0,\\2x+y-2z+1=0\end{cases}$垂直的平面方程.

7. 求过点(1, −2, −1)且与两直线$\begin{cases}2x-y-z+3=0,\\-x-y+3z-1=0\end{cases}$及$\begin{cases}x+y+z-1=0,\\x-y-2z=0\end{cases}$平行的平面方程.

8. 求过点(0, 2, 1)且与两平面 $x+y-z-1=0$ 及 $x-2y-3z=0$ 平行的直线方程.

9. 求直线$\begin{cases}2x-y-z+3=0,\\-x-y+3z-1=0\end{cases}$与直线$\begin{cases}x+y+z-1=0,\\x-y-2z=0\end{cases}$夹角的余弦.

10. 求直线$\begin{cases}x+y+3z=0,\\x-y-z=0\end{cases}$与平面 $x-y-z+1=0$ 的夹角.

11. 求点 $M(2,-3,1)$到平面 $x+2y-z+9=0$ 的距离.

12. 求点 $P_0(3,-1,2)$到直线的$\begin{cases}x+y-z+1=0,\\2x-y+z-4=0\end{cases}$的距离.

13. 求直线$\begin{cases}x+2y-3z-5=0,\\2x-y+z+2=0\end{cases}$的对称式方程和在三个坐标面上的投影直线方程.

2.4 空间曲面与曲线

日常生活中我们经常见到曲面，如篮球、排球、水桶、花瓶、漏斗、灯罩等等. 曲面常被用于工业设计，在高等数学中也会用到一些常见的曲面.

在空间直角坐标系中，满足三元方程 $F(x,y,z)=0$ 的有序数组(x,y,z) 所对应的点的集合 $S=\{(x,y,z)|F(x,y,z)=0\}$表示**空间曲面**. 曲面 S 与三元方程 $F(x,y,z)=0$ 如果有以下关系：

(1) 曲面 S 上任一点的坐标(x,y,z)都满足方程；

(2) 满足方程的点(x,y,z)都在曲面 S 上. 那么称方程 $F(x,y,z)=0$ 为**曲面 S 的方程**；曲面 S 就是满足方程的点(x,y,z)所描绘的图形(图 2.4.1).

我们主要讨论一些常见曲面的形状及其方程.

2.4.1 球面及其方程

定义 2.4.1 与定点的距离为常数的点的轨迹称为**球面**.

下面建立球心在点 $P_0(x_0,y_0,z_0)$，半径为 R 的球面方程 .

在空间任取一点 $P(x,y,z)$，当且仅当$|\overrightarrow{P_0P}|=R$时，点 P 在球面上. 所以球面方程为

$$(x-x_0)^2+(y-y_0)^2+(z-z_0)^2=R^2 . \tag{2.4.1}$$

方程(2.4.1)表示球心在(x_0, y_0, z_0)，半径为 R 的**球面方程**(图 2.4.2).

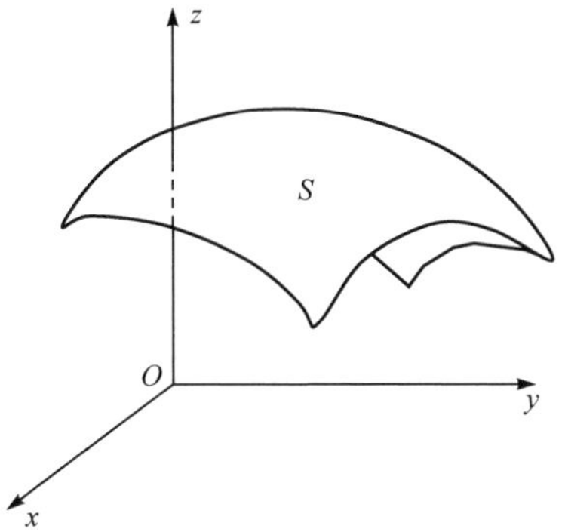

图 2.4.1

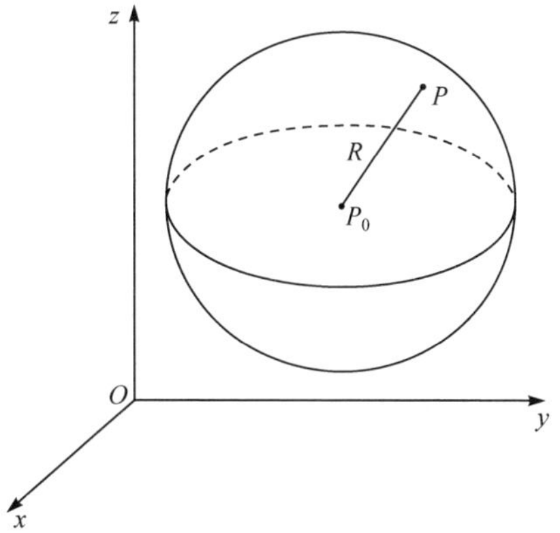

图 2.4.2

显然，球心在坐标原点,则球面方程为

$$x^2+y^2+z^2=R^2 .$$

将方程(2.4.1)展开得

$$x^2+y^2+z^2-2x_0x-2y_0y-2z_0z+x_0^2+y_0^2+z_0^2=R^2 .$$

如果令

$$a=-x_0,\quad b=-y_0,\quad c=-z_0,\quad d=x_0^2+y_0^2+z_0^2-R^2,$$

则方程化为

$$x^2+y^2+z^2+2ax+2by+2cz+d=0 . \tag{2.4.2}$$

球面方程(2.4.2)的特点：

(1) 它是三元二次方程；

(2) 平方项的系数都相等且不为零；

(3) 不含有交叉项 xy, yz, zx .

一般地，具有上述三个特点的方程总表示一个球面. 事实上，每一个这样的方程都可以通过配方化为 $(x-x_0)^2+(y-y_0)^2+(z-z_0)^2=k$ ，当 $k>0$ 时，表示球心在 $P_0(x_0, y_0, z_0)$，半径为 $\sqrt{k}$ 的球面；当 $k=0$ 时，表示一点(x_0, y_0, z_0)；当 $k<0$ 时，无图形(通常称为虚球面).

例 2.4.1　已知一球面的球心 $P_0(1, 4, -7)$,且与平面 $6x+6y-7z+42=0$ 相切，求此球面的方程.

解　因点 P_0 (1, 4, −7)到平面 $6x+6y-7z+42=0$ 的距离恰是此球面的半径 R,利用点到平面的距离公式：

$$R=\frac{|6\times1+6\times4-7\times(-7)+42|}{\sqrt{36+36+49}}=11,$$

故此球面方程为

$$(x-1)^2+(y-4)^2+(z+7)^2=121,$$

即

$$x^2+y^2+z^2-2x-8y+14z-55=0.$$

2.4.2　柱面及其方程

定义 2.4.2　由一族平行直线形成的曲面叫做**柱面**，这些平行的直线称为柱面的**母线**，在柱面上与各母线相交的一条曲线称为柱面的**准线**.

通常用垂直于母线的平面去截柱面就得到一条准线 C，准线不是唯一的.

柱面也可以看成由一条动直线 L 沿定曲线 C 平行移动所得到的曲面，称 L 为母线，称 C 为准线(图 2.4.3).

下面建立柱面方程.

设有一柱面，选取坐标系，使该柱面的母线平行于 z 轴，点 $P(x, y, z)$为柱面上任一点，当该点平行于 z 轴上下移动时，它仍保持在柱面上(图 2.4.4). 也就是说，不论 z 为何值，$P(x, y, z)$的坐标都满足柱面方程. 因此柱面方程中不含有 z，可设为

$$F(x,y)=0.$$

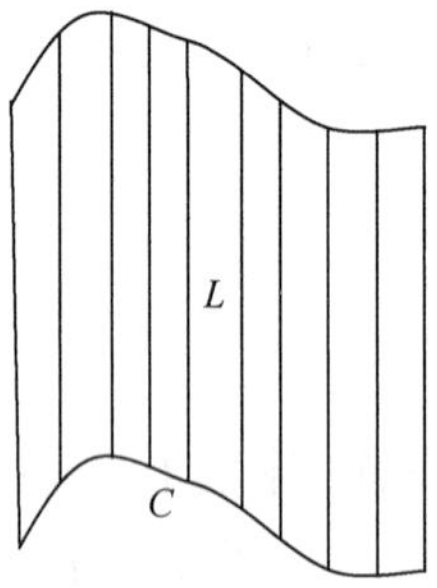

图 2.4.3

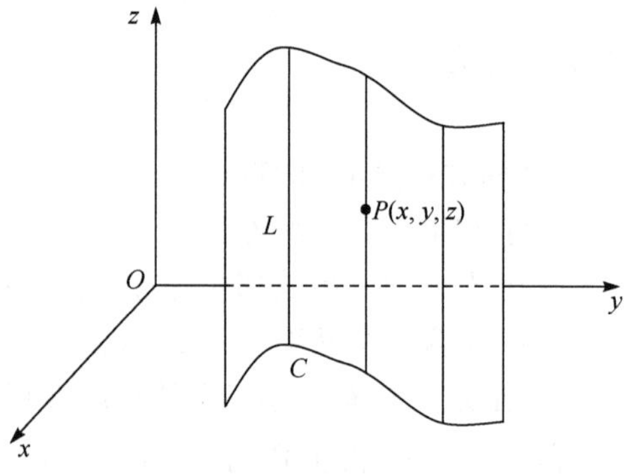

图 2.4.4

它与 xOy 面的交线就是它的一条准线

$$\begin{cases}F(x,y)=0,\\ z=0.\end{cases}$$

注意　在平面直角坐标系中，二元方程方程表示平面曲线，但在空间直角坐标系中，任何二元方程都表示一个柱面，柱面的形状由其准线的形状来确定.

母线平行于 y 轴的柱面方程可设为 $G(x, z)=0$(不含 y)，它与 xOz 面的交线 $\begin{cases}G(x,z)=0,\\ y=0\end{cases}$ 就是它的一条准线.

同样，方程 $H(y,z)=0$(不含 x)，表示母线平行于 x 轴的柱面，它的一条准线为 $\begin{cases}H(y,z)=0,\\ x=0.\end{cases}$

例 2.4.2　说明下列方程在空间直角坐标系中各表示什么曲面?

(1) $\dfrac{y^2}{b^2}+\dfrac{z^2}{c^2}=1$；　(2) $x^2+y^2=1$；　(3) $x^2-y=0$；

(4) $\dfrac{x^2}{a^2}-\dfrac{z^2}{c^2}=1$；　(5) $x-y=0$.

解　(1) 表示母线平行于 x 轴的椭圆柱面. 准线是 yOz 面上的椭圆(图 2.4.5)；

(2) 表示母线平行于 z 轴的圆柱面. 准线是 xOy 面上的单位圆(图 2.4.6)；

(3) 表示母线平行于 z 轴的抛物柱面.准线是 xOy 面上的抛物线(图 2.4.7)；

(4) 表示母线平行于 y 轴的双曲柱面. 准线是 xOz 面上的双曲线(图 2.4.8)；

(5) 表示过 z 轴且母线平行于 z 轴的平面. 准线是 xOy 面上的直线(图 2.4.9).

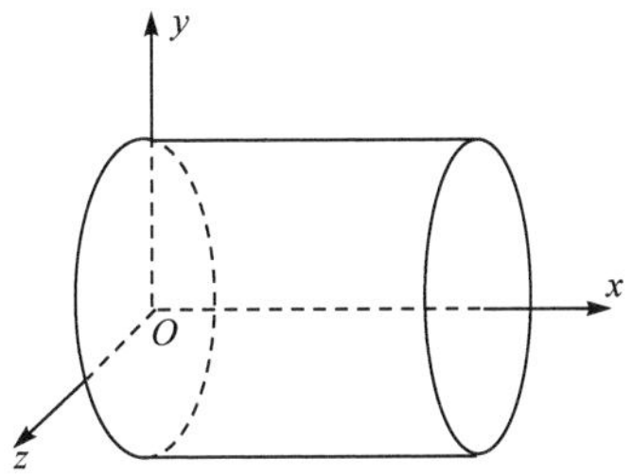

图 2.4.5

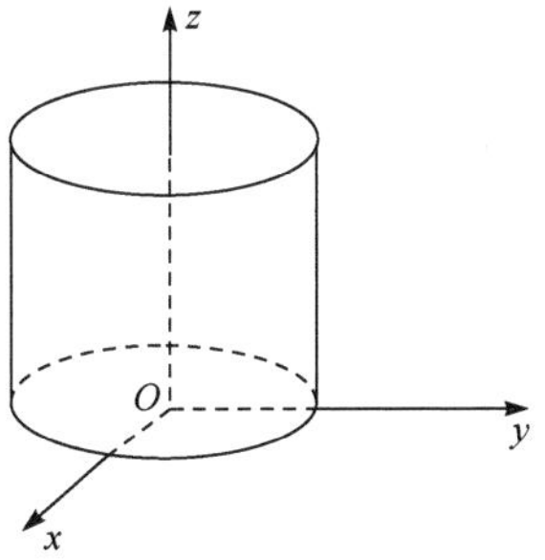

图 2.4.6

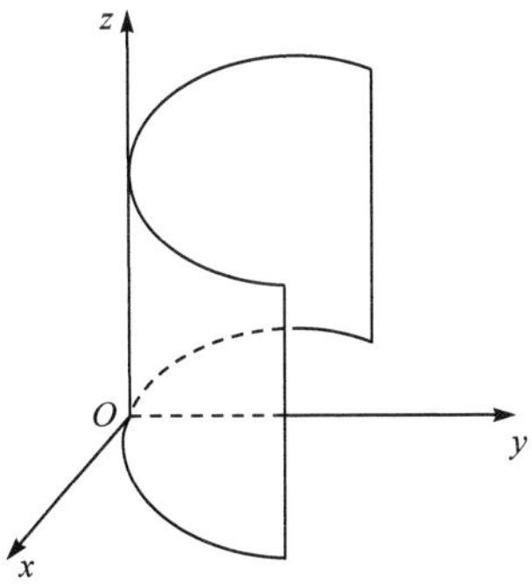

图 2.4.7

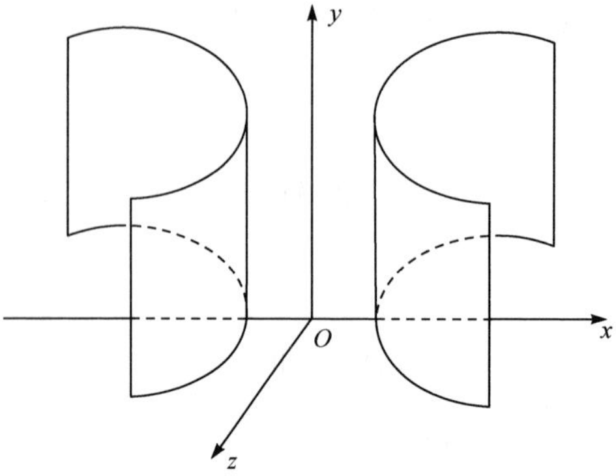

图 2.4.8

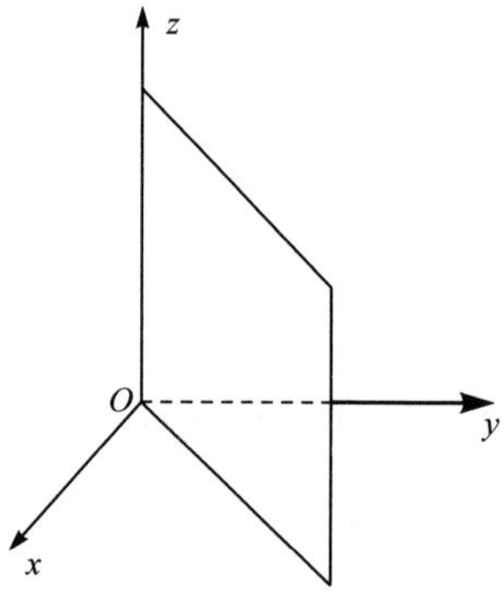

图 2.4.9

2.4.3 锥面及其方程

定义 2.4.3 过一个定点的直线族形成的曲面叫做**锥面**. 这些直线叫做它的**母线**，定点叫做它的**顶点**. 在锥面上与各条母线都相交的曲线叫做它的一条**准线**.

准线不是唯一的，通常可取在一个平面上的截线作为其准线(图 2.4.10).

如果准线是一个圆，顶点在过圆心且垂直于此圆所在平面的直线上，这样的锥面叫**圆锥面**.

下面建立锥面方程.

已知锥面的顶点为 $A(x_0, y_0, z_0)$，准线为 L：$\begin{cases} F_1(x,y,z)=0, \\ F_2(x,y,z)=0. \end{cases}$ 设 $P(x, y, z)$为锥面上任一点，母线 AP 交准线于点 $P_1(x_1, y_1, z_1)$(图 2.4.11)，则由直线的两点式方程知母线 AP 的方程为

$$\frac{x-x_0}{x_1-x_0}=\frac{y-y_0}{y_1-y_0}=\frac{z-z_0}{z_1-z_0}.$$

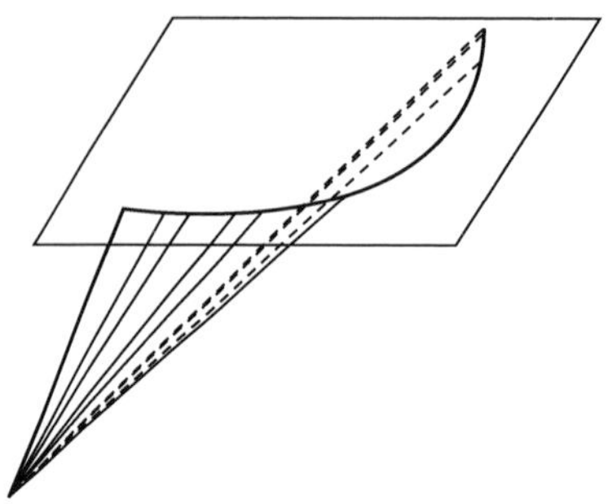

图 2.4.10

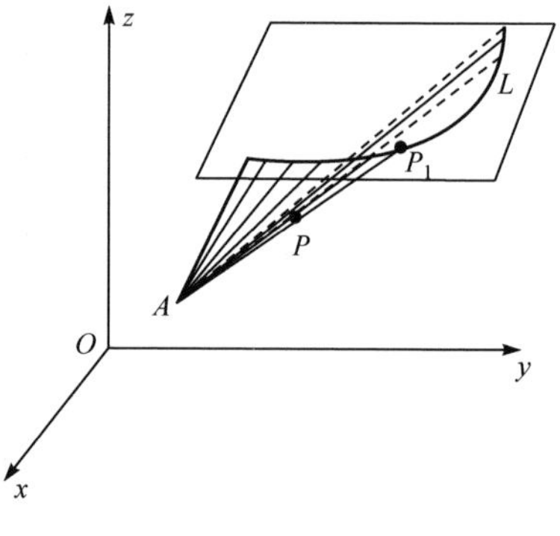

图 2.4.11

因点 $P_1(x_1, y_1, z_1)$在准线 L 上，所以满足方程：

$$F_1(x_1, y_1, z_1) = 0, \quad F_2(x_1, y_1, z_1) = 0 .$$

由上面四个等式可消去参数 x_1, y_1, z_1 得一个三元方程

$$F(x, y, z) = 0,$$

这就是以 A 为顶点 L 为准线的**锥面方程**.

例 2.4.3 设锥面的顶点在坐标原点 O，且准线为 $\begin{cases} x^2 + y^2 = 1, \\ z = c \end{cases}$ (c 为常数)，求锥面的方程.

解 设 $P(x, y, z)$为锥面上任一点，母线 OP 交准线于点 $P_1(x_1, y_1, z_1)$,则有

$$\frac{x}{x_1} = \frac{y}{y_1} = \frac{z}{z_1}, \quad x_1^2 + y_1^2 = 1, \quad z_1 = c,$$

消去参数 x_1, y_1, z_1 可得 $z^2 = c^2(x^2 + y^2)$，这就是所求的锥面方程. 因其准线为圆，所以该方程就是**圆锥面方程**.

顶点在原点、开口朝向 z 轴的锥面，其标准方程为

$$\frac{x^2}{a^2} + \frac{y^2}{b^2} - \frac{z^2}{c^2} = 0 \quad (a \geqslant b > 0, c > 0).$$

当 $a = b$ 时，表示圆锥面.

用平行于坐标面的平面去截锥面，截线的形状如图 2.4.12.

事实上，关于 x, y, z 的二次齐次方程都表示**锥面**，如方程 $xy+yz+zx=0$ 表示顶点在原点的锥面，但开口朝向需要化为标准方程才能确定.

关于 $x-x_0, y-y_0, z-z_0$ 的二次齐次方程表示顶点在(x_0, y_0, z_0)的锥面.

柱面方程 锥面方程

2.4.4 旋转曲面和一般曲面及其方程

定义 2.4.4 由一条曲线 L 绕一条定直线 l 旋转一周所形成的曲面，叫做**旋转曲面**. 曲线 L 称为旋转曲面的**母线**，定直线 l 称为**旋转轴**.

我们主要讨论以坐标轴为旋转轴，母线为平面曲线的情形. 下面建立旋转曲

面方程.

图 2.4.13 是任意一个旋转曲面，我们把它看作是 yOz 面内的一条曲线 L $\begin{cases} f(y,z)=0, \\ x=0 \end{cases}$ 绕 z 轴旋转一周形成的曲面 S. 那么 S 的方程如何建立呢?

设曲面 S 上任一点 $P(x,y,z)$是由曲线 L 上的点 $P_1(0,y_1,z_1)$旋转得到的，显然有

$$z_1=z,\quad |y_1|=\sqrt{x^2+y^2}.$$

而点 P_1 在 L 上，所以点 P_1 的坐标满足 L 的方程，即 $f(y_1,z_1)=0$. 于是可得

$$f(\pm\sqrt{x^2+y^2},z)=0.$$

这个方程就是曲面上任一点的坐标 x, y, z 所满足的等式，反之，不在曲面 S 上的点坐标不满足这个等式. 所以方程 $f(\pm\sqrt{x^2+y^2},z)=0$ 表示 yOz 坐标面上的曲线绕 z 轴旋转一周的旋转面方程. 这个方程完全由曲线 L 的方程确定.

同理，该曲线 L 绕 y 轴旋转一周的旋转面方程为 $f(y,\pm\sqrt{x^2+z^2})=0$.

用类似的方法可以得出 xOz 坐标面上的曲线 $\begin{cases} g(x,z)=0, \\ y=0 \end{cases}$ 分别绕 x, z 旋转的旋转面方程；xOy 面上的曲线 $\begin{cases} h(x,y)=0, \\ z=0 \end{cases}$ 分别绕 x, y 轴旋转的旋转面方程.

例 2.4.4 求 yOz 面上的直线 $z=y\cot\alpha$ 绕 z 轴旋转一周所得圆锥面的方程(图 2.4.14).

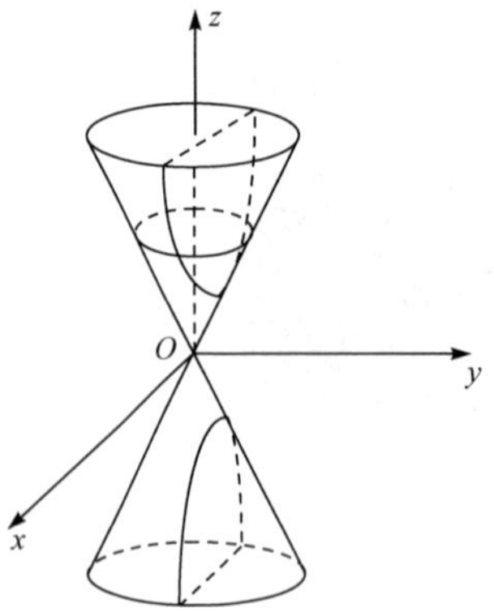

图 2.4.12

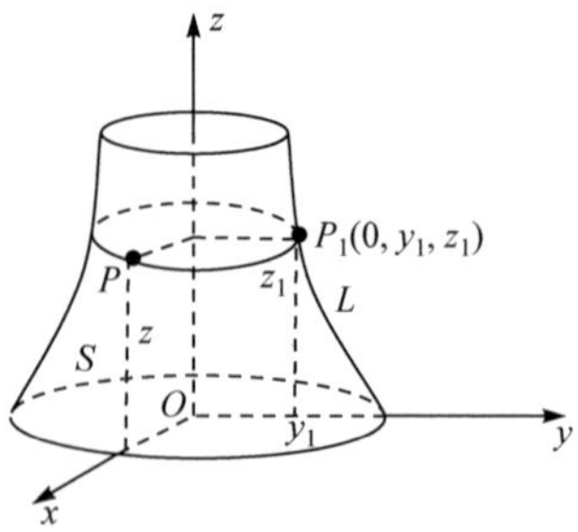

图 2.4.13

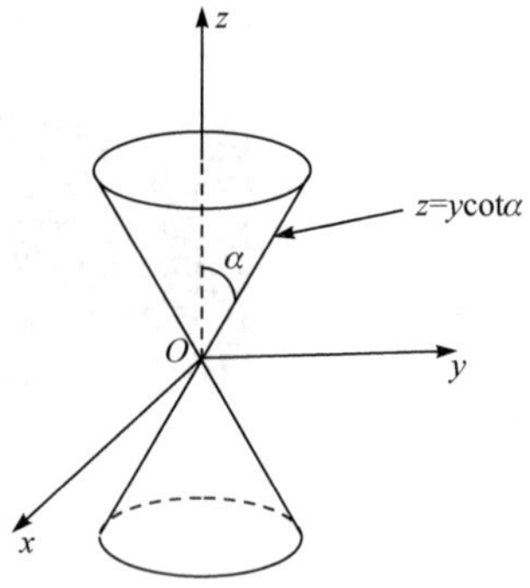

图 2.4.14

解 把直线方程中的 z 不变，y 换成$\pm\sqrt{x^2+y^2}$，就得到所求圆锥面的方程为

$$z=\pm\sqrt{x^2+y^2}\cdot\cot\alpha,$$

即

$$z^2 = a^2(x^2 + y^2) \quad (\text{其中 } a = \cot\alpha).$$

直线 L 绕另一条与之相交的直线旋转一周，所得的旋转曲面叫做圆锥面，两条直线的夹角称为**半顶角**.

例 2.4.5　求 yOz 面上的双曲线 $\begin{cases} \dfrac{y^2}{b^2} - \dfrac{z^2}{c^2} = 1, \\ x = 0 \end{cases}$ 分别绕 z，y 轴旋转所得到的旋转曲面的方程.

解　绕 z 轴旋转所得曲面的方程为

$$\frac{x^2 + y^2}{b^2} - \frac{z^2}{c^2} = 1,$$

该曲面称为**单叶旋转双曲面**(图 2.4.15).

绕 y 轴旋转的旋转面方程为

$$\frac{y^2}{b^2} - \frac{x^2 + z^2}{c^2} = 1,$$

该曲面称为**双叶旋转双曲面**(图 2.4.16).

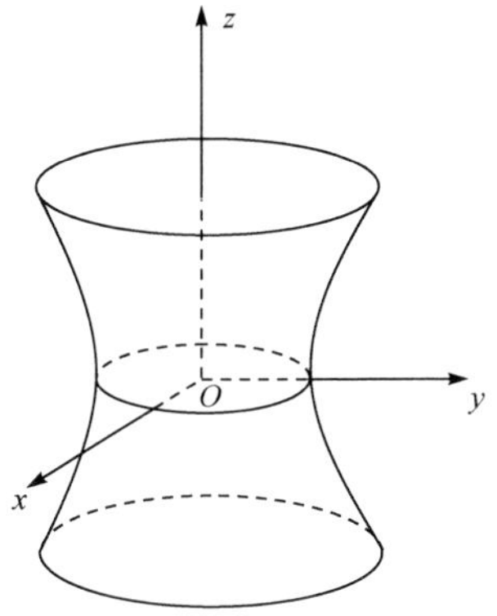

图 2.4.15

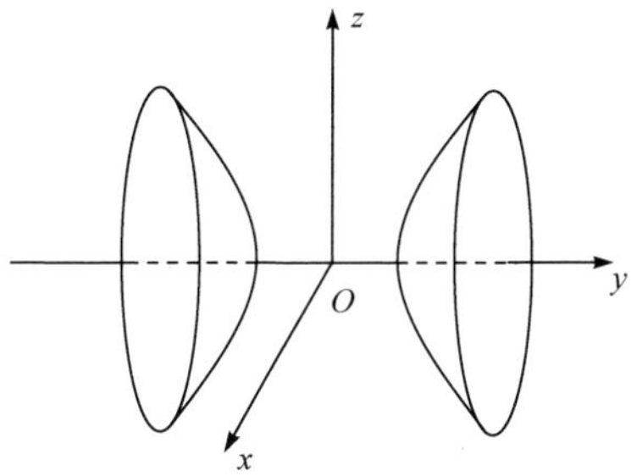

图 2.4.16

注意　一般的**单叶双曲面**的标准方程为

$$\frac{x^2}{a^2} + \frac{y^2}{b^2} - \frac{z^2}{c^2} = 1 \quad (a>0,\ b>0,\ c>0) \quad (\text{开口朝向 } z \text{ 轴}).$$

用平行于 xOy 面的平面 $z = z_1$ 去截单叶双曲面，可得截线方程为

$$\begin{cases} \dfrac{x^2}{a^2\left(1 + \dfrac{z_1^2}{c^2}\right)} + \dfrac{y^2}{b^2\left(1 + \dfrac{z_1^2}{c^2}\right)} = 1, \\ z = z_1 . \end{cases}$$

表示 $z=z_1$ 平面上的椭圆(图 2.4.17).

同样的方法：用平行于 yOz 坐标面的平面 $x=x_1$，平行于 xOz 坐标面的平面 $y=y_1$ 去截曲面，得到的截线方程由读者自己写出.

一般的**双叶双曲面**的标准方程为

$$-\frac{x^2}{a^2}+\frac{y^2}{b^2}-\frac{z^2}{c^2}=1 \quad (a>0,\ b>0,\ c>0) \quad (\text{开口朝向 } y \text{ 轴}).$$

例 2.4.6 求 yOz 面上的椭圆 $\begin{cases}\dfrac{y^2}{b^2}+\dfrac{z^2}{c^2}=1,\\ x=0\end{cases}$ 绕 z 轴旋转所得到的旋转曲面的方程.

解 绕 z 轴旋转所得曲面的方程为

$$\frac{x^2+y^2}{b^2}+\frac{z^2}{c^2}=1,$$

该曲面称为**旋转椭球面**(图 2.4.18).

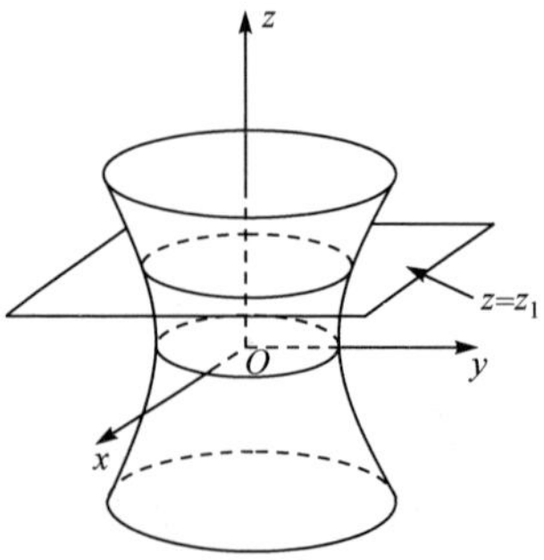

图 2.4.17

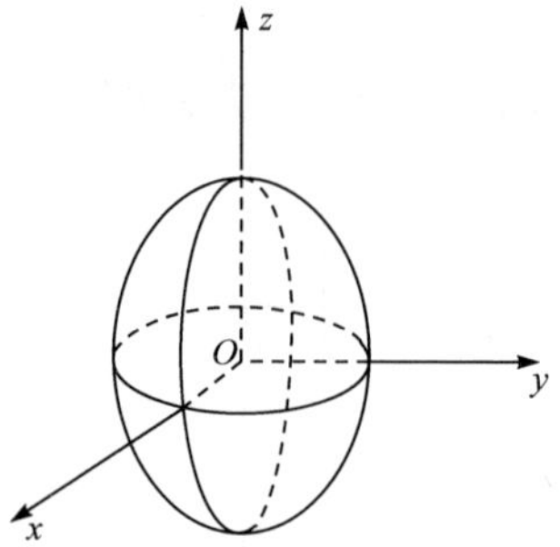

图 2.4.18

一般**椭球面**的标准方程为

$$\frac{x^2}{a^2}+\frac{y^2}{b^2}+\frac{z^2}{c^2}=1,$$

$$|x|\leqslant a, \quad |y|\leqslant b, \quad |z|\leqslant c.$$

用坐标面和平行于坐标面的平面去截椭球面，截线都是椭圆.

例 2.4.7 求 yOz 面上的抛物线 $\begin{cases}y^2=2pz,\\ x=0\end{cases}$ 绕 z 轴旋转一周形成的旋转面方程 $(p>0)$.

解 绕 z 轴旋转的旋转面方程为

$$x^2+y^2=2pz,$$

即

$$z=\frac{x^2}{2p}+\frac{y^2}{2p}.$$

该曲面称为**旋转椭圆抛物面**(开口朝向 z 轴的正向)(图 2.4.19).

一般**椭圆抛物面**的标准方程为

$$z=\frac{x^2}{a^2}+\frac{y^2}{b^2}.$$

同理，开口朝向 x 轴，y 轴正向的椭圆抛物面方程分别为

$$x=\frac{y^2}{b^2}+\frac{z^2}{c^2},\quad y=\frac{x^2}{a^2}+\frac{z^2}{c^2}.$$

双曲抛物面(马鞍面)(图 2.4.20)的标准方程为

$$z=-\frac{x^2}{a^2}+\frac{y^2}{b^2}\quad 或 \quad z=\frac{x^2}{a^2}-\frac{y^2}{b^2}.$$

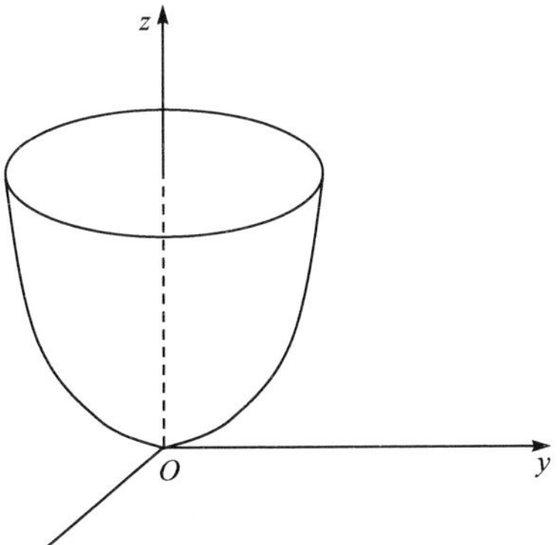

图 2.4.19

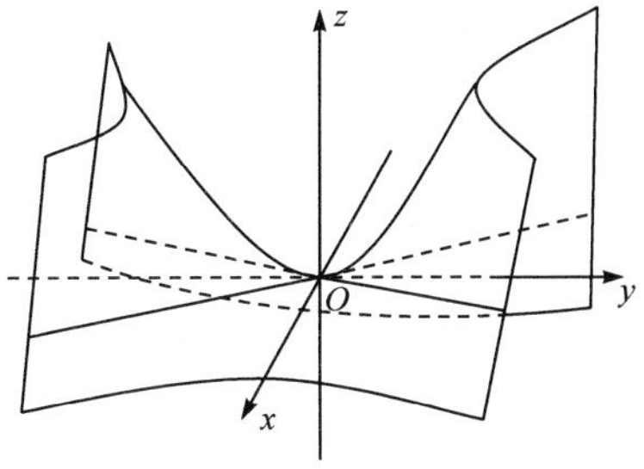

图 2.4.20

2.4.5　空间曲线及其方程

1. 空间曲线的一般方程及投影曲线方程

空间曲线可以看成两曲面的交线. 设两个曲面方程分别为

$$F(x,y,z)=0\,,\quad G(x,y,z)=0\,,$$

则方程组 $\begin{cases}F(x,y,z)=0,\\G(x,y,z)=0\end{cases}$ 称为空间曲线 C 的**一般方程**.

曲线上任一点的坐标都满足方程组；反之，坐标满足方程组的点都在曲线上.

如果由方程组消去 z，得到一个关于 x,y 的二元方程 $H(x,y)=0$. 在空间直角坐标系中，$H(x,y)=0$ 表示母线平行于 z 轴的柱面，于是曲线 C 在柱面上，或柱面包含曲线 C，称柱面 $H(x,y)=0$ 为曲线 C 的**投影柱面**，C 在 xOy 面上**投影曲线**方程为

$$\begin{cases}H(x,y)=0,\\z=0.\end{cases}$$

同理，由方程组 $\begin{cases}F(x,y,z)=0,\\G(x,y,z)=0\end{cases}$ 消去 y 得方程 $R(x,z)=0$，可得 C 在 xOz 面上的投影曲线方程 $\begin{cases}R(x,z)=0,\\y=0.\end{cases}$

由方程组 $\begin{cases}F(x,y,z)=0,\\G(x,y,z)=0\end{cases}$ 消去 x 得方程 $Q(y,z)=0$，C 在 yOz 面上的投影曲线为

$$\begin{cases}Q(y,z)=0,\\x=0.\end{cases}$$

例 2.4.8　方程组 $\begin{cases}x^2+y^2+z^2=1,\\z=\sqrt{x^2+y^2}\end{cases}$ 表示怎样的曲线？写出其在 xOy 面上的投影曲线方程.

解　方程组表示一个球面与一个上半圆锥面的交线. 解方程组可得 $z=\dfrac{1}{\sqrt{2}}$，$x^2+y^2=\dfrac{1}{2}$，所以该曲线表示平面 $z=\dfrac{1}{\sqrt{2}}$ 上的圆 $x^2+y^2=\dfrac{1}{2}$ (图 2.4.21).

而在空间直角坐标系中，$x^2+y^2=\dfrac{1}{2}$ 又表示母线平行于 z 轴的圆柱面，所以交线在 xOy 面上的投影曲线方程为

$$\begin{cases}x^2+y^2=\dfrac{1}{2},\\z=0.\end{cases}$$

例 2.4.9　方程组 $\begin{cases}2-z=x^2+y^2,\\z=\sqrt{x^2+y^2}\end{cases}$ 表示怎样的曲线？求由两个曲面所围成的立体在 xOy 面上的投影.

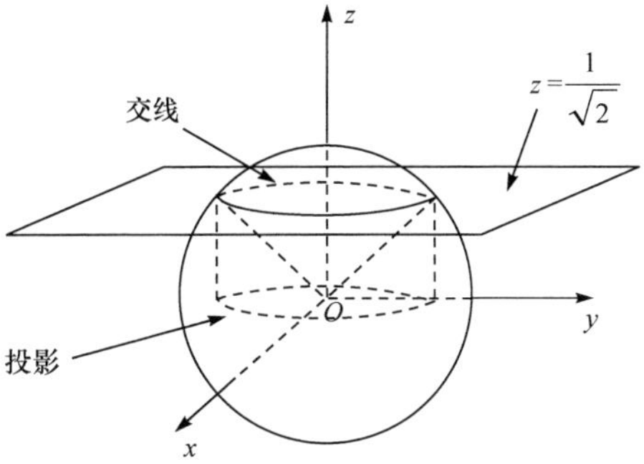

图 2.4.21

解　方程组表示一个开口朝向 z 轴负方向的抛物面与上半圆锥面的交线. 解方程组得 $z=1$，所以该曲线表示平面 $z=1$ 上的圆 $x^2+y^2=1$(图 2.4.22).

两个曲面所围成的立体在 xOy 面上的投影为 $x^2+y^2\leqslant 1$，如图 2.4.22 中阴影部分.

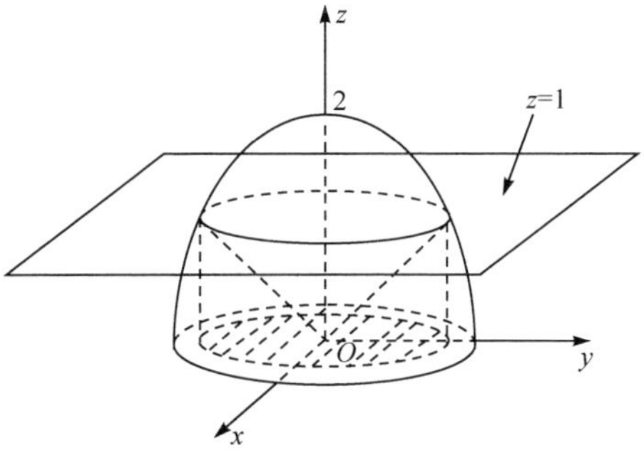

图 2.4.22

例 2.4.10　方程组 $\begin{cases} x^2+y^2=1, \\ 2x+z-3=0 \end{cases}$ 表示怎样的曲线？求该曲线在 yOz，xOy 面上的投影.

解　方程组表示母线平行于 z 轴的圆柱面与母线平行于 y 轴的平面的交线. 由方程组消去 x 得 $\frac{(z-3)^2}{4}+y^2=1$，这是一个椭圆柱面. 所以方程组表示在平面 $2x+z-3=0$ 上的椭圆(图 2.4.23).

该曲线在 yOz 面上的投影曲线方程为 $\begin{cases} \frac{(z-3)^2}{4}+y^2=1, \\ x=0. \end{cases}$

在 xOy 面上的投影为 $\begin{cases} x^2+y^2=1, \\ z=0. \end{cases}$

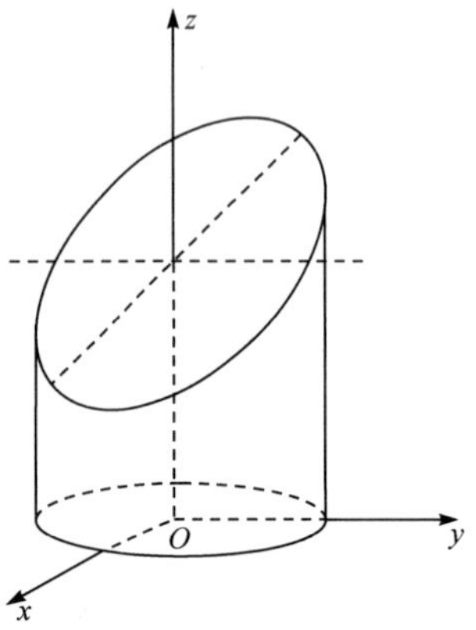

图 2.4.23

例 2.4.11 求球面 $x^2+y^2+z^2=4$ 与平面 $y+z-1=0$ 的交线在三个坐标面上的投影曲线方程.

解 由方程组 $\begin{cases}x^2+y^2+z^2=4,\\ y+z-1=0\end{cases}$ 消去 z 得 $x^2+2\left(y-\dfrac{1}{2}\right)^2=\dfrac{7}{2}$，这是一个母线平行于 z 轴的椭圆柱面，所以交线在 xOy 面上的投影曲线方程为

$$\begin{cases}x^2+2\left(y-\dfrac{1}{2}\right)^2=\dfrac{7}{2},\\ z=0.\end{cases}$$

同理，消去 y 得 $x^2+2\left(z-\dfrac{1}{2}\right)^2=\dfrac{7}{2}$，则交线在 xOz 面上的投影曲线方程为

$$\begin{cases}x^2+2\left(z-\dfrac{1}{2}\right)^2=\dfrac{7}{2},\\ y=0.\end{cases}$$

交线在 yOz 面上的投影就是一条线段，

$$y+z-1=0\ ,\ \left(\frac{1-\sqrt{7}}{2}\leqslant y\leqslant\frac{1+\sqrt{7}}{2},\frac{1-\sqrt{7}}{2}\leqslant z\leqslant\frac{1+\sqrt{7}}{2}\right).$$

例 2.4.12 试画出曲面 $z=1-x^2$ 与 $z=3x^2+y^2$ 的交线草图，并写出其交线在 xOy 面上的投影.

解 其交线如图 2.4.24.

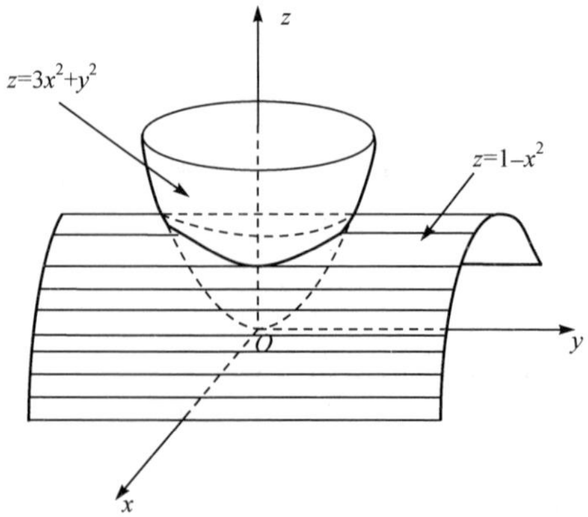

图 2.4.24

把 $z=1-x^2$ 代入方程 $z=3x^2+y^2$ 消去 z 得投影柱面方程

$$4x^2+y^2=1,$$

交线在 xOy 面上的投影为

$$\begin{cases}4x^2+y^2=1,\\ z=0.\end{cases}$$

2. 空间曲线的参数方程

空间曲线的参数方程为 $\begin{cases}x=x(t),\\ y=y(t),\\ z=z(t)\end{cases}$ t 为参数.当给定 $t=t_1$ 时，就得到曲线上的一个点 (x_1,y_1,z_1)，随着参数的变化可得到曲线上的全部点.

例 2.4.13 设空间有一动点 M 在圆柱面 $x^2+y^2=a^2$ 上以角速度 ω 绕 z 轴旋转，同时又以线速度 v 沿平行于 z 轴的正方向上升(其中 ω, v 都是常数)，动点 M 的轨迹称为螺旋线，试建立其参数方程.

解 建立如图 2.4.25 所示的坐标系. 取时间 t 为参数，当 $t=0$ 时，动点 M 位于 x 轴上点 $A(a,0,0)$，经过时间 t，动点由 A 运动到 $M(x,y,z)$，设点 M 在坐标面上的投影为 M'，依题意有

$$\begin{cases}x=|OM'|\cos\omega t=a\cos\omega t,\\ y=|OM'|\sin\omega t=a\sin\omega t,\\ z=vt.\end{cases}$$

因此，螺旋线的参数方程为

$$\begin{cases}x=a\cos\omega t,\\ y=a\sin\omega t,\\ z=vt\end{cases}\quad t \text{ 为参数.}$$

若令 $\theta=\omega t$，则螺旋线的参数方程为

$$\begin{cases}x=a\cos\theta,\\ y=a\sin\theta,\\ z=b\theta,\end{cases}$$

其中 $b=\dfrac{v}{\omega}$.

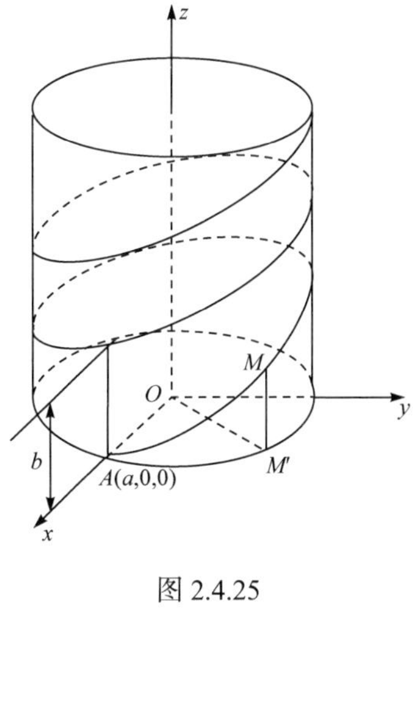

图 2.4.25

旋转曲面　　一般曲面　　空间曲线及投影方程

习　题　2.4

1. 一动点与两定点 $A(1, 2, 3)$和 $B(2, 3, 1)$的距离相等，求此动点的轨迹方程.

2. 求以点$(2, -1, 1)$为球心且过原点的球面方程.

3. 在空间直角坐标系中，下列方程表示什么曲面？

(1) $2x^2+2y^2+2z^2-x+2y=0$；　(2) $\dfrac{x^2}{4}+\dfrac{z^2}{9}=1$；

(3) $z+1=3y^2$；　(4) $-2x^2+3y^2=5$；

(5) $x^2+y^2-z^2=0$；　(6) $x=2y^2+z^2$.

4. 求下列旋转曲面方程：

(1) $\begin{cases} y=2x, \\ z=0 \end{cases}$ 绕 x 轴，y 轴旋转一周；

(2) $\begin{cases} -z^2+\dfrac{y^2}{4}=1, \\ x=0 \end{cases}$ 绕 z 轴，y 轴旋转一周；

(3) $\begin{cases} z=2x^2, \\ y=0 \end{cases}$ 绕 z 轴旋转一周.

5. 画出下列方程组表示的曲线在第一卦限内的图形：

(1) $\begin{cases} x=3, \\ y=2; \end{cases}$　(2) $\begin{cases} z=\sqrt{1-x^2-y^2}, \\ x+y=0. \end{cases}$

6. 求上半球面 $z=\sqrt{4-x^2-y^2}$ 被圆柱面 $x^2+y^2-2x=0$ 所围的部分在 xOy，xOz 面上的投影.

复 习 题 2

1. 选择题

(1) 直线 $l:\dfrac{x-1}{1}=\dfrac{y-5}{-2}=\dfrac{z+8}{1}$ 与平面 $\pi: x+2y+3z=1$ 的位置关系为(　　).

(A) $l/\!/\pi$　(B) l 在 π 内　(C) $l\perp\pi$　(D) 不是前面三种关系

(2) 直线 $l_1: \dfrac{x-1}{1}=\dfrac{y-5}{-2}=\dfrac{z+8}{1}$ 与直线 $l_2: \begin{cases} x-y=6, \\ 2y+z=3 \end{cases}$ 的夹角为(　　).

(A) $\dfrac{\pi}{6}$　　(B) $\dfrac{\pi}{4}$　　(C) $\dfrac{\pi}{3}$　　(D) $\dfrac{\pi}{2}$

(3) 直线 $l: \dfrac{x-1}{1}=\dfrac{y-5}{-2}=\dfrac{z+8}{1}$ 与平面 $\pi: x+y-2z+3=0$ 的夹角为(　　).

(A) $\dfrac{\pi}{6}$　　(B) $\dfrac{\pi}{4}$　　(C) $\dfrac{\pi}{3}$　　(D) $\dfrac{\pi}{2}$

(4) 对二次曲面，下列说法不正确的是(　　).

(A) 方程 $z=2x^2+2y^2$ 表示旋转抛物面

(B) 方程 $z^2=2x^2+2y^2$ 表示圆锥面

(C) 方程 $y^2=x$ 表示抛物柱面

(D) 方程 $\dfrac{1}{4}x^2-y^2-\dfrac{1}{9}z^2=1$ 表示单叶双曲面

2. 填空题

(1) 已知向量 $\boldsymbol{\alpha}=(x,1,2)$ 与 $\boldsymbol{\beta}=(-1,0,1)$ 正交，则 $x=$____________.

(2) 直线 $\begin{cases} x+2y+3z+4=0, \\ x-3y-3z-8=0 \end{cases}$ 在 xOy 面上的投影直线的方程为____________.

(3) 向量 $\boldsymbol{\alpha}=(1,2,2)$ 与 $\boldsymbol{\beta}=(1,0,1)$ 的夹角 $\theta=$____________.

(4) 向量 $\boldsymbol{\alpha}=(4,-3,4)$ 在向量 $\boldsymbol{\beta}=(2,2,1)$ 上的投影 $\mathrm{Prj}_{\boldsymbol{\beta}}\boldsymbol{\alpha}=$____________.

(5) 曲面 $z=x^2+y^2$ 与平面 $x+y+z=1$ 的交线在 xOy 平面上的投影曲线方程____________.

(6) 空间曲线 $\begin{cases} x^2+y^2+z^2=8, \\ z=\sqrt{x^2+y^2} \end{cases}$ 在 xOy 面上投影曲线的方程为____________.

(7) yOz 面上双曲线 $\begin{cases} \dfrac{y^2}{b^2}-\dfrac{z^2}{c^2}=1, \\ x=0 \end{cases}$ 绕 y 轴旋转所得的旋转曲面方程为____________.

3. 判断下列三点 P_1,P_2,P_3 是否共线?

(1) $P_1(-1,2,0), P_2(3,-4,1), P_3(1,2,3)$；

(2) $P_1(0,1,2), P_2(1,3,1), P_3(3,7,-1)$.

4. 已知一向量的终点在点 $B(3,2,-1)$，它在 x 轴，y 轴，z 轴上的投影分别为 4，−3，6，求该向量的起点 A 的坐标.

5. 设一向量与 x 轴及 y 轴的夹角相等，而与 z 轴的夹角是与 x 轴夹角的两倍，求此向量的方向余弦.

6. 设向量 $\boldsymbol{\beta}$ 与向量 $\boldsymbol{\alpha}=3\boldsymbol{i}+6\boldsymbol{j}+8\boldsymbol{k}$ 及 x 轴都垂直，且 $|\boldsymbol{\beta}|=2$，求向量 $\boldsymbol{\beta}$.

7. 已知 $\boldsymbol{\alpha}=\boldsymbol{i}, \boldsymbol{\beta}=\boldsymbol{j}-2\boldsymbol{k}, \boldsymbol{\gamma}=2\boldsymbol{i}-2\boldsymbol{j}$，求一单位向量 $\boldsymbol{n}$，使 $\boldsymbol{n}\perp\boldsymbol{\gamma}$，且 $\boldsymbol{n},\boldsymbol{\alpha},\boldsymbol{\beta}$ 共面.

8. 已知三角形的顶点分别为 $A(1,-1,2), B(5,6,-2), C(1,3,-1)$，求 AC 边上的高 h.

9. 判断直线 $\begin{cases} 2x-y-10z+3=0, \\ x+3y+2z+1=0 \end{cases}$ 与平面 $4x-2y+z-2=0$ 的位置关系.

10. 证明直线 l_1: $\dfrac{x+3}{5}=\dfrac{y+1}{2}=\dfrac{z-2}{4}$ 与直线 l_2: $\dfrac{x-8}{3}=\dfrac{y-1}{1}=\dfrac{z-6}{2}$ 相交，并求由两直线所确定的平面方程.

11. 求两异面直线 l_1: $\dfrac{x-1}{0}=\dfrac{y-2}{1}=\dfrac{z-3}{2}$ 与 l_2: $\dfrac{x-2}{1}=\dfrac{y-3}{0}=\dfrac{z-1}{3}$ 的公垂线方程.

12. 求两异面直线 l_1: $\dfrac{x+1}{0}=\dfrac{y-1}{1}=\dfrac{z-2}{3}$ 与 l_2: $\dfrac{x-1}{1}=\dfrac{y}{2}=\dfrac{z+1}{2}$ 之间的距离.

13. 求直线 l_1: $\dfrac{x+1}{1}=\dfrac{y-1}{2}=\dfrac{z}{3}$ 在平面 π_1: $x+y+z-2=0$ 上的投影直线 l 的方程.

14. 求曲线 $\begin{cases} z=(x-1)^2+(y-1)^2, \\ z=2-x^2+y^2 \end{cases}$ 在三个坐标面上的投影曲线方程.

15. 求锥面 $z=\sqrt{x^2+y^2}$ 与柱面 $z^2=2x$ 所围立体在三个坐标面上的投影.

复习题 2 第 11 题解答

复习题 2 第 14，15 题解答

$*_2$ 拓 展 知 识

*2.5　MATLAB 制作空间图形的程序示例

【例 1】绘制 $y=\cos(1/x)$ 的图形.

解　MATLAB 命令为

```
x = linspace(-2*pi, 2*pi);
y = cos(1 ./ x);
plot(x, y);
```

运行结果为 2.5.1.

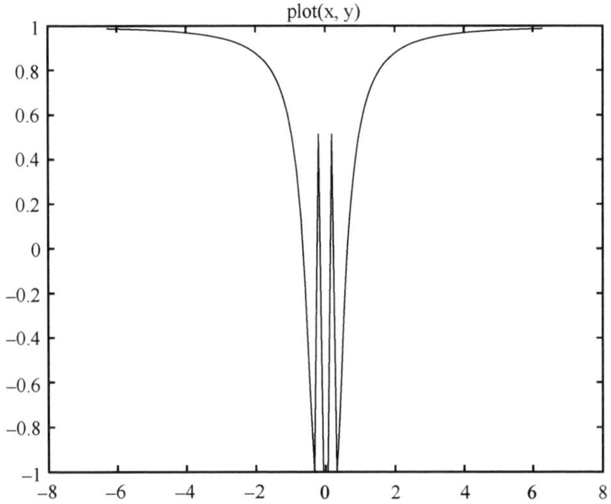

图 2.5.1　例 1 的运行结果

或者

```
fplot( @(x) cos(1./x), [-1, 1]);
title('fplot( @(x) cos(1./x), [-1, 1])');
```

运行结果为图 2.5.2.

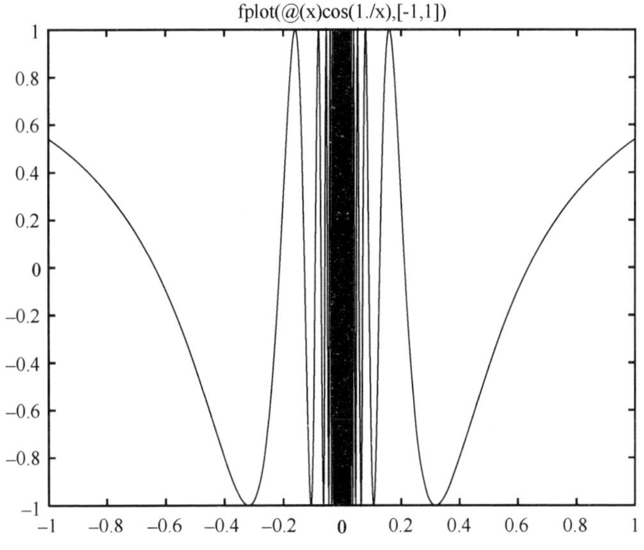

图 2.5.2　例 1 的运行结果

说明：plot(X, Y)函数的功能是根据指定的数据点(X, Y)绘制二维曲线；fplot(f)函数的功能是绘制指定的函数，其绘制数据点是自适应产生的.

【例 2】绘制隐函数的图形 $y\sin(x)+x\cos(y)=1$ 的图形.

解　MATLAB 命令为

```
fimplicit(@(x,y) y.*sin(x) + x.*cos(y) - 1);
title('ysin(x)+xcos(y)-1=0');
```

运行结果为图 2.5.3.

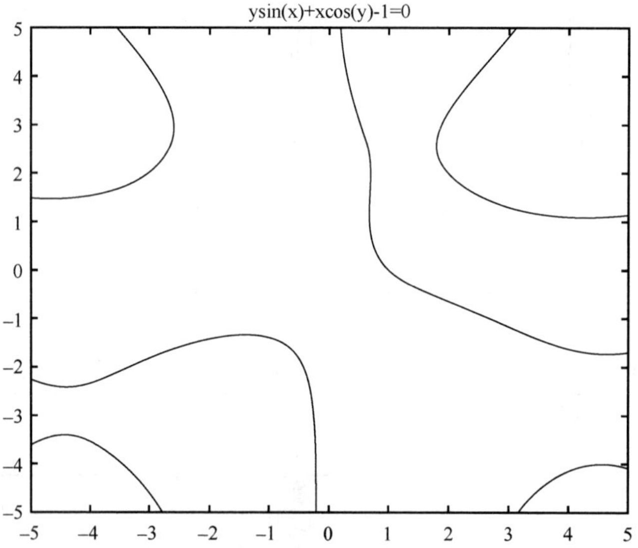

图 2.5.3　例 2 的运行结果

说明：fimplicit(f)函数是在 MATLAB R2016b 版本中引入的绘制隐函数 f 二维图形的函数.

【例 3】绘制 $x^2+y^2+z^2=1$ 的图形.

解　MATLAB 命令为

```
fimplicit3(@(x,y,z) x.^2 + y.^2 +z.^2 - 1);
```

运行结果为图 2.5.4.

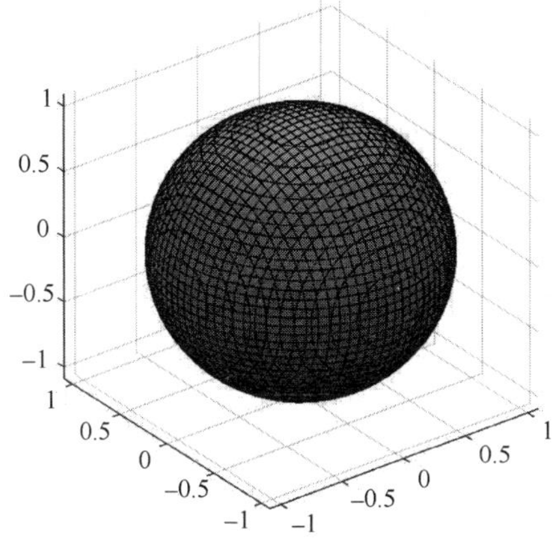

图 2.5.4 例 3 的运行结果

说明：fimplicit3(f)函数是在 MATLABR2016b 版本中引入的绘制函数 f 三维图形的函数.

【例 4】绘制 $x^2+y^2+z^2=1$，$(x-3)^2+(y-2)^2+z^2=2^2$，$x^2+(y-8)^2+(z+3)^2=4^2$ 的图形.

解 MATLAB 命令为

```
[x, y, z] = sphere;
surf(x,y,z)
hold on
surf(2*x+3,2*y+2,2*z)  % centered at (3, 2,0)
surf(4*x,4*y+8,4*z-3)  % centered at (0,8,-3)
axis equal
hold off
```

运行结果为图 2.5.5.

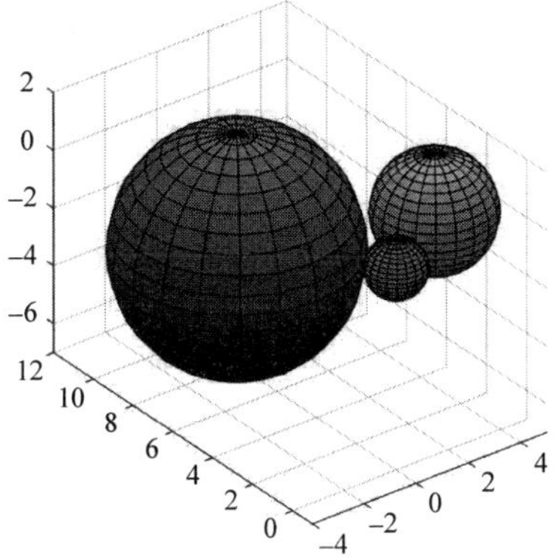

图 2.5.5 例 4 的运行结果

说明：sphere 函数用于绘制球面或返回球面坐标；surf 函数是绘制三维图形曲面的函数.

【例 5】绘制轮廓曲线为 $f(t)=2+\cos(t)$ 的柱面.

解　MATLAB 命令为

```
t = 0:pi/10:2*pi;
 [X,Y,Z] = cylinder(2+cos(t));
surf(X,Y,Z)
axis square
```

运行结果为图 2.5.6.

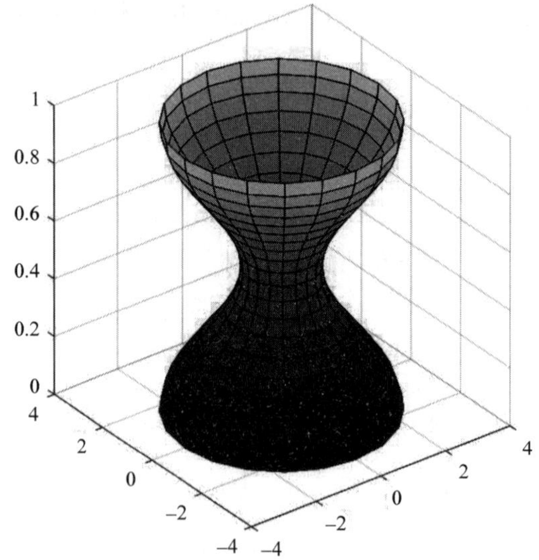

图 2.5.6　例 5 的运行结果

说明：cylinder(r)函数用于生成轮廓曲线由 r 定义的柱面.

【例 6】画出两曲面的交线 $\begin{cases} x^2+y^2+z^2=4, \\ x^2+y^2=2x. \end{cases}$

解　在此提供两个方法解决.

方法一的 MATLAB 代码为

```
fimplicit3(@(x,y,z) x.^2 + y.^2 + z.^2 - 4);
hold on;
fimplicit3(@(x,y) x.^2 + y.^2 - 2*x);
axis equal;
hold off;
```

运行结果为图 2.5.7.

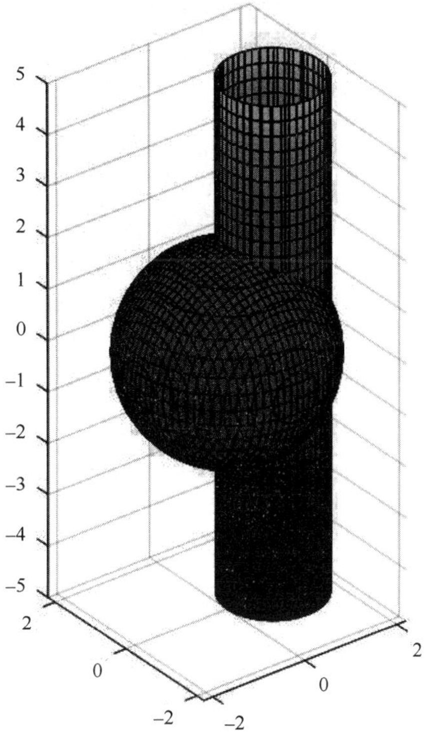

图 2.5.7 例 6 的运行结果

方法二的 MATLAB 代码为

```
[x, y, z] = sphere();
surf(2*x, 2*y, 2*z);
hold on
[x, y, z] = cylinder();
surf(x+1, y, 3*z);
axis equal
hold off
```

运行结果为图 2.5.8.

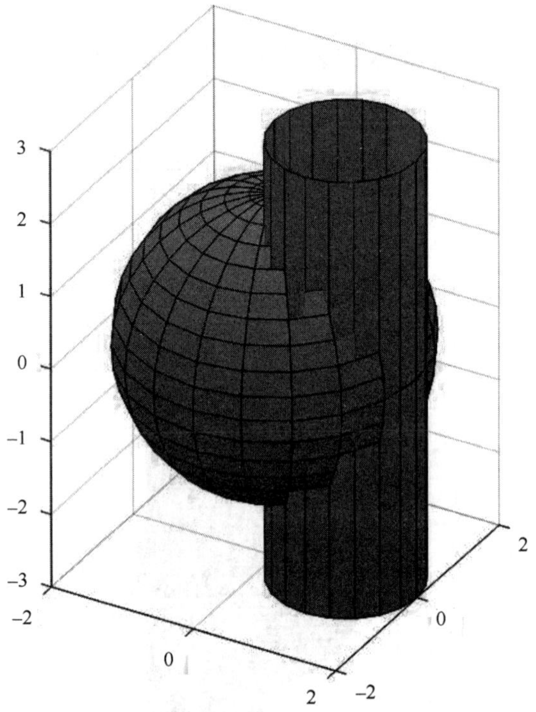

图 2.5.8 例 6 的运行结果

上述两种方法的运行结果均展现了相应的三维例题图形，如需展示交线，则可使用如下的两个方法.

显示交线的方法一的 MATLAB 代码为

```
[x,y,z] = meshgrid(linspace(-2,2));
f1 = x.^2 + y.^2 + z.^2 - 4;
f2 = x.^2 + y.^2  - 2*x;
isosurface(x, y, z, abs(f1)+abs(f2), 0.1);
axis equal;
```

运行结果为图 2.5.9.

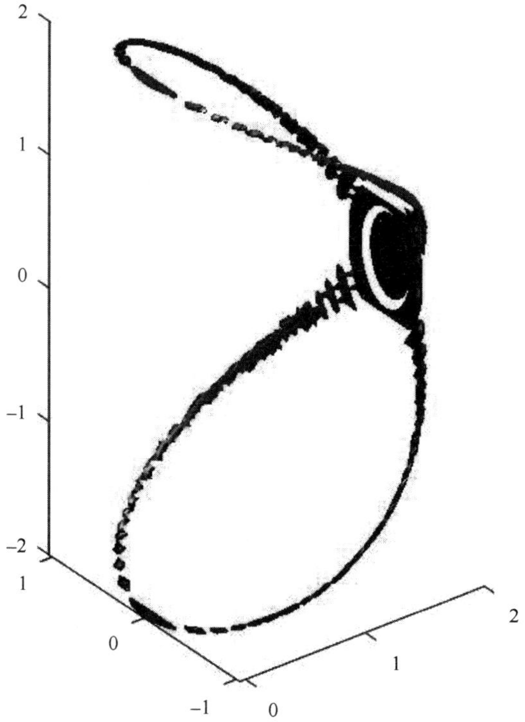

图 2.5.9　例 6 的运行结果

说明：该方法采用了数值方法粗略地显示交线.

显示交线的方法二的 MATLAB 代码为

```
[x,y,z] = meshgrid(linspace(-2,2));
f = x.^2 + y.^2 + z.^2;
[u, v] = meshgrid(linspace(0,2)*pi, linspace(-2,2));
xi = 1 + cos(u);
yi = sin(u);
zi = v;
h = contourslice(x, y, z, f, xi, yi, zi, [4, 4]);
set(h, 'EdgeColor', 'b', 'LineWidth', 2);
axis equal;
grid on;
box on;
view(60, 30);
```

运行结果为图 2.5.10.

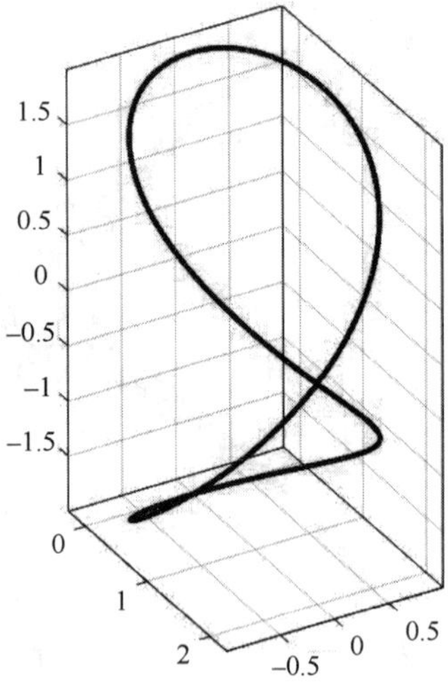

图 2.5.10　例 6 的运行结果

如需在上图的基础上展现相应的立体图形，则可在上述代码之后附加以下代码：

```
hold on;
f2 = x.^2 + y.^2 - 2*x;
f11 = reducepatch(isosurface(x, y, z, f, 4), 0.005);
f22 = reducepatch(isosurface(x, y, z, f2, 0), 0.005);
set(patch(f11),'facecolor','none','edgealpha',0.2)
set(patch(f22),'facecolor','none','edgealpha',0.2)
hold off;
```

运行结果为图 2.5.11.

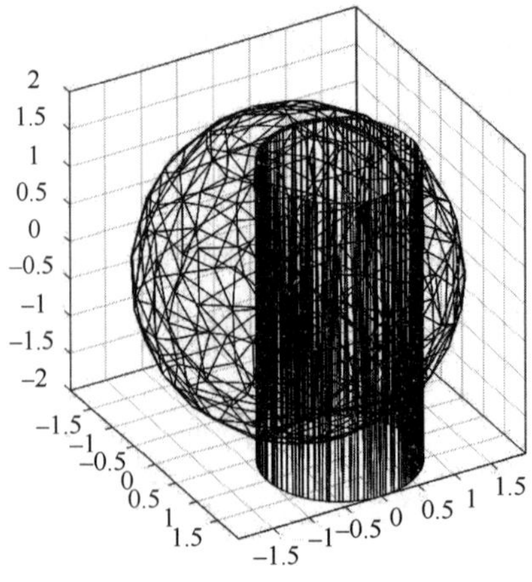

图 2.5.11　例 6 的运行结果

【例 7】显示图形 $\begin{cases} z = x^2 + 2y^2, \\ z = 2 - x^2. \end{cases}$

解 在此也提供两个方法. 方法一的 MATLAB 代码为

```
[X, Y] = meshgrid(linspace(-10, 10, 100));
Z1 = X.^2 +2*Y.^2;
Z2 = 2 - X.^2;
surf(X, Y, Z1);
alpha(0.5);
shading interp;
hold on;
surf(X, Y, Z2);
alpha(0.5);
shading interp;
hold off;
```

运行结果为图 2.5.12.

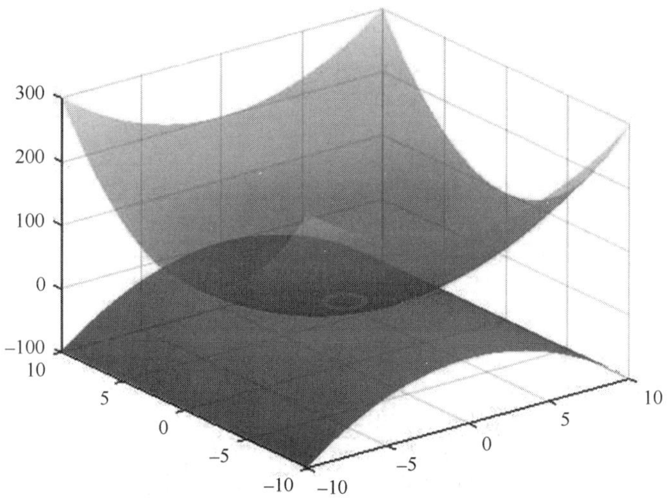

图 2.5.12 例 7 的运行结果

方法二的 MATLAB 代码为

```
fsurf(@(x, y) x.^2 + y.^2, 'EdgeColor','none');
alpha(0.5);
hold on;
fsurf(@(x) 2 - x.^2, 'EdgeColor','none');
alpha(0.5);
hold off;
```

运行结果为图 2.5.13.

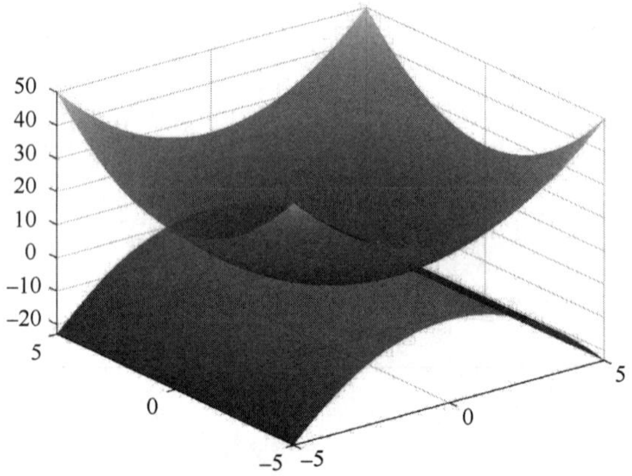

图 2.5.13　例 7 的运行结果

【例 8】画出图形 $z = \sin x$.

解　MATLAB 命令为

```
fsurf(sin(x));
```

运行结果为图 2.5.14.

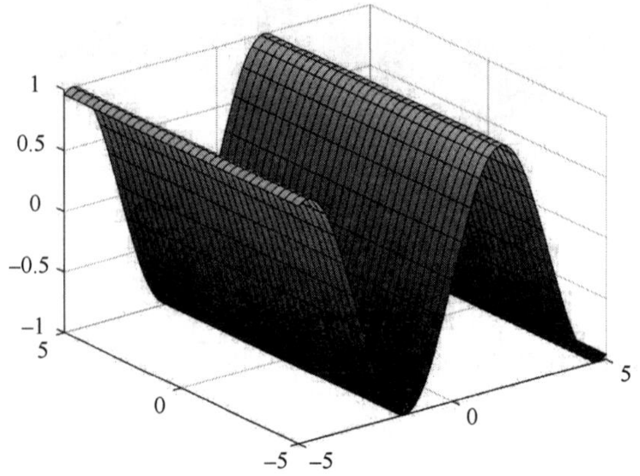

图 2.5.14　例 8 的运行结果

【例 9】画出图形 $\begin{cases} x^2+y^2+z^2=9, \\ x+z=1. \end{cases}$

解 MATLAB 命令为

```
fimplicit3(@(x,y,z) x.^2 + y.^2 + z.^2 - 9);
hold on;
fimplicit3(@(x,y,z) x + z - 1);
hold off;
axis equal;
view(20, 30);
```

运行结果为图 2.5.15.

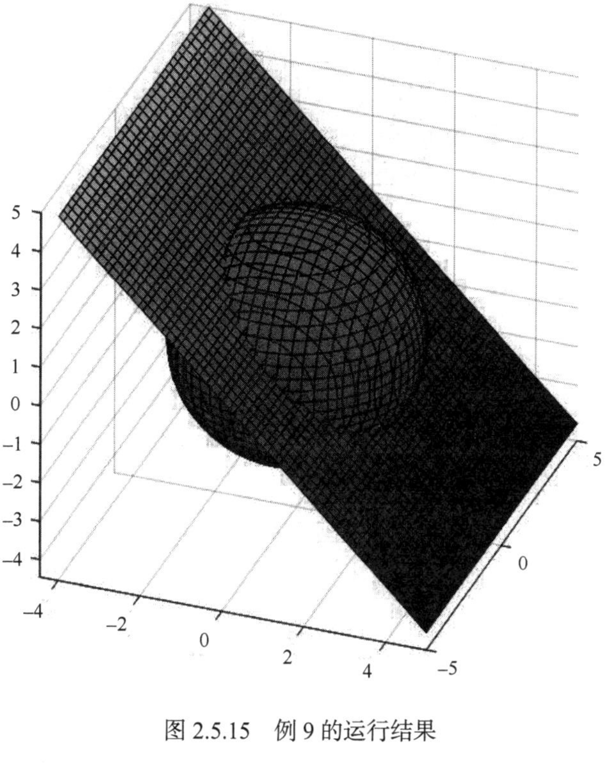

图 2.5.15 例 9 的运行结果

【例 10】画出由双曲抛物面 $z=xy$ 与平面 $x+y-1=0, z=0$ 所围成闭区域.

解 MATLAB 代码为

```
fimplicit3(@(x,y,z) z - x.^y);
hold on;
fimplicit3(@(x,y,z) x + y - 1, 'EdgeColor','none','…
FaceAl pha',.8);
fimplicit3(@(x,y,z) z, 'EdgeColor','none','…
FaceAlpha ',.8);
hold off;
view(80, 60);
```

运行结果为图 2.5.16.

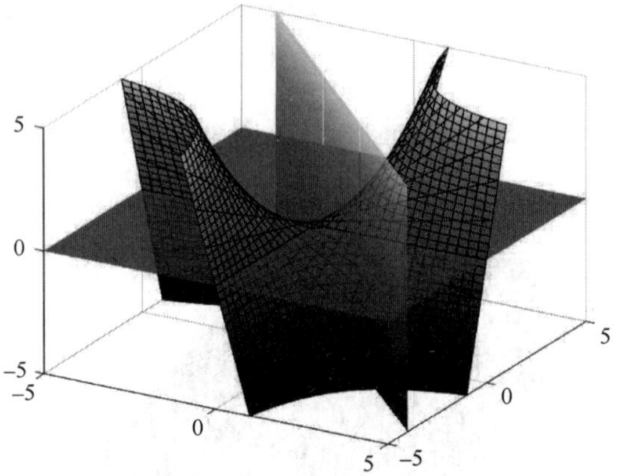

图 2.5.16　例 10 的运行结果

【例 11】　画出由曲面 $z=xy$ 与平面 $y=x,x=1$ 和 $z=0$ 所围的图形.

解　MATLAB 命令为

```
fimplicit3(@(x,y,z) z - x.*y);
hold on;
fimplicit3(@(x,y,z) y - x, 'EdgeColor','none','…
FaceAlph a',.8);
fimplicit3(@(x,y,z) x - 1, 'EdgeColor','none','…
FaceAlph a',.8);
fimplicit3(@(x,y,z) z, 'EdgeColor','none','…
FaceAlpha ',.8);
hold off;
view(20, 60);
```

运行结果为图 2.5.17.

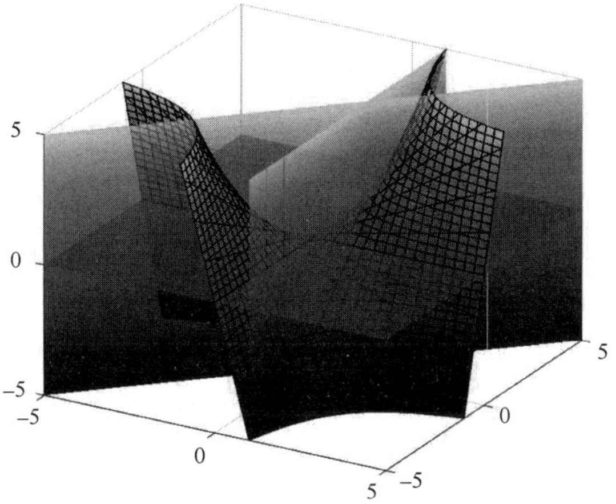

图 2.5.17 例 11 的运行结果

*2.6 几何上的应用

行列式虽然是解线性方程组时引入的工具，但它在几何上有着深刻的含义，可以用来表示面积、体积等.

在平面上，考虑以向量 $\boldsymbol{r}_1=(a_1,b_1)$ 和向量 $\boldsymbol{r}_2=(a_2,b_2)$ 为邻边的平行四边形. 设两向量之间的夹角为 θ，则平行四边形的面积

$$\begin{aligned}S&=|\boldsymbol{r}_1||\boldsymbol{r}_2|\sin\theta\\&=\sqrt{|\boldsymbol{r}_1|^2|\boldsymbol{r}_2|^2-(\boldsymbol{r}_1\cdot\boldsymbol{r}_2)^2}\\&=|a_1b_2-b_1a_2|.\end{aligned}$$

又二阶行列式 $D_2=\begin{vmatrix}a_1 & b_1\\ a_2 & b_2\end{vmatrix}=a_1b_2-b_1a_2$，这说明二阶行列式 D_2 的绝对值恰等于以行列式行向量 $\boldsymbol{r}_1=(a_1,b_1)$ 和 $\boldsymbol{r}_2=(a_2,b_2)$ 为邻边组成的平行四边形的面积. 若定义平行四边形的"有向"面积：若 $\boldsymbol{r}_1$ 沿逆时针方向转向 $\boldsymbol{r}_2$，则面积的符号为正；若 $\boldsymbol{r}_1$ 沿顺时针方向转向 $\boldsymbol{r}_2$，则面积的符号为负. 因此二阶行列式 D 等于以行向量 $\boldsymbol{r}_1=(a_1,b_1)$ 和 $\boldsymbol{r}_2=(a_2,b_2)$ 为邻边组成的平行四边形的有向面积.

例如，$\begin{vmatrix}3 & 0\\ 0 & 5\end{vmatrix}=15$，而以向量(3,0)和向量(0,5)为邻边的长方形的"有向"面积也是 15.

同样地，实系数三阶行列式 $D_3=\begin{vmatrix} a_1 & b_1 & c_1 \\ a_2 & b_2 & c_2 \\ a_3 & b_3 & c_3 \end{vmatrix}$(记 $\boldsymbol{s}_1=(a_1,b_1,c_1)$，$\boldsymbol{s}_2=(a_2,b_2,c_2)$，$\boldsymbol{s}_3=(a_3,b_3,c_3)$，由混合积的定义可知，$D_3=(\boldsymbol{s}_1\times\boldsymbol{s}_2)\cdot\boldsymbol{s}_3$. 混合积的绝对值，在几何上，表示以向量 $\boldsymbol{s}_1$，$\boldsymbol{s}_2$ 和 $\boldsymbol{s}_3$ 为边的平行六面体的体积)的绝对值，等于以行向量 $\boldsymbol{s}_1,\boldsymbol{s}_2$ 和 $\boldsymbol{s}_3$ 为邻边组成的平行六面体的体积. 若定义“有向”体积：当向量 $\boldsymbol{s}_1,\boldsymbol{s}_2,\boldsymbol{s}_3$ 构成右手系时体积为正，构成左手系时体积为负. 则 D_3 等于以 $\boldsymbol{s}_1,\boldsymbol{s}_2,\boldsymbol{s}_3$ 为邻边的平行六面体的“有向”体积.

例如，行列式 $\begin{vmatrix} 2 & 0 & 0 \\ 0 & 3 & 0 \\ 0 & 0 & 5 \end{vmatrix}$ 的值即表示以向量(2,0,0)，(0,3,0)，(0,0,5)为边的正方体的“有向”体积.

对于更高阶的行列式，也有相应的几何含义. 我们可以想象，在高维空间中，定义高维几何体. 高阶行列式的绝对值对应于高维几何体的“有向”体积. 对于高维的情形，感兴趣的同学，可以自行推导证明.

【例 1】计算由四个点(1,2)，(2,5)，(2,3)，(3,6)组成的平行四边形的面积.

解 容易计算，四个点围成平行四边形的两个向量分别为(2,5) − (1,2) = (1,3)和(2,5) − (2,3) = (0,2). 由前面的讨论可知，平行四边形的面积为 $S=\left\|\begin{matrix} 1 & 3 \\ 2 & 0 \end{matrix}\right\|=6$.

【例 2】计算椭圆 $\dfrac{x^2}{4}+\dfrac{y^2}{9}=1$ 的面积.

解 取新的变量 $t_1=\dfrac{x}{2},t_2=\dfrac{y}{3}$；新旧变量之间的变换矩阵为

$$\begin{pmatrix} x \\ y \end{pmatrix}=\begin{pmatrix} 2 & 0 \\ 0 & 3 \end{pmatrix}\begin{pmatrix} t_1 \\ t_2 \end{pmatrix}.$$

在变量 t_1，t_2 下图形变为 $t_1^2+t_2^2=1$，此时的面积为 π. 利用公式，可知椭圆的面积为 $\begin{vmatrix} 2 & 0 \\ 0 & 3 \end{vmatrix}\cdot\pi=6\pi$.

第 3 章　矩　　阵

矩阵是线性代数中最基本的一个概念，是现代科学技术与工程中不可缺少的数学工具. 在数学的其他分支及自然科学、经济学、管理学和社会学等领域有着广泛的应用. 实际中有许多问题都可归结为矩阵的运算，特别是在研究向量组的线性相关性、方程组求解、矩阵求逆等方面有着不可替代的作用，是线性代数的一个主要研究对象.

本章主要讨论矩阵的概念及其运算方法、逆矩阵的概念及其求法、矩阵的初等变换与矩阵的秩、分块矩阵的概念及其运算，而与矩阵相关的概念、问题、方法都将在此基础上，在后面各章中逐步形成和展开讨论.

3.1　矩　　阵

3.1.1　矩阵的概念

在经济模型、工程计算等问题中，矩阵作为一种工具，有着非常广泛的应用. 下面通过例子引入矩阵的概念.

例 3.1.1　某公司生产甲、乙、丙三种产品，它们的生产成本由原材料费，电力费、人工费和其他费用四项构成，表 3.1.1 给出了每种产品的每项费用的预算(单位：百元).

表 3.1.1

生产成本	产品		
	甲	乙	丙
1. 原材料	20	30	20
2. 电力	7	12	8
3. 人工	3	6	5
4. 其他费用	2	3	2

对于表 3.1.1 我们主要关心表中的数据. 如果把表中的数据按原次序进行排列(横排称行，竖排称列)，就能将整体预算简写成一个 4 行 3 列的数表

$$\begin{pmatrix} 20 & 30 & 20 \\ 7 & 12 & 8 \\ 3 & 6 & 5 \\ 2 & 3 & 2 \end{pmatrix}.$$

这样的数表称为**矩阵.** 下面给出矩阵的定义.

定义 3.1.1　由 $m\times n$ 个数排成 m 行、n 列的数表

$$\begin{pmatrix} a_{11} & a_{12} & \cdots & a_{1n} \\ a_{21} & a_{22} & \cdots & a_{2n} \\ \vdots & \vdots & & \vdots \\ a_{m1} & a_{m2} & \cdots & a_{mn} \end{pmatrix} \tag{3.1.1}$$

称为 m 行 n 列的矩阵，简称 $m\times n$ 矩阵. 这 $m\times n$ 个数称为矩阵的元素，简称元. 其中 a_{ij} 表示位于矩阵第 i 行第 j 列的元，称 i 为行标，j 为列标.

矩阵一般用大写粗体字母 $\boldsymbol{A},\boldsymbol{B},\boldsymbol{C},\cdots$ 表示. 如矩阵(3.1.1)可表示成 $\boldsymbol{A}$ 或 $\boldsymbol{A}_{m\times n}$ 或 $\boldsymbol{A}=(a_{ij})$ 或 $\boldsymbol{A}=(a_{ij})_{m\times n}$.

元是实数的矩阵称为**实矩阵**，元是复数的矩阵称为**复矩阵**. 本书除了特别说明外，都是指实矩阵.

要注意的是，行列式和矩阵有着本质的不同. 行列式是算式，其行列数必须相同；矩阵是数表，其行列数可以不同.

定义 3.1.2　若 $\boldsymbol{A}=(a_{ij})$ ， $\boldsymbol{B}=(b_{ij})$ 都是 $m\times n$ 的矩阵，则称它们是**同型矩阵**. 如果 $a_{ij}=b_{ij}\,(i=1,2,\cdots,m;\ j=1,2,\cdots,n)$ ，即 $\boldsymbol{A}$ 与 $\boldsymbol{B}$ 的对应元素都**相等**，则称矩阵 $\boldsymbol{A}$ 与 $\boldsymbol{B}$ 相等，记作 $\boldsymbol{A}=\boldsymbol{B}$.

例如，设 $\boldsymbol{A}=\begin{pmatrix} 1 & x & 4 \\ -3 & -1 & z \end{pmatrix}$，$\boldsymbol{B}=\begin{pmatrix} 1 & 3 & 4 \\ y & -1 & 1 \end{pmatrix}$，如果 $\boldsymbol{A}=\boldsymbol{B}$ ，那么 $x=3$ ，$y=-3$ ，$z=1$.

例 3.1.2　a,b,c,d 四个城市之间的火车交通情况如图 3.1.1 所示(图中单箭头表示只有单向车，双箭头表示有双向车)，可用矩阵表示该交通图.

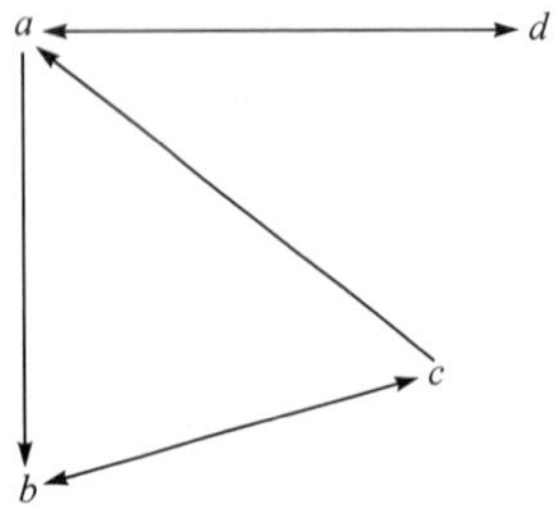

图 3.1.1

令

$$a_{ij}=\begin{cases} 1, & \text{从第}i\text{城到第}j\text{城有火车交通,} \\ 0, & \text{从第}i\text{城到第}j\text{城没有火车交通.} \end{cases}$$

用矩形表示火车交通的情况为

$$\begin{array}{c} \\ a \\ b \\ c \\ d \end{array} \begin{array}{c} \begin{array}{cccc} a & b & c & d \end{array} \\ \begin{pmatrix} 0 & 1 & 0 & 1 \\ 0 & 0 & 1 & 0 \\ 1 & 1 & 0 & 0 \\ 1 & 0 & 0 & 0 \end{pmatrix} \end{array},$$

即

$$\boldsymbol{B} = \begin{pmatrix} 0 & 1 & 0 & 1 \\ 0 & 0 & 1 & 0 \\ 1 & 1 & 0 & 0 \\ 1 & 0 & 0 & 0 \end{pmatrix}.$$

3.1.2 几种特殊的矩阵

下面看一些常用的特殊矩阵.

只有一行的矩阵

$$\boldsymbol{A} = (a_1 \quad a_2 \quad \cdots \quad a_n)$$

称为**行矩阵**. 行矩阵的元素之间可用逗号隔开，如 $\boldsymbol{A} = (a_1, a_2, \cdots, a_n)$.

只有一列的矩阵

$$\boldsymbol{B} = \begin{pmatrix} b_1 \\ b_2 \\ \vdots \\ b_m \end{pmatrix}$$

称为**列矩阵**.

所有元素都等于 0 的矩阵，称为**零矩阵**，记作 $\boldsymbol{O}$.

注意 不是同型矩阵的两个零矩阵是不相等的，如

$$(0 \quad 0 \quad 0 \quad 0) \neq \begin{pmatrix} 0 & 0 \\ 0 & 0 \end{pmatrix}.$$

当矩阵 $\boldsymbol{A}_{m \times n}$ 的行数和列数相等，即 $m = n$ 时，称 $\boldsymbol{A}$ 为 n 阶**方阵**.

n 阶方阵

$$\boldsymbol{E}_n = \begin{pmatrix} 1 & 0 & \cdots & 0 \\ 0 & 1 & \cdots & 0 \\ \vdots & \vdots & & \vdots \\ 0 & 0 & \cdots & 1 \end{pmatrix}$$

称为 n 阶**单位矩阵**，简记为 $\boldsymbol{E}$. 其元素特点：主对角线(从左上角到右下角的这条

线)上的元素都是 1，其余元素都是 0.

n 阶方阵 $\boldsymbol{\Lambda}=\begin{pmatrix}\lambda_1 & 0 & \cdots & 0\\ 0 & \lambda_2 & \cdots & 0\\ \vdots & \vdots & & \vdots\\ 0 & 0 & \cdots & \lambda_n\end{pmatrix}$ 称为**对角矩阵**. 它的元素特点：主对角线以外的元素全为零. 为了方便起见，有时也写成

$$\boldsymbol{\Lambda}=\begin{pmatrix}\lambda_1 & & & \\ & \lambda_2 & & \\ & & \ddots & \\ & & & \lambda_n\end{pmatrix},$$

或

$$\boldsymbol{\Lambda}=\operatorname{diag}\{\lambda_1, \cdots, \lambda_n\}.$$

特别地，当 $\lambda_1=\lambda_2=\cdots=\lambda_n=a$ 时，$\boldsymbol{\Lambda}=\operatorname{diag}\{\lambda_1, \cdots, \lambda_n\}$ 称为 n 阶数量矩阵.

设 n 阶方阵 $\boldsymbol{A}=(a_{ij})_{m\times n}$，当 $i>j$ 时，$a_{ij}=0\ (i, j=1,2,\cdots,n)$，则称 $\boldsymbol{A}$ 为**上三角矩阵**，形如

$$\begin{pmatrix}a_{11} & a_{12} & \cdots & a_{1n}\\ 0 & a_{22} & \cdots & a_{2n}\\ \vdots & \vdots & & \vdots\\ 0 & 0 & \cdots & a_{mn}\end{pmatrix}.$$

同理，当 $i<j$ 时，$a_{ij}=0\ (i, j=1,2,\cdots,n)$，则称 $\boldsymbol{A}$ 为**下三角矩阵**，形如

$$\begin{pmatrix}a_{11} & 0 & \cdots & 0\\ a_{21} & a_{22} & \cdots & 0\\ \vdots & \vdots & & \vdots\\ a_{m1} & a_{m2} & \cdots & a_{mn}\end{pmatrix}.$$

有 n 个未知量 m 个方程的线性方程组

$$\begin{cases}a_{11}x_1+a_{12}x_2+\cdots+a_{1n}x_n=b_1,\\ a_{21}x_1+a_{22}x_2+\cdots+a_{2n}x_n=b_2,\\ \qquad\qquad\cdots\cdots\\ a_{m1}x_1+a_{m2}x_2+\cdots+a_{mn}x_n=b_m\end{cases}\tag{3.1.2}$$

的系数也可以构成一个 $m\times n$ 矩阵

$$A=\begin{pmatrix} a_{11} & a_{12} & \cdots & a_{1n} \\ a_{21} & a_{22} & \cdots & a_{2n} \\ \vdots & \vdots & & \vdots \\ a_{m1} & a_{m2} & \cdots & a_{mn} \end{pmatrix},$$

称为方程组(3.1.2)的**系数矩阵**，它的常数项可以表示为一个 $m\times 1$ 的列矩阵

$$\boldsymbol{b}=\begin{pmatrix} b_1 \\ b_2 \\ \vdots \\ b_m \end{pmatrix}.$$

线性方程组(3.1.2)的系数矩阵与常数项矩阵一起可以表示成一个 $m\times(n+1)$ 的矩阵

$$\tilde{A}=\left(\begin{array}{cccc|c} a_{11} & a_{12} & \cdots & a_{1n} & b_1 \\ a_{21} & a_{22} & \cdots & a_{2n} & b_2 \\ \vdots & \vdots & & \vdots & \vdots \\ a_{m1} & a_{m2} & \cdots & a_{mn} & b_m \end{array}\right),$$

称为方程组(3.1.2)的**增广矩阵**.

3.1.3　矩阵概念的应用

矩阵概念的应用十分广泛. 这里，我们先展示矩阵的概念在解决逻辑判断问题中的一个应用. 某些逻辑判断问题的条件往往给得很多,看上去错综复杂. 但如果我们能恰当地设计一些矩阵，则有助于我们把所给条件的头绪理清，在此基础上再进行推理，能达到简化问题的目的.

例 3.1.3　甲，乙，丙，丁，戊五人各从图书馆借来一本书，他们约定读完后互换，这五本书的厚度以及他们五人的阅读速度差不多. 因此，五人总是同时交换书，经四次交换后，他们五人读完了这五本书，现已知：

(1) 甲最后读的书是乙读的第二本书；

(2) 丙最后读的书是乙读的第四本书；

(3) 丙读的第二本书甲在一开始就读了；

(4) 丁最后读的书是丙读的第三本书；

(5) 乙读的第四本书是戊读的第三本书；

(6) 丁第三次读的书是丙一开始读的那本书.

试根据以上情况说出丁第二次读的书是谁先读的书.

解　设甲，乙，丙，丁，戊最后读的书的代号依次为 A，B，C，D，E，则根据题设条件可列出下列初始矩阵：

$$\begin{array}{c} \\ 1 \\ 2 \\ 3 \\ 4 \\ 5 \end{array}\begin{array}{c} \begin{array}{ccccc} \text{甲} & \text{乙} & \text{丙} & \text{丁} & \text{戊} \end{array} \\ \begin{pmatrix} x & & y & & \\ & \mathrm{A} & x & & \\ & & \mathrm{D} & y & \mathrm{C} \\ & \mathrm{C} & & & \\ \mathrm{A} & \mathrm{B} & \mathrm{C} & \mathrm{D} & \mathrm{E} \end{pmatrix} \end{array}.$$

上述矩阵中的 x，y 表示尚未确定的书名代号．同一字母代表同一本书.

由题意知，经五次阅读后乙将五本书全都阅读了，则从上述矩阵可以看出，乙第三次读的书不可能是 A，B，C. 另外，由于丙在第三次读的书是 D，所以乙第三次读的书不可能是 D. 因此，乙第三次读的书是 E，从而乙第一次读的书是 D. 同理可推出甲第三次读的书是 B. 因此，上述矩阵中的 y 为 A，x 为 E. 由此可得到各个人阅读的顺序，如下述矩阵所示：

$$\begin{array}{c} \\ 1 \\ 2 \\ 3 \\ 4 \\ 5 \end{array}\begin{array}{c} \begin{array}{ccccc} \text{甲} & \text{乙} & \text{丙} & \text{丁} & \text{戊} \end{array} \\ \begin{pmatrix} \mathrm{E} & \mathrm{D} & \mathrm{A} & \mathrm{C} & \mathrm{B} \\ \mathrm{C} & \mathrm{A} & \mathrm{E} & \mathrm{B} & \mathrm{D} \\ \mathrm{B} & \mathrm{E} & \mathrm{D} & \mathrm{A} & \mathrm{C} \\ \mathrm{D} & \mathrm{C} & \mathrm{B} & \mathrm{E} & \mathrm{A} \\ \mathrm{A} & \mathrm{B} & \mathrm{C} & \mathrm{D} & \mathrm{E} \end{pmatrix} \end{array}.$$

由此矩阵知，丁第二次读的书是戊一开始读的那本书.

习　题　3.1

1. 某企业生产 A，B，C，D 四种产品，各种产品的季度产值如表 3.1.2.

表 3.1.2

季度	产品			
	A	B	C	D
1	23	34	15	26
2	12	24	16	33
3	26	33	11	32
4	14	28	15	33

试用矩阵表示此表格.

2. 写出下列方程组的系数矩阵和增广矩阵：

$$\begin{cases}2x_1 - x_2 + 4x_3 + 5x_4 = -1, \\ 3x_2 - 2x_3 = 7, \\ -x_1 + 2x_2 + x_3 - x_4 = 3.\end{cases}$$

3. 把下列有向图(图 3.1.2)用矩阵表示.

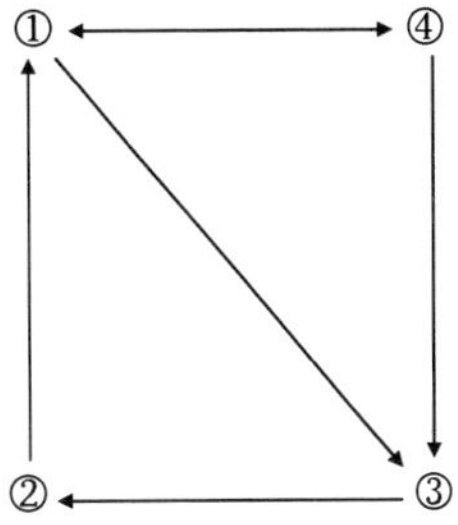

图 3.1.2

4. 二人零和对策问题. 两儿童玩儿石头—剪刀—布的游戏，每人的出法只能在{石头，剪刀，布}中选择一种，当他们各选定一种出法(亦称策略)时，就确定了一个“局势”，也就决定了各自的输赢. 若规定胜者得 1 分，负者得–1 分，平手各得零分，则对于各种可能的局势(每一局势得分之和为零，即零和)，试用矩阵表示他们的输赢状况.

5. 有 6 名选手参加乒乓球比赛，成绩如下：选手 1 胜选手 2, 4, 5, 6，负于 3；选手 2 胜 4, 5, 6，负于 1, 3；选手 3 胜 1, 2, 4，负于 5, 6，选手 4 胜 5, 6，负于 1, 2, 3；选手 5 胜 3, 6，负于 1, 2, 4；若胜一场得 1 分，负一场得零分，试用矩阵表示输赢状况，并排序.

3.2　矩阵的运算

矩阵作为数表，在表征实际问题时起了重要作用. 同时它也可以方便而明确地表示线性方程组的求解过程. 而矩阵概念作为数概念的一次扩充，无论是理论上还是应用上，都有极其重要的意义. 作为矩阵理论的基础，先讨论矩阵的运算及其性质，包括矩阵的加、减、数乘、乘法及转置与共轭.

3.2.1　矩阵的加法

定义 3.2.1　设矩阵

$$\boldsymbol{A} = \begin{pmatrix} a_{11} & a_{12} & \cdots & a_{1n} \\ a_{21} & a_{22} & \cdots & a_{2n} \\ \vdots & \vdots & & \vdots \\ a_{m1} & a_{m2} & \cdots & a_{mn} \end{pmatrix} \quad 与 \quad \boldsymbol{B} = \begin{pmatrix} b_{11} & b_{12} & \cdots & b_{1n} \\ b_{21} & b_{22} & \cdots & b_{2n} \\ \vdots & \vdots & & \vdots \\ b_{m1} & b_{m2} & \cdots & b_{mn} \end{pmatrix}$$

是两个 $m \times n$ 矩阵，将它们的对应元相加，得到一个新的 $m \times n$ 矩阵

$$\boldsymbol{C} = \begin{pmatrix} a_{11}+b_{11} & a_{12}+b_{12} & \cdots & a_{1n}+b_{1n} \\ a_{21}+b_{21} & a_{22}+b_{22} & \cdots & a_{2n}+b_{2n} \\ \vdots & \vdots & & \vdots \\ a_{m1}+b_{m1} & a_{m2}+b_{m2} & \cdots & a_{mn}+b_{mn} \end{pmatrix},$$

则称矩阵 $\boldsymbol{C}$ 是矩阵 $\boldsymbol{A}$ 与 $\boldsymbol{B}$ 的和，记为 $\boldsymbol{C}=\boldsymbol{A}+\boldsymbol{B}$.

例如，

$$\begin{pmatrix}12 & 3 & -5\\ 1 & -9 & 0\end{pmatrix}+\begin{pmatrix}1 & 8 & 9\\ 6 & 5 & 4\end{pmatrix}=\begin{pmatrix}13 & 11 & 4\\ 7 & -4 & 4\end{pmatrix}.$$

值得注意的是，只有同型矩阵才能相加，且同型矩阵之和仍为同型矩阵. 例如，

$$\boldsymbol{A}=\begin{pmatrix}2 & 0 & -1\\ 0 & 1 & 2\end{pmatrix},\qquad \boldsymbol{B}=\begin{pmatrix}1\\ 2\\ 1\end{pmatrix},$$

$\boldsymbol{A}$ 与 $\boldsymbol{B}$ 不能相加.

设矩阵 $\boldsymbol{A}=(a_{ij})$，则将其所有元素变号得到的矩阵

$$\begin{pmatrix}-a_{11} & -a_{12} & \cdots & -a_{1n}\\ -a_{21} & -a_{22} & \cdots & -a_{2n}\\ \vdots & \vdots & & \vdots\\ -a_{m1} & -a_{m2} & \cdots & -a_{mn}\end{pmatrix}$$

称为 $\boldsymbol{A}$ 的**负矩阵，**记为 $-\boldsymbol{A}$.

设 $\boldsymbol{A},\boldsymbol{B}$ 是同型矩阵，则矩阵 $\boldsymbol{A}-\boldsymbol{B}=\boldsymbol{A}+(-\boldsymbol{B})$ 称为矩阵 $\boldsymbol{A}$ 与 $\boldsymbol{B}$ 的**差**. 这就是矩阵的**减法**.

不难验证，矩阵的加法满足下列运算规律(设 $\boldsymbol{A},\boldsymbol{B},\boldsymbol{C},\boldsymbol{O}$ 都是同型 $m\times n$ 矩阵)：

(1) 交换律：$\boldsymbol{A}+\boldsymbol{B}=\boldsymbol{B}+\boldsymbol{A}$;

(2) 结合律：$(\boldsymbol{A}+\boldsymbol{B})+\boldsymbol{C}=\boldsymbol{A}+(B+\boldsymbol{C})$;

(3) 零矩阵满足：$\boldsymbol{A}+\boldsymbol{O}=\boldsymbol{A}$;

(4) $\boldsymbol{A}+(-\boldsymbol{A})=\boldsymbol{O}$.

3.2.2 矩阵的数乘

定义 3.2.2 设矩阵 $\boldsymbol{A}=(a_{ij})_{m\times n}$ 是一个 $m\times n$ 矩阵，k 是一个数，则规定

$$k\boldsymbol{A}=\boldsymbol{A}k=\begin{pmatrix}ka_{11} & ka_{12} & \cdots & ka_{1n}\\ ka_{21} & ka_{22} & \cdots & ka_{2n}\\ \vdots & \vdots & & \vdots\\ ka_{m1} & ka_{m2} & \cdots & ka_{mn}\end{pmatrix},$$

这个矩阵称为 k 与 $\boldsymbol{A}$ 的**数量乘积**.

矩阵的加法和数乘统称为矩阵的**线性运算**.

注意 矩阵的数乘是用数去乘以矩阵的每一个元素，这与行列式的性质有本质区别.

数乘矩阵满足下列运算规律：

(1) $1\boldsymbol{A}=\boldsymbol{A}$；

(2) $(kl)\boldsymbol{A}=k(l\boldsymbol{A})$；

(3) $(k+l)\boldsymbol{A}=k\boldsymbol{A}+l\boldsymbol{A}$；

(4) $k(\boldsymbol{A}+\boldsymbol{B})=k\boldsymbol{A}+k\boldsymbol{B}$.

例 3.2.1 设矩阵 $\boldsymbol{A}=\begin{pmatrix}-1&2&3&1\\0&3&-2&1\\4&0&3&2\end{pmatrix}$，$\boldsymbol{B}=\begin{pmatrix}4&2&2&-1\\5&-3&0&1\\1&2&-5&0\end{pmatrix}$，求 $3\boldsymbol{A}-2\boldsymbol{B}$.

解 用定义，得

$$3\boldsymbol{A}-2\boldsymbol{B}=3\begin{pmatrix}-1&2&3&1\\0&3&-2&1\\4&0&3&2\end{pmatrix}-2\begin{pmatrix}4&2&2&-1\\5&-3&0&1\\1&2&-5&0\end{pmatrix}$$

$$=\begin{pmatrix}-3&6&9&3\\0&9&-6&3\\12&0&9&6\end{pmatrix}-\begin{pmatrix}8&4&4&-2\\10&-6&0&2\\2&4&-10&0\end{pmatrix}$$

$$=\begin{pmatrix}-11&2&5&5\\-10&15&-6&1\\10&-4&19&6\end{pmatrix}.$$

3.2.3 矩阵的乘法

矩阵的加法和数乘，其运算律和数的运算律类似，但下面将要引入的矩阵乘法，会给我们带来不一样的感觉.

例 3.2.2 某家电公司两个分厂 2017 年第一季度空调、电视机、冰箱的产量见表 3.2.1.

表 3.2.1

	空调	电视机	冰箱
一厂	a_{11}	a_{12}	a_{13}
二厂	a_{21}	a_{22}	a_{23}

现已知空调、电视机、冰箱每台的销售价分别为 b_{11}，b_{21}，b_{31}；每台的利润分别为 b_{12}，b_{22}，b_{32}，求两个分厂该季度的总销售价和总利润.

解 记产量矩阵 $\boldsymbol{A}=\begin{pmatrix}a_{11}&a_{12}&a_{13}\\a_{21}&a_{22}&a_{23}\end{pmatrix}$，单价和单位利润的矩阵为 $\boldsymbol{B}=\begin{pmatrix}b_{11}&b_{12}\\b_{21}&b_{22}\\b_{31}&b_{32}\end{pmatrix}$.

则两分厂总销售价分别为 c_{11}，c_{21}，即 $c_{11}=a_{11}b_{11}+a_{12}b_{21}+a_{13}b_{31}$，$c_{21}=a_{21}b_{11}+a_{22}b_{21}+a_{23}b_{31}$；总利润分别为 c_{12}，c_{22}，即 $c_{12}=a_{11}b_{12}+a_{12}b_{22}+a_{13}b_{32}$，$c_{22}=a_{21}b_{12}+a_{22}b_{22}+a_{23}b_{32}$. 为了方便地表示实际问题中遇到的这种数量关系，把这四个数 c_{11}，c_{21}，c_{12}，c_{22}，写成矩阵 $\boldsymbol{C}=\begin{pmatrix} c_{11} & c_{12} \\ c_{21} & c_{22} \end{pmatrix}$，称矩阵 $\boldsymbol{C}$ 为矩阵 $\boldsymbol{A}$，$\boldsymbol{B}$ 的乘积，即

$$\boldsymbol{C}=\boldsymbol{AB}=\begin{pmatrix} a_{11} & a_{12} & a_{13} \\ a_{21} & a_{22} & a_{23} \end{pmatrix}\begin{pmatrix} b_{11} & b_{12} \\ b_{21} & b_{22} \\ b_{31} & b_{32} \end{pmatrix}$$

$$=\begin{pmatrix} a_{11}b_{11}+a_{12}b_{21}+a_{13}b_{31} & a_{11}b_{12}+a_{12}b_{22}+a_{13}b_{32} \\ a_{21}b_{11}+a_{22}b_{21}+a_{23}b_{31} & a_{21}b_{12}+a_{22}b_{22}+a_{23}b_{32} \end{pmatrix}=\begin{pmatrix} c_{11} & c_{12} \\ c_{21} & c_{22} \end{pmatrix}.$$

我们把矩阵之间的这种运算一般化，给出矩阵的乘法定义：

定义 3.2.3　设矩阵 $\boldsymbol{A}=(a_{ik})_{m\times s}$，$\boldsymbol{B}=(b_{kj})_{s\times n}$，规定矩阵 $\boldsymbol{C}=(c_{ij})_{m\times n}$ 为矩阵 $\boldsymbol{A}$ 与 $\boldsymbol{B}$ 的乘积. 其中

$$c_{ij}=a_{i1}b_{1j}+a_{i2}b_{2j}+\cdots+a_{is}b_{sj},\quad i=1,2,\cdots,m;\quad j=1,2,\cdots,n,$$

记作 $\boldsymbol{C}=\boldsymbol{AB}$.

矩阵的乘法公式可表示如下：

$$\begin{pmatrix} a_{11} & a_{12} & \cdots & a_{1s} \\ \vdots & \vdots & & \vdots \\ a_{i1} & a_{i2} & \cdots & a_{is} \\ \vdots & \vdots & & \vdots \\ a_{m1} & a_{m2} & \cdots & a_{ms} \end{pmatrix}\begin{pmatrix} b_{11} & \cdots & b_{1j} & \cdots & b_{1n} \\ b_{21} & \cdots & b_{2j} & \cdots & b_{2n} \\ \vdots & & \vdots & & \vdots \\ b_{s1} & \cdots & b_{sj} & \cdots & b_{sn} \end{pmatrix}=\begin{pmatrix} c_{11} & \cdots & c_{1j} & \cdots & c_{1n} \\ \vdots & & \vdots & & \vdots \\ c_{i1} & \cdots & c_{ij} & \cdots & c_{in} \\ \vdots & & \vdots & & \vdots \\ c_{m1} & \cdots & c_{mj} & \cdots & c_{mn} \end{pmatrix}.$$

注意　只有左边矩阵 $\boldsymbol{A}$ 的列数等于右边矩阵 $\boldsymbol{B}$ 的行数时，$\boldsymbol{A}$ 与 $\boldsymbol{B}$ 才可相乘. 乘积 $\boldsymbol{AB}$ 的行数为 $\boldsymbol{A}$ 的行数，$\boldsymbol{AB}$ 的列数为 $\boldsymbol{B}$ 的列数.

按此定义，一个 $1\times s$ 行矩阵与一个 $s\times 1$ 列矩阵的乘积是一个一阶方阵，也就是一个数

$$\begin{pmatrix} a_1 & a_2 & \cdots & a_n \end{pmatrix}\begin{pmatrix} b_1 \\ b_2 \\ \vdots \\ b_n \end{pmatrix}=a_1b_1+a_2b_2+\cdots+a_nb_n.$$

反之，用一个 $s\times 1$ 列矩阵乘以一个 $1\times s$ 行矩阵得到的则是一个 n 阶方阵

$$\begin{pmatrix} a_1 \\ a_2 \\ \vdots \\ a_n \end{pmatrix}\begin{pmatrix} b_1 & b_2 & \cdots & b_n \end{pmatrix}=\begin{pmatrix} a_1b_1 & a_1b_2 & \cdots & a_1b_n \\ a_2b_1 & a_2b_2 & \cdots & a_2b_n \\ \vdots & \vdots & & \vdots \\ a_nb_1 & a_nb_2 & \cdots & a_nb_n \end{pmatrix}.$$

例 3.2.3　设矩阵 $\boldsymbol{A}=\begin{pmatrix} 2 & -2 \\ -3 & 1 \\ 0 & 2 \end{pmatrix}$，$\boldsymbol{B}=\begin{pmatrix} 2 & 1 \\ -1 & 3 \end{pmatrix}$，求 $\boldsymbol{AB}$.

解　用定义计算，得

$$\boldsymbol{AB}=\begin{pmatrix} 2 & -2 \\ -3 & 1 \\ 0 & 2 \end{pmatrix}\begin{pmatrix} 2 & 1 \\ -1 & 3 \end{pmatrix}=\begin{pmatrix} 2\times2+(-2)\times(-1) & 2\times1+(-2)\times3 \\ (-3)\times2+1\times(-1) & (-3)\times1+1\times3 \\ 0\times2+2\times(-1) & 0\times1+2\times3 \end{pmatrix}=\begin{pmatrix} 6 & -4 \\ -7 & 0 \\ -2 & 6 \end{pmatrix}.$$

矩阵乘法满足下面的运算律.

(1) 结合律：$\boldsymbol{ABC}=\boldsymbol{A}(\boldsymbol{BC})=(\boldsymbol{AB})\boldsymbol{C}$；

(2) 分配律：$\boldsymbol{C}(\boldsymbol{A}+\boldsymbol{B})=\boldsymbol{CA}+\boldsymbol{CB}$，$(\boldsymbol{A}+\boldsymbol{B})\boldsymbol{C}=\boldsymbol{AC}+\boldsymbol{BC}$；

(3) 数乘矩阵：$(k\boldsymbol{A})\boldsymbol{B}=\boldsymbol{A}(k\boldsymbol{B})=k(\boldsymbol{AB})$.

(证明留给读者)

一般地，对于单位矩阵 $\boldsymbol{E}$ 和矩阵 $\boldsymbol{A}=(a_{ij})_{m\times n}$，有 $\boldsymbol{E}_m\boldsymbol{A}=\boldsymbol{AE}_n=\boldsymbol{A}$，或简写为

$$\boldsymbol{EA}=\boldsymbol{AE}=\boldsymbol{A}.$$

可见，单位矩阵 $\boldsymbol{E}$ 在矩阵的乘法中的作用类似于数 1.

关于矩阵的乘法，我们还要注意以下三点.

(1) 矩阵的乘法不满足交换律，即在一般情形下，$\boldsymbol{AB}\neq\boldsymbol{BA}$.

例如，设 $\boldsymbol{A}=\begin{pmatrix} 1 & 1 \\ -1 & -1 \end{pmatrix}$，$\boldsymbol{B}=\begin{pmatrix} 1 & -1 \\ -1 & 1 \end{pmatrix}$，则

$$\boldsymbol{AB}=\begin{pmatrix} 0 & 0 \\ 0 & 0 \end{pmatrix},\qquad \boldsymbol{BA}=\begin{pmatrix} 2 & 2 \\ -2 & -2 \end{pmatrix},\qquad \boldsymbol{AB}\neq\boldsymbol{BA}.$$

(2) 非零矩阵相乘，可能是零矩阵，即由 $\boldsymbol{AB}=\boldsymbol{O}$，不能推出 $\boldsymbol{A}=\boldsymbol{O}$ 或 $\boldsymbol{B}=\boldsymbol{O}$.

例如，设 $\boldsymbol{A}=\begin{pmatrix} 1 & 1 \\ -1 & -1 \end{pmatrix}$，$\boldsymbol{B}=\begin{pmatrix} 1 & -1 \\ -1 & 1 \end{pmatrix}$，则 $\boldsymbol{AB}=\begin{pmatrix} 0 & 0 \\ 0 & 0 \end{pmatrix}$. 但 $\boldsymbol{A}\neq\boldsymbol{O}$ 且 $\boldsymbol{B}\neq\boldsymbol{O}$.

(3) 两个矩阵的乘法不满足消去律，即由 $\boldsymbol{AB}=\boldsymbol{AC}$，且 $\boldsymbol{A}\neq\boldsymbol{O}$，不能推出 $\boldsymbol{B}=\boldsymbol{C}$.

例如，设 $\boldsymbol{A}=\begin{pmatrix} 1 & 1 \\ -1 & -1 \end{pmatrix}$，$\boldsymbol{B}=\begin{pmatrix} 1 & -1 \\ -1 & 1 \end{pmatrix}$，$\boldsymbol{C}=\begin{pmatrix} 2 & -2 \\ -2 & 2 \end{pmatrix}$，有

$$\boldsymbol{AB}=\begin{pmatrix}0&0\\0&0\end{pmatrix},\qquad \boldsymbol{AC}=\begin{pmatrix}0&0\\0&0\end{pmatrix},$$

则 $\boldsymbol{AB}=\boldsymbol{AC}$ ，但 $\boldsymbol{B}\neq\boldsymbol{C}$.

定义 3.2.4 如果两个矩阵 $\boldsymbol{A}$ 与 $\boldsymbol{B}$ 满足 $\boldsymbol{AB}=\boldsymbol{BA}$ ，则称矩阵 $\boldsymbol{A}$ 与矩阵 $\boldsymbol{B}$ 是**可交换的**，简称 $\boldsymbol{A}$ 与 $\boldsymbol{B}$ **可交换**.

单位矩阵和数量矩阵在满足能相乘的条件下，与任何矩阵可交换.

3.2.4 方阵的幂

有了矩阵的乘法，就可以定义矩阵的幂.

定义 3.2.5 设 $\boldsymbol{A}$ 是 n 阶方阵，定义

$$\boldsymbol{A}^1=\boldsymbol{A},\quad \boldsymbol{A}^2=\boldsymbol{AA},\quad \cdots,\quad \boldsymbol{A}^k=\underbrace{\boldsymbol{AA}\cdots\boldsymbol{A}}_{k\text{个}},$$

其中 k 为正整数. 这就是说 $\boldsymbol{A}^k$ 就是 k 个 $\boldsymbol{A}$ 相乘，称为 **$\boldsymbol{A}$ 的 k 次幂**.

特别地，当 $\boldsymbol{A}\neq\boldsymbol{O}$ 时，$\boldsymbol{A}^0=\boldsymbol{E}$. 显然，只有方阵的幂才有意义.

方阵幂的运算律：

(1) $\boldsymbol{A}^m\boldsymbol{A}^n=\boldsymbol{A}^{m+n}$;

(2) $(\boldsymbol{A}^m)^k=\boldsymbol{A}^{mk}$ (m，k 为正整数).

一般地，对于两个 n 阶方阵 $\boldsymbol{A}$ 与 $\boldsymbol{B}$ ，$(\boldsymbol{AB})^k\neq\boldsymbol{A}^k\boldsymbol{B}^k$ (k 为正整数且 $k\geqslant 2$)，只有当它们可交换时，才有 $(\boldsymbol{AB})^k=\boldsymbol{A}^k\boldsymbol{B}^k$.

类似可知，诸如

$$(\boldsymbol{A}+\boldsymbol{B})^2=\boldsymbol{A}^2+2\boldsymbol{AB}+\boldsymbol{B}^2,\qquad (\boldsymbol{A}+\boldsymbol{B})(\boldsymbol{A}-\boldsymbol{B})=\boldsymbol{A}^2-\boldsymbol{B}^2$$

等公式，也只有当 $\boldsymbol{AB}=\boldsymbol{BA}$ 时才成立.

例 3.2.4 设 $\boldsymbol{A}=\begin{pmatrix}1&1\\0&1\end{pmatrix}$，求证：$\boldsymbol{A}^n=\begin{pmatrix}1&n\\0&1\end{pmatrix}$.

解 用数学归纳法. 当 $n=1$ 时，有恒等式 $\begin{pmatrix}1&1\\0&1\end{pmatrix}^1=\begin{pmatrix}1&1\\0&1\end{pmatrix}$. 假设当 $n=k$ 时等式成立，即有 $\begin{pmatrix}1&1\\0&1\end{pmatrix}^k=\begin{pmatrix}1&k\\0&1\end{pmatrix}$. 当 $n=k+1$ 时，有

$$\begin{pmatrix}1&1\\0&1\end{pmatrix}^{k+1}=\begin{pmatrix}1&1\\0&1\end{pmatrix}^k\begin{pmatrix}1&1\\0&1\end{pmatrix}=\begin{pmatrix}1&k\\0&1\end{pmatrix}\begin{pmatrix}1&1\\0&1\end{pmatrix}=\begin{pmatrix}1&k+1\\0&1\end{pmatrix},$$

即当 $n=k+1$ 时等式成立. 根据数学归纳法原理，等式对于任意正整数 n 成立.

例 3.2.5 已知矩阵 $\boldsymbol{C}=\begin{pmatrix}1\\2\\3\end{pmatrix}$，$\boldsymbol{B}=\begin{pmatrix}1 & \frac{1}{2} & \frac{1}{3}\end{pmatrix}$，设 $\boldsymbol{A}=\boldsymbol{CB}$，求 $\boldsymbol{A}^{100}$.

解 因为 $\boldsymbol{A}=\boldsymbol{CB}=\begin{pmatrix}1 & \frac{1}{2} & \frac{1}{3}\\ 2 & 1 & \frac{2}{3}\\ 3 & \frac{3}{2} & 1\end{pmatrix}$，所以直接计算 $\boldsymbol{A}^{100}$ 计算量会很大.

观察到

$$\boldsymbol{A}^n=\underbrace{(\boldsymbol{CB})(\boldsymbol{CB})\cdots(\boldsymbol{CB})}_{n\text{组}}=\boldsymbol{C}\underbrace{(\boldsymbol{BC})(\boldsymbol{BC})\cdots(\boldsymbol{BC})}_{n-1\text{组}}\boldsymbol{B},$$

又

$$\boldsymbol{BC}=\begin{pmatrix}1 & \frac{1}{2} & \frac{1}{3}\end{pmatrix}\begin{pmatrix}1\\2\\3\end{pmatrix}=3,$$

故

$$\boldsymbol{A}^{100}=3^{99}\boldsymbol{CB}=3^{99}\begin{pmatrix}1 & \frac{1}{2} & \frac{1}{3}\\ 2 & 1 & \frac{2}{3}\\ 3 & \frac{3}{2} & 1\end{pmatrix}.$$

定义 3.2.6 设 $f(x)=a_kx^k+a_{k-1}x^{k-1}+\cdots+a_1x+a_0$ 是 x 的 k 次多项式，$\boldsymbol{A}$ 是 n 阶方阵，则

$$f(\boldsymbol{A})=a_k\boldsymbol{A}^k+a_{k-1}\boldsymbol{A}^{k-1}+\cdots+a_1\boldsymbol{A}+a_0\boldsymbol{E}$$

称为方阵 $\boldsymbol{A}$ 的 k **次多项式**.

由定义容易证明：若 $f(x)$，$g(x)$ 为多项式，$\boldsymbol{A}$，$\boldsymbol{B}$ 均为 n 阶方阵，则

$$f(\boldsymbol{A})g(\boldsymbol{A})=g(\boldsymbol{A})f(\boldsymbol{A}).$$

例如

$$(\boldsymbol{A}+3\boldsymbol{E})(2\boldsymbol{A}-\boldsymbol{E})=2\boldsymbol{A}^2+5\boldsymbol{A}-3\boldsymbol{E}=(2\boldsymbol{A}-\boldsymbol{E})(\boldsymbol{A}+3\boldsymbol{E}).$$

但是一般情况下，若 $\boldsymbol{AB}\neq\boldsymbol{BA}$，则 $f(\boldsymbol{A})g(\boldsymbol{B})\neq g(\boldsymbol{B})f(\boldsymbol{A})$.

3.2.5 矩阵的转置

定义 3.2.7 把矩阵 $\boldsymbol{A}$ 的行换成同序数的列得到一个新矩阵，叫做 $\boldsymbol{A}$ 的**转置矩阵**，记作 $\boldsymbol{A}^{\mathrm{T}}$．如果 $\boldsymbol{A}=\begin{pmatrix} a_{11} & a_{12} & \cdots & a_{1n} \\ a_{21} & a_{22} & \cdots & a_{2n} \\ \vdots & \vdots & & \vdots \\ a_{m1} & a_{m2} & \cdots & a_{mn} \end{pmatrix}$，则矩阵 $\boldsymbol{A}^{\mathrm{T}}=\begin{pmatrix} a_{11} & a_{21} & \cdots & a_{m1} \\ a_{12} & a_{22} & \cdots & a_{m2} \\ \vdots & \vdots & & \vdots \\ a_{1n} & a_{2n} & \cdots & a_{mn} \end{pmatrix}$.

即若 $\boldsymbol{A}$ 为 $m\times n$ 矩阵，则 $\boldsymbol{A}^{\mathrm{T}}$ 为 $n\times m$ 矩阵.

例如，矩阵 $\boldsymbol{A}=\begin{pmatrix} -3 & 0 & 2 \\ -12 & 1 & 5 \end{pmatrix}$ 的转置矩阵为 $\boldsymbol{A}^{\mathrm{T}}=\begin{pmatrix} -3 & -12 \\ 0 & 1 \\ 2 & 5 \end{pmatrix}$.

矩阵的转置也是一种运算，设 $\boldsymbol{A}$，$\boldsymbol{B}$ 为矩阵，k 为常数，则矩阵的转置满足以下运算规律：

(1) $(\boldsymbol{A}^{\mathrm{T}})^{\mathrm{T}}=\boldsymbol{A}$；

(2) $(\boldsymbol{A}+\boldsymbol{B})^{\mathrm{T}}=\boldsymbol{A}^{\mathrm{T}}+\boldsymbol{B}^{\mathrm{T}}$；

(3) $(k\boldsymbol{A})^{\mathrm{T}}=k\boldsymbol{A}^{\mathrm{T}}$；

(4) $(\boldsymbol{A}\boldsymbol{B})^{\mathrm{T}}=\boldsymbol{B}^{\mathrm{T}}\boldsymbol{A}^{\mathrm{T}}$.

注意 规律(4)可推广到有限个矩阵乘积的情形：

$$(\boldsymbol{A}_1\boldsymbol{A}_2\cdots\boldsymbol{A}_n)^{\mathrm{T}}=\boldsymbol{A}_n^{\mathrm{T}}\boldsymbol{A}_{n-1}^{\mathrm{T}}\cdots\boldsymbol{A}_1^{\mathrm{T}}.$$

这里的运算律均留给读者自证.

例 3.2.6 设矩阵 $\boldsymbol{A}=\begin{pmatrix} 1 & 0 & -1 \\ 2 & 1 & -2 \end{pmatrix}$，$\boldsymbol{B}=\begin{pmatrix} 1 & 4 & -2 \\ -3 & 0 & 2 \\ 1 & -2 & 3 \end{pmatrix}$，求 $(\boldsymbol{A}\boldsymbol{B})^{\mathrm{T}}$.

解 **解法一** 先做乘法，得 $\boldsymbol{A}\boldsymbol{B}=\begin{pmatrix} 1 & 0 & -1 \\ 2 & 1 & -2 \end{pmatrix}\begin{pmatrix} 1 & 4 & -2 \\ -3 & 0 & 2 \\ 1 & -2 & 3 \end{pmatrix}=\begin{pmatrix} 0 & 6 & -5 \\ -3 & 12 & -8 \end{pmatrix}$.

再取转置，得 $(\boldsymbol{A}\boldsymbol{B})^{\mathrm{T}}=\begin{pmatrix} 0 & -3 \\ 6 & 12 \\ -5 & -8 \end{pmatrix}$.

解法二 先取转置，得 $\boldsymbol{A}^{\mathrm{T}}=\begin{pmatrix} 1 & 2 \\ 0 & 1 \\ -1 & -2 \end{pmatrix}$，$\boldsymbol{B}^{\mathrm{T}}=\begin{pmatrix} 1 & -3 & 1 \\ 4 & 0 & -2 \\ -2 & 2 & 3 \end{pmatrix}$.

再用规律(4)做乘法，得 $(\boldsymbol{AB})^{\mathrm{T}}=\boldsymbol{B}^{\mathrm{T}}\boldsymbol{A}^{\mathrm{T}}=\begin{pmatrix}1&-3&1\\4&0&-2\\-2&2&3\end{pmatrix}\begin{pmatrix}1&2\\0&1\\-1&-2\end{pmatrix}=\begin{pmatrix}0&-3\\6&12\\-5&-8\end{pmatrix}$.

定义 3.2.8　设 $\boldsymbol{A}$ 是 n 阶方阵，如果满足 $\boldsymbol{A}^{\mathrm{T}}=\boldsymbol{A}$，则称其为**对称矩阵**. 如果 $\boldsymbol{A}^{\mathrm{T}}=-\boldsymbol{A}$，则称其为**反对称矩阵**.

如果用矩阵的元素表示上述概念，则对称矩阵满足条件 $a_{ij}=a_{ji}$，即其元素关于主对角线对称. 反对称矩阵满足条件 $a_{ij}=-a_{ji}$. 因此，有 $a_{ii}=0$，即主对角线上的元素都为 0，其他元素以主对角线为对称轴，对应元素互为相反数.

例如，$\boldsymbol{A}=\begin{pmatrix}1&-1&6\\-1&2&5\\6&5&3\end{pmatrix}$是一个三阶对称阵，$\boldsymbol{B}=\begin{pmatrix}0&1\\-1&0\end{pmatrix}$是一个二阶反对称阵.

例 3.2.7　设 $\boldsymbol{A}$ 是方阵，证明：$\boldsymbol{A}+\boldsymbol{A}^{\mathrm{T}}$ 与 $\boldsymbol{AA}^{\mathrm{T}}$ 是对称矩阵.

证明　$(\boldsymbol{A}+\boldsymbol{A}^{\mathrm{T}})^{\mathrm{T}}=\boldsymbol{A}^{\mathrm{T}}+(\boldsymbol{A}^{\mathrm{T}})^{\mathrm{T}}=\boldsymbol{A}^{\mathrm{T}}+\boldsymbol{A}=\boldsymbol{A}+\boldsymbol{A}^{\mathrm{T}}$；

$$(\boldsymbol{AA}^{\mathrm{T}})^{\mathrm{T}}=(\boldsymbol{A}^{\mathrm{T}})^{\mathrm{T}}\boldsymbol{A}^{\mathrm{T}}=\boldsymbol{AA}^{\mathrm{T}}.$$

所以，$\boldsymbol{A}+\boldsymbol{A}^{\mathrm{T}}$ 与 $\boldsymbol{AA}^{\mathrm{T}}$ 是对称矩阵.

3.2.6　方阵的行列式

定义 3.2.9　由 n 阶方阵 $\boldsymbol{A}$ 的元素(各元素的位置不变)所构成的行列式，称为**方阵 A 的行列式**，记作 $|\boldsymbol{A}|$ 或 $\det\boldsymbol{A}$.

应该注意，方阵与行列式是两个不同的概念，n 阶方阵是 n^2 个数按一定的方式排成的数表，而 n 阶行列式是这些数按一定的运算法则确定的一个数，它们的意义完全不相同. 但是，利用方阵的行列式可以研究方阵的某些性质.

设 $\boldsymbol{A},\boldsymbol{B}$ 为 n 阶方阵，λ 为任意实数，$|\boldsymbol{A}|$ 和 $|\boldsymbol{B}|$ 的运算满足下述运算规律：

(1) $|\boldsymbol{A}^{\mathrm{T}}|=|\boldsymbol{A}|$；

(2) $|\lambda\boldsymbol{A}|=\lambda^n|\boldsymbol{A}|$；

(3) $|\boldsymbol{AB}|=|\boldsymbol{A}||\boldsymbol{B}|=|\boldsymbol{BA}|$；

(4) 若 $|\boldsymbol{AB}|=0$，则 $|\boldsymbol{A}|=0$ 或 $|\boldsymbol{B}|=0$.

例 3.2.8　已知 $\boldsymbol{A}=\begin{pmatrix}2&3\\0&1\end{pmatrix}$，$\boldsymbol{B}=\begin{pmatrix}-2&0\\1&1\end{pmatrix}$，求 $|3\boldsymbol{AB}|$.

解　解法一　$\boldsymbol{AB}=\begin{pmatrix}2&3\\0&1\end{pmatrix}\begin{pmatrix}-2&0\\1&1\end{pmatrix}=\begin{pmatrix}-1&3\\1&1\end{pmatrix}$，于是，$|3\boldsymbol{AB}|=\begin{vmatrix}-3&9\\3&3\end{vmatrix}=-36$.

解法二　因 $|\boldsymbol{A}|=2$，$|\boldsymbol{B}|=-2$，所以，$|3\boldsymbol{A}\boldsymbol{B}|=3^2|\boldsymbol{A}||\boldsymbol{B}|=-4\times 9=-36$.

*3.2.7　共轭矩阵

定义 3.2.10　设 $\boldsymbol{A}=(a_{ij})_{m\times n}$ 为复矩阵，用 $\overline{a}_{ij}$ 表示 a_{ij} 的共轭复数，称 $\overline{\boldsymbol{A}}=(\overline{a}_{ij})_{m\times n}$ 为 $\boldsymbol{A}$ 的**共轭矩阵**.

共轭矩阵的运算律(设 $\boldsymbol{A}$，$\boldsymbol{B}$ 是复矩阵，λ 是数，且运算都是可行的)：

(1) $\overline{\boldsymbol{A}+\boldsymbol{B}}=\overline{\boldsymbol{A}}+\overline{\boldsymbol{B}}$；

(2) $\overline{\lambda\boldsymbol{A}}=\overline{\lambda}\,\overline{\boldsymbol{A}}$；

(3) $\overline{\boldsymbol{A}\boldsymbol{B}}=\overline{\boldsymbol{A}}\,\overline{\boldsymbol{B}}$；

(4) $\overline{(\boldsymbol{A}^{\mathrm{T}})}=(\overline{\boldsymbol{A}})^{\mathrm{T}}$；

(5) $\overline{\overline{\boldsymbol{A}}}=\boldsymbol{A}$.

矩阵的乘法　　　　方阵多项式和方阵行列式

习　题　3.2

1. 设矩阵 $\boldsymbol{A}=\begin{pmatrix}3&-1&2&0\\1&5&7&9\\2&4&6&8\end{pmatrix}$，$\boldsymbol{B}=\begin{pmatrix}7&5&-2&4\\5&1&9&7\\4&2&-2&6\end{pmatrix}$，已知 $\boldsymbol{A}+2\boldsymbol{X}=\boldsymbol{B}$，求矩阵 $\boldsymbol{X}$.

2. 计算下列矩阵的乘积.

(1) $\begin{pmatrix}1\\-1\\2\\3\end{pmatrix}\begin{pmatrix}3&2&-1&0\end{pmatrix}$；　　(2) $\begin{pmatrix}1&2&3&4\end{pmatrix}\begin{pmatrix}3\\2\\1\\0\end{pmatrix}$；

(3) $\begin{pmatrix}3&-2\\0&1\\2&4\\-1&0\end{pmatrix}\begin{pmatrix}2&1&-1\\0&-1&0\end{pmatrix}$；　　(4) $(x,y,z)\begin{pmatrix}a&b&d\\b&c&e\\d&e&f\end{pmatrix}\begin{pmatrix}x\\y\\z\end{pmatrix}$.

3. 对于下列的矩阵 $\boldsymbol{A}$ 与 $\boldsymbol{B}$，计算 $\boldsymbol{AB}$ 与 $\boldsymbol{BA}$.

(1) $\boldsymbol{A}=(a_1,a_2,a_3)$，$\boldsymbol{B}=\begin{pmatrix} b_1 \\ b_2 \\ b_3 \end{pmatrix}$；　　(2) $\boldsymbol{A}=\begin{pmatrix} 0 & 0 & 1 \\ 1 & 0 & 0 \\ 0 & 1 & 0 \end{pmatrix}$，$\boldsymbol{B}=\begin{pmatrix} a & b & c \\ b & c & a \\ c & a & b \end{pmatrix}$.

4. 设 $\boldsymbol{A}=\begin{pmatrix} 1 & 1 & 1 \\ -1 & 1 & 1 \\ 1 & -1 & 1 \end{pmatrix}$，$\boldsymbol{B}=\begin{pmatrix} 1 & 2 & 1 \\ 1 & 3 & -1 \\ 3 & 1 & 4 \end{pmatrix}$，

(1) 求 $\boldsymbol{AB}-\boldsymbol{BA}$；　　(2) $(\boldsymbol{A}+\boldsymbol{B})(\boldsymbol{A}-\boldsymbol{B})=\boldsymbol{A}^2-\boldsymbol{B}^2$ 吗?

5. 设 $f(x)=x^2-x-1$，$\boldsymbol{A}=\begin{pmatrix} 2 & 1 & 1 \\ 3 & 1 & 2 \\ 1 & -1 & 0 \end{pmatrix}$，求 $f(\boldsymbol{A})$.

6. 设 $\boldsymbol{A}=\begin{pmatrix} 1 & \lambda \\ 0 & 1 \end{pmatrix}$，求 $\boldsymbol{A}^k$.

7. 设方阵 $\boldsymbol{A}=\begin{pmatrix} a & 1 & 0 \\ 0 & a & 1 \\ 0 & 0 & a \end{pmatrix}$，求方阵 $\boldsymbol{A}^n$.

8. 证明：$\begin{pmatrix} \cos\theta & -\sin\theta \\ \sin\theta & \cos\theta \end{pmatrix}^n=\begin{pmatrix} \cos n\theta & -\sin n\theta \\ \sin n\theta & \cos n\theta \end{pmatrix}$.

9. 设 $\boldsymbol{A},\boldsymbol{B}$ 是 n 阶方阵，$\boldsymbol{A}$ 为对称阵，证明：$\boldsymbol{B}^{\mathrm{T}}\boldsymbol{AB}$ 也是对称阵.

10. 设 $\boldsymbol{A}$ 是方阵，证明：$\boldsymbol{A}-\boldsymbol{A}^{\mathrm{T}}$ 是反对称阵.

11. 设 $\boldsymbol{A}$ 是方阵，证明：存在对称阵 $\boldsymbol{B}$ 与反对称阵 $\boldsymbol{C}$，使得 $\boldsymbol{A}=\boldsymbol{B}+\boldsymbol{C}$.

12. 设 $\boldsymbol{A}$ 是 n 阶方阵，k 是数，且行列式 $|\boldsymbol{A}|=a$，求行列式 $|k\boldsymbol{A}^{\mathrm{T}}\boldsymbol{A}|$.

3.3　矩阵的初等变换

在中学代数中，研究的中心问题之一就是解方程，而其中最简单的问题便是线性方程组的求解. 解线性方程组之所以重要，是因为某些复杂的实际问题往往可以简化或归结为一个线性方程组.

实际问题提出的线性方程组往往是很复杂的，未知量的个数和方程的个数都很多. 一般地，我们把有 n 个未知量 m 个方程的方程组写为

$$\begin{cases} a_{11}x_1+a_{12}x_2+\cdots+a_{1n}x_n=b_1, \\ a_{21}x_1+a_{22}x_2+\cdots+a_{2n}x_n=b_2, \\ \quad\cdots\cdots \\ a_{m1}x_1+a_{m2}x_2+\cdots+a_{mn}x_n=b_m. \end{cases}$$

满足方程组的一组数：$x_1=c_1$，$x_2=c_2$，…，$x_n=c_n$ 称为方程组的一个解.

对于一般线性方程组，我们要讨论的问题是：它在什么条件下有解？如果有解，有多少解？又如何求出全部解？所谓解方程组，就是当方程组有解时求出它的全部解，当它无解时判明它无解.

3.3.1　线性方程组的高斯消元法

在第 1 章中我们介绍了克拉默法则求解 n 个未知量 n 个方程的线性方程组. 但在实际问题中，经常要研究一般线性方程组的解，解线性方程组最常用的方法就是高斯消元法，其步骤是逐步消除变元的系数，把原方程组化为同解的三角形方程组，再用回代过程解此等价的方程组，从而得到原方程组的解.

例 3.3.1　求解线性方程组

$$\begin{cases}2x_1-x_2-x_3+x_4=2, & (1)\\ x_1+x_2-2x_3+x_4=4, & (2)\\ 4x_1-6x_2+2x_3-2x_4=4, & (3)\\ 3x_1+6x_2-9x_3+7x_4=9. & (4)\end{cases}$$

解　对方程组作如下变换：

$$\begin{cases}2x_1-x_2-x_3+x_4=2, & (1)\\ x_1+x_2-2x_3+x_4=4, & (2)\\ 4x_1-6x_2+2x_3-2x_4=4, & (3)\\ 3x_1+6x_2-9x_3+7x_4=9, & (4)\end{cases}\xrightarrow[(3)\div 2]{(1)\leftrightarrow(2)}\begin{cases}x_1+x_2-2x_3+x_4=4, & (1)\\ 2x_1-x_2-x_3+x_4=2, & (2)\\ 2x_1-3x_2+x_3-x_4=2, & (3)\\ 3x_1+6x_2-9x_3+7x_4=9, & (4)\end{cases}$$

$$\xrightarrow[\substack{(3)-2(1)\\(4)-3(1)}]{(2)-(3)}\begin{cases}x_1+x_2-2x_3+x_4=4, & (1)\\ 0+2x_2-2x_3+2x_4=0, & (2)\\ 0-5x_2+5x_3-3x_4=-6, & (3)\\ 0+3x_2-3x_3+4x_4=-3, & (4)\end{cases}\xrightarrow[\substack{(3)+5(2)\\(4)-3(2)}]{(2)\times\frac{1}{2}}\begin{cases}x_1+x_2-2x_3+x_4=4, & (1)\\ 0+x_2-x_3+x_4=0, & (2)\\ 0+0+0+2x_4=-6, & (3)\\ 0+0+0+x_4=-3, & (4)\end{cases}$$

$$\xrightarrow[(4)-2(3)]{(3)\leftrightarrow(4)}\begin{cases}x_1+x_2-2x_3+x_4=4, & (1)\\ 0+x_2-x_3+x_4=0, & (2)\\ 0+0+0+x_4=-3, & (3)\\ 0+0+0+0=0, & (4)\end{cases}$$

然后采取“回代”的方法便可求出解

$$\begin{cases}x_1=x_3+4,\\ x_2=x_3+3,\\ x_4=-3,\end{cases}$$

其中 x_3 可任意取值，我们称 x_3 为**自由未知量**. 由于 x_3 可以任意取值，所以方程组有无穷多个解.

上述解方程组的变换过程中，我们总要先通过一些变换，将方程组化为容易求解的同解方程组来求解，这些变换可以归纳为以下三种变换：

(1) 交换两个方程的位置；

(2) 用一个非零的常数乘以某一个方程；

(3) 把一个方程的适当倍数加到另一个方程上去.

为了后面叙述方便，我们称这三种变换为线性方程组的**初等变换**. 高斯消元法就是反复实施初等变换的过程，把方程组的上述三种同解变换移植到矩阵上就得到矩阵的初等变换.

3.3.2 矩阵的初等变换

在解线性方程组的过程中，我们已经看到，如果线性方程组的各个方程的系数和常数项定了，那么这个方程组的解就完全确定了. 至于方程组的未知量用什么符号表示则是无关紧要的.

既然线性方程组由未知量的系数和常数项完全决定，因此可将方程组的系数和常数项用矩阵表示，整个消元过程就可以在矩阵上进行了. 为此，我们引入矩阵的初等变换概念.

定义 3.3.1 下面三种变换称为矩阵的**初等行变换**：

(1) 两行互换(互换 i,j 行，记作 $r_i \leftrightarrow r_j$)；

(2) 以非零数 k 乘某一行的所有元素(第 i 行乘 k，记作 kr_i)；

(3) 把某一行所有元素的 k 倍加到另一行对应的元素上(第 j 行的 k 倍加到第 i 行上，记作 $r_i + kr_j$).

把定义中的“行”，换成“列”，即得矩阵的初等列变换的定义(所用记号是把“r”换成“c”，如互换 i,j 列，记作 $c_i \leftrightarrow c_j$ 等).

矩阵的初等行变换和初等列变换，统称**初等变换**.

定义 3.3.2 如果矩阵 $\boldsymbol{A}$ 经过有限次初等变换变成矩阵 $\boldsymbol{B}$，则称矩阵 $\boldsymbol{A}$ 与矩阵 $\boldsymbol{B}$ **等价**，记作 $\boldsymbol{A} \cong \boldsymbol{B}$ (或 $\boldsymbol{A} \to \boldsymbol{B}$).

矩阵之间的等价关系具有下列基本性质：

(1) 反身性：$\boldsymbol{A} \cong \boldsymbol{A}$.

(2) 对称性：若 $\boldsymbol{A} \cong \boldsymbol{B}$，则 $\boldsymbol{B} \cong \boldsymbol{A}$.

(3) 传递性：若 $\boldsymbol{A} \cong \boldsymbol{B}$，$\boldsymbol{B} \cong \boldsymbol{C}$，则 $\boldsymbol{A} \cong \boldsymbol{C}$.

下面用矩阵的初等行变换来解例 3.3.1 的线性方程组,其过程可与方程组的消元过程一一对照.

$$\begin{pmatrix} 2 & -1 & -1 & 1 & 2 \\ 1 & 1 & -2 & 1 & 4 \\ 4 & -6 & 2 & -2 & 4 \\ 3 & 6 & -9 & 7 & 9 \end{pmatrix} \xrightarrow[\frac{1}{2}r_3]{r_1 \leftrightarrow r_2} \begin{pmatrix} 1 & 1 & -2 & 1 & 4 \\ 2 & -1 & -1 & 1 & 2 \\ 2 & -3 & 1 & -1 & 2 \\ 3 & 6 & -9 & 7 & 9 \end{pmatrix}$$

$$\xrightarrow[\substack{r_3-2r_1 \\ r_4-3r_1}]{r_2-r_3} \begin{pmatrix} 1 & 1 & -2 & 1 & 4 \\ 0 & 2 & -2 & 2 & 0 \\ 0 & -5 & 5 & -3 & -6 \\ 0 & 3 & -3 & 4 & -3 \end{pmatrix} \xrightarrow[\substack{r_3+5r_2 \\ r_4-3r_2}]{\frac{1}{2}r_2} \begin{pmatrix} 1 & 1 & -2 & 1 & 4 \\ 0 & 1 & -1 & 1 & 0 \\ 0 & 0 & 0 & 2 & -6 \\ 0 & 0 & 0 & 1 & -3 \end{pmatrix}$$

$$\xrightarrow[r_4-2r_3]{r_3 \leftrightarrow r_4} \begin{pmatrix} 1 & 1 & -2 & 1 & 4 \\ 0 & 1 & -1 & 1 & 0 \\ 0 & 0 & 0 & 1 & -3 \\ 0 & 0 & 0 & 0 & 0 \end{pmatrix}.$$

方程组解的回代过程也可用矩阵的初等行变换来完成，即

$$\begin{pmatrix} 1 & 1 & -2 & 1 & 4 \\ 0 & 1 & -1 & 1 & 0 \\ 0 & 0 & 0 & 1 & -3 \\ 0 & 0 & 0 & 0 & 0 \end{pmatrix} \xrightarrow[r_2-r_3]{r_1-r_2} \begin{pmatrix} 1 & 0 & -1 & 0 & 4 \\ 0 & 1 & -1 & 0 & 3 \\ 0 & 0 & 0 & 1 & -3 \\ 0 & 0 & 0 & 0 & 0 \end{pmatrix} = \boldsymbol{B}.$$

矩阵 $\boldsymbol{B}$ 对应的方程组是

$$\begin{cases} x_1 = x_3 + 4, \\ x_2 = x_3 + 3, \\ x_4 = -3. \end{cases}$$

取自由未知量 $x_3 = c$ (常数)，即得方程组的解

$$\boldsymbol{X} = \begin{pmatrix} x_1 \\ x_2 \\ x_3 \\ x_4 \end{pmatrix} = \begin{pmatrix} c+4 \\ c+3 \\ c \\ -3 \end{pmatrix} = c\begin{pmatrix} 1 \\ 1 \\ 1 \\ 0 \end{pmatrix} + \begin{pmatrix} 4 \\ 3 \\ 0 \\ -3 \end{pmatrix}.$$

普通的矩阵通过初等变换可以化为一些特殊的矩阵，这些特殊矩阵有：**行阶梯形矩阵**、**行最简形矩阵**及矩阵的**标准形**. 接下来我们给出这三种特殊矩阵的定义.

定义 3.3.3 $m \times n$ 矩阵 $\boldsymbol{A}$ 满足以下条件：

(1) 如果 $\boldsymbol{A}$ 有零行(元素全为零的行)，则零行都在非零行的下边；

(2) 非零行的非零首元(自左至右第一个不为零的元素)的列标随行标的递增而严格递增. 则称 $\boldsymbol{A}$ 为**行阶梯形矩阵**.

例如，下列矩阵均为行阶梯形矩阵.

$$\begin{pmatrix}1&0&-1\\0&2&4\\0&0&3\end{pmatrix},\quad \begin{pmatrix}0&1&2&-4\\0&0&0&7\\0&0&0&0\end{pmatrix},\quad \begin{pmatrix}1&1&0&2\\0&1&-1&-3\\0&0&6&8\end{pmatrix}.$$

定义 3.3.4 称满足下列条件的行阶梯形矩阵为**行最简形矩阵**.

(1) 非零首元全为 1；

(2) 非零首元所在列的其余元素全为 0.

例如，$\begin{pmatrix}1&0&-1\\0&1&2\\0&0&0\end{pmatrix}$，$\begin{pmatrix}1&0&0&1\\0&1&0&1\\0&0&1&2\end{pmatrix}$为行最简形矩阵.

对行最简形矩阵再施以初等列变换，可化为形状更简单的标准形矩阵. 例如

$$\boldsymbol{B}=\begin{pmatrix}1&0&-1&0&4\\0&1&-1&0&3\\0&0&0&1&-3\\0&0&0&0&0\end{pmatrix}\xrightarrow[c_5-4c_1-3c_2+3c_3]{\substack{c_3\leftrightarrow c_4\\ c_4+c_1+c_2}}\begin{pmatrix}1&0&0&0&0\\0&1&0&0&0\\0&0&1&0&0\\0&0&0&0&0\end{pmatrix}=\boldsymbol{F}.$$

矩阵 $\boldsymbol{F}$ 称为矩阵 $\boldsymbol{B}$ 的**标准形**，其特点是：$\boldsymbol{F}$ 的左上角是一个单位矩阵，其余元素全为 0.

对于矩阵 $\boldsymbol{A}_{m\times n}$，总可以经过初等变换化为标准形：$\boldsymbol{F}=\begin{pmatrix}\boldsymbol{E}_r&\boldsymbol{O}\\\boldsymbol{O}&\boldsymbol{O}\end{pmatrix}_{m\times n}$，其中 r 是行阶梯形矩阵中非零行的行数 $(r\leqslant\min\{m,\ n\})$.

例 3.3.2 设 $\boldsymbol{A}=\begin{pmatrix}2&-1&-1&1&2\\1&1&-2&1&4\\4&-6&2&-2&4\\3&6&-9&7&9\end{pmatrix}$，把 $\boldsymbol{A}$ 化为行最简形矩阵和标准形矩阵.

解

$$\boldsymbol{A}=\begin{pmatrix}2&-1&-1&1&2\\1&1&-2&1&4\\4&-6&2&-2&4\\3&6&-9&7&9\end{pmatrix}\xrightarrow{\substack{r_1\leftrightarrow r_2\\ \frac{1}{2}r_3}}\begin{pmatrix}1&1&-2&1&4\\2&-1&-1&1&2\\2&-3&1&-1&2\\3&6&-9&7&9\end{pmatrix}$$

$$\xrightarrow{\substack{r_2-r_3\\ r_3-2r_1\\ r_4-3r_1}}\begin{pmatrix}1&1&-2&1&4\\0&2&-2&2&0\\0&-5&5&-3&-6\\0&3&-3&4&-3\end{pmatrix}\xrightarrow{\substack{\frac{1}{2}r_2\\ r_3+5r_2\\ r_4-3r_2}}\begin{pmatrix}1&1&-2&1&4\\0&1&-1&1&0\\0&0&0&2&-6\\0&0&0&1&-3\end{pmatrix}$$

$$\xrightarrow[r_4-2r_3]{r_3\leftrightarrow r_4}\begin{pmatrix}1&1&-2&1&4\\0&1&-1&1&0\\0&0&0&1&-3\\0&0&0&0&0\end{pmatrix}\xrightarrow[r_2-r_3]{r_1-r_2}\begin{pmatrix}1&0&-1&0&4\\0&1&-1&0&3\\0&0&0&1&-3\\0&0&0&0&0\end{pmatrix}=\boldsymbol{B},$$

$$\boldsymbol{B}=\begin{pmatrix}1&0&-1&0&4\\0&1&-1&0&3\\0&0&0&1&-3\\0&0&0&0&0\end{pmatrix}\xrightarrow[c_5-4c_1-3c_2+3c_3]{\substack{c_3\leftrightarrow c_4\\c_4+c_1+c_2}}\begin{pmatrix}1&0&0&0&0\\0&1&0&0&0\\0&0&1&0&0\\0&0&0&0&0\end{pmatrix}=\boldsymbol{C},$$

矩阵 $\boldsymbol{B}$ 为矩阵 $\boldsymbol{A}$ 的行最简形矩阵，矩阵 $\boldsymbol{C}$ 为矩阵 $\boldsymbol{A}$ 的标准形矩阵.

3.3.3 初等矩阵

矩阵的初等变换是矩阵的一种最基本的运算，它有着广泛的应用. 在本节中，我们会进一步介绍一些有关知识.

定义 3.3.5 对单位矩阵 $\boldsymbol{E}$ 进行一次初等变换得到的矩阵称为**初等矩阵**.

三种初等变换对应着三种初等矩阵.

1. 对换两行或对换两列(初等对换矩阵)

把单位矩阵中第 i, j 两行对换(或第 i, j 两列对换)，得第一种初等矩阵：

$$\boldsymbol{E}(i,j)=\begin{pmatrix}1&&&&&&&&&\\&\ddots&&&&&&&&\\&&1&&&&&&&\\&&&0&&\cdots&&1&&&\\&&&&1&&&&&\\&&&\vdots&&\ddots&&\vdots&&\\&&&&&&1&&&\\&&&1&&\cdots&&0&&\\&&&&&&&&1&\\&&&&&&&&&\ddots&\\&&&&&&&&&&1\end{pmatrix}\begin{matrix}\\\\\\\leftarrow 第i行\\\\\\\\\leftarrow 第j行\\\\\\\\\end{matrix}.$$

用 m 阶初等矩阵 $\boldsymbol{E}_m(i,j)$ 左乘矩阵 $\boldsymbol{A}=(a_{ij})_{m\times n}$，得

$$E_m(i,j)A=\begin{pmatrix} a_{11} & a_{12} & \cdots & a_{1n} \\ \vdots & \vdots & & \vdots \\ a_{j1} & a_{j2} & \cdots & a_{jn} \\ \vdots & \vdots & & \vdots \\ a_{i1} & a_{i2} & \cdots & a_{in} \\ \vdots & \vdots & & \vdots \\ a_{m1} & a_{m1} & \cdots & a_{mn} \end{pmatrix}\begin{matrix} \\ \\ \leftarrow 第i行 \\ \\ \leftarrow 第j行 \\ \\ \\ \end{matrix}.$$

其结果相当于对矩阵 $\boldsymbol{A}$ 施行第一种初等行变换：把 $\boldsymbol{A}$ 的第 i 行与第 j 行对换 $(r_i \leftrightarrow r_j)$. 类似地，以 n 阶初等矩阵 $\boldsymbol{E}_n(i,j)$ 右乘矩阵 $\boldsymbol{A}$，其结果相当于对矩阵 $\boldsymbol{A}$ 施行第一种初等列变换：把 $\boldsymbol{A}$ 地第 i 列与第 j 列对换 $(c_i \leftrightarrow c_j)$.

2. 以非零数 k 乘某行或某列(初等倍乘矩阵)

以非零数 k 乘单位矩阵的第 i 行(或列)，得第二种初等矩阵：

$$E(i(k))=\begin{pmatrix} 1 & & & & & & \\ & \ddots & & & & & \\ & & 1 & & & & \\ & & & k & & & \\ & & & & 1 & & \\ & & & & & \ddots & \\ & & & & & & 1 \end{pmatrix}\begin{matrix} \\ \\ \\ \leftarrow 第i行 \\ \\ \\ \\ \end{matrix}.$$

可以验证：以 $\boldsymbol{E}_m(i(k))$ 左乘矩阵 $\boldsymbol{A}$，其结果相当于以数 k 乘矩阵 $\boldsymbol{A}$ 的第 i 行 (kr_i)；以 $\boldsymbol{E}_n(i(k))$ 右乘矩阵 $\boldsymbol{A}$，其结果相当于以数 k 乘矩阵 $\boldsymbol{A}$ 的第 i 列 (kc_i).

3. 以数 k 乘某一行(列)加到另一行(列)上(初等倍加矩阵)

以 k 乘 $\boldsymbol{E}$ 的第 j 行加到第 i 行上或以 k 乘 $\boldsymbol{E}$ 的第 i 列加到的 j 列上，得第三种初等矩阵：

$$E(i,j(k))=\begin{pmatrix} 1 & & & & & & \\ & \ddots & & & & & \\ & & 1 & \cdots & k & & \\ & & & \ddots & \vdots & & \\ & & & & 1 & & \\ & & & & & \ddots & \\ & & & & & & 1 \end{pmatrix}\begin{matrix} \\ \\ \leftarrow 第i行 \\ \\ \leftarrow 第j行 \\ \\ \\ \end{matrix}.$$

可以验证：以 $\boldsymbol{E}_m(i,\ j(k))$ 左乘矩阵矩阵 $\boldsymbol{A}$，其结果相当于把矩阵 $\boldsymbol{A}$ 的第 j 行乘 k 加到第 i 行上 $(r_i + k\,r_j)$，以 $\boldsymbol{E}_n(i,\ j(k))$ 右乘矩阵矩阵 $\boldsymbol{A}$，其结果相当于把矩阵 $\boldsymbol{A}$ 的第 i 列乘 k 加到第 j 列上 $(c_j + k\,c_i)$.

综上所述，可得下述定理：

定理 3.3.1 设矩阵 $\boldsymbol{A}_{m\times n}$，对其施行一次初等**行**变换，相当于在 $\boldsymbol{A}_{m\times n}$ 的**左边**乘以相应的 m 阶初等矩阵；对 $\boldsymbol{A}_{m\times n}$ 施行一次初等**列**变换，相当于在 $\boldsymbol{A}_{m\times n}$ 的**右边**乘以相应的 n 阶初等矩阵.

例 3.3.3 设

$$\boldsymbol{A}=\begin{pmatrix} a_{11} & a_{12} & a_{13} & a_{14} \\ a_{21} & a_{22} & a_{23} & a_{24} \\ a_{31} & a_{32} & a_{33} & a_{34} \end{pmatrix},\quad \boldsymbol{B}=\begin{pmatrix} a_{11} & a_{12} & a_{14} & a_{13} \\ a_{21}+2a_{11} & a_{22}+2a_{12} & a_{24}+2a_{14} & a_{23}+2a_{13} \\ a_{31} & a_{32} & a_{34} & a_{33} \end{pmatrix}.$$

试把矩阵 $\boldsymbol{B}$ 表示成矩阵 $\boldsymbol{A}$ 与初等矩阵的乘积.

解 首先观察矩阵 $\boldsymbol{B}$ 的元素与矩阵 $\boldsymbol{A}$ 的元素之间的关系，其次找出对 $\boldsymbol{A}$ 进行了哪些初等变换得到的 $\boldsymbol{B}$.

$$\boldsymbol{A}=\begin{pmatrix} a_{11} & a_{12} & a_{13} & a_{14} \\ a_{21} & a_{22} & a_{23} & a_{24} \\ a_{31} & a_{32} & a_{33} & a_{34} \end{pmatrix} \xrightarrow{c_3 \leftrightarrow c_4} \begin{pmatrix} a_{11} & a_{12} & a_{14} & a_{13} \\ a_{21} & a_{22} & a_{24} & a_{23} \\ a_{31} & a_{32} & a_{34} & a_{33} \end{pmatrix}$$

$$\xrightarrow{r_2+2r_1} \begin{pmatrix} a_{11} & a_{12} & a_{14} & a_{13} \\ a_{21}+2a_{11} & a_{22}+2a_{12} & a_{24}+2a_{14} & a_{23}+2a_{13} \\ a_{31} & a_{32} & a_{34} & a_{33} \end{pmatrix} = \boldsymbol{B}.$$

所以 $\boldsymbol{B}=\boldsymbol{E}(2,1(2))\boldsymbol{A}\boldsymbol{E}(3,4)$.

矩阵的初等变换　　初等矩阵　　行阶梯形和行最简形

习　题　3.3

1. 写出线性方程组 $\begin{cases} x_1+x_2+3x_3-x_4=-2, \\ x_2-x_3+x_4=1, \\ x_1+x_2+2x_3+2x_4=4, \\ x_1-x_2+x_3-x_4=0 \end{cases}$ 的系数矩阵与增广矩阵，并用消元法求解.

2. 设线性方程组的增广矩阵为$\begin{pmatrix}1&3&4&-2\\2&5&9&3\\3&7&14&8\\0&-1&1&7\end{pmatrix}$，写出该线性方程组，并用消元法求解.

3. 把下列矩阵化为行最简形矩阵和标准形.

(1) $\begin{pmatrix}1&0&2&-1\\2&0&3&1\\3&0&4&-3\end{pmatrix}$;　　(2) $\begin{pmatrix}0&2&-3&1\\0&3&-4&3\\0&4&-7&-1\end{pmatrix}$;

(3) $\begin{pmatrix}1&-1&3&-4&3\\3&-3&5&-4&1\\2&-2&3&-2&0\\3&-3&4&-2&-1\end{pmatrix}$;　　(4) $\begin{pmatrix}2&3&1&-3&-7\\1&2&0&-2&-4\\3&-2&8&3&0\\2&-3&7&4&3\end{pmatrix}$.

4. 求 t 的值, 使得矩阵$\begin{pmatrix}3&1&1&4\\t&4&10&1\\1&7&17&3\\2&2&4&3\end{pmatrix}$的行等价标准形恰有两个非零行.

5. 设 $\boldsymbol{A}=\begin{pmatrix}1&2&3\\4&5&6\\7&8&9\end{pmatrix}$，求

(1) $\boldsymbol{E}(1,2(2))\boldsymbol{A}$;

(2) $\boldsymbol{A}\boldsymbol{E}(3,2)$;

(3) $\boldsymbol{E}(3(2))\boldsymbol{A}$.

6. 设 $\boldsymbol{A}$ 是三阶矩阵, 将 $\boldsymbol{A}$ 的第一列与第二列交换得到 $\boldsymbol{B}$, 再把 $\boldsymbol{B}$ 的第二列加到第三列得到 $\boldsymbol{C}$，求矩阵 $\boldsymbol{Q}$，使得 $\boldsymbol{AQ}=\boldsymbol{C}$.

3.4　逆　矩　阵

在数集中有加法、减法、乘法和除法等运算. 对于矩阵，我们定义了加法、减法、数乘和乘法等运算. 现在的问题是: 矩阵是否有类似“除法”的运算. 若有，它是什么含义呢? 它与数的除法有什么不同呢?

3.4.1　逆矩阵的概念

在数的运算中, 对于数 $a(a\neq 0)$ 有 $aa^{-1}=a^{-1}a=1$. 在矩阵乘法中, 单位矩阵 $\boldsymbol{E}$

相当于数的乘法运算中的 1. 那么对于一个矩阵 $\boldsymbol{A}$，能否找到一个与 a^{-1} 地位类似的矩阵，记作 $\boldsymbol{A}^{-1}$，使 $\boldsymbol{A}\boldsymbol{A}^{-1}=\boldsymbol{A}^{-1}\boldsymbol{A}=\boldsymbol{E}$ 成立呢?

定义 3.4.1 设 $\boldsymbol{A}$ 是 n 阶方阵，如果存在一个 n 阶方阵 $\boldsymbol{B}$，满足

$$\boldsymbol{AB}=\boldsymbol{BA}=\boldsymbol{E},$$

则称 $\boldsymbol{A}$ 为**可逆矩阵**，并称 $\boldsymbol{B}$ 为 $\boldsymbol{A}$ 的**逆矩阵**，记作 $\boldsymbol{B}=\boldsymbol{A}^{-1}$.

注意 (1) 由定义可知，可逆矩阵及其逆矩阵是同阶方阵;

(2) 当 $\boldsymbol{AB}=\boldsymbol{BA}=\boldsymbol{E}$ 时，$\boldsymbol{A}$ 与 $\boldsymbol{B}$ 的地位是平等的，故也称 $\boldsymbol{A}$ 是 $\boldsymbol{B}$ 的逆矩阵;

(3) 如果不存在满足 $\boldsymbol{AB}=\boldsymbol{BA}=\boldsymbol{E}$ 的矩阵 $\boldsymbol{B}$,则称 $\boldsymbol{A}$ 不可逆. 如 $\boldsymbol{O}$ 矩阵不可逆;

(4) 可逆矩阵一定是方阵，但方阵不一定可逆，$\boldsymbol{A}^{-1}$ 不可写作 $\dfrac{1}{\boldsymbol{A}}$.

定理 3.4.1 如果 $\boldsymbol{A}$ 是可逆矩阵，则 $\boldsymbol{A}$ 的逆矩阵是唯一的.

证明 设 $\boldsymbol{B}$ 和 $\boldsymbol{C}$ 都是 $\boldsymbol{A}$ 的逆矩阵，则由

$$\boldsymbol{AB}=\boldsymbol{BA}=\boldsymbol{E}, \qquad \boldsymbol{AC}=\boldsymbol{CA}=\boldsymbol{E}$$

可得

$$\boldsymbol{B}=\boldsymbol{EB}=(\boldsymbol{CA})\boldsymbol{B}=\boldsymbol{C}(\boldsymbol{AB})=\boldsymbol{CE}=\boldsymbol{C},$$

所以 $\boldsymbol{A}$ 的逆矩阵是唯一的.

方阵的逆矩阵有下列性质:

设 $\boldsymbol{A}$，$\boldsymbol{B}$ 是同阶可逆矩阵，数 $k\neq 0$，则

(1) $\boldsymbol{A}^{-1}$ 可逆，且 $(\boldsymbol{A}^{-1})^{-1}=\boldsymbol{A}$;

(2) $k\boldsymbol{A}$ 也可逆，且 $(k\boldsymbol{A})^{-1}=k^{-1}\boldsymbol{A}^{-1}$;

(3) $\boldsymbol{AB}$ 也可逆，且 $(\boldsymbol{AB})^{-1}=\boldsymbol{B}^{-1}\boldsymbol{A}^{-1}$;

(4) $\boldsymbol{A}^{\mathrm{T}}$ 也可逆，且 $(\boldsymbol{A}^{\mathrm{T}})^{-1}=(\boldsymbol{A}^{-1})^{\mathrm{T}}$;

(5) $\left|\boldsymbol{A}^{-1}\right|=\dfrac{1}{|\boldsymbol{A}|}$.

注意 性质(3)可推广到有限个可逆矩阵的乘积. 即，若 $\boldsymbol{A}_1,\boldsymbol{A}_2,\cdots,\boldsymbol{A}_s$ 为同阶可逆矩阵，则 $\boldsymbol{A}_1\boldsymbol{A}_2\cdots\boldsymbol{A}_s$ 可逆，且 $(\boldsymbol{A}_1\boldsymbol{A}_2\cdots\boldsymbol{A}_s)^{-1}=\boldsymbol{A}_s^{-1}\boldsymbol{A}_{s-1}^{-1}\cdots\boldsymbol{A}_2^{-1}\boldsymbol{A}_1^{-1}$.

3.4.2 可逆矩阵的判定及求法

下面要解决的问题是：在什么条件下方阵 $\boldsymbol{A}$ 是可逆的？若 $\boldsymbol{A}$ 可逆，则怎样求 $\boldsymbol{A}^{-1}$？

1. 伴随矩阵法

定义 3.4.2　设 $\boldsymbol{A}=(a_{ij})$ 为 n 阶方阵，A_{ij} 是 $|\boldsymbol{A}|$ 中元素 a_{ij} 的代数余子式，则称矩阵

$$\boldsymbol{A}^*=\begin{pmatrix} A_{11} & A_{21} & \cdots & A_{n1} \\ A_{12} & A_{22} & \cdots & A_{n2} \\ \vdots & \vdots & & \vdots \\ A_{1n} & A_{2n} & \cdots & A_{nn} \end{pmatrix}$$

为 $\boldsymbol{A}$ 的**伴随矩阵**.

注意　(1) $\boldsymbol{A}^*$ 中 A_{ij} 的位置是第 j 行第 i 列，是通常排序方式的转置形式；

(2) 任何方阵都存在伴随矩阵；

(3) 二阶方阵的伴随矩阵特殊，可用口诀“主换位，副变号”记忆.

例如，$\boldsymbol{A}=\begin{pmatrix} a_{11} & a_{12} \\ a_{21} & a_{22} \end{pmatrix}$,则 $\boldsymbol{A}^*=\begin{pmatrix} a_{22} & -a_{12} \\ -a_{21} & a_{11} \end{pmatrix}$.

定理 3.4.2　若方阵 $\boldsymbol{A}$ 可逆，则 $|\boldsymbol{A}|\neq 0$.

证明　若 $\boldsymbol{A}$ 可逆，则 $\boldsymbol{A}^{-1}$ 存在，使 $\boldsymbol{A}\boldsymbol{A}^{-1}=\boldsymbol{A}^{-1}\boldsymbol{A}=\boldsymbol{E}$，所以有 $|\boldsymbol{A}\boldsymbol{A}^{-1}|=|\boldsymbol{A}^{-1}\boldsymbol{A}|=|\boldsymbol{A}^{-1}||\boldsymbol{A}|=1\neq 0$，故 $|\boldsymbol{A}|\neq 0$.

定理 3.4.3　设 $\boldsymbol{A}$ 是方阵，若 $|\boldsymbol{A}|\neq 0$，则 $\boldsymbol{A}$ 可逆，且 $\boldsymbol{A}^{-1}=\dfrac{1}{|\boldsymbol{A}|}\boldsymbol{A}^*$.

证明　若 $|\boldsymbol{A}|\neq 0$，记 $\boldsymbol{A}=(a_{ij})$，$\boldsymbol{A}^*=(A_{ij})^{\mathrm{T}}$. 由于

$$\boldsymbol{A}\boldsymbol{A}^*=\begin{pmatrix} a_{11} & a_{12} & \cdots & a_{1n} \\ a_{21} & a_{22} & \cdots & a_{2n} \\ \vdots & \vdots & & \vdots \\ a_{n1} & a_{n2} & \cdots & a_{nn} \end{pmatrix}\begin{pmatrix} A_{11} & A_{21} & \cdots & A_{n1} \\ A_{12} & A_{22} & \cdots & A_{n2} \\ \vdots & \vdots & & \vdots \\ A_{1n} & A_{2n} & \cdots & A_{nn} \end{pmatrix}=\begin{pmatrix} |\boldsymbol{A}| & 0 & \cdots & 0 \\ 0 & |\boldsymbol{A}| & \cdots & 0 \\ \vdots & \vdots & & \vdots \\ 0 & 0 & \cdots & |\boldsymbol{A}| \end{pmatrix}=|\boldsymbol{A}|\boldsymbol{E}.$$

同理可得 $\boldsymbol{A}^*\boldsymbol{A}=|\boldsymbol{A}|\boldsymbol{E}$. 于是 $\boldsymbol{A}\boldsymbol{A}^*=\boldsymbol{A}^*\boldsymbol{A}=|\boldsymbol{A}|\boldsymbol{E}$，即 $\boldsymbol{A}\dfrac{\boldsymbol{A}^*}{|\boldsymbol{A}|}=\dfrac{\boldsymbol{A}^*}{|\boldsymbol{A}|}\boldsymbol{A}=\boldsymbol{E}$，由定义知，$\boldsymbol{A}$ 可逆，且 $\boldsymbol{A}^{-1}=\dfrac{1}{|\boldsymbol{A}|}\boldsymbol{A}^*$.

用公式 $\boldsymbol{A}^{-1}=\dfrac{1}{|\boldsymbol{A}|}\boldsymbol{A}^*$ 求得逆矩阵的方法称为**伴随矩阵法**.

注意　伴随矩阵法适合用于二阶及三阶方阵求逆.

推论　若 $\boldsymbol{A}, \boldsymbol{B}$ 都是 n 阶方阵，且满足 $\boldsymbol{AB}=\boldsymbol{E}$(或 $\boldsymbol{BA}=\boldsymbol{E}$)，则 $\boldsymbol{A}$ 可逆，且 $\boldsymbol{A}^{-1}=\boldsymbol{B}$.

例 3.4.1　判断下列矩阵是否可逆，若可逆，求出逆矩阵.

(1) $\boldsymbol{A}=\begin{pmatrix}1&2&1\\1&0&1\\2&4&2\end{pmatrix}$; (2) $\boldsymbol{A}=\begin{pmatrix}1&2&1\\1&0&2\\-1&3&0\end{pmatrix}$.

解 (1) 由于 $\boldsymbol{A}$ 中一、三两列对应元相同，所以$|\boldsymbol{A}|=0$，因此 $\boldsymbol{A}$ 不可逆.

(2) 由对角线法则计算得$|\boldsymbol{A}|=-7\neq 0$，所以 $\boldsymbol{A}$ 可逆. 分别计算 $\boldsymbol{A}$ 中每个元的代数余子式为：$A_{11}=-6,\ A_{12}=-2,\ A_{13}=3,\ A_{21}=3,\ A_{22}=1,\ A_{23}=-5,\ A_{31}=4,\ A_{32}=-1,\ A_{33}=-2$.则

$$\boldsymbol{A}^*=\begin{pmatrix}A_{11}&A_{21}&A_{31}\\A_{12}&A_{22}&A_{32}\\A_{13}&A_{23}&A_{33}\end{pmatrix}=\begin{pmatrix}-6&3&4\\-2&1&-1\\3&-5&-2\end{pmatrix},$$

故

$$\boldsymbol{A}^{-1}=\frac{1}{|\boldsymbol{A}|}\boldsymbol{A}^*=-\frac{1}{7}\begin{pmatrix}-6&3&4\\-2&1&-1\\3&-5&-2\end{pmatrix}=\begin{pmatrix}\frac{6}{7}&-\frac{3}{7}&-\frac{4}{7}\\\frac{2}{7}&-\frac{1}{7}&\frac{1}{7}\\-\frac{3}{7}&\frac{5}{7}&\frac{2}{7}\end{pmatrix}.$$

定义 3.4.3 若$|\boldsymbol{A}|=0$，则称方阵 $\boldsymbol{A}$ 为**奇异(退化)矩阵**；若$|\boldsymbol{A}|\neq 0$，则称 $\boldsymbol{A}$ 为**非奇异(非退化)矩阵**.

可逆矩阵都是非奇异矩阵，并且初等变换不改变矩阵的奇异性.

例 3.4.2 设 n 阶方阵 $\boldsymbol{A}$ 满足方程

$$\boldsymbol{A}^2-3\boldsymbol{A}-10\boldsymbol{E}=\boldsymbol{O},$$

证明：$\boldsymbol{A}$ 和 $\boldsymbol{A}-4\boldsymbol{E}$ 都可逆，并求它们的逆矩阵.

证明 由 $\boldsymbol{A}^2-3\boldsymbol{A}-10\boldsymbol{E}=\boldsymbol{O}$，得

$$\boldsymbol{A}(\boldsymbol{A}-3\boldsymbol{E})=10\boldsymbol{E},$$

即

$$\boldsymbol{A}\left(\frac{1}{10}(\boldsymbol{A}-3\boldsymbol{E})\right)=\boldsymbol{E}.$$

两边取行列式，得

$$1=|\boldsymbol{E}|=\left|\boldsymbol{A}\left(\frac{1}{10}(\boldsymbol{A}-3\boldsymbol{E})\right)\right|=|\boldsymbol{A}|\ \left|\frac{1}{10}(\boldsymbol{A}-3\boldsymbol{E})\right|=\left(\frac{1}{10}\right)^n|\boldsymbol{A}|\ |(\boldsymbol{A}-3\boldsymbol{E})|.$$

则$|\boldsymbol{A}|\neq 0$. 因此，$\boldsymbol{A}$ 可逆，且 $\boldsymbol{A}^{-1}=\frac{1}{10}(\boldsymbol{A}-3\boldsymbol{E})$. 再由

$$\boldsymbol{A}^2-3\boldsymbol{A}-10\boldsymbol{E}=\boldsymbol{O},$$

得

$$(A+E)(A-4E)=6E,$$

$$\frac{1}{6}(A+E)(A-4E)=E,$$

故 $A-4E$ 可逆，且 $(A-4E)^{-1}=\frac{1}{6}(A+E)$.

例 3.4.3 已知非齐次线性方程组 $Ax=b$ 的系数矩阵，其中

$$A=\begin{pmatrix}1&-1&1\\0&1&2\\1&0&4\end{pmatrix},\qquad b=\begin{pmatrix}5\\1\\1\end{pmatrix},$$

问方程组是否有解？若有，求出其解.

解 由 $|A|\neq 0$ 可得 A 可逆，且逆矩阵唯一. 因此等式 $Ax=b$ 两边左乘 A^{-1}，即得

$$x=A^{-1}b.$$

计算可得

$$A^{-1}=\begin{pmatrix}4&4&-3\\2&3&-2\\-1&-1&1\end{pmatrix},$$

所以

$$x=\begin{pmatrix}x_1\\x_2\\x_3\end{pmatrix}=\begin{pmatrix}4&4&-3\\2&3&-2\\-1&-1&1\end{pmatrix}\begin{pmatrix}5\\1\\1\end{pmatrix}=\begin{pmatrix}21\\11\\-5\end{pmatrix}.$$

逆矩阵的定义

逆矩阵的判定和伴随矩阵法

2. 初等变换法

容易验证，初等矩阵的行列式值均不为零，因此初等矩阵均是非奇异方阵，即初等矩阵均可逆. 易知：

$$\boldsymbol{E}(i,\ j)^{-1}=\boldsymbol{E}(i,\ j)\ ;\qquad \boldsymbol{E}(i(k))^{-1}=\boldsymbol{E}\left(i\left(\frac{1}{k}\right)\right)\ ;\qquad \boldsymbol{E}(i,\ j(k))^{-1}=\boldsymbol{E}(i,\ j(-k)).$$

即初等矩阵的逆矩阵仍是同类初等矩阵.

定理3.4.4 n阶方阵$\boldsymbol{A}$可逆的充分必要条件是$\boldsymbol{A}$可以表示成有限个初等矩阵的乘积.

证明 必要性 设方阵 $\boldsymbol{A}$ 可逆，则 $\boldsymbol{A}\cong\boldsymbol{E}$. 由等价的对称性，有 $\boldsymbol{E}\cong\boldsymbol{A}$，即 $\boldsymbol{E}$ 可经过有限次初等变换变成 $\boldsymbol{A}$. 也就是存在有限个初等矩阵 $\boldsymbol{P}_1,\boldsymbol{P}_2,\cdots,\boldsymbol{P}_r$，使

$$\boldsymbol{P}_1\boldsymbol{P}_2\cdots\boldsymbol{P}_r\ \boldsymbol{E}\boldsymbol{P}_{r+1}\cdots\boldsymbol{P}_l=\boldsymbol{A}\text{，即 }\boldsymbol{A}=\boldsymbol{P}_1\boldsymbol{P}_2\cdots\boldsymbol{P}_l.$$

充分性 若 $\boldsymbol{A}$ 可表示成有限个初等矩阵的乘积，因为初等矩阵都可逆，所以它们的乘积也可逆，即 $\boldsymbol{A}$ 可逆.

推论 1 若 $\boldsymbol{A}$, $\boldsymbol{B}$ 同为 $m\times n$ 矩阵，则 $\boldsymbol{A}\cong\boldsymbol{B}$ 的充分必要条件是存在 m 阶可逆矩阵 $\boldsymbol{P}$ 及 n 阶可逆矩阵 $\boldsymbol{Q}$ 使 $\boldsymbol{PAQ}=\boldsymbol{B}$.

推论 2 任一可逆矩阵 $\boldsymbol{A}$ 只用初等行(列)变换可化为单位矩阵.

证明 因为 $\boldsymbol{A}$ 可逆，所以 $\boldsymbol{A}$ 可以表示为有限个初等矩阵的乘积 $\boldsymbol{A}=\boldsymbol{P}_1\boldsymbol{P}_2\cdots\boldsymbol{P}_r\boldsymbol{P}_{r+1}\cdots\boldsymbol{P}_l$. 于是

$$\boldsymbol{A}^{-1}=(\boldsymbol{P}_1\boldsymbol{P}_2\cdots\boldsymbol{P}_r\boldsymbol{P}_{r+1}\cdots\boldsymbol{P}_l)^{-1}=\boldsymbol{P}_l^{-1}\cdots\boldsymbol{P}_2^{-1}\boldsymbol{P}_1^{-1}.$$

所以有

$$(\boldsymbol{P}_l^{-1}\cdots\boldsymbol{P}_2^{-1}\boldsymbol{P}_1^{-1})\boldsymbol{A}=\boldsymbol{A}^{-1}\boldsymbol{A}=\boldsymbol{E}\ ,\tag{3.4.1}$$

$$\boldsymbol{A}(\boldsymbol{P}_l^{-1}\cdots\boldsymbol{P}_2^{-1}\boldsymbol{P}_1^{-1})=\boldsymbol{A}\boldsymbol{A}^{-1}=\boldsymbol{E}\ ,\tag{3.4.2}$$

由于初等矩阵的逆矩阵仍是初等矩阵，所以(3.4.1)式表明 $\boldsymbol{A}$ 只经过初等行变换就可化为单位矩阵，(3.4.2)式表明 $\boldsymbol{A}$ 只经过初等列变换就可化为单位矩阵.

注意下面两个等式：

$$\boldsymbol{P}_l^{-1}\cdots\boldsymbol{P}_2^{-1}\boldsymbol{P}_1^{-1}\boldsymbol{A}=\boldsymbol{E}\ ,\tag{3.4.3}$$

$$\boldsymbol{P}_l^{-1}\cdots\boldsymbol{P}_2^{-1}\boldsymbol{P}_1^{-1}\boldsymbol{E}=\boldsymbol{A}^{-1}.\tag{3.4.4}$$

(3.4.3)式中的 $\boldsymbol{A}$ 和(3.4.4)式中的 $\boldsymbol{E}$ 经过同样的初等行变换，结果把 $\boldsymbol{A}$ 化为单位矩阵 $\boldsymbol{E}$ 的同时，单位矩阵 $\boldsymbol{E}$ 化成了 $\boldsymbol{A}$ 的逆矩阵 $\boldsymbol{A}^{-1}$. 那么把(3.4.3)和(3.4.4)两式合起来写就是

$$(\boldsymbol{P}_l^{-1}\cdots\boldsymbol{P}_2^{-1}\boldsymbol{P}_1^{-1})(\boldsymbol{A}\vdots\boldsymbol{E})=(\boldsymbol{E}\vdots\boldsymbol{A}^{-1}).$$

这给我们提供了又一个求可逆矩阵 $\boldsymbol{A}$ 的逆矩阵的方法，即**初等变换法**.

作 $n\times 2n$ 矩阵 $(\boldsymbol{A}\vdots\boldsymbol{E})$，对它进行初等行变换，当把它的左边 $\boldsymbol{A}$ 这一块化成 $\boldsymbol{E}$ 时，它的右边 $\boldsymbol{E}$ 这一块就化成了 $\boldsymbol{A}^{-1}$.

例 3.4.4 用初等变换法求 $\boldsymbol{A}=\begin{pmatrix}4&2&3\\3&1&2\\2&1&1\end{pmatrix}$ 的逆矩阵.

解
$$(\boldsymbol{A}\vdots\boldsymbol{E})=\left(\begin{array}{ccc:ccc}4&2&3&1&0&0\\3&1&2&0&1&0\\2&1&1&0&0&1\end{array}\right)\xrightarrow[r_2-r_3]{r_1-r_2}\left(\begin{array}{ccc:ccc}1&1&1&1&-1&0\\1&0&1&0&1&-1\\2&1&1&0&0&1\end{array}\right)$$

$$\xrightarrow[r_2-r_1]{r_3-2r_2}\left(\begin{array}{ccc:ccc}1&1&1&1&-1&0\\0&-1&0&-1&2&-1\\0&1&-1&0&-2&3\end{array}\right)\xrightarrow{r_3+r_2}\left(\begin{array}{ccc:ccc}1&1&1&1&-1&0\\0&-1&0&-1&2&-1\\0&0&-1&-1&0&2\end{array}\right)$$

$$\xrightarrow[r_1+r_2]{r_1+r_3}\left(\begin{array}{ccc:ccc}1&0&0&-1&1&1\\0&-1&0&-1&2&-1\\0&0&-1&-1&0&2\end{array}\right)\xrightarrow[(-1)r_3]{(-1)r_2}\left(\begin{array}{ccc:ccc}1&0&0&-1&1&1\\0&1&0&1&-2&1\\0&0&1&1&0&-2\end{array}\right).$$

所以 $\boldsymbol{A}^{-1}=\begin{pmatrix}-1&1&1\\1&-2&1\\1&0&-2\end{pmatrix}$.

注意 用初等变换法求 $\boldsymbol{A}$ 的逆矩阵时，不必先判断 $\boldsymbol{A}$ 是否可逆. 在作变换的过程中，如果所变换的矩阵出现两行相同或成比例，则 $\boldsymbol{A}$ 不可逆.

3.4.3 矩阵方程的解法

矩阵方程常见的有如下三种基本类型：

(1) $\boldsymbol{AX}=\boldsymbol{B}$ 型：$\boldsymbol{A}$ 为 n 阶可逆矩阵，$\boldsymbol{B}$ 为 $n\times s$ 矩阵，则方程的解为 $\boldsymbol{X}=\boldsymbol{A}^{-1}\boldsymbol{B}$；

(2) $\boldsymbol{XA}=\boldsymbol{B}$ 型：$\boldsymbol{A}$ 为 n 阶可逆矩阵，$\boldsymbol{B}$ 为 $s\times n$ 矩阵，则方程的解为 $\boldsymbol{X}=\boldsymbol{BA}^{-1}$；

(3) $\boldsymbol{AXC}=\boldsymbol{B}$ 型：$\boldsymbol{A}$，$\boldsymbol{C}$ 均为 n 阶可逆矩阵，则方程的解为 $\boldsymbol{X}=\boldsymbol{A}^{-1}\boldsymbol{BC}^{-1}$.

注意 上述当 $|\boldsymbol{A}|\neq 0$ 时解矩阵方程 $\boldsymbol{AX}=\boldsymbol{B}$ ($\boldsymbol{XA}=\boldsymbol{B}$)和中学时解当 $a\neq 0$ 时解线性方程 $ax=c$ 的思路是相似的，数字方程是两边乘 a^{-1}，矩阵方程是两边左(或右)乘 $\boldsymbol{A}^{-1}$. 只是因矩阵乘法交换律不成立，所以乘 $\boldsymbol{A}^{-1}$ 时要分左乘和右乘.

例 3.4.5 解矩阵方程 $\boldsymbol{AX}=\boldsymbol{B}$，其中

$$\boldsymbol{A}=\begin{pmatrix}1&2&3\\2&2&1\\3&4&3\end{pmatrix},\qquad \boldsymbol{B}=\begin{pmatrix}2&5\\3&1\\4&3\end{pmatrix}.$$

解 **解法一** 先求出 $\boldsymbol{A}^{-1}$，然后与 $\boldsymbol{B}$ 做乘法.此法省略.

解法二 因 $\boldsymbol{A}$ 可逆，所以 $\boldsymbol{X}=\boldsymbol{A}^{-1}\boldsymbol{B}$. 作矩阵

$$(\boldsymbol{A}\vdots\boldsymbol{B})=\left(\begin{array}{ccc:cc}1&2&3&2&5\\2&2&1&3&1\\3&4&3&4&3\end{array}\right)\xrightarrow[r_3-3r_1]{r_2-2r_1}\left(\begin{array}{ccc:cc}1&2&3&2&5\\0&-2&-5&-1&-9\\0&-2&-6&-2&-12\end{array}\right)$$

$$\xrightarrow[r_3-r_2]{r_1+r_2}\left(\begin{array}{ccc|cc}1&0&-2&1&-4\\0&-2&-5&-1&-9\\0&0&-1&-1&-3\end{array}\right)\xrightarrow[\substack{r_2-5r_3\\(-1)r_3}]{r_1-2r_3}\left(\begin{array}{ccc|cc}1&0&0&3&2\\0&-2&0&4&6\\0&0&1&1&3\end{array}\right)$$

$$\xrightarrow{r_2\div(-2)}\left(\begin{array}{ccc|cc}1&0&0&3&2\\0&1&0&-2&-3\\0&0&1&1&3\end{array}\right).$$

因此，$\boldsymbol{X}=\begin{pmatrix}3&2\\-2&-3\\1&3\end{pmatrix}$.

例 3.4.6　设矩阵 $\boldsymbol{A}$ 的伴随矩阵 $\boldsymbol{A}^*=\begin{pmatrix}1&0&0&0\\0&1&0&0\\1&0&1&0\\0&-3&0&8\end{pmatrix}$，且 $\boldsymbol{ABA}^{-1}=\boldsymbol{BA}^{-1}+3\boldsymbol{E}$，其中 $\boldsymbol{E}$ 为四阶单位矩阵，求矩阵 $\boldsymbol{B}$.

解　将已知等式两边左乘 $\boldsymbol{A}^{-1}$ 右乘 $\boldsymbol{A}$，得 $\boldsymbol{B}=\boldsymbol{A}^{-1}\boldsymbol{B}+3\boldsymbol{E}$，于是$(\boldsymbol{E}-\boldsymbol{A}^{-1})\boldsymbol{B}=3\boldsymbol{E}$，由 $|\boldsymbol{A}^*|=|\boldsymbol{A}|^{n-1}$，得 $|\boldsymbol{A}|^3=8, |\boldsymbol{A}|=2$，且 $\boldsymbol{A}^{-1}=\dfrac{\boldsymbol{A}^*}{|\boldsymbol{A}|}=\dfrac{1}{2}\boldsymbol{A}^*$，

$$\boldsymbol{E}-\boldsymbol{A}^{-1}=\boldsymbol{E}-\frac{1}{2}\boldsymbol{A}^*=\begin{pmatrix}\frac{1}{2}&0&0&0\\0&\frac{1}{2}&0&0\\-\frac{1}{2}&0&\frac{1}{2}&0\\0&\frac{3}{2}&0&-3\end{pmatrix},$$

可以看出 $\left|\boldsymbol{E}-\boldsymbol{A}^{-1}\right|\neq 0$，即$(\boldsymbol{E}-\boldsymbol{A}^{-1})$可逆. 故

$$\boldsymbol{B}=3(\boldsymbol{E}-\boldsymbol{A}^{-1})^{-1}=3\left(\boldsymbol{E}-\frac{\boldsymbol{A}^*}{|\boldsymbol{A}|}\right)^{-1}=3\begin{pmatrix}\frac{1}{2}&0&0&0\\0&\frac{1}{2}&0&0\\-\frac{1}{2}&0&\frac{1}{2}&0\\0&\frac{3}{2}&0&-3\end{pmatrix}^{-1}=\begin{pmatrix}6&0&0&0\\0&6&0&0\\6&0&6&0\\0&3&0&-1\end{pmatrix}.$$

初等变换法求逆矩阵　　初等变换法解矩阵方程

习　题　3.4

1. 设方阵 $\boldsymbol{A}$ 满足条件 $\boldsymbol{A}^2=\boldsymbol{A}$，且 $\boldsymbol{A}$ 不是单位矩阵，求证：$\boldsymbol{A}$ 不是可逆阵.

2. 求下列方阵的逆矩阵.

(1) $\boldsymbol{A}=\begin{pmatrix}1&2\\2&5\end{pmatrix}$；　(2) $\boldsymbol{A}=\begin{pmatrix}1&2&2\\2&1&-2\\2&-2&1\end{pmatrix}$；

(3) $\begin{pmatrix}1&2&-3\\0&1&2\\0&0&1\end{pmatrix}$；　(4) $\begin{pmatrix}a_1&&&\\&a_2&&\\&&\ddots&\\&&&a_n\end{pmatrix}(a_1,a_2,\cdots,a_n\neq 0)$；

(5) $\begin{pmatrix}1&2&3&4\\2&3&1&2\\1&1&1&-1\\1&0&-2&-6\end{pmatrix}$.

3. 设 $\boldsymbol{A}$ 为三阶方阵，且 $|\boldsymbol{A}|=3$，求

(1) $|\boldsymbol{A}^{-1}|$；　(2) $|\boldsymbol{A}^*|$；　(3) $|-2\boldsymbol{A}|$；　(4) $|(3\boldsymbol{A})^{-1}|$；　(5) $\left|\frac{1}{3}\boldsymbol{A}^*-4\boldsymbol{A}^{-1}\right|$.

4. 解下列矩阵方程.

(1) $\begin{pmatrix}2&5\\1&3\end{pmatrix}\boldsymbol{X}=\begin{pmatrix}4&-6\\2&1\end{pmatrix}$；　(2) $\boldsymbol{X}\begin{pmatrix}2&1&-1\\2&1&0\\1&-1&1\end{pmatrix}=\begin{pmatrix}2&1&-1\\2&1&0\\1&-1&1\end{pmatrix}$；

(3) $\begin{pmatrix}1&4\\-1&2\end{pmatrix}\boldsymbol{X}\begin{pmatrix}2&0\\-1&1\end{pmatrix}=\begin{pmatrix}3&1\\0&-1\end{pmatrix}$；　(4) $\begin{pmatrix}0&1&0\\1&0&0\\0&0&1\end{pmatrix}\boldsymbol{X}\begin{pmatrix}1&0&0\\0&0&1\\0&1&0\end{pmatrix}=\begin{pmatrix}0&-4&3\\2&0&-1\\1&-2&0\end{pmatrix}$；

(5) $\begin{pmatrix} 2 & 3 & -1 \\ 1 & 2 & 0 \\ -1 & 2 & -2 \end{pmatrix} \boldsymbol{X} = \begin{pmatrix} 2 & 1 \\ -1 & 0 \\ 3 & 1 \end{pmatrix}$；　　(6) $\begin{pmatrix} 5 & 1 & 1 \\ 3 & 4 & 2 \\ 1 & -1 & 3 \end{pmatrix} \boldsymbol{X} + \begin{pmatrix} 1 & 2 & -1 \\ 0 & 1 & 2 \\ 1 & 3 & 1 \end{pmatrix} = 3\boldsymbol{X}$.

5. 设方阵 $\boldsymbol{A}$ 满足 $\boldsymbol{A}^2-\boldsymbol{A}-2\boldsymbol{E}=\boldsymbol{O}$，证明 $\boldsymbol{A}$ 及 $\boldsymbol{A}+2\boldsymbol{E}$ 都可逆，并求 $\boldsymbol{A}^{-1}$ 及 $(\boldsymbol{A}+2\boldsymbol{E})^{-1}$.

6. 设方阵 $\boldsymbol{A},\boldsymbol{B}$ 可逆，且方阵 $\boldsymbol{A}^{-1}+\boldsymbol{B}^{-1}$ 也可逆，求证：方阵 $\boldsymbol{A}+\boldsymbol{B}$ 可逆，且它的逆矩阵为 $\boldsymbol{A}^{-1}(\boldsymbol{A}^{-1}+\boldsymbol{B}^{-1})^{-1}\boldsymbol{B}^{-1}$.

习题 3.4 第 5 题证明

习题 3.4 第 6 题证明

3.5　矩阵的分块

对于行数和列数较高的矩阵，为了简化运算经常采用**分块法**，使大矩阵的运算化成若干小矩阵间的运算，同时也使原矩阵的结构显得简单而清晰. 具体做法是：将大矩阵用若干条横线和纵线分成多个小矩阵，小矩阵称为大矩阵的子块，以子块为元素的形式上的矩阵称为**分块矩阵.**

3.5.1　矩阵的分块方法

下面通过例子说明如何分块及分块矩阵的运算方法.

设 $\boldsymbol{A}$ 是一个 4×3 矩阵

$$\boldsymbol{A} = \left(\begin{array}{c|cc} a_{11} & a_{12} & a_{13} \\ a_{21} & a_{22} & a_{23} \\ \hline a_{31} & a_{32} & a_{33} \\ a_{41} & a_{42} & a_{42} \end{array}\right).$$

用水平和垂直的虚线可以把它分成 4 块，如果记

$$\boldsymbol{A}_{11} = \begin{pmatrix} a_{11} \\ a_{21} \end{pmatrix}, \quad \boldsymbol{A}_{12} = \begin{pmatrix} a_{12} & a_{13} \\ a_{22} & a_{23} \end{pmatrix},$$

$$\boldsymbol{A}_{21} = \begin{pmatrix} a_{31} \\ a_{41} \end{pmatrix}, \quad \boldsymbol{A}_{22} = \begin{pmatrix} a_{32} & a_{33} \\ a_{42} & a_{43} \end{pmatrix}.$$

就可以把 $\boldsymbol{A}$ 看成是由上面 4 个小矩阵组成，记作

$$\boldsymbol{A}=\begin{pmatrix}\boldsymbol{A}_{11} & \boldsymbol{A}_{12}\\ \boldsymbol{A}_{21} & \boldsymbol{A}_{22}\end{pmatrix}.$$

并称它是 $\boldsymbol{A}$ 的一个 2×2 分块矩阵，其中的每一个小矩阵称为 $\boldsymbol{A}$ 的一个子块.

又如，对矩阵 $\boldsymbol{A}$ 进行如下形式的分块：

$$\boldsymbol{A}=\left(\begin{array}{ccc:cc}1 & 0 & 0 & 0 & 2\\ 0 & 1 & 0 & 1 & -3\\ 0 & 0 & 1 & -1 & 0\\ \hdashline 0 & 0 & 0 & 4 & 1\end{array}\right).$$

记

$$\boldsymbol{E}=\begin{pmatrix}1 & 0 & 0\\ 0 & 1 & 0\\ 0 & 0 & 1\end{pmatrix},\qquad \boldsymbol{A}_1=\begin{pmatrix}0 & 2\\ 1 & -3\\ -1 & 0\end{pmatrix},$$

$$\boldsymbol{O}=\begin{pmatrix}0 & 0 & 0\end{pmatrix},\qquad \boldsymbol{A}_2=\begin{pmatrix}4 & 1\end{pmatrix},$$

则

$$\boldsymbol{A}=\begin{pmatrix}\boldsymbol{E} & \boldsymbol{A}_1\\ \boldsymbol{O} & \boldsymbol{A}_2\end{pmatrix}.$$

当考虑一个矩阵的分块时，一个重要的原则是使分块后的子矩阵中有便于利用的特殊矩阵，如单位矩阵、零矩阵、对角矩阵、三角矩阵等.

常用的分块矩阵，除了上面的 2×2 分块矩阵，还有以下几种形式.

将 $m\times n$ 矩阵 $\boldsymbol{A}=(a_{ij})_{m\times n}$ 按行分块为 $m\times 1$ 分块矩阵

$$\boldsymbol{A}=\left(\begin{array}{cccc}a_{11} & a_{12} & \cdots & a_{1n}\\ \hdashline a_{21} & a_{22} & \cdots & a_{2n}\\ \hdashline \vdots & \vdots & & \vdots\\ \hdashline a_{m1} & a_{m2} & \cdots & a_{mn}\end{array}\right)=\begin{pmatrix}\boldsymbol{\alpha}_1^{\mathrm{T}}\\ \boldsymbol{\alpha}_2^{\mathrm{T}}\\ \vdots\\ \boldsymbol{\alpha}_m^{\mathrm{T}}\end{pmatrix},$$

其中 $\boldsymbol{\alpha}_i^{\mathrm{T}}=\begin{pmatrix}a_{i1} & a_{i2} & \cdots & a_{in}\end{pmatrix}\ (i=1,2,\cdots,m)$.

将 $m\times n$ 矩阵 $\boldsymbol{A}=(a_{ij})_{m\times n}$ 按列分块为 $1\times n$ 分块矩阵

$$\boldsymbol{A}=\left(\begin{array}{c:c:c:c}a_{11} & a_{12} & \cdots & a_{1n}\\ a_{21} & a_{22} & \cdots & a_{2n}\\ \vdots & \vdots & & \vdots\\ a_{m1} & a_{m2} & \cdots & a_{mn}\end{array}\right)=\begin{pmatrix}\boldsymbol{\beta}_1 & \boldsymbol{\beta}_2 & \cdots & \boldsymbol{\beta}_n\end{pmatrix},$$

其中 $\boldsymbol{\beta}_j = \begin{pmatrix} a_{1j} & a_{2j} & \cdots & a_{mj} \end{pmatrix}^{\mathrm{T}} \ (j=1, 2, \cdots, n)$.

当矩阵 $\boldsymbol{A}=(a_{ij})_{n\times n}$ 中非零元都集中在主对角线附近时可将 $\boldsymbol{A}$ 分块成下面的**分块对角矩阵**(又称为**准对角矩阵**),

$$\boldsymbol{A} = \mathrm{diag}\begin{pmatrix} \boldsymbol{A}_1 & \boldsymbol{A}_2 & \cdots & \boldsymbol{A}_t \end{pmatrix} = \begin{pmatrix} \boldsymbol{A}_1 & & & \\ & \boldsymbol{A}_2 & & \\ & & \ddots & \\ & & & \boldsymbol{A}_t \end{pmatrix},$$

其中 $\boldsymbol{A}_i \ (i=1, 2, \cdots, t)$ 是 r_i 阶方阵 $\left(\sum\limits_{i=1}^{t} r_i = n\right)$.

例如

$$\boldsymbol{A} = \left(\begin{array}{cc:c:ccc} 1 & 3 & 0 & 0 & 0 & 0 \\ 1 & 2 & 0 & 0 & 0 & 0 \\ \hdashline 0 & 0 & -1 & 0 & 0 & 0 \\ \hdashline 0 & 0 & 0 & 2 & 3 & 0 \\ 0 & 0 & 0 & 0 & 1 & 5 \\ 0 & 0 & 0 & 0 & 0 & 3 \end{array}\right) = \begin{pmatrix} \boldsymbol{A}_1 & & \\ & \boldsymbol{A}_2 & \\ & & \boldsymbol{A}_3 \end{pmatrix},$$

其中

$$\boldsymbol{A}_1 = \begin{pmatrix} 1 & 3 \\ 1 & 2 \end{pmatrix}, \quad \boldsymbol{A}_2 = (-1), \quad \boldsymbol{A}_3 = \begin{pmatrix} 2 & 3 & 0 \\ 0 & 1 & 5 \\ 0 & 0 & 3 \end{pmatrix}.$$

3.5.2　分块矩阵的运算

在应用分块矩阵进行运算时，要尽量使运算能简单方便，因此矩阵分块时必须注意到矩阵的运算规则. 对于不同的运算，矩阵的分块方法也不同.

1. 分块加法

设 $\boldsymbol{A}$，$\boldsymbol{B}$ 为同型矩阵. 将 $\boldsymbol{A}$，$\boldsymbol{B}$ 按同样的方法进行适当分块

$$\boldsymbol{A} = \begin{pmatrix} \boldsymbol{A}_{11} & \boldsymbol{A}_{12} & \cdots & \boldsymbol{A}_{1q} \\ \boldsymbol{A}_{21} & \boldsymbol{A}_{22} & \cdots & \boldsymbol{A}_{2q} \\ \vdots & \vdots & & \vdots \\ \boldsymbol{A}_{p1} & \boldsymbol{A}_{p2} & \cdots & \boldsymbol{A}_{pq} \end{pmatrix}, \qquad \boldsymbol{B} = \begin{pmatrix} \boldsymbol{B}_{11} & \boldsymbol{B}_{12} & \cdots & \boldsymbol{B}_{1q} \\ \boldsymbol{B}_{21} & \boldsymbol{B}_{22} & \cdots & \boldsymbol{B}_{2q} \\ \vdots & \vdots & & \vdots \\ \boldsymbol{B}_{p1} & \boldsymbol{B}_{p2} & \cdots & \boldsymbol{B}_{pq} \end{pmatrix},$$

其中 $\boldsymbol{A}_{ij}$ 与 $\boldsymbol{B}_{ij} \ (i=1, 2, \cdots, p;\ j=1, 2, \cdots, q)$ 也是同型矩阵.

容易验证

$$A+B=\begin{pmatrix} A_{11}+B_{11} & A_{12}+B_{12} & \cdots & A_{1q}+B_{1q} \\ A_{21}+B_{21} & A_{22}+B_{22} & \cdots & A_{2q}+B_{2q} \\ \vdots & \vdots & & \vdots \\ A_{p1}+B_{p1} & A_{p2}+B_{p2} & \cdots & A_{pq}+B_{pq} \end{pmatrix}.$$

2. 分块数乘

设 $A=\begin{pmatrix} A_{11} & A_{12} & \cdots & A_{1q} \\ A_{21} & A_{22} & \cdots & A_{2q} \\ \vdots & \vdots & & \vdots \\ A_{p1} & A_{p2} & \cdots & A_{pq} \end{pmatrix}$，$k$ 为任意实数，则

$$kA=\begin{pmatrix} kA_{11} & kA_{12} & \cdots & kA_{1q} \\ kA_{21} & kA_{22} & \cdots & kA_{2q} \\ \vdots & \vdots & & \vdots \\ kA_{p1} & kA_{p2} & \cdots & kA_{pq} \end{pmatrix}.$$

3. 分块乘法

设 A 为 $m\times l$ 矩阵，B 为 $l\times n$ 矩阵，将矩阵 A 和矩阵 B 进行分块

$$A=\begin{pmatrix} A_{11} & A_{12} & \cdots & A_{1q} \\ A_{21} & A_{22} & \cdots & A_{2q} \\ \vdots & \vdots & & \vdots \\ A_{s1} & A_{s2} & \cdots & A_{sq} \end{pmatrix}, \quad B=\begin{pmatrix} B_{11} & B_{12} & \cdots & B_{1r} \\ B_{21} & B_{22} & \cdots & B_{2r} \\ \vdots & \vdots & & \vdots \\ B_{q1} & B_{q2} & \cdots & B_{qr} \end{pmatrix},$$

其中 A_{i1}，A_{i2}，…，A_{iq} 的列数分别等于 B_{1j}，B_{2j}，…，B_{qj} 的行数. 即对 A 的列的分法与对 B 的行的分法相同. 则

$$AB=\begin{pmatrix} C_{11} & C_{12} & \cdots & C_{1r} \\ C_{21} & C_{22} & \cdots & C_{2r} \\ \vdots & \vdots & & \vdots \\ C_{s1} & C_{s2} & \cdots & C_{sr} \end{pmatrix},$$

其中 $C_{ij}=\sum_{k=1}^{t}A_{ik}B_{kj}\ (i=1,2,\cdots,\ s;\ j=1,2,\cdots,\ r)$.

设 $A=\begin{pmatrix} A_1 & & & \\ & A_2 & & \\ & & \ddots & \\ & & & A_t \end{pmatrix}$，$B=\begin{pmatrix} B_1 & & & \\ & B_2 & & \\ & & \ddots & \\ & & & B_t \end{pmatrix}$ 为分块对角阵，A_i 与 $B_i\ (i=1,2,\cdots,\ t)$ 为同阶子矩阵，则有下述性质：

(1) $|\boldsymbol{A}|=|\boldsymbol{A}_1||\boldsymbol{A}_2|\cdots|\boldsymbol{A}_t|$；

(2) $\boldsymbol{A}$ 可逆的充要条件是 $\boldsymbol{A}_i\,(i=1,2,\cdots,t)$ 都可逆，且 $\boldsymbol{A}^{-1}=\begin{pmatrix}\boldsymbol{A}_1^{-1} & & & \\ & \boldsymbol{A}_2^{-1} & & \\ & & \ddots & \\ & & & \boldsymbol{A}_t^{-1}\end{pmatrix}$；

(3) $\boldsymbol{AB}=\begin{pmatrix}\boldsymbol{A}_1\boldsymbol{B}_1 & & & \\ & \boldsymbol{A}_2\boldsymbol{B}_2 & & \\ & & \ddots & \\ & & & \boldsymbol{A}_t\boldsymbol{B}_t\end{pmatrix}$.

例 3.5.1　设 $\boldsymbol{A}=\begin{pmatrix}1&2&0&0\\1&1&0&0\\0&0&2&1\\0&0&2&3\end{pmatrix}$，$\boldsymbol{B}=\begin{pmatrix}1&0&3&1\\0&1&2&-1\\0&0&-2&3\\0&0&0&-3\end{pmatrix}$，求 $\boldsymbol{AB}$.

解　将 $\boldsymbol{A}$，$\boldsymbol{B}$ 分块成

$$\boldsymbol{A}=\left(\begin{array}{cc:cc}1&2&0&0\\1&1&0&0\\\hdashline 0&0&2&1\\0&0&2&3\end{array}\right)=\begin{pmatrix}\boldsymbol{A}_{11}&\boldsymbol{O}\\\boldsymbol{O}&\boldsymbol{A}_{22}\end{pmatrix},\qquad \boldsymbol{B}=\left(\begin{array}{cc:cc}1&0&3&1\\0&1&2&-1\\\hdashline 0&0&-2&3\\0&0&0&-3\end{array}\right)=\begin{pmatrix}\boldsymbol{E}&\boldsymbol{B}_{12}\\\boldsymbol{O}&\boldsymbol{B}_{22}\end{pmatrix},$$

其中

$$\boldsymbol{A}_{11}=\begin{pmatrix}1&2\\1&1\end{pmatrix},\qquad \boldsymbol{A}_{22}=\begin{pmatrix}2&1\\2&3\end{pmatrix},\qquad \boldsymbol{B}_{12}=\begin{pmatrix}3&1\\2&-1\end{pmatrix},\qquad \boldsymbol{B}_{22}=\begin{pmatrix}-2&3\\0&-3\end{pmatrix},$$

$$\boldsymbol{E}=\boldsymbol{E}_2=\begin{pmatrix}1&0\\0&1\end{pmatrix},\quad \boldsymbol{O}=\begin{pmatrix}0&0\\0&0\end{pmatrix}.$$

那么

$$\boldsymbol{AB}=\begin{pmatrix}\boldsymbol{A}_{11}&\boldsymbol{O}\\\boldsymbol{O}&\boldsymbol{A}_{22}\end{pmatrix}\begin{pmatrix}\boldsymbol{E}&\boldsymbol{B}_{12}\\\boldsymbol{O}&\boldsymbol{B}_{22}\end{pmatrix}=\begin{pmatrix}\boldsymbol{A}_{11}&\boldsymbol{A}_{11}\boldsymbol{B}_{12}\\\boldsymbol{O}&\boldsymbol{A}_{22}\boldsymbol{B}_{22}\end{pmatrix},$$

$$\boldsymbol{A}_{11}\boldsymbol{B}_{12}=\begin{pmatrix}1&2\\1&1\end{pmatrix}\begin{pmatrix}3&1\\2&-1\end{pmatrix}=\begin{pmatrix}7&-1\\5&0\end{pmatrix},\qquad \boldsymbol{A}_{22}\boldsymbol{B}_{22}=\begin{pmatrix}2&1\\2&3\end{pmatrix}\begin{pmatrix}-2&3\\0&-3\end{pmatrix}=\begin{pmatrix}-4&3\\-4&-3\end{pmatrix},$$

所以

$$\boldsymbol{AB}=\left(\begin{array}{cc:cc}1&2&7&-1\\1&1&5&0\\\hdashline 0&0&-4&3\\0&0&-4&-3\end{array}\right).$$

例 3.5.2　试把线性方程组的矩阵形式 $\boldsymbol{A}_{m\times n}\boldsymbol{x}=\boldsymbol{b}$，表示成分块矩阵相乘. 其中

$$\boldsymbol{A}=(a_{ij})_{m\times n},\quad \boldsymbol{x}=\begin{pmatrix}x_1\\x_2\\\vdots\\x_n\end{pmatrix},\quad \boldsymbol{b}=\begin{pmatrix}b_1\\b_2\\\vdots\\b_m\end{pmatrix}.$$

解　(1) 把 $\boldsymbol{A}$ 进行行分块，有

$$\begin{pmatrix}\boldsymbol{\alpha}_1^{\mathrm{T}}\\\boldsymbol{\alpha}_2^{\mathrm{T}}\\\vdots\\\boldsymbol{\alpha}_m^{\mathrm{T}}\end{pmatrix}\boldsymbol{x}=\begin{pmatrix}b_1\\b_2\\\vdots\\b_m\end{pmatrix}\Rightarrow \boldsymbol{\alpha}_i^{\mathrm{T}}\boldsymbol{x}=\boldsymbol{b}_i\quad (i=1,2,\cdots,m);$$

(2) 把 $\boldsymbol{A}$ 进行列分块，有

$$(\boldsymbol{\beta}_1\ \boldsymbol{\beta}_2\ \cdots\ \boldsymbol{\beta}_n)\begin{pmatrix}x_1\\x_2\\\vdots\\x_n\end{pmatrix}=\boldsymbol{b}\Rightarrow x_1\boldsymbol{\beta}_1+x_2\boldsymbol{\beta}_2+\cdots+x_n\boldsymbol{\beta}_n=\boldsymbol{b}.$$

例 3.5.3　求准对角阵 $\boldsymbol{A}=\begin{pmatrix}5&-3&0&0&0\\-3&2&0&0&0\\0&0&9&0&0\\0&0&0&8&3\\0&0&0&5&2\end{pmatrix}$ 的行列式与逆矩阵.

解　准对角阵 $\boldsymbol{A}$ 有三个对角块，则有

$$|\boldsymbol{A}|=\begin{vmatrix}5&-3\\-3&2\end{vmatrix}|9|\begin{vmatrix}8&3\\5&2\end{vmatrix}=9.$$

计算对角块的逆矩阵，得

$$\begin{pmatrix}5&-3\\-3&2\end{pmatrix}^{-1}=\begin{pmatrix}2&3\\3&5\end{pmatrix},\qquad (9)^{-1}=\left(\frac{1}{9}\right),\qquad \begin{pmatrix}8&3\\5&2\end{pmatrix}^{-1}=\begin{pmatrix}2&-3\\-5&8\end{pmatrix}.$$

于是，有 $\boldsymbol{A}^{-1}=\begin{pmatrix}2&3&0&0&0\\3&5&0&0&0\\0&0&\frac{1}{9}&0&0\\0&0&0&2&-3\\0&0&0&-5&8\end{pmatrix}$.

如果一个方阵是按照分块矩阵给出，则它的行列式也可以写成分块形式，称

为分块行列式. 对于分块行列式，也常用逗号隔开它的子块.

例 3.5.4 设 $\boldsymbol{A}_1,\boldsymbol{A}_2,\boldsymbol{A}_3,\boldsymbol{A}_4$ 都是 4×1 矩阵，分块行列式 $|\boldsymbol{A}_1,\boldsymbol{A}_2,\boldsymbol{A}_3,\boldsymbol{A}_4|=3$，求分块行列式 $|2\boldsymbol{A}_1,\boldsymbol{A}_2,5\boldsymbol{A}_3,\boldsymbol{A}_4|$.

解 行列式 $|2\boldsymbol{A}_1,\boldsymbol{A}_2,5\boldsymbol{A}_3,\boldsymbol{A}_4|$ 是将行列式 $|\boldsymbol{A}_1,\boldsymbol{A}_2,\boldsymbol{A}_3,\boldsymbol{A}_4|$ 的第一列的元素乘以 2, 第三列的元素乘以 5 而得. 根据行列式的性质, 有

$$|2\boldsymbol{A}_1,\boldsymbol{A}_2,5\boldsymbol{A}_3,\boldsymbol{A}_4|=2\cdot5\cdot|\boldsymbol{A}_1,\boldsymbol{A}_2,\boldsymbol{A}_3,\boldsymbol{A}_4|=30.$$

例 3.5.5 设方阵 $\boldsymbol{D}=\begin{pmatrix}\boldsymbol{A}&\boldsymbol{C}\\\boldsymbol{O}&\boldsymbol{B}\end{pmatrix}$, 其中 $\boldsymbol{A},\boldsymbol{B}$ 是可逆阵, $\boldsymbol{O}$ 是零矩阵, 求 $\boldsymbol{D}^{-1}$.

解 按照方阵 $\boldsymbol{D}$ 的分块方法, 设 $\boldsymbol{D}^{-1}=\begin{pmatrix}\boldsymbol{X}&\boldsymbol{Z}\\\boldsymbol{W}&\boldsymbol{Y}\end{pmatrix}$. 根据逆阵定义, 有

$$\begin{pmatrix}\boldsymbol{A}&\boldsymbol{C}\\\boldsymbol{O}&\boldsymbol{B}\end{pmatrix}\begin{pmatrix}\boldsymbol{X}&\boldsymbol{Z}\\\boldsymbol{W}&\boldsymbol{Y}\end{pmatrix}=\begin{pmatrix}\boldsymbol{AX}+\boldsymbol{CW}&\boldsymbol{AZ}+\boldsymbol{CY}\\\boldsymbol{BW}&\boldsymbol{BY}\end{pmatrix}=\begin{pmatrix}\boldsymbol{E}&\boldsymbol{O}\\\boldsymbol{O}&\boldsymbol{E}\end{pmatrix}.$$

比较对应的子块, 得

$$\boldsymbol{AX}+\boldsymbol{CW}=\boldsymbol{E},\quad \boldsymbol{AZ}+\boldsymbol{CY}=\boldsymbol{O},\quad \boldsymbol{BW}=\boldsymbol{O},\quad \boldsymbol{BY}=\boldsymbol{E}.$$

已知 $\boldsymbol{B}$ 可逆, 从后两式解得 $\boldsymbol{W}=\boldsymbol{O}$，$\boldsymbol{Y}=\boldsymbol{B}^{-1}$. 代入前两式, 得 $\boldsymbol{X}=\boldsymbol{A}^{-1}$，$\boldsymbol{Z}=-\boldsymbol{A}^{-1}\boldsymbol{C}\boldsymbol{B}^{-1}$. 于是, 有 $\boldsymbol{D}^{-1}=\begin{pmatrix}\boldsymbol{A}^{-1}&-\boldsymbol{A}^{-1}\boldsymbol{C}\boldsymbol{B}^{-1}\\\boldsymbol{O}&\boldsymbol{B}^{-1}\end{pmatrix}$.

4. 分块矩阵的转置

设 $\boldsymbol{A}=\begin{pmatrix}\boldsymbol{A}_{11}&\boldsymbol{A}_{12}&\cdots&\boldsymbol{A}_{1r}\\\boldsymbol{A}_{21}&\boldsymbol{A}_{22}&\cdots&\boldsymbol{A}_{2r}\\\vdots&\vdots&&\vdots\\\boldsymbol{A}_{s1}&\boldsymbol{A}_{s2}&\cdots&\boldsymbol{A}_{sr}\end{pmatrix}$，则 $\boldsymbol{A}^{\mathrm{T}}=\begin{pmatrix}\boldsymbol{A}_{11}^{\mathrm{T}}&\boldsymbol{A}_{21}^{\mathrm{T}}&\cdots&\boldsymbol{A}_{s1}^{\mathrm{T}}\\\boldsymbol{A}_{12}^{\mathrm{T}}&\boldsymbol{A}_{22}^{\mathrm{T}}&\cdots&\boldsymbol{A}_{s2}^{\mathrm{T}}\\\vdots&\vdots&&\vdots\\\boldsymbol{A}_{1r}^{\mathrm{T}}&\boldsymbol{A}_{2r}^{\mathrm{T}}&\cdots&\boldsymbol{A}_{sr}^{\mathrm{T}}\end{pmatrix}$.

习 题 3.5

1. 将下列矩阵适当分块后进行计算.

(1) $\begin{pmatrix}-2&3&0&0\\1&2&0&0\\0&0&1&2\\0&0&2&5\end{pmatrix}\begin{pmatrix}1&2&0&0\\3&2&0&0\\0&0&2&1\\0&0&3&4\end{pmatrix}$；　　(2) $\begin{pmatrix}1&-1&0&0\\2&3&0&0\\0&1&0&0\\0&0&1&4\end{pmatrix}\begin{pmatrix}1&0&0\\-2&0&0\\0&3&2\\0&4&3\end{pmatrix}$.

2. 设方阵 $\boldsymbol{A}=\begin{pmatrix}a&1&0&0\\0&a&0&0\\0&0&b&1\\0&0&1&b\end{pmatrix}$，$\boldsymbol{B}=\begin{pmatrix}a&0&0&0\\1&a&0&0\\0&0&b&0\\0&0&1&b\end{pmatrix}$，求方阵 $\boldsymbol{AB}$ 与 $\boldsymbol{ABA}$.

3. 利用矩阵分块求 $\boldsymbol{A}$ 的逆矩阵 $\boldsymbol{A}^{-1}$.

(1) $\boldsymbol{A}=\begin{pmatrix}2&0&0&0&0\\0&-1&0&0&0\\0&0&1&1&-1\\0&0&2&1&0\\0&0&1&-1&0\end{pmatrix}$; (2) $\boldsymbol{A}=\begin{pmatrix}0&0&0&0&-3\\0&0&0&2&0\\2&2&3&0&0\\1&-1&0&0&0\\-1&2&1&0&0\end{pmatrix}$;

(3) $\boldsymbol{A}=\begin{pmatrix}0&a_1&0&\cdots&0\\0&0&a_2&\cdots&0\\\vdots&\vdots&\vdots&&\vdots\\0&0&0&\cdots&a_{n-1}\\a_n&0&0&\cdots&0\end{pmatrix}$, $a_i\neq 0\,(i=1,2,\cdots,n)$, 求 $\boldsymbol{A}^{-1}$.

4. 设 $\boldsymbol{A}$, $\boldsymbol{B}$, $\boldsymbol{C}$, $\boldsymbol{D}$ 都是 n 阶矩阵, $\boldsymbol{A}$ 可逆,

$$\boldsymbol{X}=\begin{pmatrix}\boldsymbol{I}&\boldsymbol{O}\\-\boldsymbol{CA}^{-1}&\boldsymbol{I}\end{pmatrix},\quad \boldsymbol{Y}=\begin{pmatrix}\boldsymbol{A}&\boldsymbol{B}\\\boldsymbol{C}&\boldsymbol{D}\end{pmatrix},\quad \boldsymbol{Z}=\begin{pmatrix}\boldsymbol{I}&-\boldsymbol{A}^{-1}\boldsymbol{B}\\\boldsymbol{O}&\boldsymbol{I}\end{pmatrix},$$

求 $\boldsymbol{XYZ}$.

5. 设 $\boldsymbol{A}_1,\boldsymbol{A}_2,\boldsymbol{A}_3$ 都是 3×1 矩阵, 分块行列式 $|\boldsymbol{A}_1,\boldsymbol{A}_2,\boldsymbol{A}_3|=5$, 求分块行列式 $|\boldsymbol{A}_1+2\boldsymbol{A}_2,3\boldsymbol{A}_1+2\boldsymbol{A}_3,5\boldsymbol{A}_2|$.

习题 3.5 第 3(2)(3)题解答

习题 3.5 第 4, 5 题解答

3.6 矩 阵 的 秩

3.6.1 矩阵秩的概念

矩阵的秩是矩阵的一个重要的数值特征, 是线性代数中的一个重要概念.为了建立矩阵的秩的概念, 先给出矩阵的子式的定义.

定义 3.6.1 设 $\boldsymbol{A}$ 是一个 $m\times n$ 阶矩阵, 取它的 k 行与 k 列 $(1\leqslant k\leqslant \min\{m,n\})$, 位于这些行列交叉处的 k^2 个元素, 不改变它们在 $\boldsymbol{A}$ 中的位置次序而得到的 k 阶行列式, 称为**矩阵 $\boldsymbol{A}$ 的 k 阶子式**.

这样的子式共有 $\mathrm{C}_m^k \cdot \mathrm{C}_n^k$ 个.

例如，在矩阵

$$\boldsymbol{A}=\begin{pmatrix} 3 & 2 & -1 & -3 \\ 2 & -1 & 3 & 1 \\ 4 & 5 & -5 & -6 \end{pmatrix}$$

中，取第 1, 2 行和 2, 4 列交叉点上的元，组成的 2 阶行列式

$$\begin{vmatrix} 2 & -3 \\ -1 & 1 \end{vmatrix}$$

为 $\boldsymbol{A}$ 的一个 2 阶子式.

有了子式的概念，就可以定义矩阵的秩.

定义 3.6.2　设矩阵 $\boldsymbol{A}$ 中有一个不等于 0 的 r 阶子式 $\boldsymbol{D}$，而所有 r+1 阶子式(若存在的话)全等于 0，那么称 $\boldsymbol{D}$ 为矩阵 $\boldsymbol{A}$ 的一个最高阶非零子式，数 r 称为矩阵 $\boldsymbol{A}$ 的秩，记作 $R(\boldsymbol{A})$，并规定零矩阵的秩等于 0.

定义 3.6.2 实际包含两部分内容：其一，$R(\boldsymbol{A}) \geqslant r$ 的充要条件是 $\boldsymbol{A}$ 有一个 r 阶子式不为零；另外，$R(\boldsymbol{A}) \leqslant r$ 的充要条件是 $\boldsymbol{A}$ 的所有 r+1 阶子式全为零.

注意　(1) $m \times n$ 矩阵 $\boldsymbol{A}$ 的秩 $R(\boldsymbol{A})$是 $\boldsymbol{A}$ 中不等于零的子式的最高阶数；

(2) $m \times n$ 矩阵 $\boldsymbol{A}$ 的秩 $R(\boldsymbol{A})$，满足 $R(\boldsymbol{A}) \leqslant \min\{(m,n)\}$；

(3) $R(\boldsymbol{A}^{\mathrm{T}}) = R(\boldsymbol{A})$.

显然，对任意矩阵 $\boldsymbol{A}$，$R(\boldsymbol{A})$是唯一的，但其最高阶非零子式一般是不唯一的.

例 3.6.1　求下列矩阵的秩：

(1) $\boldsymbol{A}=\begin{pmatrix} 3 & 1 & 0 & 2 \\ 1 & -1 & 2 & -1 \\ 1 & 3 & -4 & 4 \end{pmatrix}$；　　(2) $\boldsymbol{B}=\begin{pmatrix} 1 & 1 & 2 \\ 2 & 3 & 2 \\ 1 & 2 & 1 \end{pmatrix}$；

(3) $\boldsymbol{C}=\begin{pmatrix} 2 & -1 & 0 & 3 & -2 \\ 0 & 3 & 1 & -2 & 5 \\ 0 & 0 & 0 & 4 & -3 \\ 0 & 0 & 0 & 0 & 0 \end{pmatrix}$.

解　(1) $\boldsymbol{A}=\begin{pmatrix} 3 & 1 & 0 & 2 \\ 1 & -1 & 2 & -1 \\ 1 & 3 & -4 & 4 \end{pmatrix}$.

容易看出一个非零二阶子式 $\begin{vmatrix} 3 & 1 \\ 1 & -1 \end{vmatrix} \neq 0$，而 $\boldsymbol{A}$ 的三阶子式共有四个，分别计算得

$$\begin{vmatrix}3 & 1 & 0\\1 & -1 & 2\\1 & 3 & -4\end{vmatrix}=0,\quad \begin{vmatrix}3 & 1 & 2\\1 & -1 & -1\\1 & 3 & 4\end{vmatrix}=0,\quad \begin{vmatrix}3 & 0 & 2\\1 & 2 & -1\\1 & -4 & 4\end{vmatrix}=0,\quad \begin{vmatrix}1 & 0 & 2\\-1 & 2 & -1\\3 & -4 & 4\end{vmatrix}=0.$$

所以 $R(\boldsymbol{A})=2$.

(2) $\boldsymbol{B}=\begin{pmatrix}1 & 1 & 2\\2 & 3 & 2\\1 & 2 & 1\end{pmatrix}$. 因为 $|\boldsymbol{B}|=\begin{vmatrix}1 & 1 & 2\\2 & 3 & 2\\1 & 2 & 1\end{vmatrix}=1\neq 0$，所以 $R(\boldsymbol{B})=3$.

(3) $\boldsymbol{C}=\begin{pmatrix}2 & -1 & 0 & 3 & -2\\0 & 3 & 1 & -2 & 5\\0 & 0 & 0 & 4 & -3\\0 & 0 & 0 & 0 & 0\end{pmatrix}$. $\boldsymbol{C}$ 是一个行阶梯形矩阵，其非零行有三行，即知 $\boldsymbol{C}$ 的所有四阶子式全为 0，而 $\boldsymbol{C}$ 有一个 3 阶子式

$$\begin{vmatrix}2 & -1 & 3\\0 & 3 & -2\\0 & 0 & 4\end{vmatrix}=24\neq 0$$

所以 $R(\boldsymbol{C})=3$.

从上面的例子可知，对一般的矩阵，当行数与列数较高时，按定义求秩是很繁琐的. 由上例看到，对于行阶梯形矩阵，它的秩就等于非零行的行数，一看便知无须计算. 因此自然想到用初等变换把矩阵化为阶梯形矩阵，但两个等价矩阵的秩是否相等呢？下面定理对此作出肯定的回答.

3.6.2　矩阵秩的求法

定理 3.6.1　矩阵的初等变换不改变矩阵的秩，即若 $\boldsymbol{A}\cong\boldsymbol{B}$，则 $R(\boldsymbol{A})=R(\boldsymbol{B})$.

证明　只就行初等变换加以证明，至于列初等变换情形，同理可证.

对于行初等变换中的第一种和第二种变换，由于变换后矩阵中的每一个子式均能在原来的矩阵中找到相应的子式，它们之间或只是行的次序不同，或只是某一行扩大了 k 倍. 因此相应子式或同为零，或同为非零，所以矩阵的秩不变.

下面就三种初等行变换进行证明.

(1) $r_i\leftrightarrow r_j$. 设交换矩阵 $\boldsymbol{A}$ 中某两行得到矩阵 $\boldsymbol{B}$，显然 $\boldsymbol{B}$ 中任一子式经过重新排列后必是 $\boldsymbol{A}$ 的一个子式. 由行列式的性质可知，两者之间只有符号的差别，而是否为零的性质不变. 因此，交换矩阵的两行其秩不变.

(2) $kr_i(k\neq 0)$. 设用非零常数 k 乘矩阵 $\boldsymbol{A}$ 的第 i 行得矩阵 $\boldsymbol{C}$，则 $\boldsymbol{C}$ 矩阵的子式或者为 $\boldsymbol{A}$ 的子式，或者是 $\boldsymbol{A}$ 相应子式的 k 倍. 因此，任一子式是否为零的性质也

不会改变，即矩阵 $\boldsymbol{A}$ 的第 i 行乘 k 后，其秩不变.

(3) $r_i + kr_j$. 设 $R(\boldsymbol{A}) = r$，$\boldsymbol{A}$ 的第 j 行元素的 k 倍加到第 i 行，得矩阵 $\boldsymbol{D}$. 考虑矩阵 $\boldsymbol{D}$ 的 r+1 阶子式，设 M 为 $\boldsymbol{D}$ 中的 r+1 阶子式，则有下面三种可能：

① M 不包含 $\boldsymbol{D}$ 中的第 i 行元素，这时 M 也是矩阵 $\boldsymbol{A}$ 中的 r+1 阶子式，故 M=0；

② M 包含 $\boldsymbol{D}$ 中的第 i 行元素，同时也包含 $\boldsymbol{D}$ 中的第 j 行元素，由行列式的性质可知 M=0；

③ M 包含 $\boldsymbol{D}$ 中的第 i 行元素，但不包含 $\boldsymbol{D}$ 中的第 j 行元素，这时

$$M = \begin{vmatrix} \vdots & \vdots & & \vdots \\ a_{it_1} + ka_{jt_1} & a_{it_2} + ka_{jt_2} & \cdots & a_{it_{r+1}} + ka_{jt_{r+1}} \\ \vdots & \vdots & & \vdots \end{vmatrix}$$

$$= \begin{vmatrix} \vdots & \vdots & & \vdots \\ a_{it_1} & a_{it_2} & \cdots & a_{it_{r+1}} \\ \vdots & \vdots & & \vdots \end{vmatrix} + k\begin{vmatrix} \vdots & \vdots & & \vdots \\ a_{jt_1} & a_{jt_2} & \cdots & a_{jt_{r+1}} \\ \vdots & \vdots & & \vdots \end{vmatrix},$$

其中 $M_1 = \begin{vmatrix} \vdots & \vdots & & \vdots \\ a_{it_1} & a_{it_2} & \cdots & a_{it_{r+1}} \\ \vdots & \vdots & & \vdots \end{vmatrix}$ 是 $\boldsymbol{A}$ 中的一个 r+1 阶子式，$M_1 = 0$；$M_2 = k\begin{vmatrix} \vdots & \vdots & & \vdots \\ a_{jt_1} & a_{jt_2} & \cdots & a_{jt_{r+1}} \\ \vdots & \vdots & & \vdots \end{vmatrix}$ 是 $\boldsymbol{A}$ 中的一个 r+1 阶子式的 k 倍，也有 $M_2 = 0$. 故 $M = 0$.

综上分析，$\boldsymbol{D}$ 中所有 r+1 阶子式全为零，故 $R(\boldsymbol{D}) \leqslant r$. 由初等矩阵的可逆性可知，将 $\boldsymbol{D}$ 的第 j 行元素的$-k$ 倍加到第 i 行，就得到矩阵 $\boldsymbol{A}$. 因此 $r \leqslant R(\boldsymbol{D})$. 所以可得 $R(\boldsymbol{A}) = R(\boldsymbol{D}) = r$，即矩阵经过一次初等变换后不改变矩阵的秩.

定理 3.6.1 说明：初等变换不改变矩阵的秩. 根据这一定理，求矩阵的秩，只需把矩阵用初等行变换变成行阶梯形，其非零行的行数(台阶数)就是该矩阵的秩.

例 3.6.2　设

$$\boldsymbol{A} = \begin{pmatrix} 3 & 2 & 0 & 5 & 0 \\ 3 & -2 & 3 & 6 & -1 \\ 2 & 0 & 1 & 5 & -3 \\ 1 & 6 & -4 & -1 & 4 \end{pmatrix}.$$

求矩阵 $\boldsymbol{A}$ 的秩，并求 $\boldsymbol{A}$ 的一个最高阶子式.

解　先求 $\boldsymbol{A}$ 的秩，为此对 $\boldsymbol{A}$ 作初等行变换化为行阶梯形矩阵：

$$A=\begin{pmatrix}3&2&0&5&0\\3&-2&3&6&-1\\2&0&1&5&-3\\1&6&-4&-1&4\end{pmatrix}\xrightarrow[\substack{r_3-2r_1\\ r_4-r_1}]{\substack{r_1\leftrightarrow r_4\\ r_2-r_4}}\begin{pmatrix}1&6&-4&-1&4\\0&-4&3&1&-1\\0&-12&9&7&-11\\0&-16&12&8&-12\end{pmatrix}$$

$$\xrightarrow[r_4-4r_2]{r_3-3r_2}\begin{pmatrix}1&6&-4&-1&4\\0&-4&3&1&-1\\0&0&0&4&-8\\0&0&0&4&-8\end{pmatrix}\xrightarrow{r_4-r_3}\begin{pmatrix}1&6&-4&-1&4\\0&-4&3&1&-1\\0&0&0&4&-8\\0&0&0&0&0\end{pmatrix}.$$

因为行阶梯形矩阵有三个非零行，所以 $R(\boldsymbol{A})=3$.

再求 $\boldsymbol{A}$ 的一个最高阶非零子式，$\boldsymbol{A}$ 的最高阶非零子式为三阶，而三阶子式共有 $\mathrm{C}_4^3\mathrm{C}_5^3$ 个，从中去找非零子式很繁琐. 考察 $\boldsymbol{A}$ 的行阶梯形矩阵为

$$\boldsymbol{A}_0=\begin{pmatrix}1&6&-1\\0&-4&1\\0&0&4\\0&0&0\end{pmatrix},$$

$R(\boldsymbol{A}_0)=3$，$\boldsymbol{A}_0$ 的三阶子式有四个，计算它的前三行，第一、二、三、四列在 $\boldsymbol{A}$ 中构成的子式

$$\begin{vmatrix}3&2&5\\3&-2&6\\2&0&5\end{vmatrix}\xlongequal{r_2+r_1}\begin{vmatrix}3&2&5\\6&0&11\\2&0&5\end{vmatrix}=-2\begin{vmatrix}6&11\\2&5\end{vmatrix}\neq 0,$$

因此它便是 $\boldsymbol{A}$ 的一个最高阶非零子式.

矩阵秩的概念　　　　求矩阵秩的方法

3.6.3　线性方程组解的判定定理

在 3.3 节中，我们讨论了用高斯消元法解方程组

$$\begin{cases}a_{11}x_1+a_{12}x_2+\cdots+a_{1n}x_n=b_1,\\ a_{21}x_1+a_{22}x_2+\cdots+a_{2n}x_n=b_2,\\ \qquad\cdots\cdots\\ a_{m1}x_1+a_{m2}x_2+\cdots+a_{mn}x_n=b_m.\end{cases}\tag{3.6.1}$$

即 $\boldsymbol{Ax}=\boldsymbol{b}$，其中 $\boldsymbol{A}$ 为方程组(2.6.1)的系数矩阵，$\boldsymbol{b}$ 为常数项列矩阵，$\boldsymbol{x}$ 为未知量列

矩阵，$\tilde{A}=(A\vdots b)$ 为方程组的增广矩阵.高斯消元法是对方程组作初等变换，将它化为同解的阶梯形方程组. 用矩阵的语言来说是对方程组的增广矩阵作初等行变换，将其化为行阶梯形矩阵，再解以行阶梯形矩阵为增广矩阵的线性方程组，或者把行阶梯形矩阵进一步通过初等行变换化成行最简形矩阵，然后求出相应的解.

这个方法在解线性方程组时比较方便，但还是有几个问题没有解决，就是方程组(3.6.1)在什么时候无解，在什么时候有解，有解时，又有多少解？下面将对这些问题予以解答.

例 3.6.3 解线性方程组

$$\begin{cases}2x_1+2x_2+3x_3=1,\\ x_1-x_2=2,\\ -x_1+2x_2+x_3=-2.\end{cases}$$

解 $$\tilde{A}=(A\vdots b)=\left(\begin{array}{ccc:c}2&2&3&1\\1&-1&0&2\\-1&2&1&-2\end{array}\right)\xrightarrow{\text{行初等变换}}\left(\begin{array}{ccc:c}1&0&0&-1\\0&1&0&-3\\0&0&1&3\end{array}\right)=\tilde{A}_1.$$

原方程组与矩阵 $\tilde{A}_1$ 对应的方程组同解，于是可得原方程组有唯一解

$$\begin{cases}x_1=-1,\\ x_2=-3,\\ x_3=3.\end{cases}$$

可以看出 $R(A)=R(\tilde{A})=3$ (未知量的个数).

例 3.6.4 解线性方程组

$$\begin{cases}2x_1-x_2+3x_3=1,\\ 4x_1-2x_2+5x_3=4,\\ 2x_1-x_2+4x_3=-1,\\ 6x_1-3x_2+5x_3=11.\end{cases}$$

解 $$\tilde{A}=(A\vdots b)=\left(\begin{array}{ccc:c}2&-1&3&1\\4&-2&5&4\\2&-1&4&-1\\6&-3&5&11\end{array}\right)\xrightarrow{\text{行初等变换}}\left(\begin{array}{ccc:c}1&-\frac{1}{2}&0&-\frac{5}{2}\\0&0&1&2\\0&0&0&0\\0&0&0&0\end{array}\right)=\tilde{A}_1.$$

以 $\tilde{A}_1$ 的非零行为增广矩阵的线性方程组为

$$\begin{cases}x_1-\dfrac{1}{2}x_2=-\dfrac{5}{2},\\ x_3=2.\end{cases}$$

可以看出，每给定 x_2 一个，可以唯一地求出 x_1， x_3 的一组值，而 x_2 可取任意实

数，所以方程组有无穷多解. 这时，$R(\boldsymbol{A})=R(\tilde{\boldsymbol{A}})=2<3$.

方程组的所有解可表示为

$$\begin{cases} x_1=\dfrac{1}{2}x_2-\dfrac{5}{2}, \\ x_2=x_2, \\ x_3=2, \end{cases}$$

其中 x_2 为自由未知量.

例 3.6.5　解线性方程组

$$\begin{cases} 2x_1-x_2+3x_3=1, \\ 4x_1-2x_2+5x_3=4, \\ 6x_1-3x_2+8x_3=4. \end{cases}$$

解　$$\tilde{\boldsymbol{A}}=(\boldsymbol{A}\vdots\boldsymbol{b})=\left(\begin{array}{ccc:c} 2 & -1 & 3 & 1 \\ 4 & -2 & 5 & 4 \\ 6 & -3 & 8 & 4 \end{array}\right)\xrightarrow{\text{行初等变换}}\left(\begin{array}{ccc:c} 2 & -1 & 3 & 1 \\ 0 & 0 & 1 & -2 \\ 0 & 0 & 0 & 1 \end{array}\right)=\tilde{\boldsymbol{A}}_1.$$

以 $\tilde{\boldsymbol{A}}_1$ 为增广矩阵的线性方程组的最后一个方程为 0=1，这是一个矛盾方程. 因此原方程组无解. 此时，可看出 $R(\boldsymbol{A})=2$，$R(\tilde{\boldsymbol{A}})=3$，即 $R(\boldsymbol{A})\neq R(\tilde{\boldsymbol{A}})$.

综上所述，线性方程组的解有三种可能的情况：唯一解、无解、无穷多解. 因此我们有如下判定定理.

定理 3.6.2 (线性方程组解的判定定理)　线性方程组 $\boldsymbol{Ax}=\boldsymbol{b}$ 有解的充要条件是 $R(\boldsymbol{A})=R(\tilde{\boldsymbol{A}})$：

(1) 当 $R(\boldsymbol{A})=R(\tilde{\boldsymbol{A}})<n$ 时，方程组有无穷多解；

(2) 当 $R(\boldsymbol{A})=R(\tilde{\boldsymbol{A}})=n$ 时，方程组有唯一解.

$\boldsymbol{Ax}=\boldsymbol{b}$ 无解的充要条件是 $R(\boldsymbol{A})\neq R(\tilde{\boldsymbol{A}})$.

证明　我们知道 m 个方程 n 个未知数的线性方程组 $\boldsymbol{Ax}=\boldsymbol{b}$ 的系数矩阵为 $\boldsymbol{A}_{m\times n}$，常数列向量为 $\boldsymbol{b}_{m\times 1}$，增广矩阵为 $\tilde{\boldsymbol{A}}=(\boldsymbol{A}\vdots\boldsymbol{b})$. 设 $R(\boldsymbol{A})=r$，用初等变换把增广矩阵化为行阶梯形矩阵

$$\tilde{\boldsymbol{A}}\xrightarrow{\text{初等行变换}}\left(\begin{array}{ccccccc:c} 1 & 0 & \cdots & 0 & b_{11} & \cdots & b_{1,n-r} & d_1 \\ 0 & 1 & \cdots & 0 & b_{21} & \cdots & b_{2,n-r} & d_2 \\ \vdots & \vdots & & \vdots & \vdots & & \vdots & \vdots \\ 0 & 0 & \cdots & 1 & b_{r1} & \cdots & b_{r,n-r} & d_r \\ 0 & 0 & \cdots & 0 & 0 & \cdots & 0 & d_{r+1} \\ 0 & 0 & \cdots & 0 & 0 & \cdots & 0 & 0 \\ \vdots & \vdots & & \vdots & \vdots & & \vdots & \vdots \\ 0 & 0 & \cdots & 0 & 0 & \cdots & 0 & 0 \end{array}\right).$$

(1) 若 $R(A)=R(\tilde{A})<n$，则 $\tilde{A}$ 中的 $d_{r+1}=0$（或 d_{r+1} 不出现），于是 $\tilde{A}$ 对应方程组

$$\begin{cases}x_1=-b_{11}x_{r+1}-b_{12}x_{r+2}-\cdots-b_{1,n-r}x_n+d_1,\\x_2=-b_{21}x_{r+1}-b_{22}x_{r+2}-\cdots-b_{2,n-r}x_n+d_2,\\\qquad\cdots\cdots\\x_r=-b_{r1}x_{r+1}-b_{r2}x_{r+2}-\cdots-b_{r,n-r}x_n+d_r\end{cases}$$

其中 $x_{r+1},x_{r+2},\cdots,x_n$ 是自由未知量，共有 $n-r$ 个. 这 $n-r$ 个自由未知量取不同的值时，就得到方程组 $\boldsymbol{Ax}=\boldsymbol{b}$ 不同的解.

(2) 若 $R(A)=R(\tilde{A})=n$，则 $\tilde{A}$ 中的 $d_{r+1}=0$（或 d_{r+1} 不出现），于是 $\tilde{A}$ 对应方程组

$$\begin{cases}x_1=d_1,\\x_2=d_2,\\\quad\cdots\cdots\\x_n=d_n,\end{cases}$$

故方程组有唯一解.

若 $R(A)<R(\tilde{A})$（即 $R(A)\neq R(\tilde{A})$），则 $\tilde{A}$ 中的 $d_{r+1}\neq 0$，于是 $\tilde{A}$ 中的 $r+1$ 行对应矛盾方程 $0=d_{r+1}\neq 0$，因此方程组 $\boldsymbol{Ax}=\boldsymbol{b}$ 无解.

将定理 2.6.2 应用于齐次线性方程组 $\boldsymbol{Ax}=\boldsymbol{O}$，可得如下推论.

推论 1　齐次线性方程组 $\boldsymbol{Ax}=\boldsymbol{O}$ 一定有零解；如果 $R(\boldsymbol{A})=n$，则只有零解；它有非零解的充分必要条件是 $R(\boldsymbol{A})<n$.

推论 2　若齐次线性方程组 $\boldsymbol{Ax}=\boldsymbol{O}$ 中方程的个数小于未知量的个数，即 $m<n$，则它必有非零解；若 $m=n$，则它有非零解的充要条件是 $|\boldsymbol{A}|=0$.

例 3.6.6　解齐次线性方程组

$$\begin{cases}x_1+2x_2+2x_3+x_4=0,\\2x_1+x_2-2x_3-2x_4=0,\\x_1-x_2-4x_3-3x_4=0.\end{cases}$$

解　对线性方程组的系数矩阵 $\boldsymbol{A}$ 作初等行变换

$$\boldsymbol{A}=\begin{pmatrix}1&2&2&1\\2&1&-2&-2\\1&-1&-4&-3\end{pmatrix}\xrightarrow[r_3-r_1]{r_2-2r_1}\begin{pmatrix}1&2&2&1\\0&-3&-6&-4\\0&-3&-6&-4\end{pmatrix}$$

$$\xrightarrow[r_2\div(-3)]{r_3-r_2}\begin{pmatrix}1&2&2&1\\0&1&2&\frac{4}{3}\\0&0&0&0\end{pmatrix}\xrightarrow{r_1-2r_2}\begin{pmatrix}1&0&-2&-\frac{5}{3}\\0&1&2&\frac{4}{3}\\0&0&0&0\end{pmatrix}.$$

由此可得

$$\begin{cases} x_1 = 2x_3 + \dfrac{5}{3}x_4, \\ x_2 = -2x_3 - \dfrac{4}{3}x_4, \\ x_3 = x_3, \\ x_4 = x_4. \end{cases}$$

令 $x_3=c_1$，$x_4=c_2$，写成列矩阵形式为

$$\begin{pmatrix} x_1 \\ x_2 \\ x_3 \\ x_4 \end{pmatrix} = \begin{pmatrix} 2c_1 + \dfrac{5}{3}c_2 \\ -2c_1 - \dfrac{4}{3}c_2 \\ c_1 \\ c_2 \end{pmatrix} = c_1 \begin{pmatrix} 2 \\ -2 \\ 1 \\ 0 \end{pmatrix} + c_2 \begin{pmatrix} \dfrac{5}{3} \\ -\dfrac{4}{3} \\ 0 \\ 1 \end{pmatrix} \quad \text{(其中 } c_1, c_2 \text{ 为任意常数)}.$$

例 3.6.7　解非齐次线性方程组

$$\begin{cases} x_1 - 2x_2 + 3x_3 - x_4 = 1, \\ 3x_1 - x_2 + 5x_3 - 3x_4 = 2, \\ 2x_1 + x_2 + 2x_3 - 2x_4 = 3. \end{cases}$$

解　对增广矩阵 $\tilde{\boldsymbol{A}}$ 作初等行变换

$$\tilde{\boldsymbol{A}} = \left(\begin{array}{cccc:c} 1 & -2 & 3 & -1 & 1 \\ 3 & -1 & 5 & -3 & 2 \\ 2 & 1 & 2 & -2 & 3 \end{array}\right) \xrightarrow[r_3-2r_1]{r_2-3r_1} \left(\begin{array}{cccc:c} 1 & -2 & 3 & -1 & 1 \\ 0 & 5 & -4 & 0 & -1 \\ 0 & 5 & -4 & 0 & 1 \end{array}\right) \xrightarrow{r_3-r_2} \left(\begin{array}{cccc:c} 1 & -2 & 3 & -1 & 1 \\ 0 & 5 & -4 & 0 & -1 \\ 0 & 0 & 0 & 0 & 2 \end{array}\right).$$

$R(\boldsymbol{A})=2, R(\tilde{\boldsymbol{A}})=3$，故方程组无解.

例 3.6.8　设有线性方程组

$$\begin{cases} (1+\lambda)x_1 + x_2 + x_3 = 0, \\ x_1 + (1+\lambda)x_2 + x_3 = 3, \\ x_1 + x_2 + (1+\lambda)x_3 = \lambda. \end{cases}$$

问 λ 取何值时，此方程组

(1) 有唯一解；

(2) 无解；

(3) 有无穷多解，在有无穷多解时求其一般解.

解

$$\tilde{A}=\left(\begin{array}{ccc:c}1+\lambda & 1 & 1 & 0\\ 1 & 1+\lambda & 1 & 3\\ 1 & 1 & 1+\lambda & \lambda\end{array}\right)\xrightarrow{r_1\leftrightarrow r_3}\left(\begin{array}{ccc:c}1 & 1 & 1+\lambda & \lambda\\ 1 & 1+\lambda & 1 & 3\\ 1+\lambda & 1 & 1 & 0\end{array}\right)$$

$$\xrightarrow[r_3-(1+\lambda)r_1]{r_2-r_1}\left(\begin{array}{ccc:c}1 & 1 & 1+\lambda & \lambda\\ 0 & \lambda & -\lambda & 3-\lambda\\ 0 & -\lambda & -\lambda(2+\lambda) & -\lambda(1+\lambda)\end{array}\right)$$

$$\xrightarrow{r_3+r_2}\left(\begin{array}{ccc:c}1 & 1 & 1+\lambda & \lambda\\ 0 & \lambda & -\lambda & 3-\lambda\\ 0 & 0 & -\lambda(3+\lambda) & (1-\lambda)(3+\lambda)\end{array}\right).$$

(1) 当$\lambda\neq 0$且$\lambda\neq -3$时，$R(\tilde{A})=R(A)=3$，有唯一解.

(2) 当$\lambda=0$时，$R(A)=1$，$R(\tilde{A})=2$，方程组无解.

(3) 当$\lambda=-3$时，$R(\tilde{A})=R(A)=2<3$，有无穷多解.

当$\lambda=-3$时，

$$\tilde{A}\xrightarrow{\text{初等行变换}}\left(\begin{array}{ccc:c}1 & 1 & -2 & -3\\ 0 & -3 & 3 & 6\\ 0 & 0 & 0 & 0\end{array}\right)\xrightarrow{r_2\times\left(-\frac{1}{3}\right)}\left(\begin{array}{ccc:c}1 & 1 & -2 & -3\\ 0 & 1 & -1 & -2\\ 0 & 0 & 0 & 0\end{array}\right)\xrightarrow{r_1-r_2}\left(\begin{array}{ccc:c}1 & 0 & -1 & -1\\ 0 & 1 & -1 & -2\\ 0 & 0 & 0 & 0\end{array}\right).$$

由此可得原方程组的一般解：

$$\begin{cases}x_1=x_3-1,\\ x_2=x_3-2, \quad (x_3\text{为自由未知量})\\ x_3=x_3\end{cases}$$

注意　本例中矩阵$\tilde{A}$是一个含参数的矩阵，由于$\lambda+1, \lambda+3$等因子可以等于0，故不宜作诸如$r_2-\dfrac{1}{\lambda+1}r_1$，$r_2\times(\lambda+1)$，$r_3\div(\lambda+3)$这样的变换. 如果作了这种变换，则需对$\lambda+1=0, \lambda+3=0$的情形另作讨论.

习　题　3.6

1. 求下列矩阵的秩，并求一个最高阶非零子式.

(1) $\begin{pmatrix}-1 & 2 & 0\\ 3 & 2 & 1\\ 5 & -3 & 2\end{pmatrix}$;　　(2) $\begin{pmatrix}1 & 1 & 2 & 5\\ 1 & 2 & 3 & 7\\ 1 & 3 & 4 & 9\end{pmatrix}$;

(3) $\begin{pmatrix} 1 & 2 & 1 & 3 \\ 4 & -1 & -5 & -6 \\ 1 & -3 & -4 & -7 \\ 2 & 1 & -1 & 0 \end{pmatrix}$;　　(4) $\begin{pmatrix} 2 & -4 & 3 & 1 & 0 \\ 1 & -2 & 1 & -4 & 2 \\ 0 & 1 & -1 & 3 & 1 \\ 4 & -7 & 4 & -4 & 5 \end{pmatrix}$.

2. 求 t 的值，使得方阵 $\boldsymbol{A}=\begin{pmatrix} 1 & 3 & 2 \\ 2 & -1 & 3 \\ 3 & 2 & t \end{pmatrix}$ 的秩等于 2.

3. 解下列方程组.

(1) $\begin{cases} x_1 - x_2 + x_3 + 2x_4 = 1, \\ -2x_1 + 2x_2 - 3x_3 + 3x_4 = 2, \\ x_1 - x_2 + 2x_3 + 5x_4 = -1, \\ -x_1 + x_2 - 3x_3 + 2x_4 = 4; \end{cases}$　　(2) $\begin{cases} x_1 - 2x_2 + 3x_3 - 4x_4 = 4, \\ x_2 - x_3 + x_4 = -3, \\ x_1 + 3x_2 + x_4 = 1, \\ -7x_1 + 3x_3 + x_4 = -3; \end{cases}$

(3) $\begin{cases} x_1 - 2x_2 + x_3 + x_4 = 1, \\ x_1 - 2x_2 + x_3 - x_4 = -1, \\ x_1 - 2x_2 + x_3 + 5x_4 = 5; \end{cases}$　　(4) $\begin{cases} x_1 + x_2 - x_3 - x_4 = 1, \\ 2x_1 + x_2 + x_3 + x_4 = 4, \\ 4x_1 + 3x_2 - x_3 - x_4 = 6, \\ x_1 + 2x_2 - 4x_3 - 4x_4 = -1; \end{cases}$

(5) $\begin{cases} x_1 - 2x_2 + 3x_3 - 4x_4 = 0, \\ x_2 - x_3 + x_4 = 0, \\ x_1 + 3x_2 - 3x_4 = 0, \\ x_1 - 4x_2 + 3x_3 - 2x_4 = 0. \end{cases}$

4. 当 λ 取何值时，非齐次线性方程组

$$\begin{cases} -2x_1 + x_2 + x_3 = -2, \\ x_1 - 2x_2 + x_3 = \lambda, \\ x_1 + x_2 - 2x_3 = \lambda^2 \end{cases}$$

有解？并求出此时的解.

5. 设线性方程组

$$\begin{cases} x_1 + x_2 - 2x_3 + 3x_4 = 0, \\ 2x_1 + x_2 - 6x_3 + 4x_4 = -1, \\ 3x_1 + 2x_2 + px_3 + 7x_4 = -1, \\ x_1 - x_2 - 6x_3 - x_4 = t. \end{cases}$$

讨论参数 p,t 取何值时，方程组有解，无解；当有解时，求出其解.

线性方程组解的判定定理

习题 3.6 第 5 题解答

复 习 题 3

1. 选择题

(1) 已知 $\boldsymbol{A}$，$\boldsymbol{B}$ 是同阶矩阵，下列运算正确的是(　　).

(A) $(\boldsymbol{A}-\boldsymbol{B})^2=\boldsymbol{A}^2-2\boldsymbol{A}\boldsymbol{B}+\boldsymbol{B}^2$　　(B) $(\boldsymbol{A}+\boldsymbol{B})^{\mathrm{T}}=\boldsymbol{B}^{\mathrm{T}}+\boldsymbol{A}^{\mathrm{T}}$

(C) $(\boldsymbol{A}\boldsymbol{B})^{\mathrm{T}}=\boldsymbol{A}^{\mathrm{T}}\boldsymbol{B}^{\mathrm{T}}$　　(D) $(\boldsymbol{A}\boldsymbol{B})^{-1}=\boldsymbol{A}^{-1}\boldsymbol{B}^{-1}$

(2) 设方阵 $\boldsymbol{A}$，$\boldsymbol{B}$，$\boldsymbol{C}$ 满足 $\boldsymbol{A}\boldsymbol{B}=\boldsymbol{A}\boldsymbol{C}$，当 $\boldsymbol{A}$ 满足(　　)时，$\boldsymbol{B}=\boldsymbol{C}$.

(A) $\boldsymbol{A}\boldsymbol{B}=\boldsymbol{B}\boldsymbol{A}$　　(B) $|\boldsymbol{A}|\neq 0$

(C) 方程组 $\boldsymbol{A}\boldsymbol{X}=\boldsymbol{O}$ 有非零解　　(D) $\boldsymbol{B}$，$\boldsymbol{C}$ 可逆

(3) 若 $\boldsymbol{A}$ 为 n 阶方阵，k 为常数，$|\boldsymbol{A}|$ 和 $|k\boldsymbol{A}|$ 分别是矩阵 $\boldsymbol{A}$，$k\boldsymbol{A}$ 的行列式，则有(　　).

(A) $|k\boldsymbol{A}|=k|\boldsymbol{A}|$　　(B) $|k\boldsymbol{A}|=|k||\boldsymbol{A}|$

(C) $|k\boldsymbol{A}|=k|\boldsymbol{A}|^n$　　(D) $|k\boldsymbol{A}|=k^n|\boldsymbol{A}|$

(4) 设 $\boldsymbol{A}$，$\boldsymbol{B}$ 均是 n 阶可逆矩阵，且 $|\boldsymbol{A}|=1$，$|\boldsymbol{B}|=2$，则 $|\boldsymbol{A}\boldsymbol{B}^{-1}|$ 等于(　　).

(A) $\dfrac{1}{2}$　　(B) 2　　(C) 1　　(D) 4

(5) 设 $\boldsymbol{A}$，$\boldsymbol{B}$ 为 n 阶方阵，$\boldsymbol{A}^2=\boldsymbol{B}^2$，则下列各式成立的是(　　).

(A) $\boldsymbol{A}=\boldsymbol{B}$　　(B) $\boldsymbol{A}=-\boldsymbol{B}$　　(C) $|\boldsymbol{A}|=|\boldsymbol{B}|$　　(D) $|\boldsymbol{A}|^2=|\boldsymbol{B}|^2$

(6) 设 $\boldsymbol{A}$，$\boldsymbol{B}$ 为 n 阶方阵，且满足等式 $\boldsymbol{A}\boldsymbol{B}=\boldsymbol{O}$，则必有(　　).

(A) $\boldsymbol{A}=\boldsymbol{O}$ 或 $\boldsymbol{B}=\boldsymbol{O}$　　(B) $\boldsymbol{B}\boldsymbol{A}=\boldsymbol{O}$

(C) $|\boldsymbol{A}|=0$ 或 $|\boldsymbol{B}|=0$　　(D) $|\boldsymbol{A}|+|\boldsymbol{B}|=0$

(7) 设 $\boldsymbol{A}$ 为 n 阶可逆矩阵，则下面各式恒正确的是(　　).

(A) $|2\boldsymbol{A}|=2|\boldsymbol{A}^{\mathrm{T}}|$　　(B) $(2\boldsymbol{A})^{-1}=2\boldsymbol{A}^{-1}$

(C) $[(\boldsymbol{A}^{-1})^{-1}]^{\mathrm{T}}=[(\boldsymbol{A}^{\mathrm{T}})^{\mathrm{T}}]^{-1}$　　(D) $[(\boldsymbol{A}^{\mathrm{T}})^{\mathrm{T}}]^{-1}=[(\boldsymbol{A}^{-1})^{\mathrm{T}}]^{\mathrm{T}}$

(8) 如果 $\boldsymbol{A}\begin{pmatrix} a_{11} & a_{12} & a_{13} \\ a_{21} & a_{22} & a_{23} \\ a_{31} & a_{32} & a_{33} \end{pmatrix}=\begin{pmatrix} a_{11}-3a_{31} & a_{12}-3a_{32} & a_{13}-3a_{33} \\ a_{21} & a_{22} & a_{23} \\ a_{31} & a_{32} & a_{33} \end{pmatrix}$，则 $\boldsymbol{A}=($　　$)$.

(A) $\begin{pmatrix}1&0&0\\0&1&0\\-3&0&1\end{pmatrix}$　(B) $\begin{pmatrix}1&0&-3\\0&1&0\\0&0&1\end{pmatrix}$　(C) $\begin{pmatrix}0&0&-3\\0&1&0\\1&0&1\end{pmatrix}$　(D) $\begin{pmatrix}1&0&0\\0&1&0\\0&-3&1\end{pmatrix}$

(9) 设 $\boldsymbol{A},\boldsymbol{B},\boldsymbol{C},\boldsymbol{I}$ 为同阶方阵，$\boldsymbol{I}$ 为单位矩阵，若 $\boldsymbol{ABC}=\boldsymbol{I}$，则(　　).

(A) $\boldsymbol{ACB}=\boldsymbol{I}$　(B) $\boldsymbol{CAB}=\boldsymbol{I}$　(C) $\boldsymbol{CBA}=\boldsymbol{I}$　(D) $\boldsymbol{BAC}=\boldsymbol{I}$

(10) 设 $\boldsymbol{A}$ 为 n 阶方阵，且 $|\boldsymbol{A}|\neq 0$，则(　　).

(A) $\boldsymbol{A}$ 经列初等变换可变为单位阵 $\boldsymbol{I}$

(B) 由 $\boldsymbol{AX}=\boldsymbol{BA}$，可得 $\boldsymbol{X}=\boldsymbol{B}$

(C) 当 $(\boldsymbol{A}\mid\boldsymbol{I})$ 经有限次初等变换变为 $(\boldsymbol{I}\mid\boldsymbol{B})$ 时，有 $\boldsymbol{A}^{-1}=\boldsymbol{B}$

(D) 以上(A)，(B)，(C)都不对

(11) 设 $\boldsymbol{A}$ 为 $m\times n$ 矩阵，$R(\boldsymbol{A})=r<m<n$，则(　　).

(A) $\boldsymbol{A}$ 中 r 阶子式不全为零　(B) $\boldsymbol{A}$ 中阶数小于 r 的子式全为零

(C) $\boldsymbol{A}$ 经行初等变换可化为 $\begin{pmatrix}\mathbf{I}_r&\boldsymbol{O}\\\boldsymbol{O}&\boldsymbol{O}\end{pmatrix}$　(D) $\boldsymbol{A}$ 为满秩矩阵

(12) 设 $\boldsymbol{A}$ 为 $m\times n$ 矩阵，$\boldsymbol{C}$ 为 n 阶可逆矩阵，$\boldsymbol{B}=\boldsymbol{AC}$，则(　　).

(A) $R(\boldsymbol{A})>R(\boldsymbol{B})$　(B) $R(\boldsymbol{A})=R(\boldsymbol{B})$

(C) $R(\boldsymbol{A})<R(\boldsymbol{B})$　(D) $R(\boldsymbol{A})$与$R(\boldsymbol{B})$的关系依 $\boldsymbol{C}$ 而定

(13) $\boldsymbol{A}$，$\boldsymbol{B}$ 为 n 阶非零矩阵，且 $\boldsymbol{AB}=\boldsymbol{O}$，则 $R(\boldsymbol{A})$和 $R(\boldsymbol{B})$(　　).

(A)有一个等于零　(B)都为 n　(C)都小于 n　(D)一个小于 n，一个等于 n

(14) n 阶方阵 $\boldsymbol{A}$ 可逆的充分必要条件是(　　).

(A) $\boldsymbol{R}(\boldsymbol{A})=r<n$　(B) $\boldsymbol{A}$ 的列秩为 n

(C) $\boldsymbol{A}$ 的每一个行向量都是非零向量　(D) 伴随矩阵存在

(15) n 阶矩阵 $\boldsymbol{A}$ 可逆的充要条件是(　　).

(A) $\boldsymbol{A}$ 的每个行向量都是非零向量

(B) $\boldsymbol{A}$ 中任意两个行向量都不成比例

(C) $\boldsymbol{A}$ 的行向量中有一个向量可由其他向量线性表示

(D) 对任何 n 维非零向量 $\boldsymbol{X}$，均有 $\boldsymbol{AX}\neq\boldsymbol{O}$

(16) 设矩阵 $\boldsymbol{A}$ 满足 $A^2+4\boldsymbol{A}-5\boldsymbol{E}=\boldsymbol{O}$，则(　　).

(A) $\boldsymbol{A}$ 与 $\boldsymbol{A}+4\boldsymbol{E}$ 同时可逆　(B) $\boldsymbol{A}+5\boldsymbol{E}$ 一定可逆

(C) 齐次线性方程组 $(\boldsymbol{A}+5\boldsymbol{E})\boldsymbol{X}=\boldsymbol{O}$ 有非零解　(D) $\boldsymbol{A}-\boldsymbol{E}$ 一定可逆

(17) 下列不是 n 阶矩阵 $\boldsymbol{A}$ 可逆的充要条件为(　　).

(A) $|\boldsymbol{A}|\neq 0$　(B) $\boldsymbol{A}$ 可以表示成有限个初等阵的乘积

(C) 伴随矩阵存在　(D) $\boldsymbol{A}$ 的等价标准形为单位矩阵

2. 填空题

(1) 设$\boldsymbol{A}$，$\boldsymbol{B}$是三阶矩阵，已知$|\boldsymbol{A}|=-1$，$|\boldsymbol{B}|=2$，则行列式$\begin{vmatrix}\boldsymbol{A} & \boldsymbol{A}\\ \boldsymbol{O} & \boldsymbol{B}\end{vmatrix}=$__________.

(2) 设$\boldsymbol{A}=\begin{pmatrix}2 & 3 & 1\\ 1 & a & 1\\ 5 & 0 & 3\end{pmatrix}$，且$R(\boldsymbol{A})=2$，则$a=$__________.

(3) 设$2\boldsymbol{A}=\begin{pmatrix}1 & 0 & 1\\ 0 & 2 & 0\\ 0 & 0 & 1\end{pmatrix}$，则行列式$\left|(\boldsymbol{A}+3\boldsymbol{I})^{-1}(\boldsymbol{A}^2-9\boldsymbol{I})\right|$的值为__________.

(4) 设$\boldsymbol{A}=\begin{pmatrix}\dfrac{1}{2} & -\dfrac{\sqrt{3}}{2}\\ \dfrac{\sqrt{3}}{2} & \dfrac{1}{2}\end{pmatrix}$，且已知$\boldsymbol{A}^6=\boldsymbol{I}$，则行列式$\left|\boldsymbol{A}^{11}\right|=$__________.

(5) 设$\boldsymbol{A}$为四阶方阵，$\boldsymbol{A}^*$是其伴随矩阵，且$|\boldsymbol{A}|=3$，则$|\boldsymbol{A}^*|=$__________.

(6) 设四阶方阵$\boldsymbol{A}$的秩为3，则其伴随矩阵$\boldsymbol{A}^*$的秩为__________.

(7) 非零矩阵$\begin{pmatrix}a_1b_1 & a_1b_2 & \cdots & a_1b_n\\ a_2b_1 & a_2b_2 & \cdots & a_2b_n\\ \vdots & \vdots & & \vdots\\ a_nb_1 & a_nb_2 & \cdots & a_nb_n\end{pmatrix}$的秩为__________.

(8) 设$\boldsymbol{A}$为 10 阶矩阵，且对任何 10 维非零列向量$\boldsymbol{X}$，均有$\boldsymbol{AX}\neq\boldsymbol{0}$，则$\boldsymbol{A}$的秩为__________.

(9) 若$\boldsymbol{A}=(a_{ij})$为 15 阶矩阵，则$\boldsymbol{A}^{\mathrm{T}}\boldsymbol{A}$的第 4 行第 8 列的元素是__________.

(10) 设$\boldsymbol{A}=\begin{pmatrix}1 & 2 & 3\\ 2 & 2 & 1\\ 3 & 4 & 3\end{pmatrix}$，$A_{ij}$为$\boldsymbol{A}$中元$a_{ij}$的代数余子式，则$A_{11}+A_{12}+A_{13}=$__________.

(11) 已知$\begin{vmatrix}a_1 & b_1 & c_1\\ a_2 & b_2 & c_2\\ a_3 & b_3 & c_3\end{vmatrix}=m\neq 0$，则$\begin{vmatrix}2a_1 & b_1+c_1 & 3c_1\\ 2a_2 & b_2+c_2 & 3c_2\\ 2a_3 & b_3+c_3 & 3c_3\end{vmatrix}=$__________.

(12) 三阶初等矩阵$\boldsymbol{E}(1,2)$的伴随矩阵为__________.

3. 解下列矩阵方程($\boldsymbol{X}$为未知矩阵).

(1) $\begin{pmatrix}2 & 2 & 3\\ 1 & -1 & 0\\ -1 & 2 & 1\end{pmatrix}\boldsymbol{X}=\begin{pmatrix}2 & 2\\ 3 & 2\\ 0 & -2\end{pmatrix}$；　　(2) $\begin{pmatrix}0 & 1 & 0\\ 1 & 0 & 0\\ 0 & 0 & 1\end{pmatrix}\boldsymbol{X}\begin{pmatrix}2 & 0\\ -1 & 1\end{pmatrix}=\begin{pmatrix}1 & 3\\ 2 & -1\\ 1 & 0\end{pmatrix}$；

(3) $\boldsymbol{X}(\boldsymbol{I}-\boldsymbol{B}^{-1}\boldsymbol{C})^{\mathrm{T}}\boldsymbol{B}^{\mathrm{T}}=\boldsymbol{I}$，其中$\boldsymbol{B}=\begin{pmatrix}3 & 1 & 0\\ 4 & 0 & 4\\ 4 & 2 & 2\end{pmatrix}$；$\boldsymbol{C}=\begin{pmatrix}1 & 0 & 1\\ 2 & 1 & 2\\ 1 & 2 & 1\end{pmatrix}$；

(4) $AX = A^2 + X - I$，其中 $A = \begin{pmatrix} 1 & 0 & 1 \\ 0 & 2 & 0 \\ 1 & 0 & 1 \end{pmatrix}$；

(5) $AX = A + 2X$，其中 $A = \begin{pmatrix} 4 & 2 & 3 \\ 1 & 1 & 0 \\ -1 & 2 & 3 \end{pmatrix}$.

4. 设 A 为 n 阶对称阵，且 $A^2 = O$，求 A.

5. 已知 $A = \begin{pmatrix} 1 & -1 & 0 \\ 0 & 2 & 1 \\ 1 & 0 & -1 \end{pmatrix}$，求 $(A + 2I)(A^2 - 4I)^{-1}$.

6. 设 $A_1 = \begin{pmatrix} 1 & 2 \\ 0 & 1 \end{pmatrix}$，$A_2 = \begin{pmatrix} 3 & 4 \\ 2 & 3 \end{pmatrix}$，$A_3 = \begin{pmatrix} 0 & 0 \\ 0 & 0 \end{pmatrix}$，$A_4 = \begin{pmatrix} 1 & 2 \\ 0 & 1 \end{pmatrix}$，求 $\begin{pmatrix} A_1 & A_2 \\ A_3 & A_4 \end{pmatrix}^{-1}$.

7. 设 $A = \begin{pmatrix} 1 & 1 & 2 \\ 2 & 2 & 4 \\ 3 & 3 & 6 \end{pmatrix}$，求一秩为 2 的方阵 B，使 $AB = O$.

复习题 3 第 3(3)，5 题解答

*3 拓 展 知 识

*3.7 有关矩阵的 MATLAB 软件程序示例

3.7.1 矩阵乘法的软件程序

【例 1】设 $A = (2 \quad 3 \quad 0 \quad -5)$，$B = \begin{pmatrix} 1 \\ -2 \\ 5 \\ -3 \end{pmatrix}$，求 AB 与 BA.

解 MATLAB 命令为

```
A = [2,3,0,-5];
B = [1; -2; 5; -3];
AB = A * B;
BA = B * A;
```

运行结果为

AB=11

$$BA=\begin{bmatrix} 2 & 3 & 0 & -5 \\ -4 & -6 & 0 & 10 \\ 10 & 15 & 0 & -25 \\ -6 & -9 & 0 & 15 \end{bmatrix}$$

【例 2】设 $A=\begin{pmatrix} 1 & 2 & 3 \\ 4 & 5 & 6 \\ 7 & 8 & 9 \end{pmatrix}$，$B=\begin{pmatrix} 1 & 0 & 0 \\ 2 & 2 & 0 \\ 3 & 3 & 3 \end{pmatrix}$，求 $A+B$，$A-B$，$5A$，A^3，AB，A/B 等.

解 MATLAB 命令为

```
A = [1, 2, 3;...
    4, 5, 6;...
    7, 8, 9];
B =  [1 0 0
    2 2 0
    3 3 3];
AplusB = A + B
AminusB = A - B
A5 = 5*A
A3 = A ^ 3
Adot3 = A .^ 3
AmultiplyB = A * B
AdotmultiplyB = A .* B
AdivideB = A / B
AdotdivideB = A ./ B
```

运行结果为

```
AplusB =
    2     2     3
```

```
    6     7     6
   10    11    12
AminusB =
    0     2     3
    2     3     6
    4     5     6
A5 =
    5    10    15
   20    25    30
   35    40    45
A3 =
         468          576          684
        1062         1305         1548
        1656         2034         2412
Adot3 =
    1     8    27
   64   125   216
  343   512   729
AmultiplyB =
   14    13     9
   32    28    18
   50    43    27
AdotmultiplyB =
    1     0     0
    8    10     0
   21    24    27
AdivideB =
  -1.0000   -0.5000    1.0000
  -1.0000   -0.5000    2.0000
  -1.0000   -0.5000    3.0000
AdotdivideB =
   1.0000       Inf       Inf
   2.0000    2.5000       Inf
   2.3333    2.6667    3.0000
```

3.7.2　求矩阵的秩软件程序

【例 3】求矩阵的秩 $A=\begin{pmatrix}1&2&5&8&0\\2&5&8&0&7\\3&3&5&6&8\\6&7&7&9&10\end{pmatrix}$.

解　MATLAB 命令为

```
A = [1, 2, 5, 8, 0;...
    2, 5, 8, 0, 7;...
    3, 3, 5, 6, 8;...
    6, 7, 7, 9, 10];
r = rank(A);
```

运行结果为

```
r=4
```

说明：rank(A)函数的功能是返回矩阵 A 的秩.

*3.8　矩阵的应用模型

矩阵作为一个工具，应用非常广泛. 矩阵的应用，给许多实际问题的解决带来了很大的方便. 下面我们简要介绍矩阵的几个应用.

3.8.1　矩阵在视图制作中的应用

现在电子屏幕的应用，越来越广泛，几乎无处不在. 而电子屏幕上，图像的放大、缩小、移动、旋转等动作都可以通过矩阵来实现其操作. 下面以正四面体为例来说明.

建立空间直角坐标系 $O\text{-}xyz$，使坐标原点位于电子屏幕的正中心，xOy 平面与屏幕平面相重合. 把正四面体放入其中，四个顶点对应坐标设为 (x_1,y_1,z_1)，(x_2,y_2,z_2)，(x_3,y_3,z_3)，(x_4,y_4,z_4). 观察者看到的像，是正四面体在 xOy 面上的投影. 要使观察者看到像的运动，只要计算出正四面体运动后的坐标即可. 由四个顶点的坐标可组成 3×4 的视图坐标矩阵 P

$$P=\begin{pmatrix}x_1&x_2&x_3&x_4\\y_1&y_2&y_3&y_4\\z_1&z_2&z_3&z_4\end{pmatrix}.$$

又这些变换都是线性变换，描述正四面体的运动，只要得到四个顶点的变换即可，四个顶点连线上的点以至所有点的变换都可得到. 所以，观察者看到的视图，可完全由视图坐标矩阵得到.

首先考虑伸缩变换. 伸缩变换是把正四面体沿 x,y,z 方向放大或者缩小. 假设，正四面体沿三个方向的伸缩系数分别为 m,n,k . 则正四面体任一点 P_0 的坐标 (x_0,y_0,z_0) 在此变换下变为 $P_0':(mx_0,ny_0,kz_0)$. 正四面体上所有点具有相同的变换规律. 这一变换可用矩阵乘法来实现

$$\begin{pmatrix} x_0' \\ y_0' \\ z_0' \end{pmatrix} = \begin{pmatrix} m & 0 & 0 \\ 0 & n & 0 \\ 0 & 0 & k \end{pmatrix} \begin{pmatrix} x_0 \\ y_0 \\ z_0 \end{pmatrix}; \qquad \boldsymbol{P}' = \begin{pmatrix} m & 0 & 0 \\ 0 & n & 0 \\ 0 & 0 & k \end{pmatrix} \begin{pmatrix} x_1 & x_2 & x_3 & x_4 \\ y_1 & y_2 & y_3 & y_4 \\ z_1 & z_2 & z_3 & z_4 \end{pmatrix}.$$

把新的坐标矩阵 $\boldsymbol{P}' = \begin{pmatrix} mx_1 & mx_2 & mx_3 & mx_4 \\ ny_1 & ny_2 & ny_3 & ny_4 \\ kz_1 & kz_2 & kz_3 & kz_4 \end{pmatrix}$ 输入视图显示系统，就得到了新的视图. 新的视图产生了拉伸的视觉效果.

对平移变换做同样的分析. 平移变换是将正四面体平行移动到一个新的位置，也即正四面体任一点 P_0 的坐标 (x_0,y_0,z_0) 在此变换下变为 $P_0(x_0+a,y_0+b,z_0+c)$. 向量 (a,b,c) 称为平移变换的平移向量. 为描述四面体的平移变换，定义变换矩阵

$$\boldsymbol{T} = \begin{pmatrix} a & a & a & a \\ b & b & b & b \\ c & c & c & c \end{pmatrix},$$

则变换后的四面体的视图坐标矩阵变为

$$\boldsymbol{P}' = \boldsymbol{P} + \boldsymbol{T} = \begin{pmatrix} x_1 & x_2 & x_3 & x_4 \\ y_1 & y_2 & y_3 & y_4 \\ z_1 & z_2 & z_3 & z_4 \end{pmatrix} + \begin{pmatrix} a & a & a & a \\ b & b & b & b \\ c & c & c & c \end{pmatrix}.$$

上式表明，由矩阵的加法给出了新的视图坐标矩阵，实现了物体的平移变换.

下面再来考虑物体的旋转变换. 旋转变换是指将物体绕某一个固定轴旋转一定角度. 这种变换也可以用矩阵的乘法实现. 假设让四面体绕 z 轴旋转一个角度 φ ，则四面体上任一点 P_0 的坐标 (x_0,y_0,z_0) 在此变换下变为 $P_0'(x_0',y_0',z_0')$. 由三角学的知识，可推得它们有如下关系式：

$$x_0' = r\cos(\varphi+\theta) = r\cos\varphi\cos\theta - r\sin\varphi\sin\theta = x_0\cos\varphi - y_0\sin\varphi,$$

$$y_0' = r\sin(\varphi+\theta) = r\sin\varphi\cos\theta + r\cos\varphi\sin\theta = x_0\sin\varphi + y_0\cos\varphi,$$

$$z_0' = z_0.$$

用矩阵表示为

$$\begin{pmatrix} x_0' \\ y_0' \\ z_0' \end{pmatrix} = \begin{pmatrix} \cos\varphi & -\sin\varphi & 0 \\ \sin\varphi & \cos\varphi & 0 \\ 0 & 0 & 1 \end{pmatrix} \begin{pmatrix} x_0 \\ y_0 \\ z_0 \end{pmatrix}.$$

因此，视图坐标矩阵在变换下可得到新的视图坐标矩阵为

$$\boldsymbol{P}' = \begin{pmatrix} \cos\varphi & -\sin\varphi & 0 \\ \sin\varphi & \cos\varphi & 0 \\ 0 & 0 & 1 \end{pmatrix} \begin{pmatrix} x_1 & x_2 & x_3 & x_4 \\ y_1 & y_2 & y_3 & y_4 \\ z_1 & z_2 & z_3 & z_4 \end{pmatrix}.$$

同理，绕 x 轴，y 轴的旋转矩阵分别对应为

$$\begin{pmatrix} 1 & 0 & 0 \\ 0 & \cos\varphi & -\sin\varphi \\ 0 & \sin\varphi & \cos\varphi \end{pmatrix}, \quad \begin{pmatrix} \cos\varphi & 0 & \sin\varphi \\ 0 & 1 & 0 \\ -\sin\varphi & 0 & \cos\varphi \end{pmatrix}.$$

可以证明，任一旋转变换都可以分解为这三种特殊变换的乘积. 每一种变换，可用矩阵表示，那么任一变换的矩阵对应上述三种矩阵的组合乘积. 事实上，$\mathbf{R}^3$ 空间中的任一线性变换都可以用一个 3×3 的矩阵表示. 物体坐标的改变，等价于用变换的矩阵表示乘以原来的坐标. 在 $\mathbf{R}^3$ 空间中，物体的任意运动都可分解成伸缩、平移和旋转变换的组合，从而都可以用矩阵来表示.

3.8.2 矩阵在密码和解密模型中的应用

矩阵作为处理数据的一个便捷工具，也大量应用在信息安全领域. 信息社会的发展，给我们的交流带来了很大的便利，同时也存在着很多的隐患. 如何保证隐私信息不被第三方截取，成为现代社会的一个重要问题. 解决这一问题就需要对信息进行加密和解密.

例如，某一方 A 要通过公共信道向另一方 B 传递信息 m. 为防止信息被窃取，信息进入公共信道之前需要转换成秘密的形式. 信息 m 称为明文；信息的秘密形式称为密文；把明文变成密文的过程称为加密；当有人知道了密码，把密文变成明文的过程，称为解密；密码中的关键信息称为密钥.

早期传递情报，常用的加密形式是置换密码，即把英文 26 个字母中的每个字母用其他字母代替. 替换的规律可以是随机的，也可以是系统的. 替换的方式就是置换加密的密钥. 公元前 50 年，罗马将军凯撒使用的凯撒密码就是一个系统的置换密码例子. 他把每一个字母用其后面的第三个字母代替. 如 $A \leftarrow D$，$B \leftarrow E$，$C \leftarrow F$ 等. 我们也可以用数字来表示. 把 26 个字母按顺序用 1～26 编号. 用 p 表示明文中的某个字母的编号，c 表示密文中的对应字母的编号，则它们的关系是

$$c \equiv p+3 \pmod{26}.$$

其中 $a \equiv b \pmod{m}$ 表示整数 a，b 模 m 同余，即 $a-b$ 可以被 m 整除. 上式中的 3 就是凯撒密码中的密钥. 如果一个密码是由类似于上式的形式给出

$$c \equiv p+3 \pmod{k},$$

其中 $1 \leqslant k \leqslant 25$，称这种密码为移位置换密码，$k$ 为置换因子. 例如，$k=3$ 时，

明文：ZHENG ZHOU UNIVERSITY OF LIGNT INDUSTRY，

密文：CKHQJ CKRX XQLYHULWB RI OLJKW LQGXVWU.

这种加密形式简单，易于破解. 尤其现在计算机技术日新月异，用计算机破解此种类型的密码，轻而易举. 进一步复杂的加密形式，就是用矩阵加密.

考虑三重图系统，给定一个编码矩阵 $\boldsymbol{T}=\begin{pmatrix}1&2&1\\2&5&3\\2&3&2\end{pmatrix}$，为明文 EGG 加密，明文编码表示为 577. 加密的过程为

$$\begin{pmatrix}1&2&1\\2&5&3\\2&3&2\end{pmatrix}\begin{pmatrix}5\\7\\7\end{pmatrix}=\begin{pmatrix}26\\66\\45\end{pmatrix}.$$

所得数字不能直接转换为字母，可把它们变为模 27 的最小余数，即

$$\begin{pmatrix}26\\66\\45\end{pmatrix}=\begin{pmatrix}26\\12\\18\end{pmatrix}\pmod{27},$$

从而，EGG 被加密为 ZLR.

要把密文转换为明文，即解密，需要的关键信息就复杂很多. 密钥不再是一个数字，而是编码矩阵 $\boldsymbol{T}$ 和数字 27. 欲把 ZLR 解密，可设明文对应的编码为 $(x,y,z)^{\mathrm{T}}$，

$$\begin{pmatrix}1&2&1\\2&5&3\\2&3&2\end{pmatrix}\begin{pmatrix}x\\y\\z\end{pmatrix}=\begin{pmatrix}26\\12\\18\end{pmatrix},$$

利用矩阵求逆可得

$$\begin{pmatrix}x\\y\\z\end{pmatrix}=\begin{pmatrix}1&-1&1\\2&0&-1\\-4&1&1\end{pmatrix}\begin{pmatrix}26\\12\\18\end{pmatrix}=\begin{pmatrix}5\\7\\7\end{pmatrix}\pmod{27},$$

从而密文被解密为 EGG.

【例 4】用上例中的编码矩阵为明文 WORK HARD 加密并解密.

明文编码可用矩阵$\begin{pmatrix} 23 & 11 & 1 \\ 15 & 0 & 18 \\ 18 & 8 & 4 \end{pmatrix}$表示，其中数字 0 对应空格. 则加密后的编码为

$$\begin{pmatrix} 1 & 2 & 1 \\ 2 & 5 & 3 \\ 2 & 3 & 2 \end{pmatrix}\begin{pmatrix} 23 & 11 & 1 \\ 15 & 0 & 18 \\ 18 & 8 & 4 \end{pmatrix}=\begin{pmatrix} 71 & 19 & 41 \\ 175 & 46 & 104 \\ 127 & 38 & 64 \end{pmatrix}=\begin{pmatrix} 17 & 19 & 14 \\ 13 & 19 & 23 \\ 19 & 11 & 10 \end{pmatrix}(\mathrm{mod}\,27).$$

从而密文变成 QMSSSKNWJ.

接受信息方收到密文，根据密钥编码矩阵 $\boldsymbol{T}$ 和 27，可解密如下：

$$\begin{pmatrix} 1 & -1 & 1 \\ 2 & 0 & -1 \\ -4 & 1 & 1 \end{pmatrix}\begin{pmatrix} 17 & 19 & 14 \\ 13 & 19 & 23 \\ 19 & 11 & 10 \end{pmatrix}=\begin{pmatrix} 23 & 11 & 1 \\ 15 & 27 & 18 \\ -36 & -46 & -23 \end{pmatrix}=\begin{pmatrix} 23 & 11 & 1 \\ 15 & 0 & 18 \\ 18 & 8 & 4 \end{pmatrix}(\mathrm{mod}\,27),$$

可翻译为明文：WORK HARD.

现在的信息密码研究，所采用的加密形式，已经远远超出这种形式，但矩阵在里面仍然起着非常重要的作用.

3.8.3 经济学中的投入产出模型

美国经济学家华西里 · 里昂惕夫(Wassily Leontief)在 20 世纪 30 年代，提出了投入—产出经济模型. 他利用矩阵，研究了一个经济系统中产量和需求之间错综复杂的关系. 这种“投入—产出”的分析方法，使他获得了 1973 年的诺贝尔经济学奖. 现在这一套方法，已被广泛应用于世界各地.

假设一个地区的经济系统可以分成 n 个部门. 它们是能够生产产品或者提供服务的部门. 把这 n 个部门的产量组合成一个向量，称之为产出向量，用 $\boldsymbol{x}$ 表示. 另外，还存在一些消耗性的部门，它们既不生产产品，也不提供服务，只消耗产品或服务. 假设它们对生产部门的产品或服务的需求量，组合成向量 $\boldsymbol{d}$ ，称之为最终需求向量. 在分析一个地区经济时，这一向量也可以代表产品的出口、生产的剩余等其他外部需求.

除最终需求外，各部门在生产产品的过程中，也需要投入一定的产品，称之为中间需求. 里昂惕夫提出一个平衡方程

$$\{\text{产量}\boldsymbol{x}\}=\{\text{中间需求}\}+\{\text{最终需求}\boldsymbol{d}\}.$$

在一个地区经济中，总是存在某一个产量 $\boldsymbol{x}_0$ 恰好使得上式成立，从而经济达到了平衡状态.

假设在一个地区经济系统中，包含三个部门，农业、制造业和服务业(真实情况要远远复杂得多). 且该地区经济系统没有进出口，也不考虑折旧. 为考虑问题的方便，我们把投入或产出产品的计量，都换算为商品价值，以亿元为单位. 这三个部门，每生产一个亿元的产品，所需要的中间需求由表 3.8.1 给出.

表 3.8.1 三个部门生产产品时的中间需求

消耗 \ 生产	农业	制造业	服务业
农业	0.40	0.30	0.20
制造业	0.30	0.25	0.10
服务业	0.10	0.10	0.20

表中，对应农业的那一列，表示生产一亿元的农业产品，需要消耗 0.40 亿元的农业产品，消耗 0.30 亿元的制造业产品，消耗 0.10 亿元的服务业产品. 一般说来,它们加起来要小于 1,表示生产一亿元的产品,消耗的投入应该小于一亿元. 把对应的三列的数据抽象出来，写成矩阵形式

$$\boldsymbol{C}=\begin{pmatrix}0.40 & 0.30 & 0.20\\ 0.30 & 0.25 & 0.10\\ 0.10 & 0.10 & 0.20\end{pmatrix}.$$

这个矩阵称为消耗矩阵. 那么，上面给出的里昂惕夫投入—产出方程变为

$$\boldsymbol{x}=\boldsymbol{C}\boldsymbol{x}+\boldsymbol{d}\ .$$

$\boldsymbol{C}\boldsymbol{x}$ 依次表示对农业产品、制造业产品和服务业产品的中间需求.

【例 5】按照上式给出的消耗矩阵，农业产品生产 10 亿元，制造业生产 20 亿元，服务业生产 30 亿元，共需要消耗的三种产业的投入量分别是多少?

解 由投入—产出模型可知

$$\begin{pmatrix}0.40 & 0.30 & 0.20\\ 0.30 & 0.25 & 0.10\\ 0.10 & 0.10 & 0.20\end{pmatrix}\begin{pmatrix}10\\ 20\\ 30\end{pmatrix}=\begin{pmatrix}16\\ 11\\ 9\end{pmatrix},$$

所以，共需要消耗农产品 16 亿元，制造业产品 11 亿元，服务业产品 9 亿元.

里昂惕夫投入—产出方程，也常写为 $(\boldsymbol{E}-\boldsymbol{C})\boldsymbol{x}=\boldsymbol{d}$. 满足此方程的 $\boldsymbol{x}$ ，即是可以维持经济平衡的各部门产品的产量.

【例 6】按照上文给出的消耗矩阵，如果一个经济系统对产品的最终需求向量

为 $\boldsymbol{d}=(70,40,30)^{\mathrm{T}}$. 求满足该需求的产品产量 $\boldsymbol{x}$.

解　化投入—产出方程的系数矩阵为行最简形矩阵

$$\begin{pmatrix}0.40&0.30&0.20&70\\0.30&0.25&0.10&40\\0.10&0.10&0.20&30\end{pmatrix}\to\begin{pmatrix}1&1&2&300\\3&25&1&400\\4&3&2&700\end{pmatrix}\to\begin{pmatrix}1&1&2&300\\0&1&6&500\\0&0&1&82.68\end{pmatrix}\to\begin{pmatrix}1&0&0&130.72\\0&1&0&3.94\\0&0&1&82.68\end{pmatrix}.$$

因此，需要生产农业产品 130.72 亿元，制造业产品 3.94 亿元，服务业产品 82.68 亿元.

里昂惕夫投入产出方程有没有无解的情况？因为在实际的经济系统中，总是存在某一个产品向量使经济系统达到平衡状态. 这一结果，从理论上也得到了证明：

设 $\boldsymbol{C}$ 是某经济系统的消耗矩阵，$\boldsymbol{d}$ 是最终需求. 如果 $\boldsymbol{d}$ 和 $\boldsymbol{C}$ 的元素非负，且 $\boldsymbol{C}$ 的所有列和都小于 1，则投入产出方程存在唯一解，且解向量中的元素非负，这个解为 $\boldsymbol{x}=(\boldsymbol{E}-\boldsymbol{C})^{-1}\boldsymbol{d}$.

具体的证明我们不再列出，这是与我们的直观感觉相符合的. 需要指出的是，列昂惕夫教授在研究这个问题时，把美国的经济系统分成了 500 个部门，处理了 250000 多条数据，远远比上面介绍的例子复杂. 在实际的应用中，经济系统中还可以加入新创造价值的数据，比如劳动报酬纯利润等.

第 4 章　n 维向量与线性方程组

n 维向量与线性方程组是线性代数中两个最基本的问题，也是最重要的研究对象，具有广泛的应用，线性方程组几乎贯穿于整个线性代数. 本章在几何向量的基础上引入 n 维向量的概念，然后讨论向量组的线性相关性、向量组的秩以及向量空间的基与维数，最后给出线性方程组解的性质和解的结构.

4.1　n 维向量

4.1.1　n 维向量的概念

第 2 章讲过几何向量空间，在空间直角坐标系中，由三个数 x, y, z 构成的有序数组(x, y, z)表示向量. 但几何向量已经不能满足实际问题的需要，必须把它们推广到 n 维向量空间. 下面介绍 n 维向量.

定义 4.1.1　n个数 $a_1,a_2,\cdots,a_n$ 组成的有序数组 $(a_1,a_2,\cdots,a_n)$，称为 n 维向量. 这 n 个数称为该向量的 n 个分量，第 i 个数 a_i 称为第 i 个分量.

分量全为实数的向量称为**实向量**，分量为复数的向量称为**复向量**.如不特别说明，本书主要讨论实向量.

n 维向量的 n 个分量写成一行，称为**行向量**，也就是行矩阵，通常用 $\boldsymbol{a}^{\mathrm{T}}$, $\boldsymbol{b}^{\mathrm{T}}$, $\boldsymbol{\alpha}^{\mathrm{T}}, \boldsymbol{\beta}^{\mathrm{T}}, \cdots$ 表示，如 $\boldsymbol{\alpha}^{\mathrm{T}}=(a_1, a_2, \cdots, a_n)$.

n 维向量的 n 个分量写成一列，称为**列向量**，也就是列矩阵，通常用 $\boldsymbol{a}, \boldsymbol{b}, \boldsymbol{\alpha}$, $\boldsymbol{\beta}, \cdots$ 表示，如

$$\boldsymbol{\alpha}=\begin{pmatrix} a_1 \\ a_2 \\ \vdots \\ a_n \end{pmatrix}.$$

n 维行向量和列向量，总被看成是两个不同的向量. 如无特别说明，今后我们讨论的向量均为**列向量**.

分量全是 0 的向量称为**零向量**，记作 $\mathbf{0}$，即 $\mathbf{0}=(0,\ 0,\cdots,0)^{\mathrm{T}}$. 向量 $\boldsymbol{\alpha}$ 的负向量记作 $-\boldsymbol{\alpha}=(-a_1,-a_2,\cdots,-a_n)^{\mathrm{T}}$.

设向量 $\boldsymbol{\alpha}=(a_1,a_2,\cdots,a_n)^{\mathrm{T}}$, $\boldsymbol{\beta}=(b_1,b_2,\cdots,b_n)^{\mathrm{T}}$, 如果它们的各个分量对应相等，则称向量 $\boldsymbol{\alpha}$ 与 $\boldsymbol{\beta}$ 相等，记作 $\boldsymbol{\alpha}=\boldsymbol{\beta}$.

图 4.1.1

n 维向量的实际含义：确定飞机飞行的状态(图 4.1.1)，需要以下 6 个参数.

机身的仰角 $\varphi\left(-\dfrac{\pi}{2}\leqslant\varphi\leqslant\dfrac{\pi}{2}\right)$,

机翼的转角 $\psi(-\pi<\psi\leqslant\pi)$,

机身的水平转角 $\theta\ (0\leqslant\theta<2\pi)$,

飞机重心在空间的位置 $P(x,y,z)$,

所以，确定飞机的状态，需用 6 维向量

$$\boldsymbol{\alpha}=(x,y,z,\varphi,\psi,\theta)^{\mathrm{T}}.$$

4.1.2　*n* 维向量的线性运算

在第 2 章我们定义了几何向量的加法、数乘运算，而 n 维向量是几何向量的推广，又可看成列矩阵或行矩阵，所以具有和几何向量、矩阵同样的线性运算和运算律.

设向量 $\boldsymbol{\alpha}=(a_1,a_2,\cdots,a_n)^{\mathrm{T}}$, $\boldsymbol{\beta}=(b_1,b_2,\cdots,b_n)^{\mathrm{T}}$，则 $\boldsymbol{\alpha}$ 与 $\boldsymbol{\beta}$ 的加法定义为

$$\boldsymbol{\alpha}+\boldsymbol{\beta}=(a_1+b_1,a_2+b_2,\cdots,a_n+b_n)^{\mathrm{T}},$$

也称 $\boldsymbol{\alpha}$ 与 $\boldsymbol{\beta}$ 的和.

若 $k\in\mathbf{R}$, 则 $k\boldsymbol{\alpha}=(ka_1,ka_2,\cdots,ka_n)^{\mathrm{T}}$, 称数与向量的乘法，简称数乘.

n 维向量的加法与数乘满足如下八条运算律：

(1) $\boldsymbol{\alpha}+\boldsymbol{\beta}=\boldsymbol{\beta}+\boldsymbol{\alpha}$;

(2) $(\boldsymbol{\alpha}+\boldsymbol{\beta})+\boldsymbol{\gamma}=\boldsymbol{\alpha}+(\boldsymbol{\beta}+\boldsymbol{\gamma})$;

(3) $\boldsymbol{\alpha}+\mathbf{0}=\mathbf{0}+\boldsymbol{\alpha}=\boldsymbol{\alpha}$;

(4) $\boldsymbol{\alpha}+(-\boldsymbol{\alpha})=\mathbf{0}$;

(5) $1\boldsymbol{\alpha}=\boldsymbol{\alpha}$;

(6) $k(l\boldsymbol{\alpha})=(kl)\boldsymbol{\alpha}$;

(7) $(k+l)\boldsymbol{\alpha}=k\boldsymbol{\alpha}+l\boldsymbol{\alpha}$;

(8) $k(\boldsymbol{\alpha}+\boldsymbol{\beta})=k\boldsymbol{\alpha}+k\boldsymbol{\beta}$.

其中 $\boldsymbol{\alpha},\boldsymbol{\beta},\boldsymbol{\gamma}$ 均为 n 维实向量，k,l 均为实数.

记 $\mathbf{R}^n$ 为所有 n 维实向量组成的集合，如果 $\mathbf{R}^n$ 非空，在其中定义了加法与数乘且满足上述八条运算律，则称集合 $\mathbf{R}^n$ 对所定义的加法和数乘构成 **n 维实向量空间**.

当 $n\leqslant3$ 时，$\mathbf{R}^n$ 具有直观的几何意义. $\mathbf{R}^3$ 表示空间中所有向量的集合；$\mathbf{R}^2$ 表示平面中向量的全体构成的集合；$\mathbf{R}^1$ 数轴上向量的全体构成的集合. 当 $n>3$ 时，

没有直观的几何解释.

4.1.3　向量空间及其子空间

定义 4.1.2　设 $\boldsymbol{V}$ 是非空的 n 维向量的集合，如果对于任意向量 $\boldsymbol{\alpha},\boldsymbol{\beta}\in\boldsymbol{V}$ 及实数 λ，总有

$$\boldsymbol{\alpha}+\boldsymbol{\beta}\in\boldsymbol{V},\quad \lambda\boldsymbol{\alpha}\in\boldsymbol{V},$$

则称 $\boldsymbol{V}$ 是向量空间. 这时称集合 $\boldsymbol{V}$ 中的向量对加法与数乘**封闭.**

由定义，向量空间必含零向量，任意向量的负向量也必在其中，满足八条运算律.

只有一个零向量构成的集合 $\{\boldsymbol{0}\}$ 是向量空间，称为**零空间**.

例 4.1.1　判别下列集合是否为向量空间.

$$\boldsymbol{V}_1=\left\{\boldsymbol{x}=\left(0,x_2,\cdots,x_n\right)^{\mathrm{T}}\mid x_2,\cdots,x_n\in\mathbf{R}\right\}.$$

解　$\boldsymbol{V}_1$ 是向量空间. 因为对于 $\boldsymbol{V}_1$ 的任意两个向量

$$\boldsymbol{\alpha}=\left(0,a_2,\cdots,a_n\right)^{\mathrm{T}},\boldsymbol{\beta}=\left(0,b_2,\cdots,b_n\right)^{\mathrm{T}},a_i\in\mathbf{R},b_i\in\mathbf{R}(i=2,3,\cdots,n),$$

有

$$\boldsymbol{\alpha}+\boldsymbol{\beta}=\left(0,a_2+b_2,\cdots,a_n+b_n\right)^{\mathrm{T}}\in\boldsymbol{V}_1,$$

对 $\lambda\in\mathbf{R}$，

$$\lambda\boldsymbol{\alpha}=\left(0,\lambda a_2,\cdots,\lambda a_n\right)^{\mathrm{T}}\in\boldsymbol{V}_1.$$

例 4.1.2　判别下列集合是否为向量空间.

$$\boldsymbol{V}_2=\left\{x=\left(1,x_2,\cdots,x_n\right)^{\mathrm{T}}\mid x_2,\cdots,x_n\in\mathbf{R}\right\}.$$

解　$\boldsymbol{V}_2$ 不是向量空间. 因为若

$$\boldsymbol{\alpha}=\left(1,a_2,\cdots,a_n\right)^{\mathrm{T}}\in\boldsymbol{V}_2,\qquad \boldsymbol{\beta}=\left(1,b_2,\cdots,b_n\right)^{\mathrm{T}}\in\boldsymbol{V}_2,$$

则

$$\boldsymbol{\alpha}+\boldsymbol{\beta}=\left(1,a_2,\cdots,a_n\right)^{\mathrm{T}}+\left(1,b_2,\cdots,b_n\right)^{\mathrm{T}}=\left(2,a_2+b_2,\cdots,a_n+b_n\right)^{\mathrm{T}}\notin\boldsymbol{V}_2,$$

而

$$2\alpha=\left(2,2a_2,\cdots,2a_n\right)^{\mathrm{T}}\notin\boldsymbol{V}_2.$$

$\boldsymbol{V}_2$ 中的向量对加法与数乘都不封闭，所以 $\boldsymbol{V}_2$ 不是向量空间.

实际上，对加法与数乘有一个不封闭就构不成向量空间.

例 4.1.3　设 $\boldsymbol{\alpha},\boldsymbol{\beta}$ 为两个已知的 n 维向量，那么集合

$$\boldsymbol{V}=\left\{\boldsymbol{\delta}=k\boldsymbol{\alpha}+l\boldsymbol{\beta}\mid k,l\in\mathbf{R}\right\}$$

是一个向量空间.

事实上，如果 $\boldsymbol{\delta}_1 = k_1\boldsymbol{\alpha} + l_1\boldsymbol{\beta} \in \boldsymbol{V}, \boldsymbol{\delta}_2 = k_2\boldsymbol{\alpha} + l_2\boldsymbol{\beta} \in \boldsymbol{V}$，则 $k_1, l_1, k_2, l_2 \in \mathbf{R}$, 而

$$\boldsymbol{\delta}_1 + \boldsymbol{\delta}_2 = (k_1\boldsymbol{\alpha} + l_1\boldsymbol{\beta}) + (k_2\boldsymbol{\alpha} + l_2\boldsymbol{\beta}) = (k_1 + k_2)\boldsymbol{\alpha} + (l_1 + l_2)\boldsymbol{\beta},\ k_1 + k_2, l_1 + l_2 \in \mathbf{R},$$

即集合 $\boldsymbol{V}$ 中的向量对加法封闭；又对 $\forall \lambda \in \mathbf{R}$，有 $\lambda\boldsymbol{\delta} = (\lambda k)\boldsymbol{\alpha} + (\lambda l)\boldsymbol{\beta}$, $\lambda k \in \mathbf{R}, \lambda l \in \mathbf{R}$，即 $\boldsymbol{V}$ 中的向量对数乘封闭. 所以 $\boldsymbol{V}$ 是向量空间, 并称为是由向量 $\boldsymbol{\alpha}, \boldsymbol{\beta}$ 所**生成的向量空间**.

一般地，由向量 $\boldsymbol{\alpha}_1, \boldsymbol{\alpha}_2, \cdots, \boldsymbol{\alpha}_m$ 所**生成的向量空间**为集合

$$\boldsymbol{V} = \left\{\boldsymbol{\delta} = k_1\boldsymbol{\alpha}_1 + k_2\boldsymbol{\alpha}_2 + \cdots + k_m\boldsymbol{\alpha}_m \mid k_1, k_2, \cdots, k_m \in \mathbf{R}\right\}.$$

定义 4.1.3　设有向量空间 $\boldsymbol{V}_1$ 和 $\boldsymbol{V}_2$，如果 $\boldsymbol{V}_1 \subset \boldsymbol{V}_2$, 则称 $\boldsymbol{V}_1$ 是 $\boldsymbol{V}_2$ 的子空间. 如 $\mathbf{R}^1 \subset \mathbf{R}^2 \subset \mathbf{R}^3 \subset \cdots \subset \mathbf{R}^n$.

习　题　4.1

1. 已知 $\boldsymbol{\alpha} = (1, 3, -2, 1)^{\mathrm{T}}, \boldsymbol{\beta} = (-5, 0, 1, 7)^{\mathrm{T}}$, 且 $2(\boldsymbol{\alpha} - \boldsymbol{\gamma}) - (\boldsymbol{\alpha} - 2\boldsymbol{\beta}) = 3(\boldsymbol{\alpha} + \boldsymbol{\beta} - \boldsymbol{\gamma})$, 求向量 $\boldsymbol{\gamma}$.

2. 判断下列集合是不是向量空间？并说明理由.

(1) $\boldsymbol{V}_1 = \left\{\boldsymbol{x} = (x_1, x_2, \cdots, x_n)^{\mathrm{T}} \middle| \sum_{i=1}^{n} x_i = 0,\ x_1, \cdots, x_n \in \mathbf{R}\right\}$;

(2) $\boldsymbol{V}_2 = \left\{\boldsymbol{x} = (x_1, x_2, \cdots, x_n)^{\mathrm{T}} \middle| \sum_{i=1}^{n} x_i = 1,\ x_1, \cdots, x_n \in \mathbf{R}\right\}$;

(3) $\boldsymbol{V}_1 = \left\{\boldsymbol{x} = (x_1, x_2, \cdots, x_n)^{\mathrm{T}} \middle| x_1, x_2, \cdots, x_n \in \mathbf{Z}\right\}$.

向量空间及其子空间

4.2　向量组的线性相关性

4.2.1　向量组的线性表示

定义 4.2.1　同维数的列(或行)向量的集合称为**向量组**.

例如，一个 $m \times n$ 矩阵 $\boldsymbol{A} = (a_{ij})$ 有 m 个 n 维行向量

$$\boldsymbol{\alpha}_i^{\mathrm{T}} = (a_{i1}, a_{i2}, \cdots, a_{in}) \quad (i = 1, 2, \cdots, m),$$

这 m 个行向量 $\boldsymbol{\alpha}_1^{\mathrm{T}},\boldsymbol{\alpha}_2^{\mathrm{T}},\cdots,\boldsymbol{\alpha}_m^{\mathrm{T}}$ 构成向量组，称为矩阵 $\boldsymbol{A}$ 的**行向量组**.

同样 $m\times n$ 矩阵 $\boldsymbol{A}=(a_{ij})$ 又有 n 个 m 维列向量

$$\boldsymbol{\beta}_j=(a_{1j},a_{2j},\cdots,a_{mj})^{\mathrm{T}}\quad(j=1,2,\cdots,n),$$

这 n 个 m 维列向量 $\boldsymbol{\beta}_1,\boldsymbol{\beta}_2,\cdots,\boldsymbol{\beta}_n$ 构成矩阵 $\boldsymbol{A}$ 的**列向量组**.

反之，同维数的行向量组或列向量组又可以构成矩阵. 即

$$\boldsymbol{A}=\begin{pmatrix}\boldsymbol{\alpha}_1^{\mathrm{T}}\\ \boldsymbol{\alpha}_2^{\mathrm{T}}\\ \vdots\\ \boldsymbol{\alpha}_m^{\mathrm{T}}\end{pmatrix}\quad\text{或}\quad\boldsymbol{A}=\left(\boldsymbol{\beta}_1,\boldsymbol{\beta}_2,\cdots,\boldsymbol{\beta}_n\right).$$

在几何空间中，如果两个向量共线，即 $\boldsymbol{a}\,//\,\boldsymbol{b}$ 且 $\boldsymbol{a}\neq\boldsymbol{0}$，则存在唯一的实数 λ，使得 $\boldsymbol{b}=\lambda\boldsymbol{a}$. 如果三个向量 $\boldsymbol{a}$, $\boldsymbol{b}$, $\boldsymbol{c}$ 共面(平行于同一平面)，且 $\boldsymbol{a},\boldsymbol{b}$ 不共线，则存在唯一实数组(λ_1,λ_2)，使得 $\boldsymbol{c}=\lambda_1\boldsymbol{a}+\lambda_2\boldsymbol{b}$. 我们把多个向量之间的这种关系加以推广，给出线性组合的概念.

定义 4.2.2　对给定的向量组 $\boldsymbol{\alpha}_1,\boldsymbol{\alpha}_2,\cdots,\boldsymbol{\alpha}_m,\boldsymbol{\beta}$，如果存在一组数 $\lambda_1,\lambda_2,\cdots,\lambda_m$，使得

$$\boldsymbol{\beta}=\lambda_1\boldsymbol{\alpha}_1+\lambda_2\boldsymbol{\alpha}_2+\cdots+\lambda_m\boldsymbol{\alpha}_m,$$

则称向量 $\boldsymbol{\beta}$ 可由向量组 $\boldsymbol{\alpha}_1,\boldsymbol{\alpha}_2,\cdots,\boldsymbol{\alpha}_m$ **线性表示**，或称向量 $\boldsymbol{\beta}$ 为向量组 $\boldsymbol{\alpha}_1,\boldsymbol{\alpha}_2,\cdots,\boldsymbol{\alpha}_m$ 的**线性组合**，称 $\lambda_1,\lambda_2,\cdots,\lambda_m$ 为**表示系数或组合系数.**

例 4.2.1　证明零向量可由与它同维数的任何向量组线性表示.

证明　设向量组 $\boldsymbol{\alpha}_1,\boldsymbol{\alpha}_2,\cdots,\boldsymbol{\alpha}_s$ 是与 $\boldsymbol{0}$ 向量同维数的任一向量组，则有

$$\boldsymbol{0}=0\boldsymbol{\alpha}_1+0\boldsymbol{\alpha}_2+\cdots+0\boldsymbol{\alpha}_s.$$

例 4.2.2　证明向量组 $\boldsymbol{\alpha}_1,\boldsymbol{\alpha}_2,\cdots,\boldsymbol{\alpha}_m$ 中的任一向量都可由这个向量组线性表示.

证明　因为

$$\boldsymbol{\alpha}_i=0\boldsymbol{\alpha}_1+0\boldsymbol{\alpha}_2+\cdots+0\boldsymbol{\alpha}_{i-1}+1\boldsymbol{\alpha}_i+0\boldsymbol{\alpha}_{i+1}+\cdots+0\boldsymbol{\alpha}_m,$$

所以 $\boldsymbol{\alpha}_i\ (i=1,2,\cdots,m)$ 可由 $\boldsymbol{\alpha}_1,\boldsymbol{\alpha}_2,\cdots,\boldsymbol{\alpha}_m$ 线性表示.

例 4.2.3　证明任一 n 维向量 $\boldsymbol{\alpha}=(x_1,x_2,\cdots,x_n)^{\mathrm{T}}$ 都可由基本单位向量组

$$\boldsymbol{\varepsilon}_1=(1,0,\cdots,0)^{\mathrm{T}},\ \boldsymbol{\varepsilon}_2=(0,1,\cdots,0)^{\mathrm{T}},\cdots,\ \boldsymbol{\varepsilon}_n=(0,0,\cdots,1)^{\mathrm{T}}.$$

线性表示.

证明　因为存在一组数 $x_1,x_2,\cdots,x_n$，使得

$$\boldsymbol{\alpha}=\begin{pmatrix}x_1\\x_2\\ \vdots\\x_n\end{pmatrix}=x_1\begin{pmatrix}1\\0\\ \vdots\\0\end{pmatrix}+x_2\begin{pmatrix}0\\1\\ \vdots\\0\end{pmatrix}+\cdots+x_n\begin{pmatrix}0\\0\\ \vdots\\1\end{pmatrix}=x_1\boldsymbol{\varepsilon}_1+x_2\boldsymbol{\varepsilon}_2+\cdots+x_n\boldsymbol{\varepsilon}_n.$$

所以任一 n 维向量都可由基本单位向量组线性表示.

例 4.2.4 判断向量 $\boldsymbol{b}=(1,-3,2)^{\mathrm{T}}$ 是否可由向量组 $\boldsymbol{\beta}_1=(-1,0,2)^{\mathrm{T}}, \boldsymbol{\beta}_2=(4,5,1)^{\mathrm{T}}$, $\boldsymbol{\beta}_3=(2,-1,-2)^{\mathrm{T}}$ 线性表示?

解 要判断向量 $\boldsymbol{b}$ 是否可由 $\boldsymbol{\beta}_1,\boldsymbol{\beta}_2,\boldsymbol{\beta}_3$ 线性表示，看是否存在三个数 x_1,x_2,x_3，满足 $\boldsymbol{b}=x_1\boldsymbol{\beta}_1+x_2\boldsymbol{\beta}_2+x_3\boldsymbol{\beta}_3$.

假设 $\boldsymbol{b}=x_1\boldsymbol{\beta}_1+x_2\boldsymbol{\beta}_2+x_3\boldsymbol{\beta}_3$ ，则有

$$\begin{pmatrix}1\\-3\\2\end{pmatrix}=x_1\begin{pmatrix}-1\\0\\2\end{pmatrix}+x_2\begin{pmatrix}4\\5\\1\end{pmatrix}+x_3\begin{pmatrix}2\\-1\\-2\end{pmatrix}=\begin{pmatrix}-x_1+4x_2+2x_3\\5x_2-x_3\\2x_1+x_2-2x_3\end{pmatrix},$$

由向量相等的充要条件可得线性方程组

$$\begin{cases}-x_1+4x_2+2x_3=1,\\5x_2-x_3=-3,\\2x_1+x_2-2x_3=2.\end{cases}\tag{4.2.1}$$

如果方程组(4.2.1)有解，则向量 $\boldsymbol{b}$ 可由 $\boldsymbol{\beta}_1,\boldsymbol{\beta}_2,\boldsymbol{\beta}_3$ 线性表示，表示系数就是方程组的一组解；若无解，则 $\boldsymbol{b}$ 不能由 $\boldsymbol{\beta}_1,\boldsymbol{\beta}_2,\boldsymbol{\beta}_3$ 线性表示.

方程组是否有解，可用方程组的增广矩阵的秩与系数矩阵秩的关系来判断. 所以用初等行变换先求增广矩阵与系数矩阵的秩：

增广矩阵

$$\tilde{\boldsymbol{A}}=(\boldsymbol{A}\vdots\boldsymbol{b})=\left(\begin{array}{ccc:c}-1&4&2&1\\0&5&-1&-3\\2&1&-2&2\end{array}\right)\xrightarrow{r_3+2r_1}\left(\begin{array}{ccc:c}-1&4&2&1\\0&5&-1&-3\\0&9&2&4\end{array}\right)$$

$$\xrightarrow{r_3-\frac{9}{5}r_2}\left(\begin{array}{ccc:c}-1&4&2&1\\0&5&-1&-3\\0&0&\dfrac{19}{5}&\dfrac{47}{5}\end{array}\right)\xrightarrow{5r_3}\left(\begin{array}{ccc:c}-1&4&2&1\\0&5&-1&-3\\0&0&19&47\end{array}\right).$$

可见，$R(\tilde{\boldsymbol{A}})=R(\boldsymbol{A})=3$, 方程组有解，并且是唯一解.所以向量 $\boldsymbol{b}$ 可由 $\boldsymbol{\beta}_1,\boldsymbol{\beta}_2,\boldsymbol{\beta}_3$ 唯一线性表示.

由例 4.2.4 可知，判断一个向量 $\boldsymbol{b}$ 是否可由给定向量组 $\boldsymbol{\beta}_1,\boldsymbol{\beta}_2,\boldsymbol{\beta}_3$ 线性表示，实际上就是判定一个非齐次线性方程组是否有解. 这个方程组的系数矩阵 $\boldsymbol{A}=(\boldsymbol{\beta}_1,\boldsymbol{\beta}_2,\boldsymbol{\beta}_3)$, 增广矩阵 $\tilde{\boldsymbol{A}}=(\boldsymbol{\beta}_1,\boldsymbol{\beta}_2,\boldsymbol{\beta}_3\vdots\boldsymbol{b})$. 如果 $R(\tilde{\boldsymbol{A}})=R(\boldsymbol{A})$, $\boldsymbol{b}$ 可由向量组线性表示，表示系数就是方程组的一组解；若 $R(\tilde{\boldsymbol{A}})\neq R(\boldsymbol{A})$, $\boldsymbol{b}$ 不能由向量组线性表示. 反之亦然. 于是我们给出如下定理.

定理 4.2.1 设 $\boldsymbol{\beta}_1,\boldsymbol{\beta}_2,\cdots,\boldsymbol{\beta}_n,\boldsymbol{b}$ 均为 m 维向量，则 $\boldsymbol{b}$ 可由 $\boldsymbol{\beta}_1,\boldsymbol{\beta}_2,\cdots,\boldsymbol{\beta}_n$ 线性表示

的充分必要条件是线性方程组 $\boldsymbol{Ax}=\boldsymbol{b}$ 有解；$\boldsymbol{b}$ 不能由 $\boldsymbol{\beta}_1,\boldsymbol{\beta}_2,\cdots,\boldsymbol{\beta}_n$ 线性表示的充分必要条件线性方程组 $\boldsymbol{Ax}=\boldsymbol{b}$ 无解. 其中 $\boldsymbol{A}=(\boldsymbol{\beta}_1,\boldsymbol{\beta}_2,\cdots,\boldsymbol{\beta}_n)$，$\boldsymbol{x}=(x_1,x_2,\cdots,x_n)^{\mathrm{T}}$.

定理 4.2.1 中，方程组 $\boldsymbol{Ax}=\boldsymbol{b}\Leftrightarrow x_1\boldsymbol{\beta}_1+x_2\boldsymbol{\beta}_2+\cdots+x_n\boldsymbol{\beta}_n=\boldsymbol{b}$.

例 4.2.5　证明向量 $\boldsymbol{\beta}=(1,-1,2)^{\mathrm{T}}$ 可由向量组 $\boldsymbol{\alpha}_1=(-1,0,-2)^{\mathrm{T}}$，$\boldsymbol{\alpha}_2=(1,1,2)^{\mathrm{T}}$，$\boldsymbol{\alpha}_3=(2,1,4)^{\mathrm{T}}$ 线性表示，并写出线性表示式.

证明　记 $\boldsymbol{A}=(\boldsymbol{\alpha}_1,\boldsymbol{\alpha}_2,\boldsymbol{\alpha}_3)$，$\tilde{\boldsymbol{A}}=(\boldsymbol{\alpha}_1,\boldsymbol{\alpha}_2,\boldsymbol{\alpha}_3\vdots\boldsymbol{\beta})$，$\boldsymbol{x}=(x_1,x_2,x_3)^{\mathrm{T}}$. 对增广矩阵 $\tilde{\boldsymbol{A}}$ 进行初等行变换，化为行阶梯形

$$\tilde{\boldsymbol{A}}=(\boldsymbol{A}\vdots\boldsymbol{\beta})=\left(\begin{array}{ccc:c}-1&1&2&1\\0&1&1&-1\\-2&2&4&2\end{array}\right)\xrightarrow{r_3-2r_1}\left(\begin{array}{ccc:c}-1&1&2&1\\0&1&1&-1\\0&0&0&0\end{array}\right),$$

可以看出，$R(\tilde{\boldsymbol{A}})=R(\boldsymbol{A})=2<3$，方程组 $\boldsymbol{Ax}=\boldsymbol{\beta}$ 有无穷多解，所以 $\boldsymbol{\beta}$ 可由 $\boldsymbol{\alpha}_1,\boldsymbol{\alpha}_2,\boldsymbol{\alpha}_3$ 线性表示，且表示系数不唯一，方程组的任一个解都可以作为表示系数. 接下来求方程组的解. 把行阶梯形矩阵从最后一个非零行开始再进行初等行变换化为行最简形：

$$\left(\begin{array}{ccc:c}-1&1&2&1\\0&1&1&-1\\0&0&0&0\end{array}\right)\xrightarrow{r_1-r_2}\left(\begin{array}{ccc:c}-1&0&1&2\\0&1&1&-1\\0&0&0&0\end{array}\right)\xrightarrow{(-1)r_1}\left(\begin{array}{ccc:c}1&0&-1&-2\\0&1&1&-1\\0&0&0&0\end{array}\right),$$

行最简形对应的方程组为 $\begin{cases}x_1-x_3=-2,\\x_2+x_3=-1.\end{cases}$ 该方程组与原方程组 $\boldsymbol{Ax}=\boldsymbol{\beta}$ 即

$$\begin{cases}-x_1+x_2+2x_3=1,\\x_2+x_3=-1,\\-2x_1+2x_2+4x_3=2\end{cases}$$

同解. 因此方程组的解为 $\begin{cases}x_1=x_3-2,\\x_2=-x_3-1,\end{cases}$ x_3 为自由未知量，x_3 取一个值，就得到方程组的一个解. 令 $x_3=1$，于是得方程组的一个解 $\begin{cases}x_1=-1,\\x_2=-2,\\x_3=1.\end{cases}$ 所以表示系数为−1, −2, 1, 线性表示式为 $\boldsymbol{\beta}=-\boldsymbol{\alpha}_1-2\boldsymbol{\alpha}_2+\boldsymbol{\alpha}_3$.

定义 4.2.3　设有两个向量组 $\boldsymbol{A}$：$\boldsymbol{\alpha}_1,\boldsymbol{\alpha}_2,\cdots,\boldsymbol{\alpha}_m$ 及 $\boldsymbol{B}$：$\boldsymbol{\beta}_1,\boldsymbol{\beta}_2,\cdots,\boldsymbol{\beta}_s$. 如果向量组 $\boldsymbol{B}$ 中的每个向量都能由向量组 $\boldsymbol{A}$ 线性表示，那么称向量组 $\boldsymbol{B}$ 能由向量组 $\boldsymbol{A}$ 线性表示. 如果向量组 $\boldsymbol{A}$ 与向量组 $\boldsymbol{B}$ 能相互线性表示，则称这两个**向量组等价**.

不难证明，向量组的等价关系具有下列性质：

(1) 反身性：每一个向量组都与自身等价；

(2) 对称性：若 $\boldsymbol{A}$ 与 $\boldsymbol{B}$ 等价，则 $\boldsymbol{B}$ 与 $\boldsymbol{A}$ 等价；

(3) 传递性：若 $\boldsymbol{A}$ 与 $\boldsymbol{B}$ 等价，$\boldsymbol{B}$ 与 $\boldsymbol{C}$ 等价，则 $\boldsymbol{A}$ 与 $\boldsymbol{C}$ 等价.

上述我们讨论了如果一个向量 $\boldsymbol{b}$ 可由向量组 $\boldsymbol{\beta}_1,\boldsymbol{\beta}_2,\cdots,\boldsymbol{\beta}_n$ 线性表示，则 $\boldsymbol{b}$ 可用两个矩阵 $\boldsymbol{A}$ 与 $\boldsymbol{x}$ 的乘积表示,即 $\boldsymbol{b}=\boldsymbol{Ax}$，其中 $\boldsymbol{A}=(\boldsymbol{\beta}_1,\boldsymbol{\beta}_2,\cdots,\boldsymbol{\beta}_n)$，$\boldsymbol{x}=(x_1,x_2,\cdots,x_n)^{\mathrm{T}}$. 而两个向量组之间可线性表示时，表示的形式又是怎样的呢？

设同维数的两个向量组 $\boldsymbol{A}:\boldsymbol{\alpha}_1,\boldsymbol{\alpha}_2,\cdots,\boldsymbol{\alpha}_m$ 及 $\boldsymbol{B}:\boldsymbol{\beta}_1,\boldsymbol{\beta}_2,\cdots,\boldsymbol{\beta}_s$，它们所构成的矩阵分别记作

$$\boldsymbol{A}=(\boldsymbol{\alpha}_1,\boldsymbol{\alpha}_2,\cdots,\boldsymbol{\alpha}_m) \quad 与 \quad \boldsymbol{B}=(\boldsymbol{\beta}_1,\boldsymbol{\beta}_2,\cdots,\boldsymbol{\beta}_s),$$

假设向量组 $\boldsymbol{B}$ 可由向量组 $\boldsymbol{A}$ 线性表示，即对 $\boldsymbol{B}$ 中的每个向量 $\boldsymbol{\beta}_j\,(j=1,2,\cdots,s)$ 存在数 $k_{1j},k_{2j},\cdots,k_{mj}\,(j=1,2,\cdots,s)$，使得

$$\begin{cases}\boldsymbol{\beta}_1=k_{11}\boldsymbol{\alpha}_1+k_{21}\boldsymbol{\alpha}_2+\cdots+k_{m1}\boldsymbol{\alpha}_m,\\ \boldsymbol{\beta}_2=k_{12}\boldsymbol{\alpha}_1+k_{22}\boldsymbol{\alpha}_2+\cdots+k_{m2}\boldsymbol{\alpha}_m,\\ \qquad\cdots\cdots\\ \boldsymbol{\beta}_s=k_{1s}\boldsymbol{\alpha}_1+k_{2s}\boldsymbol{\alpha}_2+\cdots+k_{ms}\boldsymbol{\alpha}_m.\end{cases} \tag{4.2.2}$$

(4.2.2)式又可写成

$$(\boldsymbol{\beta}_1,\boldsymbol{\beta}_2,\cdots,\boldsymbol{\beta}_s)=(\boldsymbol{\alpha}_1,\boldsymbol{\alpha}_2,\cdots,\boldsymbol{\alpha}_m)\begin{pmatrix}k_{11}&k_{12}&\cdots&k_{1s}\\k_{21}&k_{22}&\cdots&k_{2s}\\\vdots&\vdots&&\vdots\\k_{m1}&k_{m2}&\cdots&k_{ms}\end{pmatrix}, \tag{4.2.3}$$

记 $\boldsymbol{K}=(k_{ij})_{m\times s}$，则(4.2.3)式可写为 $\boldsymbol{B}=\boldsymbol{AK}$. 这就是向量组 $\boldsymbol{B}$ 可由向量组 $\boldsymbol{A}$ 线性表示的**矩阵形式**，矩阵 $\boldsymbol{K}$ 是这一线性表示的**系数矩阵**. $\boldsymbol{k}$ 的第 i 列是 $\boldsymbol{\beta}_i$ 可由向量组 $\boldsymbol{A}$ 线性表示的表示系数.

如果两个同维数的行向量组 $\boldsymbol{A}:\boldsymbol{\alpha}_1^{\mathrm{T}},\boldsymbol{\alpha}_2^{\mathrm{T}},\cdots,\boldsymbol{\alpha}_r^{\mathrm{T}}$ 与 $\boldsymbol{B}:\boldsymbol{\beta}_1^{\mathrm{T}},\boldsymbol{\beta}_2^{\mathrm{T}},\cdots,\boldsymbol{\beta}_t^{\mathrm{T}}$，它们构成的分别矩阵记为

$$\boldsymbol{A}=\begin{pmatrix}\boldsymbol{\alpha}_1^{\mathrm{T}}\\\boldsymbol{\alpha}_2^{\mathrm{T}}\\\vdots\\\boldsymbol{\alpha}_r^{\mathrm{T}}\end{pmatrix} \quad 与 \quad \boldsymbol{B}=\begin{pmatrix}\boldsymbol{\beta}_1^{\mathrm{T}}\\\boldsymbol{\beta}_2^{\mathrm{T}}\\\vdots\\\boldsymbol{\beta}_t^{\mathrm{T}}\end{pmatrix},$$

假设 $\boldsymbol{B}$ 可由 $\boldsymbol{A}$ 线性表示，则对 $\boldsymbol{B}$ 中的每个向量 $\boldsymbol{\beta}_i^{\mathrm{T}}\,(i=1,2,\cdots,t)$ 存在数 $c_{ik}\,(k=1,2,\cdots,r)$，使得

$$\begin{cases} \boldsymbol{\beta}_1^{\mathrm{T}} = c_{11}\boldsymbol{\alpha}_1^{\mathrm{T}} + c_{12}\boldsymbol{\alpha}_2^{\mathrm{T}} + \cdots + c_{1r}\boldsymbol{\alpha}_r^{\mathrm{T}}, \\ \boldsymbol{\beta}_2^{\mathrm{T}} = c_{21}\boldsymbol{\alpha}_1^{\mathrm{T}} + c_{22}\boldsymbol{\alpha}_2^{\mathrm{T}} + \cdots + c_{2r}\boldsymbol{\alpha}_r^{\mathrm{T}}, \\ \qquad\cdots\cdots \\ \boldsymbol{\beta}_t^{\mathrm{T}} = c_{t1}\boldsymbol{\alpha}_1^{\mathrm{T}} + c_{t2}\boldsymbol{\alpha}_2^{\mathrm{T}} + \cdots + c_{tr}\boldsymbol{\alpha}_r^{\mathrm{T}}. \end{cases} \tag{4.2.4}$$

(4.2.4)式可写成

$$\begin{pmatrix} \boldsymbol{\beta}_1^{\mathrm{T}} \\ \boldsymbol{\beta}_2^{\mathrm{T}} \\ \vdots \\ \boldsymbol{\beta}_t^{\mathrm{T}} \end{pmatrix} = \begin{pmatrix} c_{11} & c_{12} & \cdots & c_{1r} \\ c_{21} & c_{22} & \cdots & c_{2r} \\ \vdots & \vdots & & \vdots \\ c_{t1} & c_{t2} & \cdots & c_{tr} \end{pmatrix} \begin{pmatrix} \boldsymbol{\alpha}_1^{\mathrm{T}} \\ \boldsymbol{\alpha}_2^{\mathrm{T}} \\ \vdots \\ \boldsymbol{\alpha}_r^{\mathrm{T}} \end{pmatrix}, \tag{4.2.5}$$

记 $\boldsymbol{C} = (c_{ij})_{t\times r}$，则(4.2.5)写成 $\boldsymbol{B} = \boldsymbol{CA}$，$\boldsymbol{C}$ 是行向量组线性表示的**系数矩阵.**

综上，向量组的线性表示可写成矩阵乘积的形式；反过来，矩阵乘积又可解释向量组的线性表示. 如矩阵 $\boldsymbol{M}, \boldsymbol{N}, \boldsymbol{Q}$，满足 $\boldsymbol{M} = \boldsymbol{NQ}$，则矩阵 $\boldsymbol{M}$ 的列向量组可由矩阵 $\boldsymbol{N}$ 的列向量组线性表示，$\boldsymbol{Q}$ 是系数矩阵；同时矩阵 $\boldsymbol{M}$ 的行向量组又可由矩阵 $\boldsymbol{Q}$ 的行向量组线性表示，$\boldsymbol{N}$ 是系数矩阵.

由此可得，如果矩阵 $\boldsymbol{A}$ 经**初等行变换**变成矩阵 $\boldsymbol{B}$，必存在可逆矩阵 $\boldsymbol{P}$，使得 $\boldsymbol{B} = \boldsymbol{PA}$，则 $\boldsymbol{B}$ 的行向量组可由 $\boldsymbol{A}$ 的行向量组线性表示；因 $\boldsymbol{P}$ 可逆，又有 $\boldsymbol{A} = \boldsymbol{P}^{-1}\boldsymbol{B}$，所以 $\boldsymbol{A}$ 的行向量组又可由 $\boldsymbol{B}$ 的行向量组线性表示，于是 $\boldsymbol{A}$ 的行向量组与 $\boldsymbol{B}$ 的行向量组等价. 类似地，若矩阵 $\boldsymbol{A}$ 经**初等列变换**变成矩阵 $\boldsymbol{B}$，那么 $\boldsymbol{A}$ 的列向量组与 $\boldsymbol{B}$ 的列向量组等价.

证明两个向量组等价，一种方法用定义；另一种方法用传递性：两个向量组构成的矩阵用初等变换可化成同一个标准形矩阵.

向量组的线性表示　　　　向量组等价

4.2.2　向量组的线性相关性

向量组的线性相关性是向量在线性运算下的一种性质，是线性代数中极重要的基本概念. 我们先讨论几何空间中的向量.

如果两个向量 $\boldsymbol{\alpha}_1, \boldsymbol{\alpha}_2$ 共线，有两种情况：

(1) $\boldsymbol{\alpha}_1 \neq \mathbf{0}$，$\boldsymbol{\alpha}_2 \neq \mathbf{0}$ (图 4.2.1)，必存在实数 $k_1 \neq 0, k_2 \neq 0$，满足 $k_1\boldsymbol{\alpha}_1 + k_2\boldsymbol{\alpha}_2 = \mathbf{0}$ (图 4.2.2).

(2) $\boldsymbol{\alpha}_1,\boldsymbol{\alpha}_2$ 中有一个是零向量，不妨设 $\boldsymbol{\alpha}_1 = \mathbf{0}$，必存在数 $k_1 \neq 0, k_2 = 0$，满足 $k_1\mathbf{0} + 0\boldsymbol{\alpha}_2 = \mathbf{0}$，即 $k_1\boldsymbol{\alpha}_1 + k_2\boldsymbol{\alpha}_2 = \mathbf{0}$.

综合(1)和(2),如果两个向量 $\boldsymbol{\alpha}_1,\boldsymbol{\alpha}_2$ 共线,则必存在两个不全为零的数 k_1, k_2，使得 $k_1\boldsymbol{\alpha}_1 + k_2\boldsymbol{\alpha}_2 = \mathbf{0}$. 反之,如果存在两个不全为零的数 k_1, k_2,满足 $k_1\boldsymbol{\alpha}_1 + k_2\boldsymbol{\alpha}_2 = \mathbf{0}$,那么向量 $\boldsymbol{\alpha}_1,\boldsymbol{\alpha}_2$ 必定共线.

如果 $\boldsymbol{\alpha}_1,\boldsymbol{\alpha}_2$ 不共线，即不平行(图 4.2.3)，必有 $\boldsymbol{\alpha}_1 \neq \mathbf{0}$，$\boldsymbol{\alpha}_2 \neq \mathbf{0}$，要使 $\boldsymbol{\alpha}_1,\boldsymbol{\alpha}_2$ 的线性组合成为零向量，只有系数 k_1, k_2 全是 0，才能满足 $k_1\boldsymbol{\alpha}_1 + k_2\boldsymbol{\alpha}_2 = \mathbf{0}$.

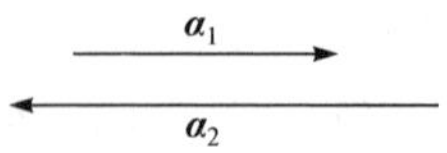

图 4.2.1

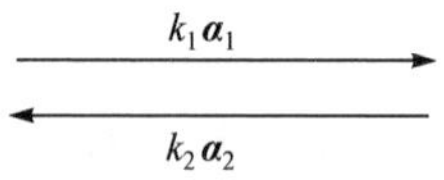

图 4.2.2

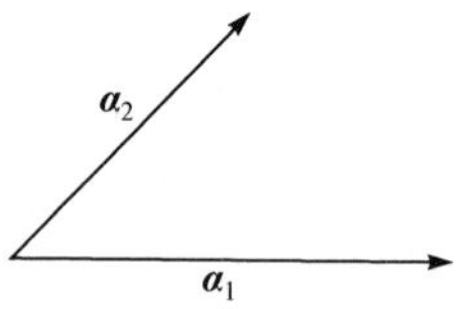

图 4.2.3

我们把几何空间中向量的线性运算具有的这种性质推广到 n 维向量，称为向量组的线性相关性. 有如下定义.

定义 4.2.4 设有 n 维向量组 $\boldsymbol{\alpha}_1,\boldsymbol{\alpha}_2,\cdots,\boldsymbol{\alpha}_m$，如果存在一组不全为零的数 k_1, $k_2,\cdots,k_m$，使得

$$k_1\boldsymbol{\alpha}_1 + k_2\boldsymbol{\alpha}_2 + \cdots + k_m\boldsymbol{\alpha}_m = \mathbf{0}, \tag{4.2.6}$$

则称 $\boldsymbol{\alpha}_1,\boldsymbol{\alpha}_2,\cdots,\boldsymbol{\alpha}_m$ **线性相关**，否则称 $\boldsymbol{\alpha}_1,\boldsymbol{\alpha}_2,\cdots,\boldsymbol{\alpha}_m$ **线性无关**，即当且仅当 $k_1 = k_2 = \cdots = k_m = 0$ 时，(4.2.6)式才成立.

由定义 4.2.4 可以证明，在几何空间中，三个共面的向量(平行于同一平面的向量)线性相关；三个异面的向量线性无关.

特别地，单独一个零向量线性相关；单独一个非零向量线性无关. 含有零向量的向量组线性相关. 两个向量线性相关(无关)的充分必要条件是它们的各对应分量成(不成)比例.

下面我们将讨论有限个向量构成的向量组其线性相关性的判定方法.

设 m 维向量组 $\boldsymbol{A}$: $\boldsymbol{\alpha}_1,\boldsymbol{\alpha}_2,\cdots,\boldsymbol{\alpha}_n$ 构成矩阵 $\boldsymbol{A} = (\boldsymbol{\alpha}_1,\boldsymbol{\alpha}_2,\cdots,\boldsymbol{\alpha}_n)$,则向量组 $\boldsymbol{\alpha}_1,\boldsymbol{\alpha}_2,\cdots,\boldsymbol{\alpha}_n$ 线性相关的充分必要条件是齐次线性方程组

$$x_1\boldsymbol{\alpha}_1 + x_2\boldsymbol{\alpha}_2 + \cdots + x_n\boldsymbol{\alpha}_n = \mathbf{0}, \tag{4.2.7}$$

即

$$(\boldsymbol{\alpha}_1,\boldsymbol{\alpha}_2,\cdots,\boldsymbol{\alpha}_n)\begin{pmatrix}x_1\\x_2\\\vdots\\x_n\end{pmatrix}=\mathbf{0},$$

也即

$$\boldsymbol{Ax}=\mathbf{0}$$

有非零解. $\boldsymbol{A}$ 是方程组(4.2.7)的系数矩阵，$\boldsymbol{x}=(x_1,x_2,\cdots,x_n)^{\mathrm{T}}$ 是方程组(4.2.7)的未知量向量. 于是可得下面的等价命题：

定理 4.2.2　设 m 维向量组 $\boldsymbol{\alpha}_1,\boldsymbol{\alpha}_2,\cdots,\boldsymbol{\alpha}_n$，记 $\boldsymbol{A}=(\boldsymbol{\alpha}_1,\boldsymbol{\alpha}_2,\cdots,\boldsymbol{\alpha}_n)$, 则下列三个命题等价：

(1) $\boldsymbol{\alpha}_1,\boldsymbol{\alpha}_2,\cdots,\boldsymbol{\alpha}_n$ 线性相关；

(2) $\boldsymbol{Ax}=\mathbf{0}$ 有非零解；

(3) $R(\boldsymbol{A})<n$，即矩阵 $\boldsymbol{A}$ 的秩小于向量组含向量的个数 n.

由于一个向量组不是线性相关，就是线性无关. 所以由定理 4.2.2 又可得出以下三个等价命题：

(1) $\boldsymbol{\alpha}_1,\boldsymbol{\alpha}_2,\cdots,\boldsymbol{\alpha}_n$ 线性无关；

(2) $\boldsymbol{Ax}=\mathbf{0}$ 只有零解；

(3) $R(\boldsymbol{A})=n$，即矩阵 $\boldsymbol{A}$ 的秩等于向量组含向量的个数 n.

此定理不予证明. 定理4.2.2为我们提供了用向量组构成的矩阵的秩来判断向量组线性相关性的方法. 但如果在向量组含向量的个数和向量的维数相等的情况下，即 $m=n$ 时，还可以用方阵 $\boldsymbol{A}$ 的行列式($|\boldsymbol{A}|$)的值来判断. 即

推论 1　设 m 维向量组 $\boldsymbol{\alpha}_1,\boldsymbol{\alpha}_2,\cdots,\boldsymbol{\alpha}_n$，记 $\boldsymbol{A}=(\boldsymbol{\alpha}_1,\boldsymbol{\alpha}_2,\cdots,\boldsymbol{\alpha}_n)$, 在 $m=n$ 时，下列三个命题等价：

(1) $\boldsymbol{\alpha}_1,\boldsymbol{\alpha}_2,\cdots,\boldsymbol{\alpha}_n$ 线性相关(无关)；

(2) $\boldsymbol{Ax}=\mathbf{0}$ 有非零解(只有零解)；

(3) $|\boldsymbol{A}|=0$ ($|\boldsymbol{A}|\neq 0$).

推论 2　如果向量组含向量的个数 n 大于向量的维数 m, 则向量组必线性相关.

因为 $R(\boldsymbol{A})\leqslant\min\{m,n\}$，即 $R(\boldsymbol{A})\leqslant m$，$R(\boldsymbol{A})\leqslant n$，而 $m<n$，所以总有 $R(\boldsymbol{A})\leqslant m<n$ 成立，故向量组线性相关.

如 $\mathbf{R}^n$ 中任意 $n+1$ 个向量必线性相关.

例 4.2.6　判断 n 维基本单位向量组

$$\boldsymbol{\varepsilon}_1=\begin{pmatrix}1\\0\\\vdots\\0\end{pmatrix},\boldsymbol{\varepsilon}_2=\begin{pmatrix}0\\1\\\vdots\\0\end{pmatrix},\cdots,\boldsymbol{\varepsilon}_n=\begin{pmatrix}0\\0\\\vdots\\1\end{pmatrix}$$

的线性无关性.

解　解法一　用向量组构成的矩阵的秩判断.

令

$$\boldsymbol{A}=(\boldsymbol{\varepsilon}_1,\boldsymbol{\varepsilon}_2,\cdots,\boldsymbol{\varepsilon}_n)=\begin{pmatrix}1&0&\cdots&0\\0&1&\cdots&0\\\vdots&\vdots&&\vdots\\0&0&\cdots&1\end{pmatrix}=\boldsymbol{E},$$

因 $R(\boldsymbol{A})=R(\boldsymbol{E})=n$ (向量的个数)，所以基本单位向量组线性无关.

解法二　由于向量个数和向量的维数相等，可用行列式的值判断.

因为

$$|\boldsymbol{A}|=\begin{vmatrix}1&0&\cdots&0\\0&1&\cdots&0\\\vdots&\vdots&&\vdots\\0&0&\cdots&1\end{vmatrix}=|\boldsymbol{E}|=1\neq 0,$$

所以 $\boldsymbol{\varepsilon}_1,\boldsymbol{\varepsilon}_2,\cdots,\boldsymbol{\varepsilon}_n$ 线性无关.

例 4.2.7　讨论向量组 $\boldsymbol{\beta}_1=\begin{pmatrix}1\\3\\-1\\2\end{pmatrix},\boldsymbol{\beta}_2=\begin{pmatrix}1\\0\\2\\-4\end{pmatrix},\boldsymbol{\beta}_3=\begin{pmatrix}-2\\-5\\-3\\6\end{pmatrix},\boldsymbol{\beta}_4=\begin{pmatrix}0\\1\\-5\\10\end{pmatrix}$ 的线性相关性.

解　解法一　令 $\boldsymbol{A}=(\boldsymbol{\beta}_1,\boldsymbol{\beta}_2,\boldsymbol{\beta}_3,\boldsymbol{\beta}_4)=\begin{pmatrix}1&1&-2&0\\3&0&-5&1\\-1&2&-3&-5\\2&-4&6&10\end{pmatrix}$，对 $\boldsymbol{A}$ 进行初等行变换化为行阶梯形，求矩阵 $\boldsymbol{A}$ 的秩.

$$\boldsymbol{A}=\begin{pmatrix}1&1&-2&0\\3&0&-5&1\\-1&2&-3&-5\\2&-4&6&10\end{pmatrix}\to\begin{pmatrix}1&1&-2&0\\3&0&-5&1\\-1&2&-3&-5\\0&0&0&0\end{pmatrix}$$

$$\rightarrow\begin{pmatrix}1&1&-2&0\\0&-3&1&1\\0&3&-5&-5\\0&0&0&0\end{pmatrix}\rightarrow\begin{pmatrix}1&1&-2&0\\0&-3&1&1\\0&0&-4&-4\\0&0&0&0\end{pmatrix}.$$

因 $R(\boldsymbol{A})=3<4$ (向量的个数)，所以向量组 $\boldsymbol{\beta}_1,\boldsymbol{\beta}_2,\boldsymbol{\beta}_3,\boldsymbol{\beta}_4$ 线性相关.

解法二　因为

$$|\boldsymbol{A}|=|\boldsymbol{\beta}_1,\boldsymbol{\beta}_2,\boldsymbol{\beta}_3,\boldsymbol{\beta}_4|=\begin{vmatrix}1&1&-2&0\\3&0&-5&1\\-1&2&-3&-5\\2&-4&6&10\end{vmatrix}=0,$$

所以向量组 $\boldsymbol{\beta}_1,\boldsymbol{\beta}_2,\boldsymbol{\beta}_3,\boldsymbol{\beta}_4$ 线性相关.

例 4.2.8　已知向量组 $\boldsymbol{\alpha}_1,\boldsymbol{\alpha}_2,\boldsymbol{\alpha}_3$ 线性无关, $\boldsymbol{\beta}_1=\boldsymbol{\alpha}_1+\boldsymbol{\alpha}_2,\boldsymbol{\beta}_2=\boldsymbol{\alpha}_2+\boldsymbol{\alpha}_3,\boldsymbol{\beta}_3=\boldsymbol{\alpha}_3+\boldsymbol{\alpha}_1$, 试证 $\boldsymbol{\beta}_1,\boldsymbol{\beta}_2,\boldsymbol{\beta}_3$ 线性无关 .

证明　设有数 x_1,x_2,x_3 使

$$x_1\boldsymbol{\beta}_1+x_2\boldsymbol{\beta}_2+x_3\boldsymbol{\beta}_3=\boldsymbol{0},$$

即

$$x_1(\boldsymbol{\alpha}_1+\boldsymbol{\alpha}_2)+x_2(\boldsymbol{\alpha}_2+\boldsymbol{\alpha}_3)+x_3(\boldsymbol{\alpha}_3+\boldsymbol{\alpha}_1)=\boldsymbol{0},$$

也即

$$(x_1+x_3)\boldsymbol{\alpha}_1+(x_1+x_2)\boldsymbol{\alpha}_2+(x_2+x_3)\boldsymbol{\alpha}_3=\boldsymbol{0}.$$

由于 $\boldsymbol{\alpha}_1$，$\boldsymbol{\alpha}_2$，$\boldsymbol{\alpha}_3$ 线性无关，故有

$$\begin{cases}x_1+x_3=0,\\x_1+x_2=0,\\x_2+x_3=0.\end{cases}\tag{4.2.8}$$

因方程组的系数行列式

$$\begin{vmatrix}1&0&1\\1&1&0\\0&1&1\end{vmatrix}=2\neq0,$$

所以方程组(4.2.8)只有零解，于是 $\boldsymbol{\beta}_1,\boldsymbol{\beta}_2,\boldsymbol{\beta}_3$ 线性无关.

线性相关性是向量组的一个重要性质，下面我们介绍与之相关的一些结论.

向量组的线性相关性概念　　　　向量组线性相关性的判定

4.2.3 向量组线性相关性的有关定理

定理 4.2.3 如果向量组 $\boldsymbol{A}$ 有一部分向量(称部分组)线性相关，则整个向量组 $\boldsymbol{A}$ 线性相关；反之，如果整个向量组 $\boldsymbol{A}$ 线性无关，则它的任何一个部分组都线性无关.

证明 设向量组 $\boldsymbol{A}$：$\boldsymbol{\alpha}_1,\boldsymbol{\alpha}_2,\cdots,\boldsymbol{\alpha}_m$ 中有 $r(r\leqslant m)$个向量线性相关，不妨设这 r 个向量为 $\boldsymbol{\alpha}_1,\boldsymbol{\alpha}_2,\cdots,\boldsymbol{\alpha}_r$，则存在不全为零的数 $k_1,k_2,\cdots,k_r$，使得

$$k_1\boldsymbol{\alpha}_1+k_2\boldsymbol{\alpha}_2+\cdots+k_r\boldsymbol{\alpha}_r=\boldsymbol{0}$$

成立. 将上式改写为

$$k_1\boldsymbol{\alpha}_1+k_2\boldsymbol{\alpha}_2+\cdots+k_r\boldsymbol{\alpha}_r+0\boldsymbol{\alpha}_{r+1}+\cdots+0\boldsymbol{\alpha}_m=\boldsymbol{0}.$$

显然，$k_1,k_2,\cdots,k_r$, 0, $\cdots$, 0 是一组不全为零的数，故 $\boldsymbol{\alpha}_1,\boldsymbol{\alpha}_2,\cdots,\boldsymbol{\alpha}_r,\boldsymbol{\alpha}_{r+1},\cdots,\boldsymbol{\alpha}_m$ 线性相关.

后半部分，用反证法证明. 假设向量组 $\boldsymbol{A}$ 有一个部分组线性相关，则整个向量组 $\boldsymbol{A}$ 线性相关，与已知矛盾，结论得证.

定理 4.2.4 设

$$\boldsymbol{\alpha}_j=\begin{pmatrix}a_{1j}\\a_{2j}\\\vdots\\a_{rj}\end{pmatrix},\quad \boldsymbol{\beta}_j=\begin{pmatrix}a_{1j}\\a_{2j}\\\vdots\\a_{rj}\\a_{r+1,j}\end{pmatrix}\quad (j=1,2,\cdots,m),$$

即 r 维向量组 $\boldsymbol{A}$: $\boldsymbol{\alpha}_1,\boldsymbol{\alpha}_2,\cdots,\boldsymbol{\alpha}_m$ 和 $r+1$ 维向量组 $\boldsymbol{B}$: $\boldsymbol{\beta}_1,\boldsymbol{\beta}_2,\cdots,\boldsymbol{\beta}_m$. 如果向量组 $\boldsymbol{A}$ 线性无关，则向量组 $\boldsymbol{B}$ 线性无关；反之，如果向量组 $\boldsymbol{B}$ 线性相关，则向量组 $\boldsymbol{A}$ 线性相关.

证明 记 $\boldsymbol{A}=(\boldsymbol{\alpha}_1,\boldsymbol{\alpha}_2,\cdots,\boldsymbol{\alpha}_m)$，$\boldsymbol{B}=(\boldsymbol{\beta}_1,\boldsymbol{\beta}_2,\cdots,\boldsymbol{\beta}_m)$，则 $\boldsymbol{A}=(a_{ij})$ 是 $r\times m$ 矩阵，$\boldsymbol{B}=(a_{kj})$ 是$(r+1)\times m$ 矩阵，显然有 $R(\boldsymbol{A})\leqslant R(\boldsymbol{B})$. 若向量组 $\boldsymbol{A}$ 线性无关，那么 $R(\boldsymbol{A})=m$，于是 $R(\boldsymbol{B})\geqslant m$，但 $R(\boldsymbol{B})\leqslant m$，所以 $R(\boldsymbol{B})=m$，故向量组 $\boldsymbol{B}$ 线性无关.

反之，可用反证法证明，此略.

定理 4.2.4 是对向量组 $\boldsymbol{A}$ 的每个向量增加一个分量而言的，如果以同样的方式增加多个分量，结论仍然成立.

定理 4.2.5　向量组 $\boldsymbol{\alpha}_1,\boldsymbol{\alpha}_2,\cdots,\boldsymbol{\alpha}_m$ $(m\geqslant 2)$线性相关的充分必要条件是其中至少有一个向量可由其余 $m-1$ 个向量线性表示；线性无关的充分必要条件是其中任何一个向量都不能由其余向量线性表示.

证明　只证前半部分.

必要性　设向量组 $\boldsymbol{\alpha}_1,\boldsymbol{\alpha}_2,\cdots,\boldsymbol{\alpha}_m$ 线性相关，则存在不全为零的数 $k_1,k_2,\cdots,k_m$，使得

$$k_1\boldsymbol{\alpha}_1+k_2\boldsymbol{\alpha}_2+\cdots+k_m\boldsymbol{\alpha}_m=\mathbf{0}.$$

为方便起见，不妨设 $k_1\neq 0$，于是有

$$\boldsymbol{\alpha}_1=-\frac{k_2}{k_1}\boldsymbol{\alpha}_2-\frac{k_3}{k_1}\boldsymbol{\alpha}_3-\cdots-\frac{k_m}{k_1}\boldsymbol{\alpha}_m,$$

即 $\boldsymbol{\alpha}_1$ 可由其余 $m-1$ 个向量线性表示.

充分性　设向量组中有一个向量(不妨设 $\boldsymbol{\alpha}_1$)可由其余向量线性表示，即

$$\boldsymbol{\alpha}_1=\lambda_2\boldsymbol{\alpha}_2+\lambda_3\boldsymbol{\alpha}_3+\cdots+\lambda_m\boldsymbol{\alpha}_m,$$

从而有

$$(-1)\boldsymbol{\alpha}_1+\lambda_2\boldsymbol{\alpha}_2+\lambda_3\boldsymbol{\alpha}_3+\cdots+\lambda_m\boldsymbol{\alpha}_m=\mathbf{0},$$

显然 $-1,\lambda_2,\lambda_3,\cdots,\lambda_m$ 不全为零，所以 $\boldsymbol{\alpha}_1,\boldsymbol{\alpha}_2,\cdots,\boldsymbol{\alpha}_m$ 线性相关.

定理 4.2.6　设向量组 $\boldsymbol{\alpha}_1,\boldsymbol{\alpha}_2,\cdots,\boldsymbol{\alpha}_m$ 线性无关，而向量组 $\boldsymbol{\alpha}_1,\boldsymbol{\alpha}_2,\cdots,\boldsymbol{\alpha}_m,\boldsymbol{\beta}$ 线性相关，则 $\boldsymbol{\beta}$ 可由 $\boldsymbol{\alpha}_1,\boldsymbol{\alpha}_2,\cdots,\boldsymbol{\alpha}_m$ 线性表示，且表示式唯一.

证明　因向量组 $\boldsymbol{\alpha}_1,\boldsymbol{\alpha}_2,\cdots,\boldsymbol{\alpha}_m,\boldsymbol{\beta}$ 线性相关,则存在 $m+1$ 个不全为零的数 $k_1,k_2,\cdots,k_m,k$, 满足等式

$$k_1\boldsymbol{\alpha}_1+k_2\boldsymbol{\alpha}_2+\cdots+k_m\boldsymbol{\alpha}_m+k\boldsymbol{\beta}=\mathbf{0}.$$

若 $k=0$，那么 $k_1,k_2,\cdots,k_m$ 不全为零，与 $\boldsymbol{\alpha}_1,\boldsymbol{\alpha}_2,\cdots,\boldsymbol{\alpha}_m$ 线性无关矛盾. 于是 $k\neq 0$，有

$$\boldsymbol{\beta}=-\frac{k_1}{k}\boldsymbol{\alpha}_1-\frac{k_2}{k}\boldsymbol{\alpha}_2-\cdots-\frac{k_m}{k}\boldsymbol{\alpha}_m,$$

即 $\boldsymbol{\beta}$ 可由 $\boldsymbol{\alpha}_1,\boldsymbol{\alpha}_2,\cdots,\boldsymbol{\alpha}_m$ 线性表示.

设向量 $\boldsymbol{\beta}$ 由 $\boldsymbol{\alpha}_1,\boldsymbol{\alpha}_2,\cdots,\boldsymbol{\alpha}_m$ 线性表示的表示式有两个：

$$\boldsymbol{\beta}=l_1\boldsymbol{\alpha}_1+l_2\boldsymbol{\alpha}_2+\cdots+l_m\boldsymbol{\alpha}_m,$$

$$\boldsymbol{\beta}=\lambda_1\boldsymbol{\alpha}_1+\lambda_2\boldsymbol{\alpha}_2+\cdots+\lambda_m\boldsymbol{\alpha}_m.$$

两式相减并整理得

$$(l_1-\lambda_1)\boldsymbol{\alpha}_1+(l_2-\lambda_2)\boldsymbol{\alpha}_2+\cdots+(l_m-\lambda_m)\boldsymbol{\alpha}_m=\mathbf{0},$$

由 $\boldsymbol{\alpha}_1,\boldsymbol{\alpha}_2,\cdots,\boldsymbol{\alpha}_m$ 线性无关可得 $l_i-\lambda_i=0$，即 $l_i=\lambda_i\ (i=1,2,\cdots,m)$，表示式唯一.

例 4.2.9 已知向量组 $\boldsymbol{\alpha}_1=\begin{pmatrix}1\\2\\3\end{pmatrix},\boldsymbol{\alpha}_2=\begin{pmatrix}1\\1\\0\end{pmatrix},\boldsymbol{\alpha}_3=\begin{pmatrix}5\\2\\4\end{pmatrix},\boldsymbol{\alpha}_4=\begin{pmatrix}2\\0\\7\end{pmatrix}$.

(1) 讨论向量组 $\boldsymbol{\alpha}_1,\boldsymbol{\alpha}_2,\boldsymbol{\alpha}_3$ 的线性相关性；

(2) $\boldsymbol{\alpha}_4$ 能否由 $\boldsymbol{\alpha}_1,\boldsymbol{\alpha}_2,\boldsymbol{\alpha}_3$ 线性表示？如果能，求出表示式.

解 (1) 令 $\boldsymbol{A}=(\boldsymbol{\alpha}_1,\boldsymbol{\alpha}_2,\boldsymbol{\alpha}_3)=\begin{pmatrix}1&1&5\\2&1&2\\3&0&4\end{pmatrix}\xrightarrow[r_3-3r_1]{r_2-2r_1}\begin{pmatrix}1&1&5\\0&-1&-8\\0&-3&-11\end{pmatrix}$

$$\xrightarrow{r_3-3r_2}\begin{pmatrix}1&1&5\\0&-1&-8\\0&0&13\end{pmatrix}.$$

因 $R(\boldsymbol{A})=3=$ 向量的个数，所以 $\boldsymbol{\alpha}_1,\boldsymbol{\alpha}_2,\boldsymbol{\alpha}_3$ 线性无关.

(2) 由于 $\mathbf{R}^3$ 中的任意 4 个向量都线性相关，又 $\boldsymbol{\alpha}_1,\boldsymbol{\alpha}_2,\boldsymbol{\alpha}_3$ 线性无关，所以由定理 4.2.6 知，$\boldsymbol{\alpha}_4$ 一定能由 $\boldsymbol{\alpha}_1,\boldsymbol{\alpha}_2,\boldsymbol{\alpha}_3$ 线性表示，且表示式唯一.

设 $\boldsymbol{\alpha}_4=x_1\boldsymbol{\alpha}_1+x_2\boldsymbol{\alpha}_2+x_3\boldsymbol{\alpha}_3$，此方程组的增广矩阵为

$$\tilde{\boldsymbol{A}}=(\boldsymbol{\alpha}_1,\boldsymbol{\alpha}_2,\boldsymbol{\alpha}_3\,\vdots\,\boldsymbol{\alpha}_4)=\left(\begin{array}{ccc:c}1&1&5&2\\2&1&2&0\\3&0&4&7\end{array}\right)\xrightarrow[r_3-3r_1]{r_2-2r_1}\left(\begin{array}{ccc:c}1&1&5&2\\0&-1&-8&-4\\0&-3&-11&1\end{array}\right)$$

$$\xrightarrow{r_3-3r_2}\left(\begin{array}{ccc:c}1&1&5&2\\0&-1&-8&-4\\0&0&13&13\end{array}\right)\xrightarrow{r_3\div 13}\left(\begin{array}{ccc:c}1&1&5&2\\0&-1&-8&-4\\0&0&1&1\end{array}\right)$$

$$\xrightarrow[r_1-5r_3]{r_2+8r_3}\left(\begin{array}{ccc:c}1&1&0&-3\\0&-1&0&4\\0&0&1&1\end{array}\right)\xrightarrow[(-1)r_2]{r_1+r_2}\left(\begin{array}{ccc:c}1&0&0&1\\0&1&0&-4\\0&0&1&1\end{array}\right).$$

由行最简形矩阵得方程组的唯一解：

$$x_1=1,\quad x_2=-4,\quad x_3=1.$$

所以 $\boldsymbol{\alpha}_4=\boldsymbol{\alpha}_1-4\boldsymbol{\alpha}_2+\boldsymbol{\alpha}_3$.

实际上，向量组的线性相关性就是讨论向量组中是否有多余向量的问题. 定理 4.2.5 和定理 4.2.6 足以说明：如果向量组线性相关，其中至少有一个向量是多余的，因为这个向量可用其余向量线性表示出来；如果向量组线性无关，则其中没有多余向量，其中的任一向量都不能用其他向量线性表示.

习　题　4.2

1. 把下列向量 $\boldsymbol{\beta}$ 表示成向量组 $\boldsymbol{\alpha}_1, \boldsymbol{\alpha}_2, \boldsymbol{\alpha}_3, \boldsymbol{\alpha}_4$ 的线性组合：

(1) $\boldsymbol{\beta}=(7,14,-1,2)^{\mathrm{T}}$，$\boldsymbol{\alpha}_1=(1,2,-1,-2)^{\mathrm{T}}$，$\boldsymbol{\alpha}_2=(2,3,0,-1)^{\mathrm{T}}$，$\boldsymbol{\alpha}_3=(1,2,1,4)^{\mathrm{T}}$，$\boldsymbol{\alpha}_4=(1,3,-1,0)^{\mathrm{T}}$.

(2) $\boldsymbol{\beta}=(0,2,0,-1)^{\mathrm{T}}$，$\boldsymbol{\alpha}_1=(1,1,1,1)^{\mathrm{T}}$，$\boldsymbol{\alpha}_2=(1,1,1,0)^{\mathrm{T}}$，$\boldsymbol{\alpha}_3=(1,1,0,0)^{\mathrm{T}}$，$\boldsymbol{\alpha}_4=(1,0,0,0)^{\mathrm{T}}$.

2. 设向量组

$$\boldsymbol{\beta}=(1,2,-2,1)^{\mathrm{T}},\quad \boldsymbol{\alpha}_1=(1,0,1,0)^{\mathrm{T}},\quad \boldsymbol{\alpha}_2=(3,-1,2,1)^{\mathrm{T}},\quad \boldsymbol{\alpha}_3=(1,a,b,0)^{\mathrm{T}}.$$

(1) a, b 取何值时，$\boldsymbol{\beta}$ 是向量 $\boldsymbol{\alpha}_1,\boldsymbol{\alpha}_2,\boldsymbol{\alpha}_3$ 的线性组合？

(2) a, b 取何值时，$\boldsymbol{\beta}$ 不能由 $\boldsymbol{\alpha}_1,\boldsymbol{\alpha}_2,\boldsymbol{\alpha}_3$ 线性表示？

3. 找出下面已知的四个向量中哪个向量不能由其余三个向量线性表示？

$$\boldsymbol{\alpha}_1=(1,1,1,1)^{\mathrm{T}},\quad \boldsymbol{\alpha}_2=(0,5,2,1)^{\mathrm{T}},\quad \boldsymbol{\alpha}_3=(1,-1,0,0)^{\mathrm{T}},\quad \boldsymbol{\alpha}_4=(2,-3,0,1)^{\mathrm{T}}.$$

4. 讨论下列向量组的线性相关性：

(1) $\boldsymbol{\alpha}_1^{\mathrm{T}}=(1,2),\ \boldsymbol{\alpha}_2^{\mathrm{T}}=(1,0),\ \boldsymbol{\alpha}_1^{\mathrm{T}}=(3,-4)$;

(2) $\boldsymbol{\alpha}_1=(1,2,-1,k)^{\mathrm{T}},\ \boldsymbol{\alpha}_2=(0,-1,0,1)^{\mathrm{T}},\ \boldsymbol{\alpha}_3=(-4,-5,1,1)^{\mathrm{T}}$;

(3) $\boldsymbol{\alpha}_1=(2,1,-3,2)^{\mathrm{T}},\ \boldsymbol{\alpha}_2=(1,5,-2,1)^{\mathrm{T}},\ \boldsymbol{\alpha}_3=(1,0,0,1)^{\mathrm{T}},\ \boldsymbol{\alpha}_4=(4,-1,0,4)^{\mathrm{T}}$.

5. 设 $\boldsymbol{\beta}_1=\boldsymbol{\alpha}_1+\boldsymbol{\alpha}_2, \boldsymbol{\beta}_2=\boldsymbol{\alpha}_2+\boldsymbol{\alpha}_3, \boldsymbol{\beta}_3=\boldsymbol{\alpha}_3+\boldsymbol{\alpha}_4, \boldsymbol{\beta}_4=\boldsymbol{\alpha}_4+\boldsymbol{\alpha}_1$，证明向量组 $\boldsymbol{\beta}_1,\boldsymbol{\beta}_2,\boldsymbol{\beta}_3,\boldsymbol{\beta}_4$ 线性相关.

6. 设向量组 $\boldsymbol{\alpha}_1,\boldsymbol{\alpha}_2,\boldsymbol{\alpha}_3$ 线性无关，问当 k, l 满足什么条件时，$k\boldsymbol{\alpha}_2-\boldsymbol{\alpha}_1, l\boldsymbol{\alpha}_3-\boldsymbol{\alpha}_2$，$\boldsymbol{\alpha}_1-\boldsymbol{\alpha}_3$ 也线性无关？

7. 已知向量组 $\boldsymbol{\alpha}_1=(1,1,1)^{\mathrm{T}}$，$\boldsymbol{\alpha}_2=(0,2,5)^{\mathrm{T}}$，$\boldsymbol{\alpha}_3=(2,4,7)^{\mathrm{T}}$，

(1) 讨论向量组 $\boldsymbol{\alpha}_1,\boldsymbol{\alpha}_2,\boldsymbol{\alpha}_3$ 及向量组 $\boldsymbol{\alpha}_1,\boldsymbol{\alpha}_2$ 的线性相关性；

(2) 向量 $\boldsymbol{\alpha}_3$ 能否由 $\boldsymbol{\alpha}_1,\boldsymbol{\alpha}_2$ 线性表示？若能，求出线性表示式.

8. 设 $\boldsymbol{\alpha}$ 是向量组 $\boldsymbol{\alpha}_1,\boldsymbol{\alpha}_2,\cdots,\boldsymbol{\alpha}_m$ 的线性组合，但不是 $\boldsymbol{\alpha}_1,\boldsymbol{\alpha}_2,\cdots,\boldsymbol{\alpha}_{m-1}$ 的线性组合. 证明 $\boldsymbol{\alpha}_m$ 是 $\boldsymbol{\alpha}_1,\boldsymbol{\alpha}_2,\cdots,\boldsymbol{\alpha}_{m-1},\boldsymbol{\alpha}$ 的线性组合.

习题 4.2 第 2，3 题解答

习题 4.2 第 6，8 题解答

4.3　向量组的秩

4.3.1　向量组的秩与极大线性无关组

在 4.2 节中我们讨论了向量组的线性相关与线性无关. 如 $\mathbf{R}^2$ 中的四个向量

$\boldsymbol{\alpha}_1^{\mathrm{T}}=(1,2)$, $\boldsymbol{\alpha}_2^{\mathrm{T}}=(2,3)$, $\boldsymbol{\alpha}_3^{\mathrm{T}}=(1,0)$, $\boldsymbol{\alpha}_4^{\mathrm{T}}=(0,1)$，其中任意两个都线性无关，而任意三个线性相关. 也就是说，这个向量组只需要其中的两个向量就足够了. 也就是我们下面将要引入的极大线性无关组的概念.

定义 4.3.1 设向量组 $\boldsymbol{T}$ 中有 r 个向量 $\boldsymbol{\alpha}_1,\boldsymbol{\alpha}_2,\cdots,\boldsymbol{\alpha}_r$ 满足

(1) 向量组 $\boldsymbol{\alpha}_1,\boldsymbol{\alpha}_2,\cdots,\boldsymbol{\alpha}_r$ 线性无关；

(2) $\boldsymbol{T}$ 中任意 $r+1$ 个向量(如果存在有 $r+1$ 个向量)线性相关.

则称 $\boldsymbol{\alpha}_1,\boldsymbol{\alpha}_2,\cdots,\boldsymbol{\alpha}_r$ 是向量组 $\boldsymbol{T}$ 的一个**极大线性无关向量组**，简称**极大无关组**. 数 r 称为向量组 $\boldsymbol{T}$ 的**秩**. 向量组 $\boldsymbol{\alpha}_1,\boldsymbol{\alpha}_2,\cdots,\boldsymbol{\alpha}_m$ 的秩，记作 $R(\boldsymbol{\alpha}_1,\boldsymbol{\alpha}_2,\cdots,\boldsymbol{\alpha}_m)$.

定义 4.3.1 中的(2)还可以叙述为：$\boldsymbol{T}$ 中任一向量都可由 $\boldsymbol{\alpha}_1,\boldsymbol{\alpha}_2,\cdots,\boldsymbol{\alpha}_r$ 线性表示.

由定义 4.3.1，易得如下结论.

结论 1 只含零向量的向量组不存在极大无关组，规定秩为零.

结论 2 一个向量组与其极大无关组等价.

结论 3 任何非零向量组必存在极大无关组.

结论 4 线性无关的向量组其极大无关组就是它本身.

一般地，如果一个向量组的极大无关组不是其本身，则极大无关组**不唯一**，且极大无关组等价. 但极大无关组含向量的个数，即向量组的**秩**是**唯一**的. 如向量组 $\boldsymbol{\alpha}_1^{\mathrm{T}}=(1,2)$, $\boldsymbol{\alpha}_2^{\mathrm{T}}=(2,3)$, $\boldsymbol{\alpha}_3^{\mathrm{T}}=(1,0)$, $\boldsymbol{\alpha}_4^{\mathrm{T}}=(0,1)$，其中任意两个向量都是它的一个极大无关组，极大无关组有六个，但 $R(\boldsymbol{\alpha}_1^{\mathrm{T}},\boldsymbol{\alpha}_2^{\mathrm{T}},\boldsymbol{\alpha}_3^{\mathrm{T}},\boldsymbol{\alpha}_4^{\mathrm{T}})=2$.

例 4.3.1 求例 4.2.9 中向量组 $\boldsymbol{\alpha}_1=\begin{pmatrix}1\\2\\3\end{pmatrix}$, $\boldsymbol{\alpha}_2=\begin{pmatrix}1\\1\\0\end{pmatrix}$, $\boldsymbol{\alpha}_3=\begin{pmatrix}5\\2\\4\end{pmatrix}$, $\boldsymbol{\alpha}_4=\begin{pmatrix}2\\0\\7\end{pmatrix}$ 的一个极大无关组和秩.

解 由例 4.2.9(1)可知，$\boldsymbol{\alpha}_1,\boldsymbol{\alpha}_2,\boldsymbol{\alpha}_3$ 线性无关，而 $\mathbf{R}^3$ 中任意四个向量线性相关，$\boldsymbol{\alpha}_4$ 可由 $\boldsymbol{\alpha}_1,\boldsymbol{\alpha}_2,\boldsymbol{\alpha}_3$ 线性表示，即 $\boldsymbol{\alpha}_1,\boldsymbol{\alpha}_2,\boldsymbol{\alpha}_3,\boldsymbol{\alpha}_4$ 线性相关，所以 $\boldsymbol{\alpha}_1,\boldsymbol{\alpha}_2,\boldsymbol{\alpha}_3$ 是向量组 $\boldsymbol{\alpha}_1,\boldsymbol{\alpha}_2,\boldsymbol{\alpha}_3,\boldsymbol{\alpha}_4$ 的一个极大无关组，且 $R(\boldsymbol{\alpha}_1,\boldsymbol{\alpha}_2,\boldsymbol{\alpha}_3,\boldsymbol{\alpha}_4)=3$.

下面讨论两个向量组秩的关系及性质.

定理 4.3.1 设向量组 $\boldsymbol{A}:\boldsymbol{\alpha}_1,\boldsymbol{\alpha}_2,\cdots,\boldsymbol{\alpha}_r$ 可由向量组 $\boldsymbol{B}:\boldsymbol{\beta}_1,\boldsymbol{\beta}_2,\cdots,\boldsymbol{\beta}_s$ 线性表示，且向量组 $\boldsymbol{A}$ 线性无关，则 $r\leqslant s$.

证明 因向量组 $\boldsymbol{A}$ 可由向量组 $\boldsymbol{B}$ 线性表示，所以有

$$\begin{cases}\boldsymbol{\alpha}_1=k_{11}\boldsymbol{\beta}_1+k_{21}\boldsymbol{\beta}_2+\cdots+k_{s1}\boldsymbol{\beta}_s,\\ \boldsymbol{\alpha}_2=k_{12}\boldsymbol{\beta}_1+k_{22}\boldsymbol{\beta}_2+\cdots+k_{s2}\boldsymbol{\beta}_s,\\ \qquad\cdots\cdots\\ \boldsymbol{\alpha}_r=k_{1r}\boldsymbol{\beta}_1+k_{2r}\boldsymbol{\beta}_2+\cdots+k_{sr}\boldsymbol{\beta}_s.\end{cases}\tag{4.3.1}$$

因向量组 $\boldsymbol{A}$ 线性无关，要使等式

$$x_1\boldsymbol{\alpha}_1 + x_2\boldsymbol{\alpha}_2 + \cdots + x_r\boldsymbol{\alpha}_r = \boldsymbol{0} \tag{4.3.2}$$

成立，必有 $x_1 = x_2 = \cdots = x_r = 0$. 把(4.3.1)式代入(4.3.2)式并整理得

$$(k_{11}x_1 + k_{12}x_2 + \cdots + k_{1r}x_r)\boldsymbol{\beta}_1 + (k_{21}x_1 + k_{22}x_2 + \cdots + k_{2r}x_r)\boldsymbol{\beta}_2 + \cdots \\ + (k_{s1}x_1 + k_{s2}x_2 + \cdots + k_{sr}x_r)\boldsymbol{\beta}_s = \boldsymbol{0},$$

令

$$\begin{cases} k_{11}x_1 + k_{12}x_2 + \cdots + k_{1r}x_r = 0, \\ k_{21}x_1 + k_{22}x_2 + \cdots + k_{2r}x_r = 0, \\ \qquad\cdots\cdots \\ k_{s1}x_1 + k_{s2}x_2 + \cdots + k_{sr}x_r = 0. \end{cases} \tag{4.3.3}$$

于是关于 $x_1, x_2, \cdots, x_r$ 的齐次线性方程组(4.3.3)只有零解. 如果方程的个数 s 小于未知量的个数 r，即 $s < r$，则方程组(4.3.3)有非零解，与向量组 $\boldsymbol{A}$ 线性无关矛盾. 所以 $r \leqslant s$.

推论 1　如果向量组 $\boldsymbol{A}: \boldsymbol{\alpha}_1, \boldsymbol{\alpha}_2, \cdots, \boldsymbol{\alpha}_r$ 与向量组 $\boldsymbol{B}: \boldsymbol{\beta}_1, \boldsymbol{\beta}_2, \cdots, \boldsymbol{\beta}_s$ 均线性无关且等价，则 $r = s$.

推论 2　一个向量组的所有极大无关组含向量的个数相等.

性质 4.3.1　向量组 $\boldsymbol{\alpha}_1, \boldsymbol{\alpha}_2, \cdots, \boldsymbol{\alpha}_m$ 线性无关的充分必要条件是 $R(\boldsymbol{\alpha}_1, \boldsymbol{\alpha}_2, \cdots, \boldsymbol{\alpha}_m) = m$；线性相关的充分必要条件是 $R(\boldsymbol{\alpha}_1, \boldsymbol{\alpha}_2, \cdots, \boldsymbol{\alpha}_m) < m$.

性质 4.3.2　如果一个向量组的秩为 r，则向量组中任意 r 个线性无关的向量都是它的一个极大无关组.

证明　设向量组为 $\boldsymbol{\alpha}_1, \boldsymbol{\alpha}_2, \cdots, \boldsymbol{\alpha}_m\ (m \geqslant 2)$，$R(\boldsymbol{\alpha}_1, \boldsymbol{\alpha}_2, \cdots, \boldsymbol{\alpha}_m) = r$. 再设 $\boldsymbol{\alpha}_{i_1}, \boldsymbol{\alpha}_{i_2}, \cdots, \boldsymbol{\alpha}_{i_r}$ 是 $\boldsymbol{\alpha}_1, \boldsymbol{\alpha}_2, \cdots, \boldsymbol{\alpha}_m$ 中 r 个线性无关的向量，除这 r 个向量外再添一个向量 α_k，即向量组 $\boldsymbol{\alpha}_{i_1}, \boldsymbol{\alpha}_{i_2}, \cdots, \boldsymbol{\alpha}_{i_r}, \boldsymbol{\alpha}_k$ 一定线性相关，否则与 $R(\boldsymbol{\alpha}_1, \boldsymbol{\alpha}_2, \cdots, \boldsymbol{\alpha}_m) = r$ 矛盾. 由定义 4.3.1 知，这 r 个线性无关的向量 $\boldsymbol{\alpha}_{i_1}, \boldsymbol{\alpha}_{i_2}, \cdots, \boldsymbol{\alpha}_{i_r}$ 就是向量组 $\boldsymbol{\alpha}_1, \boldsymbol{\alpha}_2, \cdots, \boldsymbol{\alpha}_m$ 的一个极大无关组.

性质 4.3.3　设向量组 $\boldsymbol{A}: \boldsymbol{\alpha}_1, \boldsymbol{\alpha}_2, \cdots, \boldsymbol{\alpha}_s$ 可由向量组 $\boldsymbol{B}: \boldsymbol{\beta}_1, \boldsymbol{\beta}_2, \cdots, \boldsymbol{\beta}_t$ 线性表示，则 $R(\boldsymbol{\alpha}_1, \boldsymbol{\alpha}_2, \cdots, \boldsymbol{\alpha}_s) \leqslant R(\boldsymbol{\beta}_1, \boldsymbol{\beta}_2, \cdots, \boldsymbol{\beta}_t)$.

证明　设向量组 $\boldsymbol{A}_0$：$\boldsymbol{\alpha}_{i_1}, \boldsymbol{\alpha}_{i_2}, \cdots, \boldsymbol{\alpha}_{i_r}$ 和 $\boldsymbol{B}_0$：$\boldsymbol{\beta}_{j_1}, \boldsymbol{\beta}_{j_2}, \cdots, \boldsymbol{\beta}_{j_k}$ 分别是向量组 $\boldsymbol{A}$ 和 $\boldsymbol{B}$ 的极大无关组，则 $\boldsymbol{A}$ 与 $\boldsymbol{A}_0$ 等价，$\boldsymbol{B}$ 与 $\boldsymbol{B}_0$ 等价. 因 $\boldsymbol{A}$ 可由 $\boldsymbol{B}$ 线性表示，所以 $\boldsymbol{A}_0$ 可由 $\boldsymbol{B}_0$ 线性表示，又 $\boldsymbol{A}_0$ 组线性无关，根据定理 4.3.1 可得 $r \leqslant k$，即 $R(\boldsymbol{\alpha}_1, \boldsymbol{\alpha}_2, \cdots, \boldsymbol{\alpha}_s) \leqslant R(\boldsymbol{\beta}_1, \boldsymbol{\beta}_2, \cdots, \boldsymbol{\beta}_t)$.

性质 4.3.4　等价的向量组其秩相等.

由性质 4.3.3 即可证明.

例 4.3.2　设向量组 $\boldsymbol{A}$ 可由向量组 $\boldsymbol{B}$ 线性表示，且它们的秩相等，证明向量组 $\boldsymbol{A}$ 与 $\boldsymbol{B}$ 等价.

证明　只需证向量组 $\boldsymbol{B}$ 可由向量组 $\boldsymbol{A}$ 线性表示即可.

设向量组 $\boldsymbol{A}$ 和 $\boldsymbol{B}$ 的秩都是 r，且它们的极大无关组分别为 $\boldsymbol{A}_0:\boldsymbol{\alpha}_1,\boldsymbol{\alpha}_2,\cdots,\boldsymbol{\alpha}_r$ 和 $\boldsymbol{B}_0:\boldsymbol{\beta}_1,\boldsymbol{\beta}_2,\cdots,\boldsymbol{\beta}_r$. 作向量组 $\boldsymbol{C}:\boldsymbol{\alpha}_1,\boldsymbol{\alpha}_2,\cdots,\boldsymbol{\alpha}_r,\boldsymbol{\beta}_1,\boldsymbol{\beta}_2,\cdots,\boldsymbol{\beta}_r$，因 $\boldsymbol{A}$ 可由 $\boldsymbol{B}$ 线性表示，所以 $\boldsymbol{A}_0$ 可由 $\boldsymbol{B}_0$ 线性表示，那么 $\boldsymbol{C}$ 中的每个向量都可由 $\boldsymbol{B}_0$ 线性表示，又向量组 $\boldsymbol{B}_0$ 线性无关，所以 $\boldsymbol{B}_0$ 是向量组 $\boldsymbol{C}$ 的极大无关组，则有 $R(\boldsymbol{\alpha}_1,\boldsymbol{\alpha}_2,\cdots,\boldsymbol{\alpha}_r,\boldsymbol{\beta}_1,\boldsymbol{\beta}_2,\cdots,\boldsymbol{\beta}_r)=r$，由性质 4.3.2 可知，$\boldsymbol{A}_0$ 组也是向量组 $\boldsymbol{C}$ 的一个极大无关组，于是 $\boldsymbol{A}_0$ 与 $\boldsymbol{B}_0$ 等价，即 $\boldsymbol{A}$ 与 $\boldsymbol{B}$ 等价. 证毕.

4.3.2　向量组的秩与矩阵秩的关系

任一个 $m\times n$ 的矩阵 $\boldsymbol{A}=(a_{ij})$，既可以看作由 m 个 n 维行向量构成的**行向量组**：$\boldsymbol{\alpha}_i^{\mathrm{T}}=(a_{i1},a_{i2},\cdots,a_{in})$ $(i=1,2,\cdots,m)$，又可以看作由 n 个 m 维列向量构成的**列向量组**：$\boldsymbol{\beta}_j=(a_{1j},a_{2j},\cdots,a_{mj})$ $(j=1,2,\cdots,m)$；反过来，行向量组或列向量又可构成矩阵. 所以向量组和矩阵从某种意义上可以相互代替，那么它们应该具有某种相同的性质. 下面将进一步介绍.

定义 4.3.2　矩阵 $\boldsymbol{A}$ 的行向量组的秩称为 $\boldsymbol{A}$ 的行秩，记为 $r(\boldsymbol{A})$，列向量组的秩称为 $\boldsymbol{A}$ 的列秩，记为 $c(\boldsymbol{A})$.

定理 4.3.2　矩阵 $\boldsymbol{A}$ 的行秩等于它的列秩，都等于矩阵 $\boldsymbol{A}$ 的秩，即 $r(\boldsymbol{A})=c(\boldsymbol{A})=R(\boldsymbol{A})$.

证明　设 $\boldsymbol{A}=(a_{ij})_{m\times n}$.为方便叙述，我们先证 $R(\boldsymbol{A})=c(\boldsymbol{A})$.

(1) 若 $\boldsymbol{A}=\boldsymbol{O}$，结论显然成立.

(2) 若 $\boldsymbol{A}\neq\boldsymbol{O}$，并设 $R(\boldsymbol{A})=r$ $(1\leqslant r\leqslant\min\{m,n\})$，由矩阵秩的定义，$\boldsymbol{A}$ 中存在 r 阶非零子式 D_r，则 D_r 所在的 $\boldsymbol{A}$ 的 r 列线性无关；而 $\boldsymbol{A}$ 的所有 $r+1$ 阶子式 D_{r+1}(如果存在的话)全是零，所以 D_{r+1} 所在 $\boldsymbol{A}$ 的 $r+1$ 列线性相关(否则与 $R(\boldsymbol{A})=r$ 矛盾). 于是，D_r 所在的 $\boldsymbol{A}$ 的 r 列是列向量组的极大无关组，故 $c(\boldsymbol{A})=R(\boldsymbol{A})=r$.

同理可证 $R(\boldsymbol{A})=r(\boldsymbol{A})=r$.

例 4.3.3　设矩阵 $\boldsymbol{A}=(a_{ij})_{m\times s}$，$\boldsymbol{B}=(b_{ij})_{s\times n}$，证明 $R(\boldsymbol{AB})\leqslant\min\{R(\boldsymbol{A}),R(\boldsymbol{B})\}$.

证明　记

$$\boldsymbol{C}_{m\times n}=\boldsymbol{A}_{m\times s}\boldsymbol{B}_{s\times n},\quad \boldsymbol{C}=(\boldsymbol{\gamma}_1,\boldsymbol{\gamma}_2,\cdots,\boldsymbol{\gamma}_n),\quad \boldsymbol{A}=(\boldsymbol{\alpha}_1,\boldsymbol{\alpha}_2,\cdots,\boldsymbol{\alpha}_s),$$

则矩阵 $\boldsymbol{C}$ 的列向量组可由 $\boldsymbol{A}$ 的列向量组线性表示，$\boldsymbol{B}=(b_{ij})_{s\times n}$ 是这一线性表示的系数矩阵. 由性质 4.3.3 可知，$R(\boldsymbol{C})=R(\boldsymbol{\gamma}_1,\boldsymbol{\gamma}_2,\cdots,\boldsymbol{\gamma}_n)\leqslant R(\boldsymbol{\alpha}_1,\boldsymbol{\alpha}_2,\cdots,\boldsymbol{\alpha}_s)=R(\boldsymbol{A})$，即 $R(\boldsymbol{AB})\leqslant R(\boldsymbol{A})$；

同理，记 $C=\begin{pmatrix}\boldsymbol{\delta}_1^{\mathrm{T}}\\ \boldsymbol{\delta}_2^{\mathrm{T}}\\ \vdots\\ \boldsymbol{\delta}_m^{\mathrm{T}}\end{pmatrix}$，$\boldsymbol{B}=\begin{pmatrix}\boldsymbol{b}_1^{\mathrm{T}}\\ \boldsymbol{b}_2^{\mathrm{T}}\\ \vdots\\ \boldsymbol{b}_s^{\mathrm{T}}\end{pmatrix}$，由 $\boldsymbol{C}_{m\times n}=\boldsymbol{A}_{m\times s}\boldsymbol{B}_{s\times n}$ 又可得 $\boldsymbol{C}$ 的行向量组 $\boldsymbol{\delta}_1^{\mathrm{T}},\boldsymbol{\delta}_2^{\mathrm{T}},\cdots,\boldsymbol{\delta}_m^{\mathrm{T}}$ 可由 $\boldsymbol{B}$ 的行向量组 $\boldsymbol{b}_1^{\mathrm{T}},\boldsymbol{b}_2^{\mathrm{T}},\cdots,\boldsymbol{b}_s^{\mathrm{T}}$ 线性表示，所以有 $R(\boldsymbol{C})\leqslant R(\boldsymbol{B})$. 综上，$R(\boldsymbol{AB})\leqslant\min\{R(\boldsymbol{A}),R(\boldsymbol{B})\}$.

例 4.3.4　证明 $R(\boldsymbol{A}+\boldsymbol{B})\leqslant R(\boldsymbol{A})+R(\boldsymbol{B})$.

证明　设 $\boldsymbol{A}=(\boldsymbol{\alpha}_1,\boldsymbol{\alpha}_2,\cdots,\boldsymbol{\alpha}_n)$，$\boldsymbol{B}=(\boldsymbol{\beta}_1,\boldsymbol{\beta}_2,\cdots,\boldsymbol{\beta}_n)$，$R(\boldsymbol{A})=r_1$，$R(\boldsymbol{B})=r_2$；$\boldsymbol{\alpha}_{i_1},\boldsymbol{\alpha}_{i_2},\cdots,\boldsymbol{\alpha}_{i_{r1}}$ 是向量组 $\boldsymbol{A}$ 的一个极大无关组，$\boldsymbol{\beta}_{j_1},\boldsymbol{\beta}_{j_2},\cdots,\boldsymbol{\beta}_{j_{r_2}}$ 是向量组 $\boldsymbol{B}$ 的一个极大无关组. 则 $\boldsymbol{A}+\boldsymbol{B}=(\boldsymbol{\alpha}_1+\boldsymbol{\beta}_1,\boldsymbol{\alpha}_2+\boldsymbol{\beta}_2,\cdots,\boldsymbol{\alpha}_n+\boldsymbol{\beta}_n)$，又设 $R(\boldsymbol{A}+\boldsymbol{B})=r$，$\boldsymbol{\gamma}_{q_1},\boldsymbol{\gamma}_{q_2},\cdots,\boldsymbol{\gamma}_{q_r}$ 是其一个极大无关组. 因 $\boldsymbol{\alpha}_\tau\,(\tau=1,2,\cdots,n)$ 可由 $\boldsymbol{\alpha}_{i_1},\alpha_{i_2},\cdots,\alpha_{i_{r1}}$ 线性表示，$\boldsymbol{\beta}_\tau\,(\tau=1,2,\cdots,n)$ 可由 $\boldsymbol{\beta}_{j_1},\boldsymbol{\beta}_{j_2},\cdots,\boldsymbol{\beta}_{j_{r_2}}$ 线性表示，所以 $\boldsymbol{\alpha}_\tau+\boldsymbol{\beta}_\tau\,(\tau=1,2,\cdots,n)$ 可由 $\boldsymbol{\alpha}_{i_1},\boldsymbol{\alpha}_{i_2},\cdots,\boldsymbol{\alpha}_{i_{r1}}$，$\boldsymbol{\beta}_{j_1},\boldsymbol{\beta}_{j_2},\cdots,\boldsymbol{\beta}_{j_{r_2}}$ 线性表示，那么 $\boldsymbol{\gamma}_{q_1},\boldsymbol{\gamma}_{q_2},\cdots,\boldsymbol{\gamma}_{q_r}$ 也可由 $\boldsymbol{\alpha}_{i_1},\boldsymbol{\alpha}_{i_2},\cdots,\boldsymbol{\alpha}_{i_{r1}},\boldsymbol{\beta}_{j_1}$，$\boldsymbol{\beta}_{j_2},\cdots,\boldsymbol{\beta}_{j_{r_2}}$ 线性表示，又因 $\boldsymbol{\gamma}_{q_1},\boldsymbol{\gamma}_{q_2},\cdots,\boldsymbol{\gamma}_{q_r}$ 线性无关，由定理 4.3.1 知：$r\leqslant r_1+r_2$，即 $R(\boldsymbol{A}+\boldsymbol{B})\leqslant R(\boldsymbol{A})+R(\boldsymbol{B})$.

向量组的极大无关组和秩的概念　　定理 4.3.1 证明　　向量组的秩与矩阵秩的关系

4.3.3　求极大线性无关组的方法

求向量组的极大无关组除了用定义和性质之外，还可用最简单常用的初等变换法. 但首先要明确下列定理的结论.

定理 4.3.3　矩阵 $\boldsymbol{A}$ 经有限次初等行变换变成 $\boldsymbol{B}$，则 $\boldsymbol{A}$ 的行向量组与 $\boldsymbol{B}$ 的行向量组等价；而 $\boldsymbol{A}$ 的任意 k 个列向量与 $\boldsymbol{B}$ 中对应的 k 个列向量有相同的线性相关性.

证明　该定理的前半部分在向量组的等价内容中已有证明，这里只证定理的后半部分. 因 $\boldsymbol{A}$ 的行向量组与 $\boldsymbol{B}$ 的行向量组等价，所以方程组 $\boldsymbol{Ax}=\boldsymbol{0}$ 与 $\boldsymbol{Bx}=\boldsymbol{0}$ 同解，其中

$$\boldsymbol{A}=(\boldsymbol{\alpha}_1,\cdots,\boldsymbol{\alpha}_k,\cdots,\boldsymbol{\alpha}_n),\quad \boldsymbol{B}=(\boldsymbol{\beta}_1,\cdots,\boldsymbol{\beta}_k,\cdots,\boldsymbol{\beta}_n),\quad \boldsymbol{x}=(x_1,\cdots,x_k,\cdots,x_n)^{\mathrm{T}}.$$

即方程组 $x_1\boldsymbol{\alpha}_1+\cdots+x_k\boldsymbol{\alpha}_k+\cdots+x_n\boldsymbol{\alpha}_n=\mathbf{0}$ 与方程组 $x_1\boldsymbol{\beta}_1+\cdots+x_k\boldsymbol{\beta}_k+\cdots+x_n\boldsymbol{\beta}_n=\mathbf{0}$ 同解. 所以 $\boldsymbol{A}$ 的任意 k 个列向量与 $\boldsymbol{B}$ 中对应的 k 个列向量有相同的线性相关性.

把定理 4.3.3 中的行列互换，结论仍然成立.

由定理 4.3.3，如果要求一个**列**向量组的极大无关组，就把这一列向量组写成矩阵 $\boldsymbol{A}$，对 $\boldsymbol{A}$ 施以初等**行**变换化成行阶梯形矩阵 $\boldsymbol{B}$，找出 $\boldsymbol{B}$ 的列向量组的极大无关组所在的列，那么 $\boldsymbol{A}$ 中对应的列就是 $\boldsymbol{A}$ 的列向量组的极大无关组.

例 4.3.5 求向量组

$$\boldsymbol{\alpha}_1=\begin{pmatrix}-1\\1\\1\\1\end{pmatrix},\quad \boldsymbol{\alpha}_2=\begin{pmatrix}-1\\2\\-1\\1\end{pmatrix},\quad \boldsymbol{\alpha}_3=\begin{pmatrix}2\\-3\\-4\\-2\end{pmatrix},\quad \boldsymbol{\alpha}_4=\begin{pmatrix}3\\-5\\-7\\-3\end{pmatrix},\quad \boldsymbol{\alpha}_5=\begin{pmatrix}1\\-1\\0\\-1\end{pmatrix}$$

的秩及一个极大无关组，并把不属于极大无关组的向量用极大无关组表示出来.

解 求向量组的秩，也就是求向量组所构成的矩阵的秩. 如果是单求矩阵的秩只需把矩阵进行初等变换化为阶梯形，非零行的行数或非零列的列数就等于矩阵的秩. 但要求极大无关组，必须考虑向量组是列向量还是行向量. 如果是列向量，要把矩阵进行初等行变换化为行阶梯形；如果是行向量，应对矩阵进行初等列变换化为列阶梯形，若不习惯列变换，可把矩阵转置进行行变换.

作矩阵

$$\boldsymbol{A}=(\boldsymbol{\alpha}_1,\boldsymbol{\alpha}_2,\boldsymbol{\alpha}_3,\boldsymbol{\alpha}_4,\boldsymbol{\alpha}_5)=\begin{pmatrix}-1&-1&2&3&1\\1&2&-3&-5&-1\\1&-1&-4&-7&0\\1&1&-2&-3&-1\end{pmatrix}$$

$$\xrightarrow[\substack{r_3+r_1\\r_4+r_1}]{r_2+r_1}\begin{pmatrix}-1&-1&2&3&1\\0&1&-1&-2&0\\0&-2&-2&-4&1\\0&0&0&0&0\end{pmatrix}\xrightarrow{r_3+2r_2}\begin{pmatrix}-1&-1&2&3&1\\0&1&-1&-2&0\\0&0&-4&-8&1\\0&0&0&0&0\end{pmatrix}=\boldsymbol{B}.$$

显然，$R(\boldsymbol{\alpha}_1,\boldsymbol{\alpha}_2,\boldsymbol{\alpha}_3,\boldsymbol{\alpha}_4,\boldsymbol{\alpha}_5)=R(\boldsymbol{A})=3$. 那么向量组中任意三个线性无关的向量都是一个极大无关组. 从行阶梯形矩阵 $\boldsymbol{B}$ 的列向量中很容易看出哪三列线性无关，记 $\boldsymbol{B}=(\boldsymbol{\beta}_1,\boldsymbol{\beta}_2,\boldsymbol{\beta}_3,\boldsymbol{\beta}_4,\boldsymbol{\beta}_5)$，则 $\boldsymbol{\beta}_1,\boldsymbol{\beta}_2,\boldsymbol{\beta}_3$ 或 $\boldsymbol{\beta}_1,\boldsymbol{\beta}_2,\boldsymbol{\beta}_4$ 或 $\boldsymbol{\beta}_1,\boldsymbol{\beta}_2,\boldsymbol{\beta}_5$ 很明显线性无关，所以对应的 $\boldsymbol{\alpha}_1,\boldsymbol{\alpha}_2,\boldsymbol{\alpha}_3$ 或 $\boldsymbol{\alpha}_1,\boldsymbol{\alpha}_2,\boldsymbol{\alpha}_4$ 或 $\boldsymbol{\alpha}_1,\boldsymbol{\alpha}_2,\boldsymbol{\alpha}_5$ 也线性无关. 故 $\boldsymbol{\alpha}_1,\boldsymbol{\alpha}_2,\boldsymbol{\alpha}_3$ 或 $\boldsymbol{\alpha}_1,\boldsymbol{\alpha}_2,\boldsymbol{\alpha}_4$ 或 $\boldsymbol{\alpha}_1,\boldsymbol{\alpha}_2,\boldsymbol{\alpha}_5$ 是向量组 $\boldsymbol{\alpha}_1,\boldsymbol{\alpha}_2,\boldsymbol{\alpha}_3,\boldsymbol{\alpha}_4,\boldsymbol{\alpha}_5$ 的一个极大无关组. 当然极大无关组不仅仅是这三个，只是它们的线性无关性更易判断.

取 $\boldsymbol{\alpha}_1,\boldsymbol{\alpha}_2,\boldsymbol{\alpha}_3$ 为一个极大无关组，把 $\boldsymbol{\alpha}_4,\boldsymbol{\alpha}_5$ 用 $\boldsymbol{\alpha}_1,\boldsymbol{\alpha}_2,\boldsymbol{\alpha}_3$ 线性表示，还要继续把矩

阵 $\boldsymbol{B}$ 化为行最简形：从最后一个非零行开始，把非零首元所在列的其他元都化为零，即

$$\boldsymbol{B}=\begin{pmatrix}-1&-1&2&3&1\\0&1&-1&-2&0\\0&0&-4&-8&1\\0&0&0&0&0\end{pmatrix}\xrightarrow{-\frac{1}{4}r_3}\begin{pmatrix}-1&-1&2&3&1\\0&1&-1&-2&0\\0&0&1&2&-\dfrac{1}{4}\\0&0&0&0&0\end{pmatrix}$$

$$\xrightarrow[r_1+(-2)r_3]{r_2+r_3}\begin{pmatrix}-1&-1&0&-1&\dfrac{3}{2}\\0&1&0&0&-\dfrac{1}{4}\\0&0&1&2&-\dfrac{1}{4}\\0&0&0&0&0\end{pmatrix}\xrightarrow{r_1+r_2}\begin{pmatrix}-1&0&0&-1&\dfrac{5}{4}\\0&1&0&0&-\dfrac{1}{4}\\0&0&1&2&-\dfrac{1}{4}\\0&0&0&0&0\end{pmatrix}$$

$$\xrightarrow{(-1)r_1}\begin{pmatrix}1&0&0&1&-\dfrac{5}{4}\\0&1&0&0&-\dfrac{1}{4}\\0&0&1&2&-\dfrac{1}{4}\\0&0&0&0&0\end{pmatrix}=(\boldsymbol{\eta}_1,\boldsymbol{\eta}_2,\boldsymbol{\eta}_3,\boldsymbol{\eta}_4,\boldsymbol{\eta}_5)=\boldsymbol{U}.$$

从行最简形矩阵 $\boldsymbol{U}$ 中可以看到

$$\boldsymbol{\eta}_4=\boldsymbol{\eta}_1+0\boldsymbol{\eta}_2+2\boldsymbol{\eta}_3=\boldsymbol{\eta}_1+2\boldsymbol{\eta}_3\,,\quad \boldsymbol{\eta}_5=-\frac{5}{4}\boldsymbol{\eta}_1-\frac{1}{4}\boldsymbol{\eta}_2-\frac{1}{4}\boldsymbol{\eta}_3\,.$$

于是可得

$$\boldsymbol{\alpha}_4=\boldsymbol{\alpha}_1+2\boldsymbol{\alpha}_3\,,\quad \boldsymbol{\alpha}_5=-\frac{5}{4}\boldsymbol{\alpha}_1-\frac{1}{4}\boldsymbol{\alpha}_2-\frac{1}{4}\boldsymbol{\alpha}_3\,.$$

4.3.4　向量空间的基、维数与向量的坐标

定义 4.3.3　设向量空间 V 中有 r 个向量 $\boldsymbol{\alpha}_1,\boldsymbol{\alpha}_2,\cdots,\boldsymbol{\alpha}_r$ 满足

(1) 向量组 $\boldsymbol{\alpha}_1,\boldsymbol{\alpha}_2,\cdots,\boldsymbol{\alpha}_r$ 线性无关；

(2) V 中任一向量都可由 $\boldsymbol{\alpha}_1,\boldsymbol{\alpha}_2,\cdots,\boldsymbol{\alpha}_r$ 线性表示.

则称 $\boldsymbol{\alpha}_1,\boldsymbol{\alpha}_2,\cdots,\boldsymbol{\alpha}_r$ 是向量空间 V 的一个**基**，数 r 称为向量空间 V 的**维数**，记作 $\dim V$.

因 $\mathbf{R}^n$ 中的基本单位向量组 $\boldsymbol{\varepsilon}_1=(1,0,\cdots,0)^{\mathrm{T}}$, $\boldsymbol{\varepsilon}_2=(0,1,\cdots,0)^{\mathrm{T}}$, $\cdots$, $\boldsymbol{\varepsilon}_n=(0,0,\cdots,1)^{\mathrm{T}}$

线性无关，且任一 n 维向量都可由这个向量组线性表示，所以 $\boldsymbol{\varepsilon}_1,\boldsymbol{\varepsilon}_2,\cdots,\boldsymbol{\varepsilon}_n$ 是 $\mathbf{R}^n$ 的一个基， $\dim\mathbf{R}^n=n$. 而向量空间 $\boldsymbol{V}_1=\left\{\boldsymbol{x}=\left(0,x_2,\cdots,x_n\right)^{\mathrm{T}}\mid x_2,\cdots,x_n\in\mathbf{R}\right\}$ 的维数是 $n-1$，即 $\dim\boldsymbol{V}_1=n-1$. 规定**零空间**的**维数**是 0.

同向量组的极大无关组一样，向量空间的**基也不唯一**.

由向量组 $\boldsymbol{\alpha}_1,\boldsymbol{\alpha}_2,\cdots,\boldsymbol{\alpha}_m$ 所**生成的向量空间**

$$\boldsymbol{V}=\left\{\boldsymbol{\alpha}=k_1\boldsymbol{\alpha}_1+k_2\boldsymbol{\alpha}_2+\cdots+k_m\boldsymbol{\alpha}_m\mid k_1,k_2,\cdots,k_m\in\mathbf{R}\right\}$$

与向量组 $\boldsymbol{\alpha}_1,\boldsymbol{\alpha}_2,\cdots,\boldsymbol{\alpha}_m$ 等价，向量组 $\boldsymbol{\alpha}_1,\boldsymbol{\alpha}_2,\cdots,\boldsymbol{\alpha}_m$ 的极大无关组就是 $\boldsymbol{V}$ 的一个基，向量组的秩等于 $\boldsymbol{V}$ 的维数，即 $R(\boldsymbol{\alpha}_1,\boldsymbol{\alpha}_2,\cdots,\boldsymbol{\alpha}_m)=\dim\boldsymbol{V}$.

设 $\boldsymbol{\alpha}_1,\boldsymbol{\alpha}_2,\cdots,\boldsymbol{\alpha}_r$ 是向量空间 $\boldsymbol{V}$ 的一个基，则 $\boldsymbol{V}$ 中的任一向量 $\boldsymbol{\alpha}$ 都可由 $\boldsymbol{\alpha}_1,\boldsymbol{\alpha}_2,\cdots,\boldsymbol{\alpha}_r$ 线性表示且表示式唯一，即 $\boldsymbol{\alpha}=x_1\boldsymbol{\alpha}_1+x_2\boldsymbol{\alpha}_2+\cdots+x_r\boldsymbol{\alpha}_r$. 表示系数 $x_1,x_2,\cdots,x_r$ 称为向量 $\boldsymbol{\alpha}$ 在基 $\boldsymbol{\alpha}_1,\boldsymbol{\alpha}_2,\cdots,\boldsymbol{\alpha}_r$ 下的**坐标**，称 $(x_1,x_2,\cdots,x_r)^{\mathrm{T}}$ 为**坐标向量**.

同一个向量在不同基下的坐标一般是不同的，但这两个坐标向量有着必然联系.

设 $\boldsymbol{\alpha}_1,\boldsymbol{\alpha}_2,\cdots,\boldsymbol{\alpha}_n$ 与 $\boldsymbol{\beta}_1,\boldsymbol{\beta}_2,\cdots,\boldsymbol{\beta}_n$ 是 n 维向量空间 $\mathbf{R}^n$ 的两个基，并且

$$\begin{cases}\boldsymbol{\beta}_1=c_{11}\boldsymbol{\alpha}_1+c_{21}\boldsymbol{\alpha}_2+\cdots+c_{n1}\boldsymbol{\alpha}_n,\\ \boldsymbol{\beta}_2=c_{12}\boldsymbol{\alpha}_1+c_{22}\boldsymbol{\alpha}_2+\cdots+c_{n2}\boldsymbol{\alpha}_n,\\ \qquad\cdots\cdots\\ \boldsymbol{\beta}_n=c_{1n}\boldsymbol{\alpha}_1+c_{2n}\boldsymbol{\alpha}_2+\cdots+c_{nn}\boldsymbol{\alpha}_n.\end{cases}\tag{4.3.4}$$

(4.3.4)式称为基变换公式，系数矩阵 $\boldsymbol{C}=(c_{ij})_{n\times n}$ 称为从基 $\boldsymbol{\alpha}_1,\boldsymbol{\alpha}_2,\cdots,\boldsymbol{\alpha}_n$ 到基 $\boldsymbol{\beta}_1,\boldsymbol{\beta}_2,\cdots,\boldsymbol{\beta}_n$ 的**过渡矩阵**. 若记 $\boldsymbol{A}=(\boldsymbol{\alpha}_1,\boldsymbol{\alpha}_2,\cdots,\boldsymbol{\alpha}_n)$， $\boldsymbol{B}=(\boldsymbol{\beta}_1,\boldsymbol{\beta}_2,\cdots,\boldsymbol{\beta}_n)$，(4.3.4)式又可写成 $\boldsymbol{B}=\boldsymbol{AC}$，且 $\boldsymbol{C}$ 可逆.

定理 4.3.4　设 n 维向量空间 $\mathbf{R}^n$ 中的向量 $\boldsymbol{\alpha}$ 在基 $\boldsymbol{\alpha}_1,\boldsymbol{\alpha}_2,\cdots,\boldsymbol{\alpha}_n$ 和 $\boldsymbol{\beta}_1,\boldsymbol{\beta}_2,\cdots,\boldsymbol{\beta}_n$ 下的坐标向量分别为 $\boldsymbol{x}=(x_1,x_2,\cdots,x_n)^{\mathrm{T}}$ 和 $\boldsymbol{y}=(y_1,y_2,\cdots,y_n)^{\mathrm{T}}$，且从基 $\boldsymbol{\alpha}_1,\boldsymbol{\alpha}_2,\cdots,\boldsymbol{\alpha}_n$ 到基 $\boldsymbol{\beta}_1,\boldsymbol{\beta}_2,\cdots,\boldsymbol{\beta}_n$ 的过渡矩阵为 $\boldsymbol{C}$，则有坐标变换公式 $\boldsymbol{x}=\boldsymbol{Cy}$ 或 $\boldsymbol{y}=\boldsymbol{C}^{-1}\boldsymbol{x}$.

证明略. 此定理留给读者证明.

求极大无关组的方法　　向量空间的基、维数　　过渡矩阵的概念

习 题 4.3

1. 证明向量组 $\boldsymbol{A}$: $\boldsymbol{\alpha}_1,\boldsymbol{\alpha}_2,\cdots,\boldsymbol{\alpha}_s$ 与向量组 $\boldsymbol{B}$: $\boldsymbol{\alpha}_1,\boldsymbol{\alpha}_2,\cdots,\boldsymbol{\alpha}_s,\boldsymbol{b}$ 有相同秩的充分必要条件是向量 $\boldsymbol{b}$ 可由向量组 $\boldsymbol{A}$ 线性表示.

2. m 维向量组 $\boldsymbol{\alpha}_1,\boldsymbol{\alpha}_2,\cdots,\boldsymbol{\alpha}_m$ 线性无关，且可由向量组 $\boldsymbol{\beta}_1,\boldsymbol{\beta}_2,\cdots,\boldsymbol{\beta}_s$ 线性表示，证明向量组 $\boldsymbol{\beta}_1,\boldsymbol{\beta}_2,\cdots,\boldsymbol{\beta}_s$ 的秩是 m.

3. 设 $\boldsymbol{\beta}_1=\boldsymbol{\alpha}_1, \boldsymbol{\beta}_2=\boldsymbol{\alpha}_1+\boldsymbol{\alpha}_2,\cdots,\boldsymbol{\beta}_s=\boldsymbol{\alpha}_1+\boldsymbol{\alpha}_2+\cdots+\boldsymbol{\alpha}_s$, 证明向量组 $\boldsymbol{\alpha}_1,\boldsymbol{\alpha}_2,\cdots,\boldsymbol{\alpha}_s$ 与向量组 $\boldsymbol{\beta}_1,\boldsymbol{\beta}_2,\cdots,\boldsymbol{\beta}_s$ 有相同的秩.

4. 设 $\boldsymbol{A}, \boldsymbol{B}$ 都是 n 阶方阵且 $\boldsymbol{A}$ 可逆，若 $R(\boldsymbol{B})=r_1$，$R(\boldsymbol{AB})=r$，证明：$r=r_1$.

5. 求下列向量组的秩及一个极大无关组，并把不属于极大无关组的向量用极大无关组线性表示.

(1) $\boldsymbol{\alpha}_1=\begin{pmatrix}1\\1\\0\end{pmatrix}$，$\boldsymbol{\alpha}_2=\begin{pmatrix}2\\3\\-1\end{pmatrix}$，$\boldsymbol{\alpha}_3=\begin{pmatrix}-1\\0\\5\end{pmatrix}$；

(2) $\boldsymbol{\alpha}_1^{\mathrm{T}}=(1,2,3,-1)$，$\boldsymbol{\alpha}_2^{\mathrm{T}}=(2,3,1,1)$，$\boldsymbol{\alpha}_3^{\mathrm{T}}=(3,2,1,-1)$，$\boldsymbol{\alpha}_4^{\mathrm{T}}=(5,5,2,0)$.

6. 设 $\mathbf{R}^3$中的两个基：$\boldsymbol{\alpha}_1=(1,0,0)^{\mathrm{T}}$，$\boldsymbol{\alpha}_2=(0,1,-1)^{\mathrm{T}}$，$\boldsymbol{\alpha}_3=(1,1,1)^{\mathrm{T}}$ 和 $\boldsymbol{\beta}_1=(0,1,1)^{\mathrm{T}}$，$\boldsymbol{\beta}_2=(1,1,-1)^{\mathrm{T}}$，$\boldsymbol{\beta}_3=(2,-1,1)^{\mathrm{T}}$.

(1) 求基$\boldsymbol{\alpha}_1,\boldsymbol{\alpha}_2,\boldsymbol{\alpha}_3$到基$\boldsymbol{\beta}_1,\boldsymbol{\beta}_2,\boldsymbol{\beta}_3$下 的过渡矩阵；

(2) 已知向量$\boldsymbol{\alpha}$在基$\boldsymbol{\alpha}_1,\boldsymbol{\alpha}_2,\boldsymbol{\alpha}_3$下的坐标向量$\boldsymbol{x}=(4,2,1)^{\mathrm{T}}$，求$\boldsymbol{\alpha}$在基$\boldsymbol{\beta}_1,\boldsymbol{\beta}_2,\boldsymbol{\beta}_3$下的坐标向量.

习题 4.3 第 1，2 题证明

习题 4.3 第 3，4 题证明

4.4 齐次线性方程组解的结构

4.4.1 齐次线性方程组解的性质

设齐次线性方程组

$$
\begin{cases}
a_{11}x_1+a_{12}x_2+\cdots+a_{1n}x_n=0,\\
a_{21}x_1+a_{22}x_2+\cdots+a_{2n}x_n=0,\\
\qquad\qquad\cdots\cdots\\
a_{m1}x_1+a_{m2}x_2+\cdots+a_{mn}x_n=0.
\end{cases}
\tag{4.4.1}
$$

记 $\boldsymbol{A}=(a_{ij})_{m\times n}$ ，$\boldsymbol{x}=(x_1,x_2,\cdots,x_n)^{\mathrm{T}}$ ，则(4.4.1)式可写成矩阵方程

$$\boldsymbol{Ax}=\boldsymbol{0}. \tag{4.4.2}$$

向量 $\boldsymbol{x}$ 称为方程组(4.4.1)的解向量，也就是矩阵方程(4.4.2)的解.

性质 4.4.1　若 ξ_1,ξ_2 都是方程 $\boldsymbol{Ax}=\boldsymbol{0}$ 的解，则 $\xi_1+\xi_2$ 也是 $\boldsymbol{Ax}=\boldsymbol{0}$ 的解.

证明　因 $\boldsymbol{A}\xi_1=\boldsymbol{0},\boldsymbol{A}\xi_2=\boldsymbol{0}$ ，于是有 $\boldsymbol{A}(\xi_1+\xi_2)=\boldsymbol{A}\xi_1+\boldsymbol{A}\xi_2=\boldsymbol{0}+\boldsymbol{0}=\boldsymbol{0}$. 所以 $\xi_1+\xi_2$ 是 $\boldsymbol{Ax}=\boldsymbol{0}$ 的解.

性质 4.4.2　若 ξ 是方程 $\boldsymbol{Ax}=\boldsymbol{0}$ 的解，k 为实数，则 $k\xi$ 也是方程 $\boldsymbol{Ax}=\boldsymbol{0}$ 的解.

证明　因 $\boldsymbol{A}\xi=\boldsymbol{0}$, 而 $\boldsymbol{A}(k\xi)=k(\boldsymbol{A}\xi)=k\boldsymbol{0}=\boldsymbol{0}$. 所以 $k\xi$ 也是 $\boldsymbol{Ax}=\boldsymbol{0}$ 的解.

性质4.4.1和性质4.4.2表明齐次线性方程组的解向量对加法和数乘封闭. 用 $\boldsymbol{S}$ 表示方程组(4.4.1)全体解向量的集合，即 $\boldsymbol{S}=\{\boldsymbol{x}\mid\boldsymbol{Ax}=\boldsymbol{0}\}$. 由于齐次线性方程组总有零解，所以 $\boldsymbol{S}$ 非空，那么 $\boldsymbol{S}$ 是**向量空间**，并称 $\boldsymbol{S}$ 为齐次线性方程组的**解空间**.

如果齐次线方程组**只有零解**，则解空间**没有基**；如果 $\boldsymbol{S}\neq\{\boldsymbol{0}\}$，即方程组存在非零解，则一定存在基，称为**解空间的基**，也称为齐次线性方程组(4.4.1)的**基础解系**. 如何找基础解系呢？首先基础解系中的向量必须是方程组(4.4.1)的解；其次方程组(4.4.1)的任一解都可由这组解向量线性表示.下面我们将由此给出求齐次线性方程组的基础解系的方法.

4.4.2　齐次线性方程组的基础解系与解的结构

设齐次线性方程组(4.4.1)的系数矩阵 $\boldsymbol{A}$ 的秩 $R(\boldsymbol{A})=r$ ，我们只讨论 0< r <n 的情况. 要求方程组的解向量，先把系数矩阵 $\boldsymbol{A}$ 经初等行变换化为行最简形矩阵，即

$$\boldsymbol{A}\xrightarrow{\text{初等行变换}}\begin{pmatrix}1&0&\cdots&0&c_{1,r+1}&\cdots&c_{1n}\\0&1&\cdots&0&c_{2,r+1}&\cdots&c_{2n}\\\vdots&\vdots&&\vdots&\vdots&&\vdots\\0&0&\cdots&1&c_{r,r+1}&\cdots&c_{1n}\\0&0&\cdots&0&0&\cdots&0\\\vdots&\vdots&&\vdots&\vdots&&\vdots\\0&0&\cdots&0&0&\cdots&0\end{pmatrix}=\boldsymbol{B}.$$

行最简形矩阵 $\boldsymbol{B}$ 对应的方程组为

$$\begin{cases}x_1=-c_{1,r+1}x_{r+1}-c_{1,r+2}x_{r+2}\cdots-c_{1n}x_n,\\x_2=-c_{2,r+1}x_{r+1}-c_{2,r+2}x_{r+2}\cdots-c_{2n}x_n,\\\qquad\cdots\cdots\\x_r=-c_{r,r+1}x_{r+1}-c_{r,r+2}x_{r+2}\cdots-c_{rn}x_n.\end{cases} \tag{4.4.3}$$

方程组(4.4.3)与方程组(4.4.1)同解. (4.4.3)式还可写成

$$\begin{pmatrix} x_1 \\ x_2 \\ \vdots \\ x_r \end{pmatrix} = x_{r+1}\begin{pmatrix} -c_{1,r+1} \\ -c_{2,r+1} \\ \vdots \\ -c_{r,r+1} \end{pmatrix} + x_{r+2}\begin{pmatrix} -c_{1,r+2} \\ -c_{2,r+2} \\ \vdots \\ -c_{r,r+2} \end{pmatrix} + \cdots + x_n\begin{pmatrix} -c_{1n} \\ -c_{2n} \\ \vdots \\ -c_{rn} \end{pmatrix}. \tag{4.4.4}$$

这里 $x_{r+1}, x_{r+2}, \cdots, x_n$ 为 $n-r$ 个自由未知量，它们可以自由取值，那么我们就取下列 $n-r$ 组数，并保证这 $n-r$ 组数构成的向量**线性无关**，即

$$\begin{pmatrix} x_{r+1} \\ x_{r+2} \\ \vdots \\ x_n \end{pmatrix} = \begin{pmatrix} 1 \\ 0 \\ \vdots \\ 0 \end{pmatrix}, \begin{pmatrix} 0 \\ 1 \\ \vdots \\ 0 \end{pmatrix}, \cdots, \begin{pmatrix} 0 \\ 0 \\ \vdots \\ 1 \end{pmatrix}.$$

把这 $n-r$ 组数分别代入(4.4.4)式，可得到如下 $n-r$ 个解向量：

$$\boldsymbol{\xi}_1 = \begin{pmatrix} -c_{1,r+1} \\ -c_{2,r+1} \\ \vdots \\ -c_{r,r+1} \\ 1 \\ 0 \\ \vdots \\ 0 \end{pmatrix}, \quad \boldsymbol{\xi}_2 = \begin{pmatrix} -c_{1,r+2} \\ -c_{2,r+2} \\ \vdots \\ -c_{r,r+2} \\ 0 \\ 1 \\ \vdots \\ 0 \end{pmatrix}, \quad \cdots, \quad \boldsymbol{\xi}_{n-r} = \begin{pmatrix} -c_{1n} \\ -c_{2n} \\ \vdots \\ -c_{rn} \\ 0 \\ 0 \\ \vdots \\ 1 \end{pmatrix}.$$

显然 $\boldsymbol{\xi}_1, \boldsymbol{\xi}_2, \cdots, \boldsymbol{\xi}_{n-r}$ 线性无关. 下面证方程组(4.4.1)的任一解 $\boldsymbol{x}$ 都可由 $\boldsymbol{\xi}_1, \boldsymbol{\xi}_2, \cdots, \boldsymbol{\xi}_{n-r}$ 线性表示.

因

$$\boldsymbol{x} = \begin{pmatrix} x_1 \\ x_2 \\ \vdots \\ x_r \\ x_{r+1} \\ x_{r+2} \\ \vdots \\ x_n \end{pmatrix} = \begin{pmatrix} -c_{1,r+1}x_{r+1} - c_{1,r+2}x_{r+2} \cdots - c_{1n}x_n \\ -c_{2,r+1}x_{r+1} - c_{2,r+2}x_{r+2} \cdots - c_{2n}x_n \\ \vdots \\ -c_{r,r+1}x_{r+1} - c_{r,r+2}x_{r+2} \cdots - c_{rn}x_n \\ x_{r+1} \\ x_{r+2} \\ \vdots \\ x_n \end{pmatrix}$$

$$=x_{r+1}\begin{pmatrix}-c_{1,r+1}\\-c_{2,r+1}\\\vdots\\-c_{r,r+1}\\1\\0\\\vdots\\0\end{pmatrix}+x_{r+2}\begin{pmatrix}-c_{1,r+2}\\-c_{2,r+2}\\\vdots\\-c_{r,r+2}\\0\\1\\\vdots\\0\end{pmatrix}+\cdots+x_n\begin{pmatrix}-c_{1n}\\-c_{2n}\\\vdots\\-c_{rn}\\0\\0\\\vdots\\1\end{pmatrix}$$

$$=x_{r+1}\boldsymbol{\xi}_1+x_{r+2}\boldsymbol{\xi}_2+\cdots+x_n\boldsymbol{\xi}_{n-r}.$$

$x_{r+1},x_{r+2},\cdots,x_n$ 为自由未知量，可以取任意实数，所以令

$$x_{r+1}=k_1,\quad x_{r+2}=k_2,\quad \cdots,\quad x_n=k_{n-r},$$

则有

$$\boldsymbol{x}=k_1\boldsymbol{\xi}_1+k_2\boldsymbol{\xi}_2+\cdots+k_{n-r}\boldsymbol{\xi}_{n-r}\quad (k_1,k_2,\cdots,k_{n-r}\in\mathbf{R}),$$

即方程组(4.4.1)的任一解向量 $\boldsymbol{x}$ 都可由向量组 $\boldsymbol{\xi}_1,\boldsymbol{\xi}_2,\cdots,\boldsymbol{\xi}_{n-r}$ 线性表示. 因此 $\boldsymbol{\xi}_1,\boldsymbol{\xi}_2,\cdots,\boldsymbol{\xi}_{n-r}$ 就是齐次线性方程组的基础解系，也就是解空间 $\boldsymbol{S}$ 的一个基，并且 $\dim\boldsymbol{S}=n-r$. 于是

$$\boldsymbol{S}=\left\{\boldsymbol{x}=k_1\boldsymbol{\xi}_1+k_2\boldsymbol{\xi}_2+\cdots+k_{n-r}\boldsymbol{\xi}_{n-r}\mid k_1,k_2,\cdots,k_{n-r}\in\mathbf{R}\right\},$$

也即是解空间 $\boldsymbol{S}$ 中的每个向量都可由基础解系线性生成，那么

$$\boldsymbol{x}=k_1\boldsymbol{\xi}_1+k_2\boldsymbol{\xi}_2+\cdots+k_{n-r}\boldsymbol{\xi}_{n-r}\quad (k_1,k_2,\cdots,k_{n-r}\in\mathbf{R})$$

称为齐次线性方程组(4.4.1)的**通解**. 齐次线性方程组**解的结构**就是其通解公式.

综上所述，我们给出如下定理：

定理 4.4.1 设 $\boldsymbol{A}$ 是 $m\times n$ 矩阵，齐次线性方程组 $\boldsymbol{Ax}=\boldsymbol{0}$ **的**全体解向量构成的集合 $\boldsymbol{S}$ 是一个向量空间. 当系数矩阵 $\boldsymbol{A}$ 的秩 $R(\boldsymbol{A})=r$ 时，解空间的维数等于 $n-r$.

例 4.4.1 求齐次线性方程组 $\begin{cases}x_1+x_2-x_3-x_4=0,\\2x_1-5x_2+3x_3+2x_4=0,\\7x_1-7x_2+3x_3+x_4=0\end{cases}$ 的基础解系与通解.

解 因方程组中方程个数小于未知量的个数，所以方程组存在非零解，即有无穷多解. 对系数矩阵 $\boldsymbol{A}$ 进行初等行变换，化为行最简形：

$$\boldsymbol{A}=\begin{pmatrix}1&1&-1&-1\\2&-5&3&2\\7&-7&3&1\end{pmatrix}\xrightarrow[r_3-7r_1]{r_2-2r_1}\begin{pmatrix}1&1&-1&-1\\0&-7&5&4\\0&-14&10&8\end{pmatrix}$$

$$\xrightarrow{r_3-2r_2}\begin{pmatrix}1 & 1 & -1 & -1\\ 0 & -7 & 5 & 4\\ 0 & 0 & 0 & 0\end{pmatrix}\xrightarrow[r_1-r_2]{-\frac{1}{7}r_2}\begin{pmatrix}1 & 0 & -\dfrac{2}{7} & -\dfrac{3}{7}\\ 0 & 1 & -\dfrac{5}{7} & -\dfrac{4}{7}\\ 0 & 0 & 0 & 0\end{pmatrix}.$$

由于 $R(\boldsymbol{A})=2$，所以解空间 $\boldsymbol{S}$ 的维数 $\dim\boldsymbol{S}=4-2=2$，即基础解系含两个解向量. 最简形矩阵对应的方程组为

$$\begin{cases}x_1=-\dfrac{2}{7}x_3\dfrac{3}{7}x_4,\\ x_2=\dfrac{5}{7}x_3+\dfrac{4}{7}x_4,\end{cases}\quad x_3，x_4 \text{ 为自由未知量.}$$

取 $\begin{pmatrix}x_3\\x_4\end{pmatrix}=\begin{pmatrix}7\\0\end{pmatrix},\begin{pmatrix}0\\7\end{pmatrix}$，则对应 $\begin{pmatrix}x_1\\x_2\end{pmatrix}=\begin{pmatrix}2\\5\end{pmatrix},\begin{pmatrix}3\\4\end{pmatrix}$.

于是得基础解系

$$\boldsymbol{\xi}_1=\begin{pmatrix}2\\5\\7\\0\end{pmatrix},\qquad \boldsymbol{\xi}_2=\begin{pmatrix}3\\4\\0\\7\end{pmatrix}.$$

由此得通解

$$\boldsymbol{\xi}=k_1\begin{pmatrix}2\\5\\7\\0\end{pmatrix}+k_2\begin{pmatrix}3\\4\\0\\7\end{pmatrix}\quad (k_1,k_2\in\mathbf{R}).$$

需要明确：由于自由未知量的取值不唯一，所以基础解系不唯一. 自由未知量取值的**组数**应等于**自由未知量**的**个数**，并且要保证所取的这几组值构成的向量组**线性无关**.

例 4.4.2　设 $\boldsymbol{A},\boldsymbol{B}$ 都是 n 阶方阵，且满足 $\boldsymbol{AB}=\boldsymbol{O}$，证明 $R(\boldsymbol{A})+R(\boldsymbol{B})\leqslant n$.

证明　令 $\boldsymbol{B}=(\boldsymbol{\beta}_1,\boldsymbol{\beta}_2,\cdots,\boldsymbol{\beta}_n)$，$\boldsymbol{\beta}_i\,(i=1,2,\cdots,n)$ 为 $\boldsymbol{B}$ 的第 i 个列向量，则 $\boldsymbol{AB}=(\boldsymbol{A\beta}_1,\boldsymbol{A\beta}_2,\cdots,\boldsymbol{A\beta}_n)=\boldsymbol{0}$，于是有 $\boldsymbol{A\beta}_i=\boldsymbol{0}\ (i=1,2,\cdots,n)$，$\boldsymbol{\beta}_i$ 为方程 $\boldsymbol{Ax}=\boldsymbol{0}$ 的解向量. 由于 $\boldsymbol{B}$ 的列向量组的秩 $R(\boldsymbol{\beta}_1,\boldsymbol{\beta}_2,\cdots,\boldsymbol{\beta}_n)=R(\boldsymbol{B})\leqslant\dim\boldsymbol{S}=n-R(\boldsymbol{A})$，故有

$$R(\boldsymbol{A})+R(\boldsymbol{B})\leqslant n.$$

定理 4.4.1 揭示了系数矩阵 $\boldsymbol{A}$ 的秩与方程 $\boldsymbol{Ax}=\boldsymbol{0}$ 的解的关系，不仅对求解 $\boldsymbol{Ax}=\boldsymbol{0}$ 有重要意义，而且还可以如例 4.4.1 的结论那样，通过研究齐次线性方程组的解来讨论系数矩阵的秩.

例 4.4.3　设 n 阶矩阵 $\boldsymbol{A}$ 的秩 $R(\boldsymbol{A})=n-1(n\geqslant 2)$，证明 $R(\boldsymbol{A}^*)=1$.

证明　由 $R(\boldsymbol{A})=n-1$ 知，方阵 $\boldsymbol{A}$ 的行列式 $|\boldsymbol{A}|=0$，于是

$$\boldsymbol{A}\boldsymbol{A}^*=|\boldsymbol{A}|\,\boldsymbol{E}=\boldsymbol{O}.$$

所以 $R(\boldsymbol{A})+R(\boldsymbol{A}^*)\leqslant n$，即 $R(\boldsymbol{A}^*)\leqslant n-R(\boldsymbol{A})=1$，又由 $R(\boldsymbol{A})=n-1$，知 $\boldsymbol{A}$ 中有 $n-1$ 阶非零子式，因而 $\boldsymbol{A}^*\neq\boldsymbol{O}$，这样 $\boldsymbol{A}^*$ 的秩只能是 1，即 $R(\boldsymbol{A}^*)=1$.

习　题　4.4

1. 求齐次线性方程组 $\begin{cases}2x_1+x_2-x_3+x_4-3x_5=0,\\ x_2+x_3-x_4+x_5=0\end{cases}$ 解空间的维数和一个基.

2. 求下列齐次线性方程组的基础解系和通解：

(1) $\begin{cases}x_1+x_2+2x_3-x_4=0,\\ 2x_1+x_2+x_3-x_4=0,\\ 2x_1+2x_2+x_3+2x_4=0;\end{cases}$　　(2) $\begin{cases}x_1+x_2-3x_3-x_4=0,\\ 3x_1-x_2-3x_3+4x_4=0,\\ x_1+5x_2-9x_3-8x_4=0;\end{cases}$

(3) $\begin{cases}3x_1+x_2-8x_3+2x_4+x_5=0,\\ 2x_1-2x_2-3x_3-7x_4+2x_5=0,\\ x_1+11x_2-12x_3+34x_4-5x_5=0,\\ x_1-5x_2+2x_3-16x_4+3x_5=0.\end{cases}$

3. 求一个齐次线性方程组，使向量组 $\boldsymbol{\xi}_1=\begin{pmatrix}2\\3\\1\\0\end{pmatrix}$，$\boldsymbol{\xi}_2=\begin{pmatrix}0\\1\\3\\2\end{pmatrix}$ 为它的一个基础解系.

4. 设 $\boldsymbol{A}=\begin{pmatrix}2&-2&1&3\\9&-5&2&8\end{pmatrix}$，求一个 4×2 矩阵 $\boldsymbol{B}$，使 $\boldsymbol{AB}=\boldsymbol{O}$，且满足 $R(\boldsymbol{B})=2$.

5. 设齐次线性方程组 $\begin{cases}a_{11}x_1+a_{12}x_2+\cdots+a_{1n}x_n=0,\\ a_{21}x_1+a_{22}x_2+\cdots+a_{2n}x_n=0,\\ \cdots\cdots\\ a_{n1}x_1+a_{n2}x_2+\cdots+a_{nn}x_n=0\end{cases}$ 的系数行列式 $|\boldsymbol{A}|=0$， $\boldsymbol{A}_{ij}$ 是 $|\boldsymbol{A}|$ 中元素 $a_{ij}\ (j=1,2,\cdots,n)$ 的代数余子式，证明向量 $(\boldsymbol{A}_{i1},\boldsymbol{A}_{i2},\cdots,\boldsymbol{A}_{in})^{\mathrm{T}}$ 是方程组的一个解.

齐次线性方程组的基础解系

习题 4.4 第 3 题解答

习题 4.4 第 4 题解答　　习题 4.4 第 5 题证明

4.5　非齐次线性方程组解的结构

4.5.1　非齐次线性方程组解的性质

设非齐次线性方程组

$$\begin{cases} a_{11}x_1 + a_{12}x_2 + \cdots + a_{1n}x_n = b_1\ , \\ a_{21}x_1 + a_{22}x_2 + \cdots + a_{2n}x_n = b_2\ , \\ \qquad\cdots\cdots \\ a_{m1}x_1 + a_{m2}x_2 + \cdots + a_{mn}x_n = b_m\ , \end{cases} \tag{4.5.1}$$

其中常数 $b_1, b_2, \cdots, b_m$ 不全为零.

记 $\boldsymbol{A} = (a_{ij})_{m\times n}$， $\boldsymbol{x} = (x_1, x_2, \cdots, x_n)^{\mathrm{T}}$， $\boldsymbol{b} = (b_1, b_2, \cdots, b_m)^{\mathrm{T}}$，则方程组(4.5.1)可写成矩阵方程

$$\boldsymbol{Ax} = \boldsymbol{b}. \tag{4.5.2}$$

若方程(4.5.2)中的系数矩阵 $\boldsymbol{A}$ 不变，常数项向量 $\boldsymbol{b}$ 换成 $\boldsymbol{0}$ 向量，即方程

$$\boldsymbol{Ax} = \boldsymbol{0}, \tag{4.5.3}$$

称(4.5.3)式为(4.5.2)式对应的**齐次方程组**或**导出组**.

性质 4.5.1　设 $\boldsymbol{\eta}_1, \boldsymbol{\eta}_2$ 是非齐次线性方程组 $\boldsymbol{Ax} = \boldsymbol{b}$ 的两个解向量，则 $\boldsymbol{\eta}_1 - \boldsymbol{\eta}_2$ 是其导出组 $\boldsymbol{Ax} = \boldsymbol{0}$ 的解向量.

证明　因 $\boldsymbol{A\eta}_1 = \boldsymbol{b}$，$\boldsymbol{A\eta}_2 = \boldsymbol{b}$，所以 $\boldsymbol{A}(\boldsymbol{\eta}_1 - \boldsymbol{\eta}_2) = \boldsymbol{A\eta}_1 - \boldsymbol{A\eta}_2 = \boldsymbol{b} - \boldsymbol{b} = \boldsymbol{0}$，即 $\boldsymbol{\eta}_1 - \boldsymbol{\eta}_2$ 是 $\boldsymbol{Ax} = \boldsymbol{0}$ 的解向量.

性质 4.5.2　设 $\boldsymbol{\eta}$ 为 $\boldsymbol{Ax} = \boldsymbol{b}$ 的一个解向量，$\boldsymbol{\xi}$ 为其导出组 $\boldsymbol{Ax} = \boldsymbol{0}$ 的任一解向量，则 $\boldsymbol{\eta} + \boldsymbol{\xi}$ 仍是 $\boldsymbol{Ax} = \boldsymbol{b}$ 的一个解向量.

证明　因 $\boldsymbol{A\eta} = \boldsymbol{b}$，$\boldsymbol{A\xi} = \boldsymbol{0}$，所以有 $\boldsymbol{A}(\boldsymbol{\eta} + \boldsymbol{\xi}) = \boldsymbol{A\eta} + \boldsymbol{A\xi} = \boldsymbol{b} + \boldsymbol{0} = \boldsymbol{b}$，故 $\boldsymbol{\eta} + \boldsymbol{\xi}$ 是 $\boldsymbol{Ax} = \boldsymbol{b}$ 的一个解向量.

$\boldsymbol{Ax} = \boldsymbol{b}$ 的任意一个确定的解，我们都称之为一个**特解**. 于是可得

性质 4.5.3　如果 $\boldsymbol{\eta}_0$ 是 $\boldsymbol{Ax} = \boldsymbol{b}$ 的一个确定的解，则 $\boldsymbol{Ax} = \boldsymbol{b}$ 的任一解 $\boldsymbol{\eta}$ 都可以表示成

$$\boldsymbol{\eta}=\boldsymbol{\eta}_0+\boldsymbol{\xi}, \tag{4.5.4}$$

其中$\boldsymbol{\xi}$是$\boldsymbol{Ax}=\boldsymbol{0}$的一个解.

证明　因$\boldsymbol{\eta}=\boldsymbol{\eta}_0+(\boldsymbol{\eta}-\boldsymbol{\eta}_0)$，由性质4.5.1知$\boldsymbol{\eta}-\boldsymbol{\eta}_0$是$\boldsymbol{Ax}=\boldsymbol{0}$的一个解，令

$$\boldsymbol{\xi}=\boldsymbol{\eta}-\boldsymbol{\eta}_0,$$

则有$\boldsymbol{\eta}=\boldsymbol{\eta}_0+\boldsymbol{\xi}$.

由性质4.5.3，如能找到非齐次线性方程组$\boldsymbol{Ax}=\boldsymbol{b}$的一个确定的解$\boldsymbol{\eta}_0$，当$\boldsymbol{\xi}$是其导出组$\boldsymbol{Ax}=\boldsymbol{0}$的通解时，(4.5.4)式就是$\boldsymbol{Ax}=\boldsymbol{b}$的通解. 所以如果$\boldsymbol{\xi}_1,\boldsymbol{\xi}_2,\cdots,\boldsymbol{\xi}_{n-r}$是$\boldsymbol{Ax}=\boldsymbol{0}$的基础解系，则

$$\boldsymbol{\eta}=\boldsymbol{\eta}_0+k_1\boldsymbol{\xi}_1+k_2\boldsymbol{\xi}_2+\cdots+k_{n-r}\boldsymbol{\xi}_{n-r}\quad(k_1,k_2,\cdots,k_{n-r}\in\mathbf{R})$$

就是非齐次线性方程组$\boldsymbol{Ax}=\boldsymbol{b}$的**通解**.

4.5.2　非齐次线性方程组解的结构

定理4.5.1 (非齐次线性方程组解的结构定理)　设有非齐次线性方程组$\boldsymbol{Ax}=\boldsymbol{b}$，如果$R(\boldsymbol{A})=R(\boldsymbol{A}\vdots\boldsymbol{b})=R(\tilde{\boldsymbol{A}})=r$，且$\boldsymbol{\xi}_1,\boldsymbol{\xi}_2,\cdots,\boldsymbol{\xi}_{n-r}$是其对应的导出组$\boldsymbol{Ax}=\boldsymbol{0}$的基础解系，$\boldsymbol{\eta}_0$是$\boldsymbol{Ax}=\boldsymbol{b}$的一个解，则$\boldsymbol{Ax}=\boldsymbol{b}$的通解为

$$\boldsymbol{x}=\boldsymbol{\eta}_0+k_1\boldsymbol{\xi}_1+k_2\boldsymbol{\xi}_2+\cdots+k_{n-r}\boldsymbol{\xi}_{n-r}\quad(k_1,k_2,\cdots,k_{n-r}\in\mathbf{R}),$$

其中$\boldsymbol{A}$是$m\times n$矩阵，$\boldsymbol{x}$是n维列向量，$\boldsymbol{b}$是m维列向量，$1\leqslant r\leqslant\min\{m,n\}$，这里称$\boldsymbol{\eta}_0$为$\boldsymbol{Ax}=\boldsymbol{b}$的一个**特解**.

例4.5.1　求下列方程组的通解

$$\begin{cases}x_1+x_2+x_3+x_4+x_5=7,\\3x_1+x_2+2x_3+x_4-3x_5=-2,\\2x_2+x_3+2x_4+6x_5=23,\\8x_1+3x_2+4x_3+3x_4-x_5=12.\end{cases}$$

解　对该方程组的增广矩阵进行初等行变换

$$\tilde{\boldsymbol{A}}=\left(\begin{array}{ccccc|c}1&1&1&1&1&7\\3&1&2&1&-3&-2\\0&2&1&2&6&23\\8&3&4&3&-1&12\end{array}\right)$$

$$\xrightarrow[r_4-8r_1]{r_2-3r_1}\left(\begin{array}{ccccc|c}1&1&1&1&1&7\\0&-2&-1&-2&-6&-23\\0&2&1&2&6&23\\0&-5&-4&-5&-9&-44\end{array}\right)$$

$$\xrightarrow[r_4-2r_2]{r_3+r_2}\left(\begin{array}{ccccc|c}1&1&1&1&1&7\\0&-2&-1&-2&-6&-23\\0&0&0&0&0&0\\0&-1&-2&-1&3&2\end{array}\right)$$

$$\xrightarrow[r_3\leftrightarrow r_4]{r_2\leftrightarrow r_4}\left(\begin{array}{ccccc|c}1&1&1&1&1&7\\0&-1&-2&-1&3&2\\0&-2&-1&-2&-6&-23\\0&0&0&0&0&0\end{array}\right)$$

$$\xrightarrow{r_3-2r_2}\left(\begin{array}{ccccc|c}1&1&1&1&1&7\\0&-1&-2&-1&3&2\\0&0&3&0&-12&-27\\0&0&0&0&0&0\end{array}\right).$$

因 $R(\boldsymbol{A})=R(\boldsymbol{A}\vdots\boldsymbol{b})=R(\tilde{\boldsymbol{A}})=3<5$，所以方程组有无穷多解. 继续把阶梯形矩阵进行初等行变换化为行最简形矩阵. 为此，从最后一个非零行开始，把非零首元所在列的其他元素都化为零，即

$$\left(\begin{array}{ccccc|c}1&1&1&1&1&7\\0&-1&-2&-1&3&2\\0&0&3&0&-12&-27\\0&0&0&0&0&0\end{array}\right)$$

$$\xrightarrow{\frac{1}{3}r_3}\left(\begin{array}{ccccc|c}1&1&1&1&1&7\\0&-1&-2&-1&3&2\\0&0&1&0&-4&-9\\0&0&0&0&0&0\end{array}\right)$$

$$\xrightarrow[r_1-r_3]{r_2+2r_3}\left(\begin{array}{ccccc|c}1&1&0&1&5&16\\0&-1&0&-1&-5&-16\\0&0&1&0&-4&-9\\0&0&0&0&0&0\end{array}\right)$$

$$\xrightarrow[(-1)r_2]{r_1+r_2}\left(\begin{array}{ccccc|c}1&0&0&0&0&0\\0&1&0&1&5&16\\0&0&1&0&-4&-9\\0&0&0&0&0&0\end{array}\right).$$

最简形矩阵对应的方程组为

$$\begin{cases} x_1 = 0, \\ x_2 = -x_4 - 5x_5 + 16, \\ x_3 = 4x_5 - 9, \end{cases} \quad x_4,\ x_5 \text{为自由未知量}.$$

令 $\begin{pmatrix} x_4 \\ x_5 \end{pmatrix} = \begin{pmatrix} 0 \\ 0 \end{pmatrix}$，得 $\begin{pmatrix} x_1 \\ x_2 \\ x_3 \end{pmatrix} = \begin{pmatrix} 0 \\ 16 \\ -9 \end{pmatrix}$，于是可得原方程组的一个特解

$$\boldsymbol{\eta}_0 = \begin{pmatrix} 0 \\ 16 \\ -9 \\ 0 \\ 0 \end{pmatrix},$$

其导出组为 $\begin{cases} x_1 = 0, \\ x_2 = -x_4 - 5x_5, \\ x_3 = 4x_5, \end{cases}$ x_4，x_5 为自由未知量. 因系数矩阵 $R(\boldsymbol{A})=3$，所以解空间的维数 $\dim \boldsymbol{S}=5-3=2$，即基础解系含两个解向量，自由未知量 x_4，x_5 只能取两组值，并且这两组值构成的向量线性无关. 于是取 $\begin{pmatrix} x_4 \\ x_5 \end{pmatrix} = \begin{pmatrix} 1 \\ 0 \end{pmatrix}$，$\begin{pmatrix} 0 \\ 1 \end{pmatrix}$，得 $\begin{pmatrix} x_1 \\ x_2 \\ x_3 \end{pmatrix} = \begin{pmatrix} 0 \\ -1 \\ 0 \end{pmatrix}$，$\begin{pmatrix} 0 \\ -5 \\ 4 \end{pmatrix}$，导出组的基础解系为

$$\boldsymbol{\xi}_1 = \begin{pmatrix} 0 \\ -1 \\ 0 \\ 1 \\ 0 \end{pmatrix}, \quad \boldsymbol{\xi}_2 = \begin{pmatrix} 0 \\ -5 \\ 4 \\ 0 \\ 1 \end{pmatrix}.$$

故原方程组的通解为

$$\boldsymbol{x} = \boldsymbol{\eta}_0 + k_1\boldsymbol{\xi}_1 + k_2\boldsymbol{\xi}_2 = \begin{pmatrix} 0 \\ 16 \\ -9 \\ 0 \\ 0 \end{pmatrix} + k_1\begin{pmatrix} 0 \\ -1 \\ 0 \\ 1 \\ 0 \end{pmatrix} + k_2\begin{pmatrix} 0 \\ -5 \\ 4 \\ 0 \\ 1 \end{pmatrix} \quad (k_1, k_2 \in \mathbf{R}).$$

例 4.5.2　设线性方程组Ⅰ: $\begin{cases} x_1+x_2+x_3=0, \\ x_1+2x_2+ax_3=0, \\ x_1+4x_2+a^2x_3=0, \end{cases}$ 与方程Ⅱ： $x_1+2x_2+x_3=a-1$ 有公共解，求 a 的值及所有公共解.

解　方程组Ⅰ与方程Ⅱ有公共解，也即是下列非齐次线性方程组Ⅲ：

$$\begin{cases} x_1+x_2+x_3=0, \\ x_1+2x_2+ax_3=0, \\ x_1+4x_2+a^2x_3=0, \\ x+2x+x=a-1 \end{cases}$$

有解. 而方程组Ⅲ有解的充分必要条件是其系数矩阵 $\boldsymbol{A}$ 的秩与增广矩阵 $\tilde{\boldsymbol{A}}$ 的秩相等，即 $R(\boldsymbol{A})=R(\tilde{\boldsymbol{A}})$. 对增广矩阵 $\tilde{\boldsymbol{A}}$ 进行初等行变换化为

$$\tilde{A}=\left(\begin{array}{ccc:c} 1 & 1 & 1 & 0 \\ 1 & 2 & a & 0 \\ 1 & 4 & a^2 & 0 \\ 1 & 2 & 1 & a-1 \end{array}\right) \to \left(\begin{array}{ccc:c} 1 & 1 & 1 & 0 \\ 0 & 1 & a-1 & 0 \\ 0 & 0 & (a-1)(a-2) & 0 \\ 0 & 0 & 1-a & a-1 \end{array}\right).$$

(1) 当 a=1 时，有 $R(\boldsymbol{A})=R(\tilde{\boldsymbol{A}})=2<3$. 方程组Ⅲ有无穷多解，Ⅰ与Ⅱ的所有公共解即是Ⅲ的通解，此时

$$\tilde{\boldsymbol{A}}=\left(\begin{array}{ccc:c} 1 & 0 & 1 & 0 \\ 0 & 1 & 0 & 0 \\ 0 & 0 & 0 & 0 \\ 0 & 0 & 0 & 0 \end{array}\right),$$

其对应的导出组为 $\begin{cases} x_1=-x_3, \\ x_2=0, \\ x_3=x_3, \end{cases}$ x_3为自由未知量. 取x_3=1,得基础解系 $\boldsymbol{\xi}=(-1,0,1)^{\mathrm{T}}$,

所以Ⅰ与Ⅱ的全部公共解为 $k\boldsymbol{\xi}=k(-1,0,1)^{\mathrm{T}}$ ，k 为任意实数.

(2) 当 a =2 时，有 $R(\boldsymbol{A})=R(\tilde{\boldsymbol{A}})=3$ ，方程组Ⅲ有唯一解，此时

$$\tilde{\boldsymbol{A}}=\left(\begin{array}{ccc:c} 1 & 1 & 1 & 0 \\ 0 & 1 & 1 & 0 \\ 0 & 0 & 0 & 0 \\ 0 & 0 & -1 & 1 \end{array}\right) \to \left(\begin{array}{ccc:c} 1 & 0 & 0 & 0 \\ 0 & 1 & 0 & 1 \\ 0 & 0 & 1 & -1 \\ 0 & 0 & 0 & 0 \end{array}\right).$$

由最简形矩阵得方程组Ⅲ的唯一解 $\boldsymbol{x}=(0,1,-1)^{\mathrm{T}}$ ，即方程组Ⅰ与方程Ⅱ有唯一公共解 $\boldsymbol{x}=(0,1,-1)^{\mathrm{T}}$.

例 4.5.3 设四元非齐次线性方程组系数矩阵的秩为 3，已知 $\boldsymbol{\eta}_1=(2,0,-1,3)^{\mathrm{T}}$，$\boldsymbol{\eta}_2=(3,1,2,7)^{\mathrm{T}}$，是它的两个解向量，求该方程组的通解.

解 要求非齐次线性方程组的通解，只需求出一个解和其导出组的基础解系即可. 已知的两个解向量 $\boldsymbol{\eta}_1,\boldsymbol{\eta}_2$ 中任一个都可作为一个特解，下面求导出组的基础解系. 由题设四元非齐次线性方程组的导出组解空间的维数 $\dim\boldsymbol{S}=4-3=1$，所以导出组的基础解系只含一个解向量. 根据性质 4.5.1 知，$\boldsymbol{\eta}_2-\boldsymbol{\eta}_1=(1,1,3,4)^{\mathrm{T}}$ 是导出组的一个解，并且非零，因此可作为导出组的基础解系. 故所求方程组的通解为

$$\boldsymbol{x}=\boldsymbol{\eta}_1+k(\boldsymbol{\eta}_2-\boldsymbol{\eta}_1)=(2,0,-1,3)^{\mathrm{T}}+k(1,1,3,4)^{\mathrm{T}}\quad(k\in\mathbf{R}).$$

习 题 4.5

1. 判断下列非齐次线性方程组是否有解？若有解，求其通解：

(1) $\begin{cases}x_1+x_2-3x_3-x_4=1,\\3x_1-x_2-3x_3+4x_4=4,\\x_1+5x_2-9x_3-8x_4=-2;\end{cases}$　　(2) $\begin{cases}x_1-x_2+3x_3+x_4-x_5=3,\\3x_1-2x_2+8x_3-x_4-x_5=1;\end{cases}$

(3) $\begin{cases}x_1-x_2-3x_3+x_4=1,\\x_1-x_2+2x_3-x_4=3,\\4x_1-4x_2+3x_3-2x_4=10,\\2x_1-2x_2-11x_3+4x_4=0.\end{cases}$

2. 设四元非齐次线性方程组的系数矩阵的秩是 3，已知 $\boldsymbol{\eta}_1,\boldsymbol{\eta}_2,\boldsymbol{\eta}_3$ 是它的三个解向量，且 $\boldsymbol{\eta}_1-\boldsymbol{\eta}_3=(1,2,3,4)^{\mathrm{T}}$，$\boldsymbol{\eta}_1+\boldsymbol{\eta}_2=(2,0,-2,0)^{\mathrm{T}}$，求该方程组的通解.

3. 设 $\boldsymbol{\eta}$ 是非齐次线性方程组 $\boldsymbol{Ax}=\boldsymbol{b}$ 的一个解，$\xi_1,\xi_2,\cdots,\xi_{n-r}$ 是对应的齐次方程组 $\boldsymbol{Ax}=\mathbf{0}$ 的一个基础解系，证明：

(1) $\boldsymbol{\eta},\xi_1,\xi_2,\cdots,\xi_{n-r}$ 线性无关；

(2) $\boldsymbol{\eta},\boldsymbol{\eta}+\xi_1,\boldsymbol{\eta}+\xi_2,\cdots,\boldsymbol{\eta}+\xi_{n-r}$ 线性无关.

4. 设 $\boldsymbol{\eta}_1,\boldsymbol{\eta}_2,\cdots,\boldsymbol{\eta}_r$ 是非齐次线性方程组 $\boldsymbol{Ax}=\boldsymbol{b}$ 的 r 个解，$k_1,k_2,\cdots,k_r$ 为实数，且满足 $k_1+k_2+\cdots+k_r=1$. 证明：$k_1\boldsymbol{\eta}_1+k_2\boldsymbol{\eta}_2+\cdots+k_r\boldsymbol{\eta}_r$ 也是它的解.

5. 证明线性方程组 $\begin{cases}x_1-x_2=a_1,\\x_2-x_3=a_2,\\x_3-x_4=a_3,\\x_4-x_5=a_4,\\x_5-x_1=a_5\end{cases}$ 有解的充分必要条件是 $\sum\limits_{i=1}^{5}a_i=0$，并且在有解的情形求出它的通解.

习题 4.5 第 3 题证明　　习题 4.5 第 4 题证明

复 习 题 4

1. 选择题

(1) 设 $\boldsymbol{A}, \boldsymbol{B}, \boldsymbol{C}$ 均为 n 阶矩阵，若 $\boldsymbol{AB}=\boldsymbol{C}$，且 $\boldsymbol{B}$ 可逆，则(　　).

(A) 矩阵 $\boldsymbol{C}$ 的行向量组与矩阵 $\boldsymbol{A}$ 的行向量组等价

(B) 矩阵 $\boldsymbol{C}$ 的列向量组与矩阵 $\boldsymbol{A}$ 的列向量组等价

(C) 矩阵 $\boldsymbol{C}$ 的行向量组与矩阵 $\boldsymbol{B}$ 的行向量组等价

(D) 矩阵 $\boldsymbol{C}$ 的列向量组与矩阵 $\boldsymbol{B}$ 的列向量组等价

(2) 设 $\boldsymbol{\alpha}_1=\begin{pmatrix}0\\0\\c_1\end{pmatrix}, \boldsymbol{\alpha}_2=\begin{pmatrix}0\\1\\c_2\end{pmatrix}, \boldsymbol{\alpha}_3=\begin{pmatrix}1\\-1\\c_3\end{pmatrix}, \boldsymbol{\alpha}_4=\begin{pmatrix}-1\\1\\c_4\end{pmatrix}$ 其中 c_1,c_2,c_3,c_4 为任意常数，则下列向量组线性相关的是(　　).

(A) $\boldsymbol{\alpha}_1,\boldsymbol{\alpha}_2,\boldsymbol{\alpha}_3$　　(B) $\boldsymbol{\alpha}_1,\boldsymbol{\alpha}_2,\boldsymbol{\alpha}_4$　　(C) $\boldsymbol{\alpha}_1,\boldsymbol{\alpha}_3,\boldsymbol{\alpha}_4$　　(D) $\boldsymbol{\alpha}_2,\boldsymbol{\alpha}_3,\boldsymbol{\alpha}_4$

(3) 设 $\boldsymbol{\alpha}_1,\boldsymbol{\alpha}_2,\boldsymbol{\alpha}_3$ 为三维向量，则对任意常数 k,l，向量组 $\boldsymbol{\alpha}_1+k\boldsymbol{\alpha}_3,\boldsymbol{\alpha}_2+l\boldsymbol{\alpha}_3$ 线性无关是向量组 $\boldsymbol{\alpha}_1,\boldsymbol{\alpha}_2,\boldsymbol{\alpha}_3$ 线性无关的(　　).

(A) 必要非充分条件　　(B) 充分非必要条件

(C) 充分必要条件　　(D) 既非充分也非必要条件

(4) 设向量组 **I**: $\boldsymbol{\alpha}_1,\boldsymbol{\alpha}_2,\cdots,\boldsymbol{\alpha}_r$ 可由向量组 **II**: $\boldsymbol{\beta}_1,\boldsymbol{\beta}_2,\cdots,\boldsymbol{\beta}_s$ 线性表示，下列命题正确的是(　　).

(A) 若向量组 **II** 线性无关，则 $r\leqslant s$　　(B) 若向量组 I 线性相关，则 $r>s$

(C) 若向量组 **I** 线性无关，则 $r\leqslant s$　　(D) 若向量组 II 线性相关，则 $r>s$

(5) 设 $\boldsymbol{A}$ 是 $m\times n$ 矩阵，则方程组 $\boldsymbol{Ax}=\boldsymbol{0}$ 仅有零解的充分必要条件是(　　).

(A) $\boldsymbol{A}$ 的列向量组线性相关　　(B) $\boldsymbol{A}$ 的列向量组线性无关

(C) $\boldsymbol{A}$ 的行向量组线性无关　　(D) $\boldsymbol{A}$ 的行向量组线性相关

(6) 设 $\boldsymbol{A}=(a_{ij})_{s\times r}$，$\boldsymbol{B}=(b_{ij})_{r\times s}$，如果 $\boldsymbol{BA}=\boldsymbol{E}$，则必有(　　).

(A) $r>s$　　(B) $r<s$　　(C) $r\leqslant s$　　(D) $r\geqslant s$

(7) 设 $\boldsymbol{A}$ 是 $m\times n$ 矩阵，$\boldsymbol{B}$ 是 $n\times m$ 矩阵，则(　　).

(A) 当 $m>n$ 时，必有 $|\boldsymbol{AB}|=0$　　(B) 当 $m>n$ 时，必有 $|\boldsymbol{AB}|\neq 0$

(C) 当 $n>m$ 时，必有 $|AB|=0$　　(D) 当 $n>m$ 时，必有 $|AB|\neq 0$

(8) 设 A 是 $m\times n$ 矩阵，$Ax=0$ 是非齐次线性方程组 $Ax=b$ 的导出组，则(　　).

(A) 若 $Ax=0$ 仅有零解，则 $Ax=b$ 有唯一解

(B) 若 $Ax=0$ 有非零解，则 $Ax=b$ 有无穷多解

(C) 若 $Ax=b$ 有无穷多解，则 $Ax=0$ 只有零解

(D) 若 $Ax=b$ 有无穷多解，则 $Ax=0$ 有非零解

(9) 设矩阵 $A=\begin{pmatrix}1&1&1\\1&2&a\\1&4&a^2\end{pmatrix}$，$b=\begin{pmatrix}1\\d\\d^2\end{pmatrix}$，若集合 $\Omega=\{1,2\}$，则线性方程组 $Ax=b$ 有无穷多解的充分必要条件是(　　).

(A) $a\notin\Omega, d\notin\Omega$　　(B) $a\notin\Omega, d\in\Omega$

(C) $a\in\Omega, d\notin\Omega$　　(D) $a\in\Omega, d\in\Omega$

(10) 设 $A=(\alpha_1,\alpha_2,\alpha_3,\alpha_4)$ 是四阶矩阵，A^* 为 A 的伴随矩阵，若 $(1,0,1,0)^{\mathrm{T}}$ 是方程组 $Ax=0$ 的一个基础解系，则 $A^*x=0$ 基础解系可为(　　).

(A) α_1,α_3　　(B) α_1,α_2　　(C) $\alpha_1,\alpha_2,\alpha_3$　　(D) $\alpha_2,\alpha_3,\alpha_4$

2. 填空题

(1) 设 $\alpha_1=(1,2,-1,0)^{\mathrm{T}},\alpha_2=(1,1,0,2)^{\mathrm{T}},\alpha_3=(2,1,1,\alpha)^{\mathrm{T}}$，若由此形成的向量空间维数是 2，则 $\alpha=$_______.

(2) 设 $\alpha_1,\alpha_2,\alpha_3$ 是三维向量空间 $\mathbf{R}^3$ 的一个基，则由基 $\alpha_1,\frac{1}{2}\alpha_2,\frac{1}{3}\alpha_3$ 到基 $\alpha_1+\alpha_2,\alpha_2+\alpha_3,\alpha_3+\alpha_1$ 的过渡矩阵为_______.

3. 设 α,β 为三维列向量，矩阵 $A=\alpha\alpha^{\mathrm{T}}+\beta\beta^{\mathrm{T}}$，其中 $\alpha^{\mathrm{T}},\beta^{\mathrm{T}}$ 分别是 α,β 的转置.证明：(1) 秩 $R(A)\leqslant 2$；(2) 若 α,β 线性相关，则秩 $R(A)<2$.

4. 设向量组 $\alpha_1,\alpha_2,\alpha_3$ 为向量空间 $\mathbf{R}^3$ 的一组基，

$$\beta_1=2\alpha_1+2k\alpha_3,\quad \beta_2=2\alpha_2,\quad \beta_3=\alpha_1+(k+1)\alpha_3.$$

(1) 证明：向量组 β_1,β_2,β_3 为向量空间 $\mathbf{R}^3$ 的一组基；

(2) 当 k 为何值时，存在非零向量 ξ，使得 ξ 在基 $\alpha_1,\alpha_2,\alpha_3$ 和基 β_1,β_2,β_3 下的坐标相同，并求出所有的非零向量 ξ.

5. 已知向量 $\alpha_1=(1,0,3)^{\mathrm{T}},\alpha_2=(1,-1,a)^{\mathrm{T}},\alpha_3=(2,a+1,1)^{\mathrm{T}},\beta=(1,1,b+2)^{\mathrm{T}}$.

(1) a,b 为何值时，β 不能由 $\alpha_1,\alpha_2,\alpha_3$ 线性表示？

(2) a,b 为何值时，β 能由 $\alpha_1,\alpha_2,\alpha_3$ 线性表示，且表示式不唯一，并写出该表达式.

6. 已知向量组：(Ⅰ) $\alpha_1,\alpha_2,\alpha_3$，(Ⅱ) $\alpha_1,\alpha_2,\alpha_3,\alpha_4$，(Ⅲ) $\alpha_1,\alpha_2,\alpha_3,\alpha_5$.如果它们的秩分别为 R(Ⅰ) $=R$(Ⅱ) $=3$, R(Ⅲ) $=4$，求 $R(\alpha_1,\alpha_2,\alpha_3,\alpha_5-\alpha_4)$.

7. 设 $A=\begin{pmatrix}1 & -2 & 3 & -4\\ 0 & 1 & -1 & 1\\ 1 & 2 & 0 & -3\end{pmatrix}$，$E$ 为三阶单位矩阵.

(1) 求方程组 $Ax=\mathbf{0}$ 的一个基础解系；

(2) 求满足 $AB=E$ 的所有矩阵 B.

8. 设 $A=\begin{pmatrix}1 & -1 & -1\\ -1 & 1 & 1\\ 0 & -4 & -3\end{pmatrix}$，$\xi_1=\begin{pmatrix}-1\\ 1\\ -2\end{pmatrix}$.

(1) 求满足 $A\xi_2=\xi_1, A^2\xi_3=\xi_1$ 的所有向量 ξ_2,ξ_3；

(2) 对(1)的任一向量 ξ_2,ξ_3，证明 ξ_1,ξ_2,ξ_3 线性无关.

复习题 4 第 3，4 题证明

复习题 4 第 5，6，7 题解答

*4 拓 展 知 识

*4.6 软件程序示例

4.6.1 求矩阵的秩软件程序示例

【例 1】求向量组的秩.

$$a=(2\quad 3\quad 1),\ b=(1\quad -3\quad 4),\ c=(2\quad 8\quad -1),\ d=(4\quad -3\quad 9).$$

解 MATLAB 命令为

```
a = [2, 3, 1];
b = [1, -3, 4];
c = [2, 8, -1];
d = [4, -3, 9];
abcd = [a; b; c; d];
r = rank(abcd);
```

运行结果为

```
r=3
```

【例 2】*求向量组 $\boldsymbol{\alpha}_1=(1\ \ -2\ \ 2\ \ 3)$，$\boldsymbol{\alpha}_2=(-2\ \ 4\ \ -1\ \ 3)$，$\boldsymbol{\alpha}_3=(-1\ \ 2\ \ 0\ \ 3)$，$\boldsymbol{\alpha}_4=(0\ \ 6\ \ 2\ \ 3)$ 和 $\boldsymbol{\alpha}_5=(2\ \ -6\ \ 3\ \ 4)$ 的秩，并判断其线性相关性.

解　MATLAB 命令为

```
A = [1 -2 2 3; -2 4 -1 3; -1 2 0 3; 0 6 2 3; 2 -6 3 4];
k = rank(A);
if (k < 5)
    disp('向量组线性相关');
elseif (k == 5)
    disp('向量组线性无关');
end
```

运行结果为

向量组线性相关

4.6.2　解线性方程组的软件程序示例

【例 3】解方程 $ax^2+bx+c=0$.

解　MATLAB 命令为

```
syms a b c x
eqn = a*x^2+b*x+c==0;
root_x = solve(eqn, x)
```

运行结果为

```
root_x =
-(b + (b^2 - 4*a*c)^(1/2))/(2*a)
-(b - (b^2 - 4*a*c)^(1/2))/(2*a)
```

说明：solve(eqn, var)是 MATLAB 符号运算工具箱提供的函数，功能是解方程或方程组，详细功能介绍和参数说明请参见 MATLAB 帮助文档.

【例 4】解方程组 $\begin{cases}2u+v=0,\\ u-v=1.\end{cases}$

解　MATLAB 命令为

```
syms u v
[u, v] = solve([2*u + v == 0, u - v == 1], [u, v])
```

运行结果为

```
u = 1/3
v = -2/3
```

【例 5】解齐次线性方程组 $\begin{cases} x_1 + 2x_2 + 2x_3 + x_4 = 0, \\ 2x_1 + 2x_2 - 2x_3 - 2x_4 = 0, \\ x_1 - x_2 - 4x_3 - 3x_4 = 0. \end{cases}$

解 MATLAB 命令为

```
A = [1, 2, 2, 1;...
   2, 2, -2, -2;...
   1, -1, -4, -3];
[~, n] = size(A);    % size(A)函数为求 A 的矩阵大小，
   % 其中 n 为矩阵 A 的列数，即未知数的个数
if (rank(A) == n)
   disp('方程组有唯一的零解. ');
else
   disp('方程组解的零空间有理基形式：');
   X1 = null(A, 'r')
   disp('方程组解的增广矩阵形式：');
   X2 = rref(A)
end
```

运行结果为

```
方程组解的零空间有理基形式：
X1 =
    0.3333
         0
   -0.6667
    1.0000
方程组解的增广矩阵形式：
X2 =
    1.0000         0         0   -0.3333
         0    1.0000         0         0
         0         0    1.0000    0.6667
```

说明：null(A)函数的功能是求解 $\boldsymbol{A}$ 的零空间的正交基，在解线性方程组的运算中它起着求通解的作用；rref(A)函数的作用为求矩阵 $\boldsymbol{A}$ 的行最简形；在上面的运行结果中，$\boldsymbol{X}1$ 和 $\boldsymbol{X}2$ 的矩阵形式分别为

$$\boldsymbol{X}1=\begin{pmatrix}0.3333\\0\\-0.6667\\1.0000\end{pmatrix} \quad 和 \quad \boldsymbol{X}2=\begin{pmatrix}1.0000 & 0 & 0 & -0.3333\\0 & 1.0000 & 0 & 0\\0 & 0 & 1.0000 & 0.6667\end{pmatrix}.$$

【例 6】解非齐次线性方程组$\begin{cases}x_1-x_2-x_3+x_4=0,\\x_1-x_2+x_3-3x_4=1,\\x_1-x_2-2x_3+x_4=-8.\end{cases}$

解　MATLAB 命令为

```
A = [1, -1, -1, 1;...
    1, -1, 1, -3;...
    1, -1, -2, 1];
B = [0, 1, -8]';
C = [A, B];
n = size(A, 2);      % 该语句的功能为求 A 的第二维长度
rank_A = rank(A);
rank_C = rank(C);

if (rank_A == rank_C && rank_A == n)
    disp('方程组有唯一解：');
    X = A \ B % X = inv(A) * B
elseif (rank_A == rank_C && rank_A < n)
    disp('方程组有无穷解(T 为通解，X 为特解)：');
    X = A \ B
    T = null(A, 'r')
elseif (rank_A ~= rank_C)
    disp('方程组无解：');
end
```

运行结果为

方程组有无穷解(T 为通解，X 为特解):

```
X =
         0
   -4.2500
    8.0000
    3.7500
```

```
T =
     1
     1
     0
     0
```

或者

```
A = [1, -1, -1, 1;...
   1, -1, 1, -3;...
   1, -1, -2, 1];
B = [0, 1, -8]';
C = [A, B];

X = rref(C);
```

运行结果为

```
X =
   1.0000   -1.0000         0         0    4.2500
        0         0    1.0000         0    8.0000
        0         0         0    1.0000    3.7500
```

说明：inv(A)函数的功能是求矩阵 $\boldsymbol{A}$ 的逆矩阵.

*4.7 应 用 模 型

4.7.1 向量组线性相关性的应用模型

向量组是一种特殊的数据处理方式. 它是把数据看成一个数组，考虑这些数组之间的关联程度，以及独立的数组生成的向量空间. 这种思考方式，在一些实际问题中，会给我们提供决策或解决问题的科学依据.

1) 向量空间在魔方中的应用

1514 年，德国著名艺术家 Albrecht Dürer(1471～1521)创作了一幅铜版画《忧郁》，画面中有一个由自然数组成的方块：

16	3	2	13
5	10	11	8
9	6	7	12
4	15	14	1

这个方块有着很好的性质，它的每行数字之和为 34；每列数字之和是 34；它的四个角上的数字之和是 34；另外若用水平线和垂直线把它平均分成四个小方块，每个小方块的数字之和也是 34. (最后一行的中心数 1514，正是制币时间)

具有这种性质的自然数方块，称为 Dürer 魔方，即它的每一行、每一列、每一对角线、每一小方块及四个角上数字之和都相等. 一个很自然的问题，一共有多少个 Dürer 魔方，以及应该怎么构造. 初看起来，无从下手，但仔细分析 Dürer 魔方的性质，借助于向量空间的工具，则很容易解答.

首先定义集合

$$\boldsymbol{D}=\left\{\boldsymbol{A}=(a_{ij})_{4\times4}\,\middle|\,\boldsymbol{A}\text{为Dürer魔方}\right\}.$$

在集合 $\boldsymbol{D}$ 中，定义加法为矩阵的加法，与数域 $\mathbf{R}$ 的乘法定义为矩阵的数乘. 容易验证，任意两个 Dürer 魔方相加，仍然是 Dürer 魔方. 任意一个 Dürer 魔方与常数 k 相乘，结果还是一个 Dürer 魔方. “0-方”也在集合 $\boldsymbol{D}$ 中，

$$\boldsymbol{O}=\begin{array}{|cccc|}\hline 0&0&0&0\\ 0&0&0&0\\ 0&0&0&0\\ 0&0&0&0\\ \hline\end{array}.$$

而且，线性运算的八条运算律，在集合 $\boldsymbol{D}$ 上都成立. 因此，$\boldsymbol{D}$ 在数域 $\mathbf{R}$ 上构成一个向量空间，称之为 Dürer 魔方空间. “0-方”是向量空间的零元素.

向量空间的一个重要特征是，它存在一组基，任意向量都可以由这组基线性表示. 首先我们构造最基本的 Dürer 魔方. 由数字 0 和 1，根据 Dürer 魔方的定义，可构造数字和为 1 的所有 Dürer 魔方，称之为基本魔方.

$$\boldsymbol{Q}_1=\begin{array}{|cccc|}\hline 1&0&0&0\\ 0&0&1&0\\ 0&0&0&1\\ 0&1&0&0\\ \hline\end{array},\quad \boldsymbol{Q}_2=\begin{array}{|cccc|}\hline 1&0&0&0\\ 0&0&0&1\\ 0&1&0&0\\ 0&0&1&0\\ \hline\end{array},\quad \boldsymbol{Q}_3=\begin{array}{|cccc|}\hline 0&0&0&1\\ 1&0&0&0\\ 0&0&1&0\\ 0&1&0&0\\ \hline\end{array},\quad \boldsymbol{Q}_4=\begin{array}{|cccc|}\hline 0&0&0&1\\ 0&1&0&0\\ 1&0&0&0\\ 0&0&1&0\\ \hline\end{array},$$

$$\boldsymbol{Q}_5=\begin{array}{|cccc|}\hline 0&0&1&0\\ 1&0&0&0\\ 0&1&0&0\\ 0&0&0&1\\ \hline\end{array},\quad \boldsymbol{Q}_6=\begin{array}{|cccc|}\hline 0&1&0&0\\ 0&0&1&0\\ 1&0&0&0\\ 0&0&0&1\\ \hline\end{array},\quad \boldsymbol{Q}_7=\begin{array}{|cccc|}\hline 0&0&1&0\\ 0&1&0&0\\ 0&0&0&1\\ 1&0&0&0\\ \hline\end{array},\quad \boldsymbol{Q}_8=\begin{array}{|cccc|}\hline 0&1&0&0\\ 0&0&0&1\\ 0&0&1&0\\ 1&0&0&0\\ \hline\end{array};$$

这八个基本魔方，是线性相关的，满足

$$\boldsymbol{Q}_1-\boldsymbol{Q}_2-\boldsymbol{Q}_3+\boldsymbol{Q}_4+\boldsymbol{Q}_5-\boldsymbol{Q}_6-\boldsymbol{Q}_7+\boldsymbol{Q}_8=\boldsymbol{O}.$$

又可验证，在下式中，

$$k_1\boldsymbol{Q}_1+k_2\boldsymbol{Q}_2+k_3\boldsymbol{Q}_3+k_4\boldsymbol{Q}_4+k_5\boldsymbol{Q}_5+k_6\boldsymbol{Q}_6+k_7\boldsymbol{Q}_7=\boldsymbol{O},$$

即

$$\begin{array}{|cccc|}\hline k_1+k_2 & k_6 & k_5+k_7 & k_3+k_4 \\ k_3+k_5 & k_4+k_7 & k_1+k_6 & k_2 \\ k_4+k_6 & k_2+k_5 & k_3 & k_1+k_7 \\ k_7 & k_3+k_1 & k_2+k_4 & k_6+k_5 \\ \hline\end{array} = \begin{array}{|cccc|}\hline 0&0&0&0\\0&0&0&0\\0&0&0&0\\0&0&0&0\\ \hline\end{array},$$

对应比较可得，系数全为零，从而它们线性无关.

事实上，如果假设向量空间 $\boldsymbol{D}$ 中的任一向量为

$$\begin{array}{|cccc|}\hline x_1 & x_2 & x_3 & x_4 \\ x_5 & x_6 & x_7 & x_8 \\ x_9 & x_{10} & x_{11} & x_{12} \\ x_{13} & x_{14} & x_{15} & x_{16} \\ \hline\end{array},$$

由 Dürer 魔方的定义，可得到一个包含 14 个方程 16 个未知量的齐次线性方程组，方程组的每一个解对应一个 Dürer 魔方. 零解对应前面介绍的“0-方”. 所有变量都为 1 时，也是方程组的一个解，对应“1-方”

$$\begin{array}{|cccc|}\hline 1&1&1&1\\1&1&1&1\\1&1&1&1\\1&1&1&1\\ \hline\end{array}.$$

由前面所学知识，齐次线性方程组的解构成一个向量空间，这个向量空间就是 Dürer 魔方空间 $\boldsymbol{D}$. 方程组的系数矩阵为

$$\begin{pmatrix}
-1&-1&-1&-1&1&1&1&1&0&0&0&0&0&0&0&0\\
-1&-1&-1&-1&0&0&0&0&1&1&1&1&0&0&0&0\\
-1&-1&-1&-1&0&0&0&0&0&0&0&0&1&1&1&1\\
0&-1&-1&-1&1&0&0&0&1&0&0&0&1&0&0&0\\
-1&0&-1&-1&0&1&0&0&0&1&0&0&0&1&0&0\\
-1&-1&0&-1&0&0&1&0&0&0&1&0&0&0&1&0\\
-1&-1&-1&0&0&0&0&1&0&0&0&1&0&0&0&1\\
0&0&-1&-1&1&1&0&0&0&0&0&0&0&0&0&0\\
-1&-1&0&0&0&0&1&1&0&0&0&0&0&0&0&0\\
-1&-1&-1&-1&0&0&0&0&1&1&0&0&1&1&0&0\\
-1&-1&-1&-1&0&0&0&0&0&0&1&1&0&0&1&1\\
0&-1&-1&0&0&0&0&0&0&0&0&0&1&0&0&1\\
0&-1&-1&-1&0&1&0&0&0&0&1&0&0&0&0&1\\
-1&-1&-1&0&0&0&1&0&0&1&0&0&1&0&0&0
\end{pmatrix}.$$

利用 MATLAB 可以求得系数矩阵的秩为 9, 从而解空间的维数为$16-9=7$. 而向量组$\boldsymbol{Q}_1,\boldsymbol{Q}_2,\boldsymbol{Q}_3,\boldsymbol{Q}_4,\boldsymbol{Q}_5,\boldsymbol{Q}_6,\boldsymbol{Q}_7$是线性无关的，因此，它们构成向量空间$\boldsymbol{D}$的一组基. 可知任意一个 Dürer 魔方可由$\boldsymbol{Q}_1,\boldsymbol{Q}_2,\boldsymbol{Q}_3,\boldsymbol{Q}_4,\boldsymbol{Q}_5,\boldsymbol{Q}_6,\boldsymbol{Q}_7$线性表示，且 Dürer 魔方的个数有无穷多个.

现在我们再来考虑 Albrecht Dürer 铜版画中的自然数方块，

$$\boxed{\begin{matrix} k_1+k_2 & k_6 & k_5+k_7 & k_3+k_4 \\ k_3+k_5 & k_4+k_7 & k_1+k_6 & k_2 \\ k_4+k_6 & k_2+k_5 & k_3 & k_1+k_7 \\ k_7 & k_3+k_1 & k_2+k_4 & k_6+k_5 \end{matrix}} = \boxed{\begin{matrix} 16 & 3 & 2 & 13 \\ 5 & 10 & 11 & 8 \\ 9 & 6 & 7 & 12 \\ 4 & 15 & 14 & 1 \end{matrix}}$$

比较等式两边，可得系数为

$$k_1=8,\quad k_2=8,\quad k_3=7,\quad k_4=6,\quad k_5=3,\quad k_6=3,\quad k_7=4.$$

借助于向量空间，我们就知道了 Dürer 魔方集合的结构. 由魔方空间的一组基，也可以很方便地构造想要的 Dürer 魔方.

另外，改变对 Dürer 魔方数字和的要求，利用向量子空间的定义，可以构造D的子空间或者扩展空间. 1967 年，Botsch 证明了可以构造大量的D的子空间或者扩展空间. 对于 1 至 16 之间的每一个数k，都存在k维类似$D_{4\times4}$方的向量空间.

2) 调整观测站问题

一个地区建有 12 个气象观测站，10 年来各观测站的年降水量如表 4.7.1 所示. 由于地方财政吃紧，需要减少观测站的数目. 问题是，减少哪些气象观测站，可以使得到的降水量数据信息量足够大?

表 4.7.1　10 年来各观测站的年降水量统计表

年份＼站	X_1	X_2	X_3	X_4	X_5	X_6	X_7	X_8	X_9	X_{10}	X_{11}	X_{12}
2006	276.2	324.5	158.6	412.5	292.8	258.4	334.1	303.2	292.9	243.2	159.7	331.2
2007	251.6	287.3	349.5	297.4	227.8	453.6	321.5	451	466.2	307.5	421.1	455.1
2008	192.7	436.2	289.9	366.3	466.2	239.1	357.4	219.7	245.7	411.1	357	353.2
2009	246.2	232.4	243.7	372.5	460.4	158.9	298.7	314.5	256.6	327	296.5	423
2010	291.7	311	502.4	254	245.6	324.8	401	266.5	251.3	289.9	255.4	362.1
2011	466.5	158.9	223.5	425.1	251.4	321	315.4	317.4	246.2	277.5	304.2	410.7
2012	258.6	327.4	432.1	403.9	256.6	282.9	389.7	413.2	466.5	199.3	282.1	387.6
2013	453.4	365.5	357.6	258.1	278.8	467.2	355.2	228.5	453.6	315.6	456.3	407.2
2014	158.5	271	410.2	344.2	250	360.7	376.4	179.4	159.2	342.4	331.2	377.7
2015	324.8	406.5	235.7	288.8	192.6	284.9	290.5	343.7	283.4	281.2	243.7	411.1

用向量 $\boldsymbol{\alpha}_1$，$\boldsymbol{\alpha}_2$，$\boldsymbol{\alpha}_3,\cdots,\boldsymbol{\alpha}_{12}$ 分别表示观测站 X_1，X_2，$X_3,\cdots,X_{12}$ 在2006～2015年降水量数据构成的列向量. 因为每一向量是10维的，而向量的个数是12，所以它们一定是线性相关的. 一个向量可以被其余向量线性表示，则表明对应观测站的数据，可以通过其他观测站得到，也即此观测站与其他观测站监测功能重复，故可以取消.

通过上面的分析可知，向量 $\boldsymbol{\alpha}_1$，$\boldsymbol{\alpha}_2$，$\boldsymbol{\alpha}_3,\cdots,\boldsymbol{\alpha}_{12}$ 的极大无关组，也即是对应需要保留的观测站. 因为数据量比较大且复杂，借助于 MATLAB 软件，$\boldsymbol{\alpha}_1$，$\boldsymbol{\alpha}_2,\cdots,\boldsymbol{\alpha}_{10}$ 就是一个极大无关组，所以可以取消 X_{11}，X_{12} 两个观测站. 这两个观测站，与其他观测站数据之间的关系如下：

$$\begin{aligned}\boldsymbol{\alpha}_{11} = &-0.027\boldsymbol{\alpha}_1 - 1.078\boldsymbol{\alpha}_2 - 0.125\boldsymbol{\alpha}_3 + 0.1383\boldsymbol{\alpha}_4 - 1.8927\boldsymbol{\alpha}_5 \\ &-1.6552\boldsymbol{\alpha}_6 + 0.6391\boldsymbol{\alpha}_7 - 1.0134\boldsymbol{\alpha}_8 + 2.1608\boldsymbol{\alpha}_9 + 3.794\boldsymbol{\alpha}_{10}, \\ \boldsymbol{\alpha}_{12} = &\ 2.1052\boldsymbol{\alpha}_1 + 15.1202\boldsymbol{\alpha}_2 + 13.8396\boldsymbol{\alpha}_3 + 8.8652\boldsymbol{\alpha}_4 + 27.102\boldsymbol{\alpha}_5 \\ &+ 28.325\boldsymbol{\alpha}_6 - 38.2279\boldsymbol{\alpha}_7 - 22.2767\boldsymbol{\alpha}_8 + 2.1608\boldsymbol{\alpha}_9 - 38.878\boldsymbol{\alpha}_{10}.\end{aligned}$$

4.7.2 线性方程组的应用模型

线性方程组在现实生活中，几乎无处不在. 人们最早研究的数学对象之一就是线性方程组，这是因为在丈量土地、分配食物、节气研究等等问题中，都会遇到线性方程组. 下面我们介绍两个大家都比较熟悉的问题，线性方程组在其中发挥着重要的作用.

1) 配平化学方程式

【例 1】丙烷可以作为燃料，与氧气发生化学反应，生成二氧化碳和水. 问有一定量的丙烷，至少需要多少氧气才能使丙烷完全燃烧.

解 解决这一问题，需要配平下面的方程式：

$$\mathrm{C_3H_8+O_2 \to CO_2+H_2O}.$$

假设它们前面的系数分别为 x_1,x_2,x_3,x_4，即

$$x_1\mathrm{C_3H_8} + x_2\mathrm{O_2} \to x_3\mathrm{CO_2} + x_4\mathrm{H_2O}.$$

由于方程式中，原子个数应相等，可得到齐次方程组：

$$\begin{aligned}&3x_1 - x_3 = 0,\\ &8x_1 - 2x_4 = 0,\\ &2x_2 - 2x_3 - x_4 = 0.\end{aligned}$$

化系数矩阵为行最简形得

$$\begin{pmatrix} 3 & 0 & -1 & 0 \\ 8 & 0 & 0 & -2 \\ 0 & 2 & 0 & -2 \end{pmatrix} \to \begin{pmatrix} 1 & 0 & 0 & -\frac{1}{4} \\ 0 & 1 & 0 & -1 \\ 0 & 0 & 1 & -\frac{3}{4} \end{pmatrix},$$

从而线性方程组的一个最简整数解为

$$x_1 = 1, \quad x_2 = 5, \quad x_3 = 3, \quad x_4 = 4 .$$

配平后的化学方程式为

$$C_3H_8 + 5O_2 = 3CO_2 + 4H_2O .$$

2) 食物配方中的营养问题

蛋白质、碳水化合物和脂肪是人体每日必需的三种营养物质. 营养学家计划设计一个食谱，以满足人体对三种营养物质的需求，主要包含脱脂牛奶、大豆米粉和乳清三种食物. 但过量的脂肪对身体健康又十分不利，还需要适量的运动消耗掉多余的脂肪.

现有这三种食物各营养成分的含量，和运动对各种营养物质的消耗量，如表 4.7.2 所示. 请设计一种食谱及运动量，使之满足身体的正常需求.

表 4.7.2　三种食物的营养成分及运动消耗量　　(单位：g/100g)

营养	脱脂牛奶	大豆米粉	乳清	5min 运动量/g	每日需求量
蛋白质	36	51	13	10	33
碳水化合物	52	34	74	20	45
脂肪	10	7	1	15	3

设脱脂牛奶所含各种营养成分构成的向量为 $\boldsymbol{\alpha}_1 = (36,52,10)^{\mathrm{T}}$ ，同样地，大豆米粉、乳清、5min 运动量和每日需求量构成的向量分别为 $\boldsymbol{\alpha}_2 = (51,34,7)^{\mathrm{T}}$ ，$\boldsymbol{\alpha}_3 = (13,74,1)^{\mathrm{T}}$ ，$\boldsymbol{\alpha}_4 = (-10,-20,-15)^{\mathrm{T}}$ ，$\boldsymbol{\alpha}_5 = (33,45,3)^{\mathrm{T}}$. 问题就转化为，把向量 $\boldsymbol{\alpha}_5$ 用向量 $\boldsymbol{\alpha}_1,\boldsymbol{\alpha}_2,\boldsymbol{\alpha}_3,\boldsymbol{\alpha}_4$ 线性表示. 由于它们是三维向量，且秩为 3，故 $\boldsymbol{\alpha}_5$ 一定可由向量 $\boldsymbol{\alpha}_1,\boldsymbol{\alpha}_2,\boldsymbol{\alpha}_3,\boldsymbol{\alpha}_4$ 线性表示，设表示系数为 k_1,k_2,k_3,k_4 ，则

$$\boldsymbol{\alpha}_5 = k_1\boldsymbol{\alpha}_1 + k_2\boldsymbol{\alpha}_2 + k_3\boldsymbol{\alpha}_3 + k_4\boldsymbol{\alpha}_4 ;$$

增广矩阵化行最简形为

$$\begin{pmatrix} 36 & 51 & 13 & -10 & 33 \\ 52 & 34 & 74 & -20 & 45 \\ 10 & 7 & 1 & -15 & 3 \end{pmatrix} \to \begin{pmatrix} 1 & 0.7 & 0.1 & -1.5 & 0.3 \\ 52 & 34 & 74 & -20 & 45 \\ 36 & 51 & 13 & -10 & 33 \end{pmatrix}$$

$$\rightarrow\begin{pmatrix}1 & 0.7 & 0.1 & -1.5 & 0.3\\0 & -2.4 & 68.8 & 58 & 29.4\\0 & 25.8 & 9.4 & 44 & 22.2\end{pmatrix}\rightarrow\begin{pmatrix}1 & 0.7 & 0.1 & -1.5 & 0.3\\0 & 1 & -28.67 & -24.17 & -12.25\\0 & 0 & 1 & 0.89 & 0.45\end{pmatrix}$$

$$\rightarrow\begin{pmatrix}1 & 0 & 0 & -2.54 & -0.20\\0 & 1 & 0 & 1.35 & 0.65\\0 & 0 & 1 & 0.89 & 0.45\end{pmatrix}.$$

所以方程组的通解为

$$(k_1,k_2,k_3,k_4)^{\mathrm{T}}=c(2.54,-1.35,-0.89,1)^{\mathrm{T}}+(-0.20,0.65,0.45,0)^{\mathrm{T}}.$$

因为这是实际问题，必须取合理解，不妨取 $c=0.3$ ，此时特解为

$$(k_1,k_2,k_3,k_4)^{\mathrm{T}}=(0.562,0.245,0.183,0.3)^{\mathrm{T}}.$$

所以，可以每天食用 56.2g 脱脂牛奶，24.5g 大豆米粉，18.3g 的乳清，并至少运动 1.5min.

上述例子，只是一个简单的模型. 实际上，我们身体需要的营养不止这 3 种，还有其他的矿物质、维生素等，而食物品种的选择也是多种多样. 按照同样的分析方法，可以设计一个合理的膳食方案.

第 5 章　矩阵的特征值与特征向量

矩阵的特征值与特征向量理论有着非常广泛的应用，如工程技术领域中的振动问题和稳定性问题，数学领域中方阵的对角化、微分方程组的解、迭代法求线性方程组的近似解等理论性问题都与矩阵的特征值与特征向量有关.

5.1　n 维向量的内积

5.1.1　n 维向量的内积

在几何空间中最重要的两个度量概念是向量的模和夹角. 而模和夹角都可以由内积(或数量积或点积)表示，所以要把几何向量的有关性质推广到 n 维向量，只需把内积概念推广到 n 维向量即可.

回顾 $\mathbf{R}^3$ 中两个向量 $\boldsymbol{a}, \boldsymbol{b}$ 的内积. 设 $\boldsymbol{a}=(a_1,a_2,a_3)^{\mathrm{T}}, \boldsymbol{b}=(b_1,b_2,b_3)^{\mathrm{T}}$，则 $\boldsymbol{a}, \boldsymbol{b}$ 的内积为

$$\boldsymbol{a}\cdot\boldsymbol{b}=a_1b_1+a_2b_2+a_3b_3=\sum_{i=1}^{3}a_ib_i .$$

于是给出如下 $\mathbf{R}^n$ 中内积的定义.

定义 5.1.1　设 n 维实向量

$$\boldsymbol{\alpha}=\begin{pmatrix}a_1\\a_2\\\vdots\\a_n\end{pmatrix},\quad \boldsymbol{\beta}=\begin{pmatrix}b_1\\b_2\\\vdots\\b_n\end{pmatrix},$$

称实数 $\sum_{i=1}^{n}a_ib_i=a_1b_1+a_2b_2+\cdots+a_nb_n$ 为向量 $\boldsymbol{\alpha}$ 与 $\boldsymbol{\beta}$ 的**内积**，记作 $(\boldsymbol{\alpha},\boldsymbol{\beta})$，即

$$(\boldsymbol{\alpha},\boldsymbol{\beta})=\sum_{i=1}^{n}a_ib_i=a_1b_1+a_2b_2+\cdots+a_nb_n .$$

向量的内积是一种运算，如果把向量看成是列(或行)矩阵，那么内积又可以用矩阵的乘法表示：

$$(\boldsymbol{\alpha},\boldsymbol{\beta})=(a_1,a_2,\cdots,a_n)\begin{pmatrix}b_1\\b_2\\\vdots\\b_n\end{pmatrix}=a_1b_1+a_2b_2+\cdots+a_nb_n=\boldsymbol{\alpha}^{\mathrm{T}}\boldsymbol{\beta}.$$

由定义 5.1.1 易得内积有如下性质：

(1) 对称性：$(\boldsymbol{\alpha},\boldsymbol{\beta})=(\boldsymbol{\beta},\boldsymbol{\alpha})$；

(2) 线性性：$(\boldsymbol{\alpha}+\boldsymbol{\beta},\boldsymbol{\gamma})=(\boldsymbol{\alpha},\boldsymbol{\gamma})+(\boldsymbol{\beta},\boldsymbol{\gamma})$, $(k\boldsymbol{\alpha},\boldsymbol{\beta})=k(\boldsymbol{\alpha},\boldsymbol{\beta})$，其中 $\boldsymbol{\alpha},\boldsymbol{\beta},\boldsymbol{\gamma}\in\mathbf{R}^n, k\in\mathbf{R}$；

(3) 正定性：$(\boldsymbol{\alpha},\boldsymbol{\alpha})\geqslant 0$, 当且仅当 $\boldsymbol{\alpha}\neq\mathbf{0}$ 时，$(\boldsymbol{\alpha},\boldsymbol{\alpha})>0$.

定义 5.1.2　设 n 维实向量 $\boldsymbol{\alpha}=(a_1,a_2,\cdots,a_n)^{\mathrm{T}}$，称 $\sqrt{(\boldsymbol{\alpha},\boldsymbol{\alpha})}$ 为向量 $\boldsymbol{\alpha}$ 的**模(或长度或范数)**，记作 $\|\boldsymbol{\alpha}\|$，即

$$\|\boldsymbol{\alpha}\|=\sqrt{(\boldsymbol{\alpha},\boldsymbol{\alpha})}=\sqrt{\boldsymbol{\alpha}^{\mathrm{T}}\boldsymbol{\alpha}}=\sqrt{a_1^2+a_2^2+\cdots+a_n^2}.$$

向量的模具有以下性质：

(1) 正定性：$\|\boldsymbol{\alpha}\|\geqslant 0$, 当且仅当 $\boldsymbol{\alpha}=\mathbf{0}$ 时，$\|\boldsymbol{\alpha}\|=0$；

(2) 齐次性：$\|k\boldsymbol{\alpha}\|=|k|\|\boldsymbol{\alpha}\|$；

(3) 三角不等式：$\|\boldsymbol{\alpha}+\boldsymbol{\beta}\|\leqslant\|\boldsymbol{\alpha}\|+\|\boldsymbol{\beta}\|$；

(4) 柯西—施瓦茨(Cauchy-Schwarz)不等式：$(\boldsymbol{\alpha},\boldsymbol{\beta})^2\leqslant(\boldsymbol{\alpha},\boldsymbol{\alpha})(\boldsymbol{\beta},\boldsymbol{\beta})$, 即 $(\boldsymbol{\alpha},\boldsymbol{\beta})^2\leqslant\|\boldsymbol{\alpha}\|^2\|\boldsymbol{\beta}\|^2$, 也即 $\left|\sum\limits_{i=1}^n a_ib_i\right|\leqslant\sqrt{\sum\limits_{i=1}^n a_i^2}\sqrt{\sum\limits_{i=1}^n b_i^2}$, 且等号成立的充分必要条件是 $\boldsymbol{\alpha},\boldsymbol{\beta}$ 线性相关. 其中 $\boldsymbol{\alpha}=(a_1,a_2,\cdots,a_n)^{\mathrm{T}}$, $\boldsymbol{\beta}=(b_1,b_2,\cdots,b_n)^{\mathrm{T}}$.

性质(1)、(2)、(3)留给读者证明，下面证性质(4).

证明　设 $\boldsymbol{\alpha},\boldsymbol{\beta}$ 线性无关，则对任意实数 k，都有 $k\boldsymbol{\alpha}+\boldsymbol{\beta}\neq\mathbf{0}$, 于是

$$(k\boldsymbol{\alpha}+\boldsymbol{\beta},k\boldsymbol{\alpha}+\boldsymbol{\beta})=(\boldsymbol{\alpha},\boldsymbol{\alpha})k^2+2(\boldsymbol{\alpha},\boldsymbol{\beta})k+(\boldsymbol{\beta},\boldsymbol{\beta})>0.$$

这是一个关于 k 的二次三项式，其值恒正，则判别式必小于零，所以有

$$4(\boldsymbol{\alpha},\boldsymbol{\beta})^2-4(\boldsymbol{\alpha},\boldsymbol{\alpha})(\boldsymbol{\beta},\boldsymbol{\beta})<0,$$

即

$$(\boldsymbol{\alpha},\boldsymbol{\beta})^2<(\boldsymbol{\alpha},\boldsymbol{\alpha})(\boldsymbol{\beta},\boldsymbol{\beta}).$$

若 $\boldsymbol{\alpha},\boldsymbol{\beta}$ 线性相关，则存在常数 k，使得 $\boldsymbol{\beta}=k\boldsymbol{\alpha}$ 或 $\boldsymbol{\alpha}=k\boldsymbol{\beta}$. 设 $\boldsymbol{\beta}=k\boldsymbol{\alpha}$, 则

$$(\boldsymbol{\alpha},\boldsymbol{\beta})^2=(\boldsymbol{\alpha},k\boldsymbol{\alpha})^2=k^2(\boldsymbol{\alpha},\boldsymbol{\alpha})^2=(\boldsymbol{\alpha},\boldsymbol{\alpha})(k\boldsymbol{\alpha},k\boldsymbol{\alpha})=(\boldsymbol{\alpha},\boldsymbol{\alpha})(\boldsymbol{\beta},\boldsymbol{\beta}).$$

模为 1 的向量称为**单位向量**. 当 $\boldsymbol{\alpha}\neq\mathbf{0}$ 时, 由模的齐次性知 $\dfrac{\boldsymbol{\alpha}}{\|\boldsymbol{\alpha}\|}$ 是单位向量. 由非零向量 $\boldsymbol{\alpha}$ 得到单位向量的过程称为把 $\boldsymbol{\alpha}$ **单位化**或**标准化**.

由柯西—施瓦茨不等式：对任意的非零向量 $\boldsymbol{\alpha},\boldsymbol{\beta}$，总有

$$\left|\frac{(\boldsymbol{\alpha},\boldsymbol{\beta})}{\|\boldsymbol{\alpha}\|\|\boldsymbol{\beta}\|}\right|\leqslant 1,$$

由此我们可定义 $\mathbf{R}^n$ 中两向量的夹角.

定义 5.1.3　设 $\boldsymbol{\alpha},\boldsymbol{\beta}\in\mathbf{R}^n$，且 $\boldsymbol{\alpha}\neq\mathbf{0},\boldsymbol{\beta}\neq\mathbf{0}$，则称

$$\boldsymbol{\theta}=\arccos\frac{(\boldsymbol{\alpha},\boldsymbol{\beta})}{\|\boldsymbol{\alpha}\|\|\boldsymbol{\beta}\|},\quad 0\leqslant\boldsymbol{\theta}\leqslant\pi$$

为 $\boldsymbol{\alpha}$ 与 $\boldsymbol{\beta}$ 的夹角，记作 $\widehat{(\boldsymbol{\alpha},\boldsymbol{\beta})}$.

若 $(\boldsymbol{\alpha},\boldsymbol{\beta})=0$，称 $\boldsymbol{\alpha}$ 与 $\boldsymbol{\beta}$ 正交，记作 $\boldsymbol{\alpha}\perp\boldsymbol{\beta}$.

5.1.2　正交向量组与标准正交向量组

定义 5.1.4　如果向量组 $\boldsymbol{\alpha}_1,\boldsymbol{\alpha}_2,\cdots,\boldsymbol{\alpha}_s$ 中任意两个向量都正交，且每个向量 $\boldsymbol{\alpha}_i(i=1,2,\cdots,s)$ 都不是零向量，那么这个向量组就称为**正交向量组**，由单位向量构成的正交向量组称为**标准正交向量组**.

根据定义，$\boldsymbol{\alpha}_1,\boldsymbol{\alpha}_2,\cdots,\boldsymbol{\alpha}_s$ 为正交向量组 $\Leftrightarrow(\boldsymbol{\alpha}_i,\boldsymbol{\alpha}_i)>0,(\boldsymbol{\alpha}_i,\boldsymbol{\alpha}_j)=0(i\neq j)$；$\boldsymbol{\alpha}_1,\boldsymbol{\alpha}_2,\cdots,\boldsymbol{\alpha}_s$ 为标准正交向量组 $\Leftrightarrow\left(\boldsymbol{\alpha}_i,\boldsymbol{\alpha}_j\right)=\begin{cases}0, & i\neq j,\\ 1, & i=j.\end{cases}$

若 $\boldsymbol{\alpha}_1,\boldsymbol{\alpha}_2,\cdots,\boldsymbol{\alpha}_s$ 是正交向量组，且为向量空间 $\boldsymbol{V}$ 的一个基，则称 $\boldsymbol{\alpha}_1,\boldsymbol{\alpha}_2,\cdots,\boldsymbol{\alpha}_s$ 为向量空间 $\boldsymbol{V}$ 的一个正交基；若 $\boldsymbol{\alpha}_1,\boldsymbol{\alpha}_2,\cdots,\boldsymbol{\alpha}_s$ 是标准正交向量组，且为向量空间 $\boldsymbol{V}$ 的一个基，则称 $\boldsymbol{\alpha}_1,\boldsymbol{\alpha}_2,\cdots,\boldsymbol{\alpha}_s$ 为向量空间 $\boldsymbol{V}$ 的一个标准正交基. 如 $\boldsymbol{\alpha}_1=\begin{pmatrix}1\\0\\1\end{pmatrix}$，$\boldsymbol{\alpha}_2=\begin{pmatrix}1\\2\\-1\end{pmatrix}$，$\boldsymbol{\alpha}_3=\begin{pmatrix}2\\-2\\-2\end{pmatrix}$ 是正交向量组，是三维向量空间 $\mathbf{R}^3$ 的一个正交基，又如 $\boldsymbol{e}_1=\begin{pmatrix}1\\0\\0\end{pmatrix}$，$\boldsymbol{e}_2=\begin{pmatrix}0\\1\\0\end{pmatrix}$，$\boldsymbol{e}_3=\begin{pmatrix}0\\0\\1\end{pmatrix}$ 是三维向量空间 $\mathbf{R}^3$ 的一个标准正交基.

定理 5.1.1　正交向量组一定线性无关.

证明　设 $\boldsymbol{\alpha}_1,\boldsymbol{\alpha}_2,\cdots,\boldsymbol{\alpha}_s$ 是一个正交向量组，则有 $\left(\boldsymbol{\alpha}_i,\boldsymbol{\alpha}_j\right)=0(i\neq j)$，如果有一组数 $k_1,k_2,\cdots,k_s$ 使得

$$k_1\boldsymbol{\alpha}_1+k_2\boldsymbol{\alpha}_2+\cdots+k_s\boldsymbol{\alpha}_s=\mathbf{0},$$

则

$$(\boldsymbol{\alpha}_i, k_1\boldsymbol{\alpha}_1 + k_2\boldsymbol{\alpha}_2 + \cdots + k_s\boldsymbol{\alpha}_s)$$
$$= k_i(\boldsymbol{\alpha}_i, \boldsymbol{\alpha}_i) = 0, \quad i = 1,2,\cdots,s.$$

因为 $\boldsymbol{\alpha}_i \neq \mathbf{0}$, $(\boldsymbol{\alpha}_i,\boldsymbol{\alpha}_i) > 0$ ，所以 $k_i = 0$ ， $i = 1,2,\cdots,s$ ，故 $\boldsymbol{\alpha}_1,\boldsymbol{\alpha}_2,\cdots,\boldsymbol{\alpha}_s$ 线性无关.

5.1.3　施密特正交化方法

由于向量空间的标准正交基具有性质简单、表示方便的特点，如 $\boldsymbol{\alpha}_1,\boldsymbol{\alpha}_2,\cdots,\boldsymbol{\alpha}_i,\cdots,\boldsymbol{\alpha}_s$ 是向量空间 $\boldsymbol{V}$ 的一个标准正交基. $\boldsymbol{V}$ 中的任一向量 $\boldsymbol{\alpha}$ 可由这个基线性表示，即 $\boldsymbol{\alpha} = k_1\boldsymbol{\alpha}_1 + k_2\boldsymbol{\alpha}_2 + \cdots + k_i\boldsymbol{\alpha}_i + \cdots + k_s\boldsymbol{\alpha}_s$. 而 $\boldsymbol{\alpha}$ 在这个基下的第 i 个分量 k_i 可简单地由内积表示，即 $k_i = (\boldsymbol{\alpha},\boldsymbol{\alpha}_i)$. 所以常常需要求出一个向量空间的标准正交基. 下面将解决这个问题.

如何从向量空间的一个基出发，求出一个标准正交基呢？首先面对的是如何从线性无关的向量组 $\boldsymbol{\alpha}_1,\boldsymbol{\alpha}_2,\cdots,\boldsymbol{\alpha}_s$ 出发，构建一个正交向量组，进而得到一个标准正交向量组，施密特(Schmidt)正交化方法很好地解决了这一问题.

施密特正交化方法分为两个步骤：

一是**正交化**. 从线性无关向量组 $\boldsymbol{\alpha}_1,\boldsymbol{\alpha}_2,\cdots,\boldsymbol{\alpha}_s$ 出发，得到一个正交向量组 $\boldsymbol{\beta}_1,\boldsymbol{\beta}_2,\cdots,\boldsymbol{\beta}_s$ ，具体做法如下：取

$$\boldsymbol{\beta}_1 = \boldsymbol{\alpha}_1 ;$$

$$\boldsymbol{\beta}_2 = \boldsymbol{\alpha}_2 - \frac{(\boldsymbol{\alpha}_2,\boldsymbol{\beta}_1)}{(\boldsymbol{\beta}_1,\boldsymbol{\beta}_1)}\boldsymbol{\beta}_1 ;$$

$$\boldsymbol{\beta}_3 = \boldsymbol{\alpha}_3 - \frac{(\boldsymbol{\alpha}_3,\boldsymbol{\beta}_1)}{(\boldsymbol{\beta}_1,\boldsymbol{\beta}_1)}\boldsymbol{\beta}_1 - \frac{(\boldsymbol{\alpha}_3,\boldsymbol{\beta}_2)}{(\boldsymbol{\beta}_2,\boldsymbol{\beta}_2)}\boldsymbol{\beta}_2 ;$$

……

$$\boldsymbol{\beta}_s = \boldsymbol{\alpha}_s - \frac{(\boldsymbol{\alpha}_s,\boldsymbol{\beta}_1)}{(\boldsymbol{\beta}_1,\boldsymbol{\beta}_1)}\boldsymbol{\beta}_1 - \frac{(\boldsymbol{\alpha}_s,\boldsymbol{\beta}_2)}{(\boldsymbol{\beta}_2,\boldsymbol{\beta}_2)}\boldsymbol{\beta}_2 - \cdots - \frac{(\boldsymbol{\alpha}_s,\boldsymbol{\beta}_{s-1})}{(\boldsymbol{\beta}_{s-1},\boldsymbol{\beta}_{s-1})}\boldsymbol{\beta}_{s-1} .$$

可以验证，这样得到的向量组 $\boldsymbol{\beta}_1,\boldsymbol{\beta}_2,\cdots,\boldsymbol{\beta}_s$ 是正交向量组，且与向量组 $\boldsymbol{\alpha}_1,\boldsymbol{\alpha}_2,\cdots,\boldsymbol{\alpha}_s$ 是等价的.

二是**单位化**. 将 $\boldsymbol{\beta}_1,\boldsymbol{\beta}_2,\cdots,\boldsymbol{\beta}_s$ 单位化得向量组 $\boldsymbol{\gamma}_1,\boldsymbol{\gamma}_2,\cdots,\boldsymbol{\gamma}_s$ ，取

$$\boldsymbol{\gamma}_j = \frac{\boldsymbol{\beta}_j}{\|\boldsymbol{\beta}_j\|}, \quad j = 1,2,\cdots,s .$$

向量组 $\boldsymbol{\gamma}_1,\boldsymbol{\gamma}_2,\cdots,\boldsymbol{\gamma}_s$ 是标准正交向量组，且与向量组 $\boldsymbol{\alpha}_1,\boldsymbol{\alpha}_2,\cdots,\boldsymbol{\alpha}_s$ 是等价的.

例 5.1.1　用施密特正交化方法将向量组 $\boldsymbol{\alpha}_1 = \begin{pmatrix} 1 \\ 0 \\ 1 \end{pmatrix}$ ， $\boldsymbol{\alpha}_2 = \begin{pmatrix} 0 \\ 1 \\ -1 \end{pmatrix}$ ， $\boldsymbol{\alpha}_3 = \begin{pmatrix} 1 \\ -1 \\ 0 \end{pmatrix}$ 化为

标准正交向量组.

解　先将向量组 $\boldsymbol{\alpha}_1,\boldsymbol{\alpha}_2,\boldsymbol{\alpha}_3$ 正交化，取

$$\boldsymbol{\beta}_1=\boldsymbol{\alpha}_1=\begin{pmatrix}1\\0\\1\end{pmatrix},$$

$$\boldsymbol{\beta}_2=\boldsymbol{\alpha}_2-\frac{(\boldsymbol{\alpha}_2,\boldsymbol{\beta}_1)}{(\boldsymbol{\beta}_1,\boldsymbol{\beta}_1)}\boldsymbol{\beta}_1=\begin{pmatrix}0\\1\\-1\end{pmatrix}-\frac{-1}{2}\begin{pmatrix}1\\0\\1\end{pmatrix}=\frac{1}{2}\begin{pmatrix}1\\2\\-1\end{pmatrix},$$

$$\boldsymbol{\beta}_3=\boldsymbol{\alpha}_3-\frac{(\boldsymbol{\alpha}_3,\boldsymbol{\beta}_1)}{(\boldsymbol{\beta}_1,\boldsymbol{\beta}_1)}\beta_1-\frac{(\boldsymbol{\alpha}_3,\boldsymbol{\beta}_2)}{(\boldsymbol{\beta}_2,\boldsymbol{\beta}_2)}\boldsymbol{\beta}_2=\begin{pmatrix}1\\-1\\0\end{pmatrix}-\frac{1}{2}\begin{pmatrix}1\\0\\1\end{pmatrix}-\frac{4}{6}\left(-\frac{1}{2}\right)\left(\frac{1}{2}\right)\begin{pmatrix}1\\2\\-1\end{pmatrix}=\frac{2}{3}\begin{pmatrix}1\\-1\\-1\end{pmatrix};$$

再将 $\boldsymbol{\beta}_1,\boldsymbol{\beta}_2,\boldsymbol{\beta}_3$ 单位化得

$$\boldsymbol{\gamma}_1=\frac{1}{\sqrt{2}}\begin{pmatrix}1\\0\\1\end{pmatrix},\quad \boldsymbol{\gamma}_2=\frac{1}{\sqrt{6}}\begin{pmatrix}1\\2\\-1\end{pmatrix},\quad \boldsymbol{\gamma}_3=\frac{1}{\sqrt{3}}\begin{pmatrix}1\\-1\\-1\end{pmatrix},$$

则 $\boldsymbol{\gamma}_1,\boldsymbol{\gamma}_2,\boldsymbol{\gamma}_3$ 就是一个标准正交向量组.

5.1.4　线性变换与正交变换

下面先介绍正交矩阵.

定义 5.1.5　如果实矩阵 $\boldsymbol{A}$ 满足 $\boldsymbol{A}\boldsymbol{A}^{\mathrm{T}}=\boldsymbol{A}^{\mathrm{T}}\boldsymbol{A}=\boldsymbol{E}$，那么称 $\boldsymbol{A}$ 为**正交矩阵**.

例如，矩阵

$$\begin{pmatrix}1&0\\0&1\end{pmatrix},\quad \begin{pmatrix}1&0\\0&-1\end{pmatrix},\quad \begin{pmatrix}\frac{1}{\sqrt{2}}&\frac{1}{\sqrt{6}}&\frac{1}{\sqrt{3}}\\0&\frac{2}{\sqrt{6}}&-\frac{1}{\sqrt{3}}\\\frac{1}{\sqrt{2}}&-\frac{1}{\sqrt{6}}&-\frac{1}{\sqrt{3}}\end{pmatrix}$$

都是正交矩阵.

容易证明正交矩阵具有下列性质：

(1) 若 $\boldsymbol{A}$ 是正交矩阵，则 $|\boldsymbol{A}|=\pm1$；

(2) 若 $\boldsymbol{A}$ 是正交矩阵，则 $\boldsymbol{A}^{\mathrm{T}}=\boldsymbol{A}^{-1}$ 也是正交矩阵；

(3) 若 $\boldsymbol{A},\boldsymbol{B}$ 是同阶正交矩阵，则 $\boldsymbol{AB}$ 也是正交矩阵.

定理 5.1.2　n 阶矩阵 $\boldsymbol{A}$ 为正交矩阵的充分必要条件是 $\boldsymbol{A}$ 的列(行)向量组为标

准正交向量组.

证明　设 $\boldsymbol{A}=(\boldsymbol{\alpha}_1,\boldsymbol{\alpha}_2,\cdots,\boldsymbol{\alpha}_n)$，则

$$\boldsymbol{A}^{\mathrm{T}}=\begin{pmatrix}\boldsymbol{\alpha}_1^{\mathrm{T}}\\\boldsymbol{\alpha}_2^{\mathrm{T}}\\\vdots\\\boldsymbol{\alpha}_n^{\mathrm{T}}\end{pmatrix},$$

于是

$$\boldsymbol{A}^{\mathrm{T}}\boldsymbol{A}=\begin{pmatrix}\boldsymbol{\alpha}_1^{\mathrm{T}}\\\boldsymbol{\alpha}_2^{\mathrm{T}}\\\vdots\\\boldsymbol{\alpha}_n^{\mathrm{T}}\end{pmatrix}(\boldsymbol{\alpha}_1,\boldsymbol{\alpha}_2,\cdots,\boldsymbol{\alpha}_n)=\begin{pmatrix}\boldsymbol{\alpha}_1^{\mathrm{T}}\boldsymbol{\alpha}_1 & \boldsymbol{\alpha}_1^{\mathrm{T}}\boldsymbol{\alpha}_2 & \cdots & \boldsymbol{\alpha}_1^{\mathrm{T}}\boldsymbol{\alpha}_n\\\boldsymbol{\alpha}_2^{\mathrm{T}}\boldsymbol{\alpha}_1 & \boldsymbol{\alpha}_2^{\mathrm{T}}\boldsymbol{\alpha}_2 & \cdots & \boldsymbol{\alpha}_2^{\mathrm{T}}\boldsymbol{\alpha}_n\\\vdots & \vdots & & \vdots\\\boldsymbol{\alpha}_n^{\mathrm{T}}\boldsymbol{\alpha}_1 & \boldsymbol{\alpha}_n^{\mathrm{T}}\boldsymbol{\alpha}_2 & \cdots & \boldsymbol{\alpha}_n^{\mathrm{T}}\boldsymbol{\alpha}_n\end{pmatrix},$$

$\boldsymbol{A}^{\mathrm{T}}\boldsymbol{A}=\boldsymbol{E}$ 当且仅当

$$\boldsymbol{\alpha}_i^{\mathrm{T}}\boldsymbol{\alpha}_j=(\boldsymbol{\alpha}_i,\boldsymbol{\alpha}_j)=\begin{cases}0, & i\neq j,\\1, & i=j,\end{cases}\quad i,j=1,2,\cdots,n.$$

也就是 $\boldsymbol{A}$ 的列向量组 $\boldsymbol{\alpha}_1,\boldsymbol{\alpha}_2,\cdots,\boldsymbol{\alpha}_n$ 是标准正交向量组. 同理可证行向量组的情况.

定义 5.1.6　设 $x_1,x_2,\cdots,x_n$ 与 $y_1,y_2,\cdots,y_n$ 是两组变量，关系式

$$\begin{cases}x_1=c_{11}y_1+c_{12}y_2+\cdots+c_{1n}y_n,\\x_2=c_{21}y_1+c_{22}y_2+\cdots+c_{2n}y_n,\\\qquad\cdots\cdots\\x_n=c_{n1}y_1+c_{n2}y_2+\cdots+c_{nn}y_n\end{cases}$$

称为由 $y_1,y_2,\cdots,y_n$ 到 $x_1,x_2,\cdots,x_n$ 的一个**线性变换**. 若记

$$\boldsymbol{x}=\begin{pmatrix}x_1\\x_2\\\vdots\\x_n\end{pmatrix},\quad\boldsymbol{y}=\begin{pmatrix}y_1\\y_2\\\vdots\\y_n\end{pmatrix},\quad\boldsymbol{C}=\begin{pmatrix}c_{11} & c_{12} & \cdots & c_{1n}\\c_{21} & c_{22} & \cdots & c_{2n}\\\vdots & \vdots & & \vdots\\c_{n1} & c_{n2} & \cdots & c_{nn}\end{pmatrix},$$

则线性变换可以表示成矩阵的形式：$\boldsymbol{x}=\boldsymbol{C}\boldsymbol{y}$，其中 $\boldsymbol{C}$ 称为线性变换的**系数矩阵**.

若 $|\boldsymbol{C}|\neq 0$，$\boldsymbol{C}$ 是非退化或可逆矩阵，称线性变换 $\boldsymbol{x}=\boldsymbol{C}\boldsymbol{y}$ 为**非退化**或**可逆的**线性变换. 对于可逆的线性变换 $\boldsymbol{x}=\boldsymbol{C}\boldsymbol{y}$，可解出其逆变换为 $\boldsymbol{y}=\boldsymbol{C}^{-1}\boldsymbol{x}$，其实它们表示同一个线性变换.

若 $\boldsymbol{C}$ 为正交矩阵，称线性变换 $\boldsymbol{x}=\boldsymbol{C}\boldsymbol{y}$ 为正交线性变换，简称**正交变换**. 正交变换有很好的性质，正交变换保持向量长度不变，保持向量间的夹角不变，因此保持图形不变. 正交变换是一类非常重要的线性变换，在下一章化二次型为标准形中有重要的应用.

习　题　5.1

1. 判断下列向量组是否是正交向量组：

(1) $\begin{pmatrix}1\\2\\3\end{pmatrix},\begin{pmatrix}1\\1\\-1\end{pmatrix},\begin{pmatrix}-3\\0\\1\end{pmatrix}$；　(2) $\begin{pmatrix}1\\-2\\1\end{pmatrix},\begin{pmatrix}0\\1\\2\end{pmatrix},\begin{pmatrix}-5\\-2\\1\end{pmatrix}$；　(3) $\begin{pmatrix}2\\-5\\-3\end{pmatrix},\begin{pmatrix}0\\0\\0\end{pmatrix},\begin{pmatrix}4\\-2\\6\end{pmatrix}$.

2. 判断下列矩阵是否是正交矩阵：

(1) $\begin{pmatrix}\frac{\sqrt{3}}{2} & -\frac{1}{2}\\ \frac{1}{2} & \frac{\sqrt{3}}{2}\end{pmatrix}$；　(2) $\begin{pmatrix}-\frac{2}{3} & \frac{2}{3} & \frac{1}{3}\\ -\frac{1}{3} & -\frac{2}{3} & \frac{2}{3}\\ \frac{2}{3} & \frac{1}{3} & \frac{2}{3}\end{pmatrix}$；

(3) $\begin{pmatrix}-1 & -\frac{2}{\sqrt{5}} & \frac{2}{3\sqrt{5}}\\ -2 & \frac{1}{\sqrt{5}} & \frac{4}{3\sqrt{5}}\\ 2 & 0 & \frac{5}{3\sqrt{5}}\end{pmatrix}$；　(4) $\begin{pmatrix}\frac{1}{2} & \frac{1}{\sqrt{2}} & \frac{1}{2} & 0\\ -\frac{1}{2} & \frac{1}{\sqrt{2}} & -\frac{1}{2} & 0\\ \frac{1}{2} & 0 & -\frac{1}{2} & \frac{1}{\sqrt{2}}\\ -\frac{1}{2} & 0 & \frac{1}{2} & \frac{1}{\sqrt{2}}\end{pmatrix}$.

3. 用施密特正交化方法将下列向量组标准正交化：

(1) $\boldsymbol{\alpha}_1=\begin{pmatrix}1\\1\\0\end{pmatrix},\boldsymbol{\alpha}_2=\begin{pmatrix}1\\0\\1\end{pmatrix},\boldsymbol{\alpha}_3=\begin{pmatrix}-5\\0\\0\end{pmatrix}$；　(2) $\boldsymbol{\alpha}_1=\begin{pmatrix}1\\0\\1\\-1\end{pmatrix},\boldsymbol{\alpha}_2=\begin{pmatrix}1\\-1\\1\\-1\end{pmatrix},\boldsymbol{\alpha}_3=\begin{pmatrix}1\\1\\1\\0\end{pmatrix}$.

4. 设 $\boldsymbol{A}=\begin{pmatrix}1 & 2 & 2 & 0\\ 2 & -1 & 0 & 2\\ 2 & 0 & -1 & -2\\ 0 & 2 & -2 & 1\end{pmatrix}$，求实数 k，使得 $\boldsymbol{B}=k\boldsymbol{A}$ 为正交矩阵，并求 $\boldsymbol{A}^{-1}$.

5. 如果 $\boldsymbol{A},\boldsymbol{B}$ 为同阶正交矩阵，证明 $\boldsymbol{AB}$ 也是正交矩阵.

施密特正交化方法

习题 5.1 第 4，5 题解答

5.2　矩阵的特征值与特征向量

5.2.1　特征值与特征向量的概念

定义 5.2.1　设 $\boldsymbol{A}$ 是 n 阶方阵，如果数 λ 和 n 维非零向量 $\boldsymbol{x}$ 使关系式 $\boldsymbol{Ax}=\lambda\boldsymbol{x}$ 成立，则称数 λ 为方阵 $\boldsymbol{A}$ 的**特征值**，非零向量 $\boldsymbol{x}$ 称为方阵 $\boldsymbol{A}$ 的对应于特征值 λ 的**特征向量**.

关系式 $\boldsymbol{Ax}=\lambda\boldsymbol{x}$ 可以写成 $(\boldsymbol{A}-\lambda\boldsymbol{E})\boldsymbol{x}=\boldsymbol{0}$，这是一个有 n 个未知量 n 个方程的齐次线性方程组，它有非零解的充分必要条件是系数行列式 $|\boldsymbol{A}-\lambda\boldsymbol{E}|=0$，即

$$\begin{vmatrix} a_{11}-\lambda & a_{12} & \cdots & a_{1n} \\ a_{21} & a_{22}-\lambda & \cdots & a_{2n} \\ \vdots & \vdots & & \vdots \\ a_{n1} & a_{n2} & \cdots & a_{nn}-\lambda \end{vmatrix}=0,$$

上式是以 λ 为未知量的一元 n 次方程，称为方阵 $\boldsymbol{A}$ 的**特征方程**，其左端 $|\boldsymbol{A}-\lambda\boldsymbol{E}|$ 是关于 λ 的 n 次多项式，称为 $\boldsymbol{A}$ 的**特征多项式**记为 $f(\lambda)$. 显然，方阵 $\boldsymbol{A}$ 的特征值就是其特征方程的解，特征方程在复数范围内恒有解，其解的个数为方程的次数(重根按重数计算)，因此 n 阶方阵有 n 个特征值. 设 n 阶方阵 $\boldsymbol{A}=\left(a_{ij}\right)$ 的特征值为 $\lambda_1,\lambda_2,\cdots,\lambda_n$，由一元 n 次方程根与系数的关系，不难证明

(1) $\lambda_1+\lambda_2+\cdots+\lambda_n=a_{11}+a_{22}+\cdots+a_{nn}$；

(2) $\lambda_1\lambda_2\cdots\lambda_n=|\boldsymbol{A}|$.

如果 $\lambda=\lambda_i$ 是方阵 $\boldsymbol{A}$ 的一个特征值，由线性方程组 $(\boldsymbol{A}-\lambda_1\boldsymbol{E})\boldsymbol{x}=\boldsymbol{0}$，求得非零解 $\boldsymbol{x}=\boldsymbol{p}_i$，则 $\boldsymbol{p}_i$ 就是 $\boldsymbol{A}$ 的对应于特征值 λ_i 的特征向量.

可以证明矩阵 $\boldsymbol{A}$ 的特征向量具有下面的性质：

(1) 若 $\boldsymbol{p}$ 是 $\boldsymbol{A}$ 的对应于特征值 λ 的特征向量，则 $k\boldsymbol{p}(k\neq 0)$ 也是 $\boldsymbol{A}$ 的对应于特征值 λ 的特征向量；

(2) 若 $\boldsymbol{p}_1,\boldsymbol{p}_2,\cdots,\boldsymbol{p}_r$ 都是 $\boldsymbol{A}$ 的对应于特征值 λ 的特征向量，则 $k_1\boldsymbol{p}_1+k_2\boldsymbol{p}_2+\cdots+k_r\boldsymbol{p}_r$ ($k_1,k_2,\cdots,k_r$ 不全为 0)也是 $\boldsymbol{A}$ 的对应于特征值 λ 的特征向量.

设 $\boldsymbol{V}_\lambda$ 是 n 阶方阵 $\boldsymbol{A}$ 的对应于特征值 λ 的所有特征向量以及零向量所构成的集合，即 $\boldsymbol{V}_\lambda=\left\{\boldsymbol{x}\middle|\boldsymbol{Ax}=\lambda\boldsymbol{x},\boldsymbol{x}\in\mathbf{R}^n\right\}$，由上面性质可知，$\boldsymbol{V}_\lambda$ 是一个向量空间，称 $\boldsymbol{V}_\lambda$ 为方阵 $\boldsymbol{A}$ 的对应于特征值 λ 的**特征子空间**.

定理 5.2.1　方阵 $\boldsymbol{A}$ 的属于不同特征值的特征向量线性无关.

证明　设 $\lambda_1,\lambda_2,\cdots,\lambda_m$ 是方阵 $\boldsymbol{A}$ 的 m 个特征值，$\boldsymbol{p}_1,\boldsymbol{p}_2,\cdots,\boldsymbol{p}_m$ 分别是 $\boldsymbol{A}$ 的对应

于 $\lambda_1,\lambda_2,\cdots,\lambda_m$ 的特征向量，如果 $\lambda_1,\lambda_2,\cdots,\lambda_m$ 各不相同，下证 $\boldsymbol{p}_1,\boldsymbol{p}_2,\cdots,\boldsymbol{p}_m$ 线性无关.

假设有一组数 $k_1,k_2,\cdots,k_m$ 使得

$$k_1\boldsymbol{p}_1+k_2\boldsymbol{p}_2+\cdots+k_m\boldsymbol{p}_m=\boldsymbol{0},$$

则

$$\boldsymbol{A}(k_1\boldsymbol{p}_1+k_2\boldsymbol{p}_2+\cdots+k_m\boldsymbol{p}_m)=\boldsymbol{0},$$

即

$$\lambda_1(k_1\boldsymbol{p}_1)+\lambda_2(k_2\boldsymbol{p}_2)+\cdots+\lambda_m(k_m\boldsymbol{p}_m)=\boldsymbol{0},$$

依次类推有

$$\lambda_1^i(k_1\boldsymbol{p}_1)+\lambda_2^i(k_2\boldsymbol{p}_2)+\cdots+\lambda_m^i(k_m\boldsymbol{p}_m)=\boldsymbol{0}\quad(i=0,1,2,\cdots,m-1).$$

将上述各式合写成矩阵形式得

$$(k_1\boldsymbol{p}_1,k_2\boldsymbol{p}_2,\cdots,k_m\boldsymbol{p}_m)\begin{pmatrix}1 & \lambda_1 & \cdots & \lambda_1^{m-1}\\ 1 & \lambda_2 & \cdots & \lambda_2^{m-1}\\ \vdots & \vdots & & \vdots\\ 1 & \lambda_m & \cdots & \lambda_m^{m-1}\end{pmatrix}=\boldsymbol{0},$$

上式左边第二个矩阵的行列式是 m 阶的范德蒙德行列式，当 λ_i 各不相同时，该行列式不等于 0，从而该矩阵可逆，于是有

$$(k_1\boldsymbol{p}_1,k_2\boldsymbol{p}_2,\cdots,k_m\boldsymbol{p}_m)=\boldsymbol{0},$$

即

$$k_j\boldsymbol{p}_j=\boldsymbol{0}\quad(j=1,2,\cdots,m),$$

因特征向量 $\boldsymbol{p}_j$ 为非零向量，故只有

$$k_j=0\quad(j=1,2,\cdots,m),$$

所以向量组 $\boldsymbol{p}_1,\boldsymbol{p}_2,\cdots,\boldsymbol{p}_m$ 线性无关.

5.2.2 求特征值与特征向量的方法

设 $\boldsymbol{A}$ 为 n 阶方阵，计算 $\boldsymbol{A}$ 的特征多项式 $|\boldsymbol{A}-\lambda\boldsymbol{E}|$，解特征方程 $|\boldsymbol{A}-\lambda\boldsymbol{E}|=0$ 求出 $\boldsymbol{A}$ 的全部特征值 $\lambda_1,\lambda_2,\cdots,\lambda_n$，对 $\boldsymbol{A}$ 的每个特征值 $\lambda_i(i=1,2,\cdots,n)$，解齐次线性方程组 $(\boldsymbol{A}-\lambda_i\boldsymbol{E})\boldsymbol{x}=\boldsymbol{0}$ 求得基础解系 $\boldsymbol{p}_1,\boldsymbol{p}_2,\cdots,\boldsymbol{p}_r$，则 $\boldsymbol{p}_1,\boldsymbol{p}_2,\cdots,\boldsymbol{p}_r$ 就是 $\boldsymbol{A}$ 的对应于特征值 λ_i 的特征向量，$k_1\boldsymbol{p}_1+k_2\boldsymbol{p}_2+\cdots+k_r\boldsymbol{p}_r$ ($k_1,k_2,\cdots,k_r$ 不全为零)是 $\boldsymbol{A}$ 的对应于特征值 λ_i 的全部特征向量.

例 5.2.1 求矩阵 $\boldsymbol{A}=\begin{pmatrix}1 & 2\\ 3 & 6\end{pmatrix}$ 的特征值与特征向量.

解 $\boldsymbol{A}$ 的特征多项式为

$$\begin{vmatrix} 1-\lambda & 2 \\ 3 & 6-\lambda \end{vmatrix} = (1-\lambda)(6-\lambda)-6 = \lambda(\lambda-7),$$

故 $\boldsymbol{A}$ 的特征值为 $\lambda_1 = 0, \lambda_2 = 7$.

当 $\lambda_1 = 0$ 时，由 $(\boldsymbol{A}-\lambda_1\boldsymbol{E})\boldsymbol{x} = \boldsymbol{0}$，即方程组

$$\begin{pmatrix} 1 & 2 \\ 3 & 6 \end{pmatrix}\begin{pmatrix} x_1 \\ x_2 \end{pmatrix} = \begin{pmatrix} 0 \\ 0 \end{pmatrix},$$

求得基础解系为

$$\boldsymbol{p}_1 = \begin{pmatrix} -2 \\ 1 \end{pmatrix},$$

$\boldsymbol{p}_1$ 就是 $\boldsymbol{A}$ 的属于特征值 $\lambda_1 = 0$ 的一个特征向量，$\boldsymbol{A}$ 的属于特征值 $\lambda_1 = 0$ 的所有特征向量为 $k_1\boldsymbol{p}_1$ ($k_1 \neq 0$).

当 $\lambda_2 = 7$ 时，由 $(\boldsymbol{A}-\lambda_2\boldsymbol{E})\boldsymbol{x} = \boldsymbol{0}$，即方程组

$$\begin{pmatrix} -6 & 2 \\ 3 & -1 \end{pmatrix}\begin{pmatrix} x_1 \\ x_2 \end{pmatrix} = \begin{pmatrix} 0 \\ 0 \end{pmatrix},$$

求得基础解系

$$\boldsymbol{p}_2 = \begin{pmatrix} 1 \\ 3 \end{pmatrix},$$

$\boldsymbol{p}_2$ 就是 $\boldsymbol{A}$ 的属于特征值 $\lambda_2 = 7$ 的一个特征向量，$\boldsymbol{A}$ 的属于特征值 $\lambda_2 = 7$ 的所有特征向量为 $k_2\boldsymbol{p}_2$ ($k_2 \neq 0$).

例 5.2.2　求矩阵 $\boldsymbol{A} = \begin{pmatrix} -1 & 1 & 0 \\ -4 & 3 & 0 \\ 1 & 0 & 2 \end{pmatrix}$ 的特征值与特征向量.

解　$\boldsymbol{A}$ 的特征多项式为

$$|\boldsymbol{A}-\lambda\boldsymbol{E}| = \begin{vmatrix} -1-\lambda & 1 & 0 \\ -4 & 3-\lambda & 0 \\ 1 & 0 & 2-\lambda \end{vmatrix} = (2-\lambda)(1-\lambda)^2,$$

故 $\boldsymbol{A}$ 的特征值为 $\lambda_1 = \lambda_2 = 1, \lambda_3 = 2$.

当 $\lambda_1 = \lambda_2 = 1$ 时，由 $(\boldsymbol{A}-\boldsymbol{E})\boldsymbol{x} = \boldsymbol{0}$，即方程组

$$\begin{pmatrix} -2 & 1 & 0 \\ -4 & 2 & 0 \\ 1 & 0 & 1 \end{pmatrix}\begin{pmatrix} x_1 \\ x_2 \\ x_3 \end{pmatrix} = \begin{pmatrix} 0 \\ 0 \\ 0 \end{pmatrix},$$

求得基础解系

$$p_1=\begin{pmatrix}-1\\-2\\1\end{pmatrix},$$

p_1就是A的属于特征值$\lambda_1=\lambda_2=1$的一个特征向量，A的属于特征值$\lambda_1=\lambda_2=1$的所有特征向量为$k_1p_1\ (k_1\neq 0)$.

当$\lambda_3=2$时，由$(A-2E)x=0$，即方程组

$$\begin{pmatrix}-3&1&0\\-4&1&0\\1&0&0\end{pmatrix}\begin{pmatrix}x_1\\x_2\\x_3\end{pmatrix}=\begin{pmatrix}0\\0\\0\end{pmatrix},$$

求得基础解系

$$p_2=\begin{pmatrix}0\\0\\1\end{pmatrix},$$

p_2就是A的属于特征值$\lambda_3=2$的一个特征向量，A的属于特征值$\lambda_3=2$的所有特征向量为$k_2p_2\ (k_2\neq 0)$.

例 5.2.3 求矩阵$A=\begin{pmatrix}3&1&1\\-2&0&-1\\-6&-3&-2\end{pmatrix}$的特征值与特征向量.

解 A的特征多项式为

$$|A-\lambda E|=\begin{vmatrix}3-\lambda&1&1\\-2&-\lambda&-1\\-6&-3&-2-\lambda\end{vmatrix}=-(\lambda+1)(\lambda-1)^2,$$

故A的特征值为$\lambda_1=\lambda_2=1,\lambda_3=-1$.

当$\lambda_1=\lambda_2=1$时由$(A-E)x=0$，即方程组

$$\begin{pmatrix}2&1&1\\-2&-1&-1\\-6&-3&-3\end{pmatrix}\begin{pmatrix}x_1\\x_2\\x_3\end{pmatrix}=\begin{pmatrix}0\\0\\0\end{pmatrix},$$

求得基础解系

$$p_1=\begin{pmatrix}1\\0\\-2\end{pmatrix},\quad p_2=\begin{pmatrix}0\\1\\-1\end{pmatrix}.$$

$\boldsymbol{p}_1, \boldsymbol{p}_2$ 就是 $\boldsymbol{A}$ 的属于特征值 $\lambda_1 = \lambda_2 = 1$ 的特征向量，$\boldsymbol{A}$ 的对应于特征值 $\lambda_1 = \lambda_2 = 1$ 的所有特征向量为 $k_1\boldsymbol{p}_1 + k_2\boldsymbol{p}_2$ (k_1, k_2 不同时为零).

当 $\lambda_3 = -1$ 时，由 $(\boldsymbol{A}+\boldsymbol{E})\boldsymbol{x} = \boldsymbol{0}$，即方程组

$$\begin{pmatrix} 4 & 1 & 1 \\ -2 & 1 & -1 \\ -6 & -3 & -1 \end{pmatrix}\begin{pmatrix} x_1 \\ x_2 \\ x_3 \end{pmatrix} = \begin{pmatrix} 0 \\ 0 \\ 0 \end{pmatrix},$$

求得基础解系

$$\boldsymbol{p}_3 = \begin{pmatrix} 1 \\ -1 \\ -3 \end{pmatrix},$$

$\boldsymbol{p}_3$ 就是 $\boldsymbol{A}$ 的属于特征值 $\lambda_3 = -1$ 的一个特征向量，$\boldsymbol{A}$ 的对应于特征值 $\lambda_3 = -1$ 的所有特征向量为 $k_3\boldsymbol{p}_3$ ($k_3 \neq 0$).

例 5.2.4　设 λ 是方阵 $\boldsymbol{A}$ 的特征值，证明 λ^2 是 $\boldsymbol{A}^2$ 的特征值.

证明　因 λ 是方阵 $\boldsymbol{A}$ 的特征值，故有非零向量 $\boldsymbol{p}$ 使得 $\boldsymbol{A}\boldsymbol{p} = \lambda\boldsymbol{p}$，于是

$$\boldsymbol{A}^2\boldsymbol{p} = \boldsymbol{A}(\boldsymbol{A}\boldsymbol{p}) = \boldsymbol{A}(\lambda\boldsymbol{p}) = \lambda(\boldsymbol{A}\boldsymbol{p}) = \lambda^2\boldsymbol{p},$$

故 λ^2 是 $\boldsymbol{A}^2$ 的特征值.

按此例类推，不难证明若 λ 是方阵 $\boldsymbol{A}$ 的特征值，则 λ^k 是 $\boldsymbol{A}^k$ 的特征值；$\varphi(\lambda)$ 是 $\varphi(\boldsymbol{A})$ 的特征值，其中 $\varphi(\lambda) = a_0 + a_1\lambda + \cdots + a_m\lambda^m$，$\varphi(\boldsymbol{A}) = a_0\boldsymbol{E} + a_1\boldsymbol{A} + \cdots + a_m\boldsymbol{A}^m$.

例 5.2.5　已知三阶矩阵 $\boldsymbol{A}$ 的特征值分别为 $1, -1, -2$，$\boldsymbol{B} = \boldsymbol{A}^3 - 5\boldsymbol{A}^2 + \boldsymbol{E}$，(1) 求矩阵 $\boldsymbol{B}$ 的特征值；(2) 计算矩阵 $\boldsymbol{B}$ 的行列式 $|\boldsymbol{B}|$.

解　(1) 记 $\varphi(\boldsymbol{A}) = \boldsymbol{B} = \boldsymbol{A}^3 - 5\boldsymbol{A}^2 + \boldsymbol{E}$，则有 $\varphi(\lambda) = \lambda^3 - 5\lambda^2 + 1$，矩阵 $\boldsymbol{B}$ 的特征值分别为 $\varphi(1), \varphi(-1), \varphi(-2)$，即分别为 $-3, -5, -27$.

(2) $|\boldsymbol{B}|$ 等于矩阵 $\boldsymbol{B}$ 的特征值的乘积，即

$$|\boldsymbol{B}| = |\boldsymbol{A}^3 - 5\boldsymbol{A}^2 + \boldsymbol{E}| = \varphi(1)\varphi(-1)\varphi(-2) = (-3)(-5)(-27) = -405.$$

特征值与特征向量的概念

求特征值与特征向量的方法

习 题 5.2

1. 填空题

(1) 设$\boldsymbol{\alpha}=\begin{pmatrix}1\\1\end{pmatrix}$是矩阵$\boldsymbol{A}=\begin{pmatrix}a&2\\0&b\end{pmatrix}$的属于特征值$\lambda=3$的特征向量，则$(a,b)=$____________.

(2) 设方阵$\boldsymbol{A}=\begin{pmatrix}1&2&0&0\\3&4&0&0\\0&0&5&6\\0&0&7&x\end{pmatrix}$有一个特征值$\lambda=2$，则$x=$____________.

(3) 设 3 阶方阵$\boldsymbol{A}$的特征值为$1,-1,2$，则$\boldsymbol{A}^2-2\boldsymbol{A}+4\boldsymbol{E}$的特征值为____________；$\left|\boldsymbol{A}^2-2\boldsymbol{A}+4\boldsymbol{E}\right|=$____________.

(4) 设$\boldsymbol{A}$是n阶方阵，$|\boldsymbol{A}|\neq 0$，$\boldsymbol{A}^*$为$\boldsymbol{A}$的伴随矩阵，若$\boldsymbol{A}$有特征值λ，则$(\boldsymbol{A}^*)^2+\boldsymbol{E}$必有特征值____________.

(5) 若三阶方阵$\boldsymbol{A}$的特征值为$1,-1,3$，对应的特征向量为$\boldsymbol{\alpha}_1,\boldsymbol{\alpha}_2,\boldsymbol{\alpha}_3$，则$(\boldsymbol{A}+2\boldsymbol{E})^{-1}$的特征值为____________；$(\boldsymbol{A}+2\boldsymbol{E})^{-1}$的特征向量为____________.

2. 求下列矩阵的特征值与特征向量.

(1) $\boldsymbol{A}=\begin{pmatrix}1&2\\4&3\end{pmatrix}$；

(2) $\boldsymbol{A}=\begin{pmatrix}2&1&0\\1&3&1\\0&1&2\end{pmatrix}$；

(3) $\boldsymbol{A}=\begin{pmatrix}4&2&2\\2&4&2\\2&2&4\end{pmatrix}$；

(4) $\boldsymbol{A}=\begin{pmatrix}5&3&1&1\\-3&-1&1&-1\\0&0&1&0\\0&0&2&2\end{pmatrix}$.

3. 设λ是n阶可逆方阵$\boldsymbol{A}$的一个特征值，$\boldsymbol{A}^*$是$\boldsymbol{A}$的伴随矩阵，证明：

(1) $\dfrac{1}{\lambda}$是$\boldsymbol{A}^{-1}$的特征值；

(2) $\dfrac{1}{\lambda}|\boldsymbol{A}|$是$\boldsymbol{A}^*$的特征值.

4. 设$\boldsymbol{\alpha}=\begin{pmatrix}1\\1\\-1\end{pmatrix}$是矩阵$\boldsymbol{A}=\begin{pmatrix}2&-1&2\\5&a&3\\-1&b&-2\end{pmatrix}$的一个特征向量，试确定参数$a,b$及特征向量$\boldsymbol{\alpha}$所对应的特征值.

5.3 相似矩阵

5.3.1 相似矩阵的概念

定义 5.3.1　设 $\boldsymbol{A}$，$\boldsymbol{B}$ 都是 n 阶矩阵，如果存在可逆矩阵 $\boldsymbol{P}$，使得 $\boldsymbol{P}^{-1}\boldsymbol{AP}=\boldsymbol{B}$，则称矩阵 $\boldsymbol{A}$ 与 $\boldsymbol{B}$ **相似**，记作 $\boldsymbol{A}\sim\boldsymbol{B}$，$\boldsymbol{B}$ 是 $\boldsymbol{A}$ 的相似矩阵. 对 $\boldsymbol{A}$ 进行运算 $\boldsymbol{P}^{-1}\boldsymbol{AP}$，称为对 $\boldsymbol{A}$ 进行相似变换，可逆矩阵 $\boldsymbol{P}$ 称为把 $\boldsymbol{A}$ 变成 $\boldsymbol{B}$ 的相似变换矩阵.

根据定义不难证明，矩阵的相似具有如下性质：

(1) 反身性：$\boldsymbol{A}\sim\boldsymbol{A}$；

(2) 对称性：若 $\boldsymbol{A}\sim\boldsymbol{B}$，则 $\boldsymbol{B}\sim\boldsymbol{A}$；

(3) 传递性：若 $\boldsymbol{A}\sim\boldsymbol{B}$，$\boldsymbol{B}\sim\boldsymbol{C}$，则 $\boldsymbol{A}\sim\boldsymbol{C}$.

定理 5.3.1　相似矩阵有相同的特征多项式，从而有相同的特征值.

证明　设 n 阶矩阵 $\boldsymbol{A}$ 与 $\boldsymbol{B}$ 相似，即存在可逆矩阵 $\boldsymbol{P}$ 使得 $\boldsymbol{P}^{-1}\boldsymbol{AP}=\boldsymbol{B}$，故

$$\begin{aligned}|\boldsymbol{B}-\lambda\boldsymbol{E}|&=|\boldsymbol{P}^{-1}\boldsymbol{AP}-\lambda\boldsymbol{E}|=|\boldsymbol{P}^{-1}\boldsymbol{AP}-\boldsymbol{P}^{-1}\lambda\boldsymbol{EP}|=|\boldsymbol{P}^{-1}(\boldsymbol{A}-\lambda\boldsymbol{E})\boldsymbol{P}|\\&=|\boldsymbol{p}^{-1}||\boldsymbol{A}-\lambda\boldsymbol{E}||\boldsymbol{P}|=|\boldsymbol{A}-\lambda\boldsymbol{E}|.\end{aligned}$$

这就证明了 $\boldsymbol{A}$ 与 $\boldsymbol{B}$ 有相同的特征多项式，从而有相同的特征值.

推论　若 n 阶矩阵 $\boldsymbol{A}$ 与对角矩阵

$$\boldsymbol{\Lambda}=\operatorname{diag}(\lambda_1,\lambda_2,\cdots,\lambda_n)=\begin{pmatrix}\lambda_1&&&\\&\lambda_2&&\\&&\ddots&\\&&&\lambda_n\end{pmatrix}$$

相似，则 $\lambda_1,\lambda_2,\cdots,\lambda_n$ 就是 $\boldsymbol{A}$ 的 n 个特征值.

不难证明，若 $\boldsymbol{P}^{-1}\boldsymbol{AP}=\boldsymbol{B}$，则 $\boldsymbol{P}^{-1}\boldsymbol{A}^k\boldsymbol{P}=\boldsymbol{B}^k$，$\boldsymbol{P}^{-1}\varphi(\boldsymbol{A})\boldsymbol{P}=\varphi(\boldsymbol{B})$，即若矩阵 $\boldsymbol{A}$ 与 $\boldsymbol{B}$ 相似，则 $\boldsymbol{A}^k$ 与 $\boldsymbol{B}^k$ 相似，$\varphi(\boldsymbol{A})$ 与 $\varphi(\boldsymbol{B})$ 相似.

若有 $\boldsymbol{P}^{-1}\boldsymbol{AP}=\boldsymbol{\Lambda}$，则有 $\boldsymbol{A}=\boldsymbol{P\Lambda P}^{-1}$，从而有

$$\boldsymbol{A}^k=\boldsymbol{P\Lambda}^k\boldsymbol{P}^{-1},\qquad \varphi(\boldsymbol{A})=\boldsymbol{P}\varphi(\boldsymbol{\Lambda})\boldsymbol{P}^{-1}.$$

对于对角阵 $\boldsymbol{\Lambda}$ 有

$$\boldsymbol{\Lambda}^k=\begin{pmatrix}\lambda_1^k&&&\\&\lambda_2^k&&\\&&\ddots&\\&&&\lambda_n^k\end{pmatrix},\qquad \varphi(\boldsymbol{\Lambda})=\begin{pmatrix}\varphi(\lambda_1)&&&\\&\varphi(\lambda_2)&&\\&&\ddots&\\&&&\varphi(\lambda_n)\end{pmatrix}.$$

这样可以很方便地计算 $\boldsymbol{A}^k$ 及 $\boldsymbol{A}$ 的多项式 $\varphi(\boldsymbol{A})$.

5.3.2　矩阵的相似对角化

如果方阵 $\boldsymbol{A}$ 能与对角阵 $\boldsymbol{\Lambda}$ 相似，即存在可逆矩阵 $\boldsymbol{P}$ 使得 $\boldsymbol{P}^{-1}\boldsymbol{A}\boldsymbol{P}=\boldsymbol{\Lambda}$，就称**方阵 $\boldsymbol{A}$ 可相似对角化**，简称 **$\boldsymbol{A}$ 可对角化**. 对于 n 阶方阵 $\boldsymbol{A}$，满足什么条件才能对角化？如果 $\boldsymbol{A}$ 可对角化，如何寻求相似变换矩阵 $\boldsymbol{P}$？

定理 5.3.2　n 阶方阵 $\boldsymbol{A}$ 可对角化的充分必要条件是 $\boldsymbol{A}$ 有 n 个线性无关的特征向量.

证明 先证明必要性. 若 $\boldsymbol{A}$ 可对角化，即存在可逆矩阵 $\boldsymbol{P}$ 使得

$$\boldsymbol{P}^{-1}\boldsymbol{A}\boldsymbol{P}=\boldsymbol{\Lambda}=\begin{pmatrix}\lambda_1&&&\\&\lambda_2&&\\&&\ddots&\\&&&\lambda_n\end{pmatrix}，\text{即 }\boldsymbol{A}\boldsymbol{P}=\boldsymbol{P}\begin{pmatrix}\lambda_1&&&\\&\lambda_2&&\\&&\ddots&\\&&&\lambda_n\end{pmatrix}.$$

设 $\boldsymbol{P}=(\boldsymbol{p}_1,\boldsymbol{p}_2,\cdots,\boldsymbol{p}_n)$，那么

$$\boldsymbol{A}(\boldsymbol{p}_1,\boldsymbol{p}_2,\cdots,\boldsymbol{p}_n)=(\boldsymbol{p}_1,\boldsymbol{p}_2,\cdots,\boldsymbol{p}_n)\begin{pmatrix}\lambda_1&&&\\&\lambda_2&&\\&&\ddots&\\&&&\lambda_n\end{pmatrix},$$

即

$$(\boldsymbol{A}\boldsymbol{p}_1,\boldsymbol{A}\boldsymbol{p}_2,\cdots,\boldsymbol{A}\boldsymbol{p}_n)=(\lambda_1\boldsymbol{p}_1,\lambda_2\boldsymbol{p}_2,\cdots,\lambda_n\boldsymbol{p}_n),$$

于是 $\boldsymbol{A}\boldsymbol{p}_i=\lambda_i\boldsymbol{p}_i\ (i=1,2,\cdots,n)$，这说明 $\boldsymbol{p}_i$ 是 $\boldsymbol{A}$ 属于特征值 λ_i 的特征向量，因为 $\boldsymbol{P}$ 是可逆矩阵，故 $\boldsymbol{A}$ 有 n 个线性无关的特征向量 $\boldsymbol{p}_1,\boldsymbol{p}_2,\cdots,\boldsymbol{p}_n$.

再证明充分性. 若 n 阶矩阵 $\boldsymbol{A}$ 有 n 个线性无关的特征向量 $\boldsymbol{p}_1,\boldsymbol{p}_2,\cdots,\boldsymbol{p}_n$，满足

$$\boldsymbol{A}\boldsymbol{p}_i=\lambda_i\boldsymbol{p}_i\quad(i=1,2,\cdots,n),$$

令 $\boldsymbol{P}=(\boldsymbol{p}_1,\boldsymbol{p}_2,\cdots,\boldsymbol{p}_n)$，则 $\boldsymbol{P}$ 为可逆矩阵，且有

$$\boldsymbol{A}\boldsymbol{P}=\boldsymbol{P}\begin{pmatrix}\lambda_1&&&\\&\lambda_2&&\\&&\ddots&\\&&&\lambda_n\end{pmatrix}，\text{即 }\boldsymbol{P}^{-1}\boldsymbol{A}\boldsymbol{P}=\boldsymbol{\Lambda}=\begin{pmatrix}\lambda_1&&&\\&\lambda_2&&\\&&\ddots&\\&&&\lambda_n\end{pmatrix}.$$

这就证明了 $\boldsymbol{A}$ 可对角化.

结合前面的定理 5.2.1，属于不同特征值的特征向量是线性无关的，可得如下推论.

推论　如果n阶矩阵$\boldsymbol{A}$有n个不同的特征值，则矩阵$\boldsymbol{A}$可对角化.

当n阶方阵$\boldsymbol{A}$的特征方程有重根时，$\boldsymbol{A}$就不一定有n个线性无关的特征向量，$\boldsymbol{A}$就不一定能对角化. 如 5.2 节例 5.2.2 中的 3 阶矩阵$\boldsymbol{A}$(特征方程有重根)只有 2 个线性无关的特征向量，因此$\boldsymbol{A}$就不能对角化；而例 5.2.3 中的 3 阶矩阵$\boldsymbol{A}$(特征方程也有重根)有 3 个线性无关的特征向量，因此$\boldsymbol{A}$能够对角化.

例 5.3.1　设$\boldsymbol{A}=\begin{pmatrix}2&0&1\\3&1&x\\4&0&5\end{pmatrix}$, (1) 当$x$为何值时$\boldsymbol{A}$可对角化? (2) 当$\boldsymbol{A}$可对角化时，求相似变换矩阵$\boldsymbol{P}$，使得$\boldsymbol{P}^{-1}\boldsymbol{AP}$为对角阵.

解　(1) $\boldsymbol{A}$的特征多项式为

$$|\boldsymbol{A}-\lambda\boldsymbol{E}|=\begin{vmatrix}2-\lambda&0&1\\3&1-\lambda&x\\4&0&5-\lambda\end{vmatrix}=-(\lambda-1)^2(\lambda-6),$$

故$\boldsymbol{A}$的特征值为$\lambda_1=\lambda_2=1,\lambda_3=6$.

$\boldsymbol{A}$可对角化$\Leftrightarrow$ $\boldsymbol{A}$的属于$\lambda_1=\lambda_2=1$的线性无关的特征向量有 2 个$\Leftrightarrow$ $R(\boldsymbol{A}-\boldsymbol{E})=1$,

$$\boldsymbol{A}-\boldsymbol{E}=\begin{pmatrix}1&0&1\\3&0&x\\4&0&4\end{pmatrix}\xrightarrow[r_3-4r_1]{r_2-3r_1}\begin{pmatrix}1&0&1\\0&0&x-3\\0&0&0\end{pmatrix},$$

当且仅当$x=3$时，$R(\boldsymbol{A}-\boldsymbol{E})=1$，$\boldsymbol{A}$可对角化.

(2) $\boldsymbol{A}=\begin{pmatrix}2&0&1\\3&1&3\\4&0&5\end{pmatrix}$，$\boldsymbol{A}$的特征值为$\lambda_1=\lambda_2=1,\lambda_3=6$.

当$\lambda_1=\lambda_2=1$时，由$(\boldsymbol{A}-\boldsymbol{E})\boldsymbol{x}=\boldsymbol{0}$，即方程组

$$\begin{pmatrix}1&0&1\\3&0&3\\4&0&4\end{pmatrix}\begin{pmatrix}x_1\\x_2\\x_3\end{pmatrix}=\begin{pmatrix}0\\0\\0\end{pmatrix},$$

求得基础解系

$$\boldsymbol{p}_1=\begin{pmatrix}0\\1\\0\end{pmatrix},\quad \boldsymbol{p}_2=\begin{pmatrix}-1\\0\\1\end{pmatrix};$$

当$\lambda_3=6$时，由$(\boldsymbol{A}-6\boldsymbol{E})\boldsymbol{x}=\boldsymbol{0}$，即方程组

$$\begin{pmatrix} -4 & 0 & 1 \\ 3 & -5 & 3 \\ 4 & 0 & -1 \end{pmatrix}\begin{pmatrix} x_1 \\ x_2 \\ x_3 \end{pmatrix}=\begin{pmatrix} 0 \\ 0 \\ 0 \end{pmatrix},$$

求得基础解系

$$\boldsymbol{p}_3=\begin{pmatrix} 1 \\ 3 \\ 4 \end{pmatrix}.$$

取

$$\boldsymbol{P}=(\boldsymbol{p}_1,\boldsymbol{p}_2,\boldsymbol{p}_3)=\begin{pmatrix} 0 & -1 & 1 \\ 1 & 0 & 3 \\ 0 & 1 & 4 \end{pmatrix},$$

则有

$$\boldsymbol{P}^{-1}\boldsymbol{AP}=\begin{pmatrix} 1 & & \\ & 1 & \\ & & 6 \end{pmatrix}.$$

相似矩阵的概念　　　　相似对角化

5.3.3 实对称矩阵的对角化

实对称矩阵是一类很重要的可对角化的矩阵，它的特征值与特征向量具有非常重要的性质. 在第 3 章我们已经介绍过复矩阵的共轭概念和部分运算律，还有如下几种运算律：

(1) $(\overline{\boldsymbol{AB}})^{\mathrm{T}}=(\overline{\boldsymbol{B}})^{\mathrm{T}}(\overline{\boldsymbol{A}})^{\mathrm{T}}$；

(2) 若 $\boldsymbol{A}$ 可逆，则 $\overline{\boldsymbol{A}^{-1}}=(\overline{\boldsymbol{A}})^{-1}$；

(3) 若 $\boldsymbol{A}$ 为方阵，则 $|\overline{\boldsymbol{A}}|=\overline{|\boldsymbol{A}|}$；

(4) 若 $\boldsymbol{x}=(x_1,x_2,\cdots,x_n)^{\mathrm{T}}$，则

$$(\boldsymbol{x},\boldsymbol{x})=(\overline{\boldsymbol{x}})^{\mathrm{T}}\boldsymbol{x}=\sum_{i=1}^{n}\overline{x}_i x_i=\sum_{i=1}^{n}|x_i|^2\geqslant 0,$$

当且仅当 $x=0$ 时等号成立.

当 $\boldsymbol{A}$ 为实对称矩阵时，$\overline{\boldsymbol{A}}=\boldsymbol{A}$ 且 $(\overline{\boldsymbol{A}})^{\mathrm{T}}=\boldsymbol{A}^{\mathrm{T}}=\boldsymbol{A}$.

实对称矩阵 $\boldsymbol{A}$ 的特征值与特征向量具有下列性质.

性质 5.3.1　实对称矩阵 $\boldsymbol{A}$ 的特征值都是实数.

证明　设 λ 是 $\boldsymbol{A}$ 的任一特征值，即存在非零向量 $\boldsymbol{x}$ 使 $\boldsymbol{Ax}=\lambda\boldsymbol{x}$，要证 λ 是实数，只需证明 $\overline{\lambda}=\lambda$ 即可. 由 $\boldsymbol{A}x=\lambda x$ 及 $(\overline{\boldsymbol{A}})^{\mathrm{T}}=\boldsymbol{A}$，得

$$\lambda(\overline{\boldsymbol{x}})^{\mathrm{T}}\boldsymbol{x}=(\overline{\boldsymbol{x}})^{\mathrm{T}}(\lambda\boldsymbol{x})=(\overline{\boldsymbol{x}})^{\mathrm{T}}(\boldsymbol{Ax})=(\overline{\boldsymbol{x}})^{\mathrm{T}}(\overline{\boldsymbol{A}})^{\mathrm{T}}\boldsymbol{x}=(\overline{\boldsymbol{Ax}})^{\mathrm{T}}\boldsymbol{x}=(\overline{\lambda\boldsymbol{x}})^{\mathrm{T}}\boldsymbol{x}=\overline{\lambda}(\overline{\boldsymbol{x}})^{\mathrm{T}}\boldsymbol{x},$$

因向量 $\boldsymbol{x}\neq\boldsymbol{0}$，所以 $\overline{\boldsymbol{x}}^{\mathrm{T}}\boldsymbol{x}>0$，故 $\overline{\lambda}=\lambda$.

当特征值为实数时，齐次线性方程组 $(\boldsymbol{A}-\lambda\boldsymbol{E})\boldsymbol{x}=\boldsymbol{0}$ 是实系数线性方程组，必有实向量基础解系，所以对应的特征向量可取为实向量.

性质 5.3.2　实对称矩阵 $\boldsymbol{A}$ 的属于不同特征值的特征向量是正交的.

证明　设 λ_1,λ_2 是 $\boldsymbol{A}$ 的两个不同的特征值，$\boldsymbol{p}_1,\boldsymbol{p}_2$ 分别是 $\boldsymbol{A}$ 的属于 λ_1,λ_2 的特征向量(均为实向量)，即有 $\boldsymbol{Ap}_1=\lambda_1\boldsymbol{p}_1,\boldsymbol{Ap}_2=\lambda_2\boldsymbol{p}_2$，则

$$\begin{aligned}\lambda_1(\boldsymbol{p}_1,\boldsymbol{p}_2)&=(\lambda_1\boldsymbol{p}_1,\boldsymbol{p}_2)=(\boldsymbol{Ap}_1,\boldsymbol{p}_2)=(\boldsymbol{Ap}_1)^{\mathrm{T}}\boldsymbol{p}_2=\boldsymbol{p}_1^{\mathrm{T}}\boldsymbol{A}^{\mathrm{T}}\boldsymbol{p}_2=\boldsymbol{p}_1^{\mathrm{T}}(\boldsymbol{Ap}_2)\\&=\boldsymbol{p}_1^{\mathrm{T}}(\lambda_2\boldsymbol{p}_2)=(\boldsymbol{p}_1,\lambda_2\boldsymbol{p}_2)=\lambda_2(\boldsymbol{p}_1,\boldsymbol{p}_2),\end{aligned}$$

因此有 $(\lambda_1-\lambda_2)(\boldsymbol{p}_1,\boldsymbol{p}_2)=0$，而 $\lambda_1\neq\lambda_2$，故有 $(\boldsymbol{p}_1,\boldsymbol{p}_2)=0$，即 $\boldsymbol{p}_1$ 与 $\boldsymbol{p}_2$ 正交.

性质 5.3.3　设 $\boldsymbol{A}$ 为 n 阶实对称矩阵，λ 是 $\boldsymbol{A}$ 的特征方程的 r 重根，则 $R(\boldsymbol{A}-\lambda\boldsymbol{E})=n-r$，从而 $\boldsymbol{A}$ 的对应于特征值 λ 恰有 r 个线性无关的特征向量.

此性质不予证明.

定理 5.3.3　设 $\boldsymbol{A}$ 为 n 阶实对称矩阵，则必存在正交矩阵 $\boldsymbol{P}$，使得

$$\boldsymbol{P}^{-1}\boldsymbol{AP}=\boldsymbol{\Lambda}=\mathrm{diag}(\lambda_1,\lambda_2,\cdots,\lambda_n),$$

其中 $\lambda_1,\lambda_2,\cdots,\lambda_n$ 为 $\boldsymbol{A}$ 的 n 个特征值.

证明　设 $\boldsymbol{A}$ 的互不相同的特征值为 $\lambda_1,\lambda_2,\cdots,\lambda_s$，它们的重数依次为

$$r_1,r_2,\cdots,r_s\quad(r_1+r_2+\cdots+r_s=n).$$

根据性质 5.3.1 和性质 5.3.3 知，对应于特征值 $\lambda_i\ (i=1,2,\cdots,s)$ 恰有 r_i 个线性无关的实特征向量，把它们标准正交化，就可以得到 $r_i\ (i=1,2,\cdots,s)$ 个单位正交的特征向量，由 $r_1+r_2+\cdots+r_s=n$ 知，这样的单位特征向量共有 n 个，又由性质 5.3.2 知，$\boldsymbol{A}$ 的属于不同特征值的特征向量是正交的，故这 n 个单位特征向量两两正交，以它们为列向量构成正交矩阵 $\boldsymbol{P}$，则有

$$\boldsymbol{P}^{-1}\boldsymbol{AP}=\boldsymbol{\Lambda}=\mathrm{diag}(\lambda_1,\lambda_2,\cdots,\lambda_n),$$

其中 $\lambda_1,\lambda_2,\cdots,\lambda_n$ 为 $\boldsymbol{A}$ 的 n 个特征值.

例 5.3.2　设实对称矩阵 $\boldsymbol{A}=\begin{pmatrix}4&0&0\\0&3&1\\0&1&3\end{pmatrix}$, 求一个正交矩阵 $\boldsymbol{P}$, 使 $\boldsymbol{P}^{-1}\boldsymbol{AP}=\boldsymbol{\Lambda}$ 为对角阵.

解　$|\boldsymbol{A}-\lambda\boldsymbol{E}|=\begin{vmatrix}4-\lambda&0&0\\0&3-\lambda&1\\0&1&3-\lambda\end{vmatrix}=(2-\lambda)(4-\lambda)^2$，故 $\boldsymbol{A}$ 的特征值为 $\lambda_1=\lambda_2=4,\lambda_3=2$.

当 $\lambda_1=\lambda_2=4$ 时，由 $(\boldsymbol{A}-4\boldsymbol{E})\boldsymbol{x}=\boldsymbol{0}$，即方程组

$$\begin{pmatrix}0&0&0\\0&-1&1\\0&1&-1\end{pmatrix}\begin{pmatrix}x_1\\x_2\\x_3\end{pmatrix}=\begin{pmatrix}0\\0\\0\end{pmatrix},$$

求得基础解系

$$\boldsymbol{\xi}_1=\begin{pmatrix}1\\0\\0\end{pmatrix},\quad \boldsymbol{\xi}_2=\begin{pmatrix}0\\1\\1\end{pmatrix}.$$

因为该基础解系中的两个向量 $\boldsymbol{\xi}_1,\boldsymbol{\xi}_2$ 恰好正交, 只要单位化即可得到两个单位正交的特征向量,

$$\boldsymbol{p}_1=\begin{pmatrix}1\\0\\0\end{pmatrix},\quad \boldsymbol{p}_2=\begin{pmatrix}0\\\frac{1}{\sqrt{2}}\\\frac{1}{\sqrt{2}}\end{pmatrix}.$$

当 $\lambda_3=2$ 时，由 $(\boldsymbol{A}-2\boldsymbol{E})\boldsymbol{x}=\boldsymbol{0}$，即方程组

$$\begin{pmatrix}2&0&0\\0&1&1\\0&1&1\end{pmatrix}\begin{pmatrix}x_1\\x_2\\x_3\end{pmatrix}=\begin{pmatrix}0\\0\\0\end{pmatrix},$$

求得基础解系

$$\boldsymbol{\xi}_3=\begin{pmatrix}0\\1\\-1\end{pmatrix},$$

单位化得单位特征向量

$$p_3 = \begin{pmatrix} 0 \\ \frac{1}{\sqrt{2}} \\ -\frac{1}{\sqrt{2}} \end{pmatrix}.$$

取

$$P = (p_1, p_2, p_3) = \begin{pmatrix} 1 & 0 & 0 \\ 0 & \frac{1}{\sqrt{2}} & \frac{1}{\sqrt{2}} \\ 0 & \frac{1}{\sqrt{2}} & -\frac{1}{\sqrt{2}} \end{pmatrix},$$

则 P 为正交矩阵，使得 $P^{-1}AP = \begin{pmatrix} 4 & & \\ & 4 & \\ & & 2 \end{pmatrix}$.

注　正交矩阵 P 的列向量 p_1, p_2, p_3 应与 A 的特征值为 $\lambda_1, \lambda_2, \lambda_3$ 的顺序一致.

在此例中，当 $\lambda_1 = \lambda_2 = 4$ 时，若求得方程组 $(A - 4E)x = 0$ 的基础解系不正交，例如

$$\xi_1 = \begin{pmatrix} 1 \\ 1 \\ 1 \end{pmatrix}, \qquad \xi_2 = \begin{pmatrix} -1 \\ 1 \\ 1 \end{pmatrix},$$

则需要利用施密特正交化方法把它们标准正交化，即取

$$\eta_1 = \xi_1, \qquad \eta_2 = \xi_2 - \frac{(\xi_2, \eta_1)}{(\eta_1, \eta_1)}\eta_1 = \begin{pmatrix} -1 \\ 1 \\ 1 \end{pmatrix} - \frac{1}{3}\begin{pmatrix} 1 \\ 1 \\ 1 \end{pmatrix} = \frac{2}{3}\begin{pmatrix} -2 \\ 1 \\ 1 \end{pmatrix},$$

再单位化得

$$p_1 = \frac{1}{\sqrt{3}}\begin{pmatrix} 1 \\ 1 \\ 1 \end{pmatrix}, \qquad p_2 = \frac{1}{\sqrt{6}}\begin{pmatrix} -2 \\ 1 \\ 1 \end{pmatrix}.$$

取

$$P=(p_1,p_2,p_3)=\begin{pmatrix}\frac{1}{\sqrt{3}} & -\frac{2}{\sqrt{6}} & 0\\ \frac{1}{\sqrt{3}} & \frac{1}{\sqrt{6}} & \frac{1}{\sqrt{2}}\\ \frac{1}{\sqrt{3}} & \frac{1}{\sqrt{6}} & -\frac{1}{\sqrt{2}}\end{pmatrix},$$

则 P 为正交矩阵，可以验证，仍有

$$P^{-1}AP=\begin{pmatrix}4 & & \\ & 4 & \\ & & 2\end{pmatrix}.$$

此例说明了正交矩阵 P 的不唯一性.

例 5.3.3　设 $1,1,-1$ 是三阶实对称矩阵 A 的三个特征值，$\alpha_1=\begin{pmatrix}1\\1\\1\end{pmatrix}$，$\alpha_1=\begin{pmatrix}2\\2\\1\end{pmatrix}$ 是 A 的属于特征值1的特征向量，求 A 的属于特征值 -1 的特征向量，并求 A.

解　设 A 的属于特征值 -1 的特征向量为 $\alpha_3=\begin{pmatrix}x_1\\x_2\\x_3\end{pmatrix}$，由于 A 为实对称矩阵，属于不同特征值的特征向量是正交的，因此有 $\alpha_1^{\mathrm{T}}\alpha_3=0,\ \alpha_2^{\mathrm{T}}\alpha_3=0$，即

$$\begin{cases}x_1+x_2+x_3=0,\\ 2x_1+2x_2+x_3=0,\end{cases}$$

解此齐次线性方程组求得基础解系 $\alpha_3=\begin{pmatrix}-1\\1\\0\end{pmatrix}$，$A$ 的属于特征值 -1 的全部特征向量为 $k\alpha_3(k\neq 0)$.

取 $P=(\alpha_1,\alpha_2,\alpha_3)=\begin{pmatrix}1 & 2 & -1\\ 1 & 2 & 1\\ 1 & 1 & 0\end{pmatrix}$，$|P|=2\neq 0$，可求得 $P^{-1}=\frac{1}{2}\begin{pmatrix}-1 & -1 & 4\\ 1 & 1 & -2\\ -1 & 1 & 0\end{pmatrix}$，

则有

$$P^{-1}AP=\Lambda=\begin{pmatrix}1 & & \\ & 1 & \\ & & -1\end{pmatrix},$$

$$A = P\Lambda P^{-1} = \frac{1}{2}\begin{pmatrix} 1 & 2 & -1 \\ 1 & 2 & 1 \\ 1 & 1 & 0 \end{pmatrix}\begin{pmatrix} 1 & & \\ & 1 & \\ & & -1 \end{pmatrix}\begin{pmatrix} -1 & -1 & 4 \\ 1 & 1 & -2 \\ -1 & 1 & 0 \end{pmatrix} = \begin{pmatrix} 0 & 1 & 0 \\ 1 & 0 & 0 \\ 0 & 0 & 1 \end{pmatrix}.$$

例 5.3.4　设三阶实对称矩阵 A 的各行元素之和均为 3，向量 $\boldsymbol{\alpha}_1 = \begin{pmatrix} -1 \\ 2 \\ -1 \end{pmatrix}$，$\boldsymbol{\alpha}_2 = \begin{pmatrix} 0 \\ -1 \\ 1 \end{pmatrix}$是齐次线性方程组 $A\boldsymbol{x} = \boldsymbol{0}$ 的两个解.

(1) 求 A 的特征值与特征向量；

(2) 求正交矩阵 P，使得 $P^{-1}AP$ 为对角阵.

解　(1) 由于 A 的各行元素之和均为 3，所以有 $A\begin{pmatrix} 1 \\ 1 \\ 1 \end{pmatrix} = \begin{pmatrix} 3 \\ 3 \\ 3 \end{pmatrix}$，即 $A\begin{pmatrix} 1 \\ 1 \\ 1 \end{pmatrix} = 3\begin{pmatrix} 1 \\ 1 \\ 1 \end{pmatrix}$，这说明 $\lambda = 3$ 是 A 的一个特征值，$\boldsymbol{\alpha}_3 = \begin{pmatrix} 1 \\ 1 \\ 1 \end{pmatrix}$是 A 的属于特征值 $\lambda = 3$ 的一个特征向量，A 的属于特征值 $\lambda = 3$ 的所有特征向量为 $k_3\boldsymbol{\alpha}_3\ (k_3 \neq 0)$.

由于向量 $\boldsymbol{\alpha}_1 = \begin{pmatrix} -1 \\ 2 \\ -1 \end{pmatrix}, \boldsymbol{\alpha}_2 = \begin{pmatrix} 0 \\ -1 \\ 1 \end{pmatrix}$是齐次线性方程组 $A\boldsymbol{x} = \boldsymbol{0}$ 的两个解，因此有 $A\boldsymbol{\alpha}_1 = 0\boldsymbol{\alpha}_1, A\boldsymbol{\alpha}_2 = 0\boldsymbol{\alpha}_2$，这说明 $\lambda = 0$ 是 A 的二重特征值，它对应的特征向量为 $k_1\boldsymbol{\alpha}_1 + k_2\boldsymbol{\alpha}_2$，其中 k_1, k_2 不同时为零.

(2) 将 $\boldsymbol{\alpha}_1, \boldsymbol{\alpha}_2$ 正交化，取

$$\boldsymbol{\beta}_1 = \boldsymbol{\alpha}_1 = \begin{pmatrix} -1 \\ 2 \\ -1 \end{pmatrix}, \quad \boldsymbol{\beta}_2 = \boldsymbol{\alpha}_2 - \frac{(\boldsymbol{\alpha}_2, \boldsymbol{\beta}_1)}{(\boldsymbol{\beta}_1, \boldsymbol{\beta}_1)}\boldsymbol{\beta}_1 = \frac{1}{2}\begin{pmatrix} -1 \\ 0 \\ 1 \end{pmatrix},$$

将 $\boldsymbol{\beta}_1, \boldsymbol{\beta}_2, \boldsymbol{\alpha}_3$ 单位化得

$$\boldsymbol{p}_1 = \frac{1}{\sqrt{6}}\begin{pmatrix} -1 \\ 2 \\ -1 \end{pmatrix}, \quad \boldsymbol{p}_2 = \frac{1}{\sqrt{2}}\begin{pmatrix} -1 \\ 0 \\ 1 \end{pmatrix}, \quad \boldsymbol{p}_3 = \frac{1}{\sqrt{3}}\begin{pmatrix} 1 \\ 1 \\ 1 \end{pmatrix}.$$

取

$$P=(p_1,p_2,p_3)=\begin{pmatrix}-\frac{1}{\sqrt6} & -\frac{1}{\sqrt2} & \frac{1}{\sqrt3}\\ \frac{2}{\sqrt6} & 0 & \frac{1}{\sqrt3}\\ \frac{1}{\sqrt6} & \frac{1}{\sqrt2} & \frac{1}{\sqrt3}\end{pmatrix},$$

则 P 为正交矩阵，使得 $P^{-1}AP=\begin{pmatrix}0 & & \\ & 0 & \\ & & 3\end{pmatrix}$.

习　题　5.3

1. 设矩阵 A 与 B 相似，且 $A^2=A$，证明 $B^2=B$.

2. 设 A 与 B 是同阶方阵，且 $|A|\neq 0$，证明 AB 与 BA 相似.

3. 判断下列矩阵 A 是否能对角化，若能对角化，求可逆矩阵 P 使得 $P^{-1}AP$ 为对角阵.

(1) $A=\begin{pmatrix}2 & 0 & 0\\ 1 & 3 & -1\\ 1 & 0 & 1\end{pmatrix}$；　(2) $A=\begin{pmatrix}-4 & -10 & 0\\ 1 & 3 & 0\\ 3 & 6 & 1\end{pmatrix}$；　(3) $A=\begin{pmatrix}1 & 1 & 0\\ 0 & 2 & 1\\ 0 & 0 & 1\end{pmatrix}$.

4. 设矩阵 $A=\begin{pmatrix}2 & 0 & 0\\ 0 & 0 & 1\\ 0 & 1 & x\end{pmatrix}$ 与 $B=\begin{pmatrix}2 & 0 & 0\\ 0 & y & 0\\ 0 & 0 & -1\end{pmatrix}$ 相似，求 x,y 及可逆矩阵 P，使得 $P^{-1}AP=B$.

5. 设 A 为下列实对称矩阵，求正交矩阵 P，使得 $P^{-1}AP$ 为对角阵.

(1) $A=\begin{pmatrix}4 & 6\\ 6 & 13\end{pmatrix}$；　(2) $A=\begin{pmatrix}1 & 0 & 2\\ 0 & 1 & 2\\ 2 & 2 & -1\end{pmatrix}$；　(3) $A=\begin{pmatrix}4 & 2 & 2\\ 2 & 4 & 2\\ 2 & 2 & 4\end{pmatrix}$；　(4) $A=\begin{pmatrix}3 & 2 & 4\\ 2 & 0 & 2\\ 4 & 2 & 3\end{pmatrix}$.

6. 设实对称矩阵 $A=\begin{pmatrix}1 & a & 1\\ a & 1 & b\\ 1 & b & 1\end{pmatrix}$ 与对角阵 $\Lambda=\begin{pmatrix}0 & 0 & 0\\ 0 & 1 & 0\\ 0 & 0 & 2\end{pmatrix}$ 相似，求 a,b 及正交矩阵 P，使得 $P^{-1}AP=\Lambda$.

7. 设三阶实对称矩阵 A 的特征值为 $6,3,3$，与特征值 6 对应的特征向量为 $p_1=\begin{pmatrix}1\\ 1\\ 1\end{pmatrix}$，求 A.

8. 求下列各矩阵.

(1) 设 $\boldsymbol{A}=\begin{pmatrix}3 & -2\\ -2 & 3\end{pmatrix}$，求 $\varphi(\boldsymbol{A})=\boldsymbol{A}^{10}-5\boldsymbol{A}^{9}$；

(2) 设 $\boldsymbol{A}=\begin{pmatrix}2 & 1 & 2\\ 1 & 2 & 2\\ 2 & 2 & 1\end{pmatrix}$，求 $\varphi(\boldsymbol{A})=\boldsymbol{A}^{10}-6\boldsymbol{A}^{9}+5\boldsymbol{A}^{8}$；

(3) 设 $\boldsymbol{A}=\begin{pmatrix}1 & 4 & 2\\ 0 & -3 & 4\\ 0 & 4 & 3\end{pmatrix}$，求 $\boldsymbol{A}^{100}$.

实对称矩阵的对角化

习题 5.3 第 7 题解答

习题 5.3 第 8(1)题解答

习题 5.3 第 8(3)题解答

复 习 题 5

1. 选择题

(1) 设方阵 $\boldsymbol{A}$ 与 $\boldsymbol{B}$ 相似，则必有(　　).

(A) $\lambda\boldsymbol{E}-\boldsymbol{A}=\lambda\boldsymbol{E}-\boldsymbol{B}$　　(B) $\boldsymbol{A}$ 与 $\boldsymbol{B}$ 有相同的特征值和特征向量

(C) $\boldsymbol{A}$ 与 $\boldsymbol{B}$ 都相似于一个对角阵　　(D) 对任意常数 t，$t\boldsymbol{E}-\boldsymbol{A}$ 与 $t\boldsymbol{E}-\boldsymbol{B}$ 都相似

(2) 设 $\boldsymbol{A},\boldsymbol{B}$ 是可逆矩阵，且 $\boldsymbol{A}$ 与 $\boldsymbol{B}$ 相似，则下列结论错误的是(　　).

(A) $\boldsymbol{A}^{\mathrm{T}}$ 与 $\boldsymbol{B}^{\mathrm{T}}$ 相似　　(B) $\boldsymbol{A}^{-1}$ 与 $\boldsymbol{B}^{-1}$ 相似

(C) $\boldsymbol{A}+\boldsymbol{A}^{\mathrm{T}}$ 与 $\boldsymbol{B}+\boldsymbol{B}^{\mathrm{T}}$ 相似　　(D) $\boldsymbol{A}+\boldsymbol{A}^{-1}$ 与 $\boldsymbol{B}+\boldsymbol{B}^{-1}$ 相似

(3) 设 $\boldsymbol{\alpha}$ 是 n 维单位列向量，$\boldsymbol{E}$ 为 n 阶单位矩阵，则(　　).

(A) $\boldsymbol{E}-\boldsymbol{\alpha}\boldsymbol{\alpha}^{\mathrm{T}}$ 不可逆　　(B) $\boldsymbol{E}+\boldsymbol{\alpha}\boldsymbol{\alpha}^{\mathrm{T}}$ 不可逆

(C) $\boldsymbol{E}+2\boldsymbol{\alpha}\boldsymbol{\alpha}^{\mathrm{T}}$ 不可逆　　(D) $\boldsymbol{E}-2\boldsymbol{\alpha}\boldsymbol{\alpha}^{\mathrm{T}}$ 不可逆

(4) 设矩阵 $\boldsymbol{A}=\begin{pmatrix}2&0&0\\0&2&1\\0&0&1\end{pmatrix}$, $\boldsymbol{B}=\begin{pmatrix}2&1&0\\0&2&0\\0&0&1\end{pmatrix}$, $\boldsymbol{C}=\begin{pmatrix}1&0&0\\0&2&0\\0&0&2\end{pmatrix}$，则(　　).

(A) $\boldsymbol{A}$ 与 $\boldsymbol{C}$ 相似，$\boldsymbol{B}$ 与 $\boldsymbol{C}$ 相似　　(B) $\boldsymbol{A}$ 与 C 相似，$\boldsymbol{B}$ 与 $\boldsymbol{C}$ 不相似

(C) $\boldsymbol{A}$ 与 $\boldsymbol{C}$ 不相似，$\boldsymbol{B}$ 与 $\boldsymbol{C}$ 相似　　(D) $\boldsymbol{A}$ 与 C 不相似，$\boldsymbol{B}$ 与 $\boldsymbol{C}$ 不相似

2. 设 $\boldsymbol{a}=\begin{pmatrix}1\\0\\-2\end{pmatrix}$, $\boldsymbol{b}=\begin{pmatrix}-4\\2\\3\end{pmatrix}$，$\boldsymbol{c}$ 与 $\boldsymbol{a}$ 正交，且 $\boldsymbol{b}=\boldsymbol{\lambda a}+\boldsymbol{c}$，求 $\boldsymbol{\lambda}$ 与 $\boldsymbol{c}$.

3. 用施密特正交化方法将下列向量组标准正交化.

(1) $(\boldsymbol{\alpha}_1,\boldsymbol{\alpha}_2,\boldsymbol{\alpha}_3)=\begin{pmatrix}1&1&1\\0&1&1\\0&0&1\end{pmatrix}$;　　(2) $(\boldsymbol{\alpha}_1,\boldsymbol{\alpha}_2,\boldsymbol{\alpha}_3)=\begin{pmatrix}1&1&-1\\0&-1&1\\-1&0&1\\1&1&0\end{pmatrix}$.

4. 设 $\boldsymbol{x}$ 为 n 维单位列向量，令 $\boldsymbol{H}=\boldsymbol{E}-2\boldsymbol{xx}^{\mathrm{T}}$，证明 $\boldsymbol{H}$ 是对称的正交矩阵.

5. 已知三阶矩阵 $\boldsymbol{A}$ 的特征值为 1, 2, 3，$\boldsymbol{A}^*$ 是 $\boldsymbol{A}$ 的伴随矩阵，求：

(1) $\boldsymbol{A}^*$ 的特征值；

(2) $\boldsymbol{A}^*+3\boldsymbol{A}+2\boldsymbol{E}$ 的特征值；

(3) 行列式 $|\boldsymbol{A}^*+3\boldsymbol{A}+2\boldsymbol{E}|$ 的值.

6. 设矩阵 $\boldsymbol{A}=\begin{pmatrix}1&-2&-4\\-2&x&-2\\-4&-2&1\end{pmatrix}$ 与对角阵 $\boldsymbol{\Lambda}=\begin{pmatrix}5&0&0\\0&-4&0\\0&0&y\end{pmatrix}$ 相似，求 x,y 及正交矩阵 $\boldsymbol{P}$，使得 $\boldsymbol{P}^{-1}\boldsymbol{AP}=\boldsymbol{\Lambda}$.

7. 设矩阵 $\boldsymbol{A}=\begin{pmatrix}2&1&-4\\1&-1&1\\-4&1&a\end{pmatrix}$ 的秩 $R(\boldsymbol{A})=2$, 求 a 及一个正交矩阵 $\boldsymbol{P}$ 使得 $\boldsymbol{P}^{-1}\boldsymbol{AP}$ 为对角阵.

8. 设矩阵 $\boldsymbol{A}=\begin{pmatrix}0&2&-3\\-1&3&-3\\1&-2&a\end{pmatrix}$ 相似于矩阵 $\boldsymbol{B}=\begin{pmatrix}1&-2&0\\0&b&0\\0&3&1\end{pmatrix}$.

(1) 求 a,b 的值;

(2) 求可逆矩阵 $\boldsymbol{P}$ 使得 $\boldsymbol{P}^{-1}\boldsymbol{AP}$ 为对角阵.

9. 设有矩阵 $\boldsymbol{A}=\begin{pmatrix}2&0&0\\0&2&1\\0&1&x\end{pmatrix}$，已知 $\boldsymbol{A}$ 的一个特征值为 1.

(1) 求 x；

(2) 求矩阵 $\boldsymbol{P}$，使 $(\boldsymbol{AP})^{\mathrm{T}}(\boldsymbol{AP})$ 为对角阵.

10. 设三阶实对称矩阵 $\boldsymbol{A}$ 的特征值为 $\lambda_1=1$，$\lambda_2=2$，$\lambda_3=-2$，向量 $\boldsymbol{\alpha}_1=(1,-1,1)^{\mathrm{T}}$ 是 $\boldsymbol{A}$ 的属于 λ_1 的一个特征向量，记 $\boldsymbol{B}=\boldsymbol{A}^5-4\boldsymbol{A}^3+\boldsymbol{E}$，其中 $\boldsymbol{E}$ 为三阶单位矩阵.

(1) 验证 $\boldsymbol{\alpha}_1$ 是矩阵 $\boldsymbol{B}$ 的特征向量，并求 $\boldsymbol{B}$ 的全部特征值与特征向量；

(2) 求矩阵 $\boldsymbol{B}$.

11. 证明：n 阶矩阵 $\boldsymbol{A}=\begin{pmatrix}1&1&\cdots&1\\1&1&\cdots&1\\\vdots&\vdots&&\vdots\\1&1&\cdots&1\end{pmatrix}$ 与 $\boldsymbol{B}=\begin{pmatrix}0&\cdots&0&1\\0&\cdots&0&2\\\vdots&&\vdots&\vdots\\0&\cdots&0&n\end{pmatrix}$ 相似.

12. 设三阶矩阵 $\boldsymbol{A}=(\boldsymbol{\alpha}_1,\boldsymbol{\alpha}_2,\boldsymbol{\alpha}_3)$ 有三个不同的特征值，且 $\boldsymbol{\alpha}_3=\boldsymbol{\alpha}_1+2\boldsymbol{\alpha}_2$，

(1) 证明 $R(\boldsymbol{A})=2$；

(2) 若 $\boldsymbol{\beta}=\boldsymbol{\alpha}_1+\boldsymbol{\alpha}_2+\boldsymbol{\alpha}_3$，求方程组 $\boldsymbol{Ax}=\boldsymbol{\beta}$ 的通解.

13. 已知矩阵 $\boldsymbol{A}=\begin{pmatrix}0&-1&1\\2&-3&0\\0&0&0\end{pmatrix}$.

(1) 求 $\boldsymbol{A}^{99}$；

(2) 设三阶矩阵 $\boldsymbol{B}=(\boldsymbol{\alpha}_1,\boldsymbol{\alpha}_2,\boldsymbol{\alpha}_3)$ 满足 $\boldsymbol{B}^2=\boldsymbol{BA}$，记 $\boldsymbol{B}^{100}=(\boldsymbol{\beta}_1,\boldsymbol{\beta}_2,\boldsymbol{\beta}_3)$，将 $\boldsymbol{\beta}_1,\boldsymbol{\beta}_2,\boldsymbol{\beta}_3$ 分别表示为 $\boldsymbol{\alpha}_1,\boldsymbol{\alpha}_2,\boldsymbol{\alpha}_3$ 的线性组合.

复习题 5 第 8，9 题解答

复习题 5 第 11，12 题证明

*5 拓 展 知 识

*5.4 求特征值的软件程序示例

【例 1】求矩阵 $\begin{pmatrix}1&7&3\\2&9&12\\5&22&18\end{pmatrix}$ 的特征值和特征向量.

解 MATLAB 命令为

```
A = [1, 7, 3;...
   2, 9, 12;...
   5, 22, 18];
[V, D] = eig(A);
```

运行结果为

```
V =
   -0.1946   -0.9617    0.7260
   -0.4770    0.2679   -0.5508
   -0.8571   -0.0578    0.4118
D =
   31.3784         0         0
         0   -0.7696         0
         0         0   -2.6087
```

说明：[V, D] = eig(A)函数的功能是求矩阵 $\boldsymbol{A}$ 的特征值 $\boldsymbol{D}$ 和相应的特征向量 $\boldsymbol{V}$；在上述结果中，特征值 $\boldsymbol{D}=\begin{pmatrix}31.3784 & 0 & 0\\ 0 & -0.7696 & 0\\ 0 & 0 & -2.6087\end{pmatrix}$，也可使用函数 diag($\boldsymbol{D}$)将特征值的形式改为向量 $\begin{pmatrix}31.3784\\ -0.7696\\ -2.6087\end{pmatrix}$，三个特征值对应的特征向量分别是 $\begin{pmatrix}-0.1946\\ -0.4770\\ -0.8571\end{pmatrix}$，$\begin{pmatrix}-0.9617\\ 0.2679\\ -0.0578\end{pmatrix}$ 和 $\begin{pmatrix}0.7260\\ -0.5508\\ 0.4118\end{pmatrix}$.

【例 2】求矩阵 $\begin{pmatrix}3 & -2 & -4\\ -2 & 6 & -2\\ -4 & -2 & 3\end{pmatrix}$ 的特征值和特征向量.

解　MATLAB 命令为

```
A = [3, -2, -4;...
   -2, 6, 2;...
   -4, -2, 3];
[V, D] = eig(A)
```

运行结果为

```
V =
```

```
    0.6667   -0.5963    0.4472
    0.3333   -0.2981   -0.8944
    0.6667    0.7454         0
D =
   -2     0     0
    0     7     0
    0     0     7
```

*5.5 特征值与特征向量的应用模型

特征值与特征向量，主要应用在矩阵的计算和离散动态系统的演化中，而离散动态系统，又大量出现在物理、工程、生态学等领域，所以特征值与特征向量的应用非常广泛. 下面从两个方面介绍它的应用.

5.5.1 矩阵的极限

在前面，我们看到矩阵作为一个工具，应用非常广泛. 在利用矩阵解决问题时，有时需要计算方阵的极限. 直接计算方阵的极限是困难的，往往需要把方阵化成对角形式，然后计算极限.

【例 1】已知方阵 $\boldsymbol{A}=\begin{pmatrix}\frac{5}{8} & \frac{1}{4} & -\frac{1}{8}\\ -\frac{1}{4} & 0 & \frac{1}{4}\\ \frac{3}{8} & \frac{3}{4} & \frac{1}{8}\end{pmatrix}$，求 $\lim\limits_{n\to\infty}\boldsymbol{A}^n$.

解 首先由矩阵的特征方程

$$|\boldsymbol{A}-\lambda\boldsymbol{E}|=\begin{vmatrix}\frac{5}{8}-\lambda & \frac{1}{4} & -\frac{1}{8}\\ -\frac{1}{4} & -\lambda & \frac{1}{4}\\ \frac{3}{8} & \frac{3}{4} & \frac{1}{8}-\lambda\end{vmatrix}=0$$

可得矩阵的特征值为 $\lambda_1=\lambda_2=\frac{1}{2},\lambda_3=-\frac{1}{4}$. 对每一个特征值，解对应的特征向量. 当 $\lambda_1=\lambda_2=\frac{1}{2}$ 时，解方程 $\left(\frac{1}{2}\boldsymbol{E}-\boldsymbol{A}\right)\boldsymbol{X}=\boldsymbol{0}$，可得线性无关的特征向量为 $\boldsymbol{\xi}_1=(-2,1,0)^{\mathrm{T}}$ 和 $\boldsymbol{\xi}_2=(1,0,1)^{\mathrm{T}}$. 当 $\lambda_3=-\frac{1}{4}$ 时，解方程 $\left(-\frac{1}{4}\boldsymbol{E}-\boldsymbol{A}\right)\boldsymbol{X}=\boldsymbol{0}$，可得特征向量 $\boldsymbol{\xi}_3=(1,-2,3)^{\mathrm{T}}$. 有三个线性无关的特征向量，从而矩阵 $\boldsymbol{A}$ 可对角化，即有 $\boldsymbol{A}=\boldsymbol{P\Lambda P}^{-1}$，

其中矩阵 $\boldsymbol{P}=\begin{pmatrix}-2&1&1\\1&0&-2\\0&1&3\end{pmatrix}$，$\boldsymbol{\Lambda}=\begin{pmatrix}\frac{1}{2}&0&0\\0&\frac{1}{2}&0\\0&0&-\frac{1}{4}\end{pmatrix}$.

由上面的分析可知，

$$\lim_{n\to\infty}\boldsymbol{A}^n=\boldsymbol{P}\lim_{n\to\infty}\boldsymbol{\Lambda}^n\boldsymbol{P}^{-1}=\boldsymbol{P}\begin{bmatrix}\lim\limits_{n\to\infty}\frac{1}{2^n}&0&0\\0&\lim\limits_{n\to\infty}\frac{1}{2^n}&0\\0&0&-\lim\limits_{n\to\infty}\frac{1}{4^n}\end{bmatrix}\boldsymbol{P}^{-1}=\boldsymbol{O}.$$

所以方阵序列 $\{\boldsymbol{A}^n\}$ 的极限等于零.

5.5.2　离散动态系统的演化

考察一个动态系统，假设此系统的初始状态为 $\boldsymbol{x}_0=(a_{10},a_{20},\cdots,a_{n0})^{\mathrm{T}}$，系统的状态随时间作离散状态的演化. 设系统的第 k 步状态为 $\boldsymbol{x}_k=(a_{1k},a_{2k},\cdots,a_{nk})^{\mathrm{T}}$，第 $k+1$ 步的状态依赖于第 k 步，满足 $\boldsymbol{x}_{k+1}=\boldsymbol{A}\boldsymbol{x}_k$，其中 $\boldsymbol{A}$ 称为转移矩阵或者演化矩阵. 由状态的演化可知，第 k 步的状态 $\boldsymbol{x}_k$ 与初始状态 $\boldsymbol{x}_0$ 的关系为 $\boldsymbol{x}_k=\boldsymbol{A}^k\boldsymbol{x}_0$. 因此，只要知道了 $\boldsymbol{A}^k$ 就可以计算第 k 步的状态 $\boldsymbol{x}_k$. 如果想知道系统经过很长时间演化后的状态，只需要求 $\lim\limits_{k\to\infty}\boldsymbol{A}^k$ 即可.

计算 $\boldsymbol{A}^k$ 或者 $\lim\limits_{k\to\infty}\boldsymbol{A}^k$，则需要计算矩阵 $\boldsymbol{A}$ 的特征值与特征向量，找到可逆矩阵 $\boldsymbol{P}$ 和对角矩阵 $\boldsymbol{\Lambda}$，使得 $\boldsymbol{P}^{-1}\boldsymbol{A}\boldsymbol{P}=\boldsymbol{\Lambda}$. 利用前面学的知识，我们知道矩阵 $\boldsymbol{P}$ 的列向量是矩阵 $\boldsymbol{A}$ 的特征向量，对角矩阵 $\boldsymbol{\Lambda}$ 对角线上的元素，是矩阵 $\boldsymbol{A}$ 的特征值. 那么，$\boldsymbol{A}^k=(\boldsymbol{P}\boldsymbol{\Lambda}\boldsymbol{P}^{-1})^k=\boldsymbol{P}\boldsymbol{\Lambda}^k\boldsymbol{P}^{-1}$，或者 $\lim\limits_{k\to\infty}\boldsymbol{A}^k=\lim\limits_{k\to\infty}(\boldsymbol{P}\boldsymbol{\Lambda}\boldsymbol{P}^{-1})^k=\boldsymbol{P}(\lim\limits_{k\to\infty}\boldsymbol{\Lambda}^k)\boldsymbol{P}^{-1}$，演化状态容易得到.

【例 2】(人口预测问题)　河南省 2016 年有农业人口 5040 千万，城镇人口 4440 千万. 假设每年大约有 5%的城市人口流向农村，而 12%的农村人口迁移到城镇，忽略新增人口和死亡人口，问到 2037 年河南省有多少农业人口和城镇人口？城镇人口与农业人口的平衡状态是多少？

解　设 2016 年的农业人口和城镇人口为初始状态 $\boldsymbol{x}_0=(5040,4440)^{\mathrm{T}}$，则 2017 年的农业人口和城镇人口向量为

$$\boldsymbol{x}_1=\begin{pmatrix}5040\times88\%+4440\times5\%\\5040\times12\%+4440\times95\%\end{pmatrix}=\begin{pmatrix}0.88&0.05\\0.12&0.95\end{pmatrix}\begin{pmatrix}5040\\4440\end{pmatrix},$$

其中矩阵 $\boldsymbol{A}=\begin{pmatrix}0.88 & 0.05\\0.12 & 0.95\end{pmatrix}$ 为转移矩阵. 由系统的演化规律可知,2037 年的农业人口和城镇人口向量为

$$\boldsymbol{x}_{20}=\begin{pmatrix}a_{20}\\b_{20}\end{pmatrix}=\begin{pmatrix}0.88 & 0.05\\0.12 & 0.95\end{pmatrix}^{20}\begin{pmatrix}5040\\4440\end{pmatrix},$$

利用 MATLAB 计算可得，矩阵 $\boldsymbol{A}$ 的特征值与特征向量分别对应为

$$\lambda_1=1,\quad \boldsymbol{\xi}_1=\begin{pmatrix}2.4\\1\end{pmatrix},\quad \lambda_2=0.83,\quad \boldsymbol{\xi}_2=\begin{pmatrix}1\\-1\end{pmatrix},$$

从而有

$$\boldsymbol{A}=\begin{pmatrix}0.88 & 0.05\\0.12 & 0.95\end{pmatrix}=\boldsymbol{P\Lambda P}^{-1},$$

其中 $\boldsymbol{\Lambda}=\begin{pmatrix}1 & 0\\0 & 0.83\end{pmatrix}$, $\boldsymbol{P}=\begin{pmatrix}2.4 & 1\\1 & -1\end{pmatrix}$.

计算可得

$$\begin{aligned}\boldsymbol{x}_{20}&=\begin{pmatrix}0.88 & 0.05\\0.12 & 0.95\end{pmatrix}^{20}\begin{pmatrix}5040\\4440\end{pmatrix}\\&=\frac{5}{17}\begin{pmatrix}2.4 & 1\\1 & -1\end{pmatrix}\begin{pmatrix}1^{20} & 0\\0 & 0.83^{20}\end{pmatrix}\begin{pmatrix}1 & 1\\1 & -2.4\end{pmatrix}\begin{pmatrix}5040\\4440\end{pmatrix}=\begin{pmatrix}6652\\2828\end{pmatrix}.\end{aligned}$$

所以 20 年后，河南省的城镇人口有 6652 千万，农业人口有 2828 千万.

可以预见，若时间足够长，则最终城镇人口和农业人口的比例将达到一个平衡状态，设平衡状态时的人口为 $\boldsymbol{x}$，则有

$$\boldsymbol{x}=\lim_{k\to\infty}\boldsymbol{A}^k\begin{pmatrix}5040\\4440\end{pmatrix}=\frac{5}{17}\begin{pmatrix}2.4 & 1\\1 & -1\end{pmatrix}\begin{pmatrix}\lim\limits_{k\to\infty}1^k & 0\\0 & \lim\limits_{k\to\infty}0.83^k\end{pmatrix}\begin{pmatrix}1 & 1\\1 & -2.4\end{pmatrix}\begin{pmatrix}5040\\4440\end{pmatrix}=\begin{pmatrix}6692\\2788\end{pmatrix}.$$

所以，经过足够长的时间，河南省城镇人口将达到 6692 千万，农业人口将达到 2788 千万.

【例 3】某种植物开花的颜色由一对基因控制. 基因为 AA 的植株开红花，基因为 Aa 的植株开粉色花，基因为 aa 的植株开白色的花. 植物学家欲利用基因为 AA 的植株培育后代. 问题是，经过若干年后，三种基因型在培育的后代中各占多少?

解 这也是一个离散系统的演化问题. 设初始状态为 $\boldsymbol{x}_0=(a_0,b_0,c_0)^{\mathrm{T}}$，其中 a_0，b_0，c_0 是基因型为 AA，Aa，aa 的植株分别占的比重，则经过第一次培育，后代中三种基因型的比例变为

$$\begin{cases} a_1 = a_0 + \dfrac{1}{2}b_0, \\ b_1 = \dfrac{1}{2}b_0 + c_0, \\ c_1 = 0; \end{cases}$$

矩阵表示为

$$\begin{pmatrix} a_1 \\ b_1 \\ c_1 \end{pmatrix} = \begin{pmatrix} 1 & \frac{1}{2} & 0 \\ 0 & \frac{1}{2} & 1 \\ 0 & 0 & 0 \end{pmatrix} \begin{pmatrix} a_0 \\ b_0 \\ c_0 \end{pmatrix}.$$

矩阵 $\boldsymbol{A} = \begin{pmatrix} 1 & \frac{1}{2} & 0 \\ 0 & \frac{1}{2} & 1 \\ 0 & 0 & 0 \end{pmatrix}$ 是转移矩阵或者演化矩阵. 经过 n 年之后，三种基因在后代中的比例为

$$\begin{pmatrix} a_n \\ b_n \\ c_n \end{pmatrix} = \begin{pmatrix} 1 & \frac{1}{2} & 0 \\ 0 & \frac{1}{2} & 1 \\ 0 & 0 & 0 \end{pmatrix}^n \begin{pmatrix} a_0 \\ b_0 \\ c_0 \end{pmatrix}.$$

计算转移矩阵的特征值和特征向量

$$\lambda_1 = 1, \quad \xi_1 = (1,0,0)^{\mathrm{T}}; \quad \lambda_2 = \frac{1}{2}, \quad \xi_2 = (1,-1,0)^{\mathrm{T}}; \quad \lambda_3 = 0, \quad \xi_3 = (1,-2,1)^{\mathrm{T}}.$$

从而有

$$\boldsymbol{A} = \begin{pmatrix} 1 & \frac{1}{2} & 0 \\ 0 & \frac{1}{2} & 1 \\ 0 & 0 & 0 \end{pmatrix} = \boldsymbol{P\Lambda P}^{-1} = \begin{pmatrix} 1 & 1 & 1 \\ 0 & -1 & -2 \\ 0 & 0 & 1 \end{pmatrix} \begin{pmatrix} 1 & 0 & 0 \\ 0 & \frac{1}{2} & 0 \\ 0 & 0 & 0 \end{pmatrix} \begin{pmatrix} 1 & 1 & 1 \\ 0 & -1 & -2 \\ 0 & 0 & 1 \end{pmatrix},$$

可计算得

$$\begin{cases} a_n = 1 - \dfrac{1}{2^n}b_0 - \dfrac{1}{2^{n-1}}c_0, \\ b_n = \dfrac{1}{2^n}b_0 + \dfrac{1}{2^{n-1}}c_0, \\ c_n = 0. \end{cases}$$

当经过的时间足够长，也即 $n \to \infty$ 时，$a_n \to 1$；$b_n \to 0$；$c_n \to 0$；所以后代中基本只有 AA 型的植株.

第 6 章　二　次　型

二次型的理论起源于解析几何中二次曲线(曲面)方程的标准化问题. 它在数学的其他分支以及力学、工程技术和经济物理等领域有着广泛的应用. 本章主要介绍二次型的概念、二次型的标准形和正定二次型的概念及其判定等内容.

6.1　二次型及其标准形

6.1.1　二次型及其标准形

在解析几何中，为了便于研究二次曲线

$$ax^2 + bxy + cy^2 = d \tag{6.1.1}$$

的几何性质，可以选择适当的坐标旋转变换

$$\begin{cases} x = x'\cos\theta - y'\sin\theta, \\ y = x'\sin\theta + y'\cos\theta \end{cases}$$

把方程(6.1.1)化为简单形式

$$mx'^2 + ny'^2 = d.$$

(6.1.1)式左端是一个简单的二次齐次多项式，称为二元二次型. 上述问题表明，可以通过变量的线性变换化简一个二次齐次多项式，使它只含有平方项. 下面讨论一般的含有 n 个变量的二次齐次多项式及其化简问题.

定义 6.1.1　含有 n 个变量 x_1，$x_2,\cdots$，x_n 的二次齐次多项式

$$\begin{aligned} & f(x_1, x_2, \cdots, x_n) \\ = & a_{11}x_1^2 + 2a_{12}x_1x_2 + 2a_{13}x_1x_3 + \cdots + 2a_{1n}x_1x_n \\ & + a_{22}x_2^2 + 2a_{23}x_2x_3 + \cdots + 2a_{2n}x_2x_n \\ & + a_{33}x_3^2 + \cdots + 2a_{3n}x_3x_n \\ & \cdots\cdots \\ & + a_{nn}x_n^2, \end{aligned} \tag{6.1.2}$$

称为关于 x_1，$x_2,\cdots$，x_n 的 n 元二次型，简称**二次型**，其中 $a_{ij}\,(i, j = 1, 2, \cdots, n)$ 称为二次型的系数. 系数全为实数的二次型称为**实二次型**，系数为复数的二次型称为**复二次型**. 本章只讨论实二次型.

若取 $a_{ij}=a_{ji}$，则 $2a_{ij}x_ix_j=a_{ij}x_ix_j+a_{ji}x_jx_i$，于是(6.1.2)式可写成

$$
\begin{aligned}
f(x_1,x_2,\cdots,x_n)=&a_{11}x_1^2+a_{12}x_1x_2+\cdots+a_{1n}x_1x_n\\
&+a_{21}x_2x_1+a_{22}x_2^2\quad+\cdots+a_{2n}x_2x_n\\
&+a_{31}x_3x_1+\ a_{32}x_3x_4+\cdots+a_{3n}x_3x_n\\
&\cdots\cdots\\
&+a_{n1}x_nx_1+\ a_{n2}x_nx_2+\cdots+a_{nn}x_n^2\\
=&x_1(a_{11}x_1+a_{12}x_2+\cdots+a_{1n}x_n)\\
&+x_2(a_{21}x_1+a_{22}x_2+\cdots+a_{2n}x_n)\\
&\cdots\cdots\\
&+x_n(a_{n1}x_1+a_{n2}x_2+\cdots+a_{nn}x_n)\\
=&(x_1,x_2,\cdots,x_n)\begin{pmatrix}a_{11}x_1+a_{12}x_2+\cdots a_{1n}x_n\\a_{21}x_1+a_{22}x_2+\cdots a_{2n}x_n\\\vdots\\a_{n1}x_1+a_{n2}x_2+\cdots a_{nn}x_n\end{pmatrix}\\
=&(x_1,x_2,\cdots,x_n)\begin{pmatrix}a_{11}&a_{12}&\cdots&a_{1n}\\a_{21}&a_{22}&\cdots&a_{2n}\\\vdots&\vdots&&\vdots\\a_{n1}&a_{n2}&\cdots&a_{nn}\end{pmatrix}\begin{pmatrix}x_1\\x_2\\\vdots\\x_n\end{pmatrix},
\end{aligned}
$$

若令

$$
\boldsymbol{x}=\begin{pmatrix}x_1\\x_2\\\vdots\\x_n\end{pmatrix},\qquad \boldsymbol{A}=\begin{pmatrix}a_{11}&a_{12}&\cdots&a_{1n}\\a_{21}&a_{22}&\cdots&a_{2n}\\\vdots&\vdots&&\vdots\\a_{n1}&a_{n2}&\cdots&a_{nn}\end{pmatrix},
$$

则二次型 $f(x_1,x_2,\cdots,x_n)$ 可以表示成矩阵形式

$$
f=\boldsymbol{x}^{\mathrm{T}}\boldsymbol{A}\boldsymbol{x},
$$

其中 $\boldsymbol{A}$ 为对称矩阵.

可以看出，二次型和对称矩阵是一一对应的. 因此，把对称矩阵 $\boldsymbol{A}$ 称为二次型 f 的矩阵，把二次型 f 称为矩阵 $\boldsymbol{A}$ 的二次型，对称矩阵 $\boldsymbol{A}$ 的秩称为**二次型 f 的秩**.

例 6.1.1　将二次型

$$
f(x_1,\ x_2,\ x_3)=3x_1^2+4x_2^2-x_3^2+4x_1x_2-6x_1x_3-4x_2x_3
$$

写成矩阵形式.

解　二次型 f 的矩阵为 $\boldsymbol{A}=\begin{pmatrix}3&2&-3\\2&4&-2\\-3&-2&-1\end{pmatrix}$，则二次型的矩阵形式为

$$f=\boldsymbol{x}^{\mathrm{T}}\boldsymbol{A}\boldsymbol{x}=(x_1,x_2,x_3)\begin{pmatrix}3&2&-3\\2&4&-2\\-3&-2&-1\end{pmatrix}\begin{pmatrix}x_1\\x_2\\x_3\end{pmatrix}.$$

例 6.1.2　求对称矩阵 $\boldsymbol{A}=\begin{pmatrix}3&-1&-1\\-1&0&2\\-1&2&0\end{pmatrix}$ 所对应的二次型.

解　对称矩阵 $\boldsymbol{A}=\begin{pmatrix}3&-1&-1\\-1&0&2\\-1&2&0\end{pmatrix}$ 所对应的二次型为

$$\begin{aligned}f(x_1,x_2,x_3)&=(x_1,x_2,x_3)\begin{pmatrix}3&-1&-1\\-1&0&2\\-1&2&0\end{pmatrix}\begin{pmatrix}x_1\\x_2\\x_3\end{pmatrix}\\&=3x_1^2-2x_1x_2-2x_1x_3+4x_2x_3.\end{aligned}$$

对于二次型，这里讨论的主要问题是：如何寻求一个可逆的线性变换

$$\begin{cases}x_1=p_{11}y_1+p_{12}y_2+\cdots+p_{1n}y_n,\\x_2=p_{21}y_1+p_{22}y_2+\cdots+p_{2n}y_n,\\\qquad\cdots\cdots\\x_n=p_{n1}y_1+p_{n2}y_2+\cdots+p_{nn}y_n,\end{cases}\tag{6.1.3}$$

使得二次型在此变换下只含有平方项，即将(6.1.3)式代入(6.1.2)式使二次型化为

$$f=k_1y_1^2+k_2y_2^2+\cdots+k_ny_n^2.$$

定义 6.1.2　只含平方项的二次型 $f=k_1y_1^2+k_2y_2^2+\cdots+k_ny_n^2$ 称为**标准形**.

显然，标准形的矩阵是对角矩阵.

记

$$\boldsymbol{P}=\begin{pmatrix}p_{11}&p_{12}&\cdots&p_{1n}\\p_{21}&p_{22}&\cdots&p_{2n}\\\vdots&\vdots&&\vdots\\p_{n1}&p_{n2}&\cdots&p_{nn}\end{pmatrix},\qquad\boldsymbol{x}=\begin{pmatrix}x_1\\x_2\\\vdots\\x_n\end{pmatrix},\qquad\boldsymbol{y}=\begin{pmatrix}y_1\\y_2\\\vdots\\y_n\end{pmatrix},$$

则可逆线性变换(6.1.3)可写成 $\boldsymbol{x}=\boldsymbol{P}\boldsymbol{y}$ (其中 $\boldsymbol{P}$ 为可逆矩阵). 对二次型 $f=\boldsymbol{x}^{\mathrm{T}}\boldsymbol{A}\boldsymbol{x}$ 施行可逆线性变换 $\boldsymbol{x}=\boldsymbol{P}\boldsymbol{y}$，则

$$f = \boldsymbol{x}^{\mathrm{T}}\boldsymbol{A}\boldsymbol{x} = (\boldsymbol{P}\boldsymbol{y})^{\mathrm{T}}\boldsymbol{A}(\boldsymbol{P}\boldsymbol{y}) = \boldsymbol{y}^{\mathrm{T}}(\boldsymbol{P}^{\mathrm{T}}\boldsymbol{A}\boldsymbol{P})\boldsymbol{y} = \boldsymbol{y}^{\mathrm{T}}\boldsymbol{B}\boldsymbol{y}.$$

其中，$\boldsymbol{B} = \boldsymbol{P}^{\mathrm{T}}\boldsymbol{A}\boldsymbol{P}$ 且满足 $\boldsymbol{B}^{\mathrm{T}} = (\boldsymbol{P}^{\mathrm{T}}\boldsymbol{A}\boldsymbol{P})^{\mathrm{T}} = \boldsymbol{P}^{\mathrm{T}}\boldsymbol{A}^{\mathrm{T}}\boldsymbol{P} = \boldsymbol{P}^{\mathrm{T}}\boldsymbol{A}\boldsymbol{P} = \boldsymbol{B}$，从而 $\boldsymbol{y}^{\mathrm{T}}\boldsymbol{B}\boldsymbol{y}$ 是以 $\boldsymbol{B}$ 为矩阵的关于变量 y_1，y_2，…，y_n 的一个二次型. 又因 $\boldsymbol{P}$ 是可逆矩阵，由 $\boldsymbol{B} = \boldsymbol{P}^{\mathrm{T}}\boldsymbol{A}\boldsymbol{P}$ 可得 $R(\boldsymbol{B}) = R(\boldsymbol{A})$. 于是，有下述结论.

定理 6.1.1 二次型 $f = \boldsymbol{x}^{\mathrm{T}}\boldsymbol{A}\boldsymbol{x}$ 经过可逆线性变换 $\boldsymbol{x} = \boldsymbol{P}\boldsymbol{y}$ 后，得到一个以 $\boldsymbol{B} = \boldsymbol{P}^{\mathrm{T}}\boldsymbol{A}\boldsymbol{P}$ 为矩阵的新的二次型，且二次型的秩不变.

上述两个二次型的矩阵 $\boldsymbol{A}$ 和 $\boldsymbol{B}$ 之间的关系是矩阵间的一种重要关系.

定义 6.1.3 设矩阵 $\boldsymbol{A}$ 和 $\boldsymbol{B}$ 是两个 n 阶矩阵，如果存在 n 阶可逆矩阵 $\boldsymbol{P}$，使得

$$\boldsymbol{P}^{\mathrm{T}}\boldsymbol{A}\boldsymbol{P} = \boldsymbol{B},$$

则称矩阵 $\boldsymbol{A}$ 与 $\boldsymbol{B}$ 合同，记作 $\boldsymbol{A} \simeq \boldsymbol{B}$.

矩阵的合同关系有以下三条性质：

(1) 反身性：对任意 n 阶矩阵 $\boldsymbol{A}$，有 $\boldsymbol{A} \simeq \boldsymbol{A}$；

(2) 对称性：若 $\boldsymbol{A} \simeq \boldsymbol{B}$，则 $\boldsymbol{B} \simeq \boldsymbol{A}$；

(3) 传递性：若 $\boldsymbol{A} \simeq \boldsymbol{B}$，$\boldsymbol{B} \simeq \boldsymbol{C}$，则若 $\boldsymbol{A} \simeq \boldsymbol{C}$.

要使二次型 $f = \boldsymbol{x}^{\mathrm{T}}\boldsymbol{A}\boldsymbol{x}$ 经可逆线性变换 $\boldsymbol{x} = \boldsymbol{P}\boldsymbol{y}$ 变成标准形，也就是要使

$$\begin{aligned}\boldsymbol{y}^{\mathrm{T}}(\boldsymbol{P}^{\mathrm{T}}\boldsymbol{A}\boldsymbol{P})\boldsymbol{y} &= k_1y_1^2 + k_2y_2^2 + \cdots + k_ny_n^2 \\ &= (y_1, y_2, \cdots, y_n)\begin{pmatrix} k_1 & & & \\ & k_2 & & \\ & & \ddots & \\ & & & k_n \end{pmatrix}\begin{pmatrix} y_1 \\ y_2 \\ \vdots \\ y_n \end{pmatrix},\end{aligned}$$

也即是要使 $\boldsymbol{P}^{\mathrm{T}}\boldsymbol{A}\boldsymbol{P}$ 成为对角矩阵.

6.1.2 化二次型为标准形的方法

1. 正交变换法

上一章中讲过，对于任何一个实对称矩阵 $\boldsymbol{A}$，一定存在正交矩阵 $\boldsymbol{P}(\boldsymbol{P}^{\mathrm{T}} = \boldsymbol{P}^{-1})$ 使得

$$\boldsymbol{P}^{-1}\boldsymbol{A}\boldsymbol{P} = \boldsymbol{P}^{\mathrm{T}}\boldsymbol{A}\boldsymbol{P} = \begin{pmatrix} \lambda_1 & & & \\ & \lambda_2 & & \\ & & \ddots & \\ & & & \lambda_n \end{pmatrix}$$

为对角矩阵，其中 λ_1，λ_2，…，λ_n 是矩阵 $\boldsymbol{A}$ 的特征值. 将此结论应用于二次型，即有结论

定理 6.1.2　任给二次型 $f=\boldsymbol{x}^{\mathrm{T}}\boldsymbol{A}\boldsymbol{x}$，总存在正交变换 $\boldsymbol{x}=\boldsymbol{P}\boldsymbol{y}$，将二次型 f 化为标准形

$$f=\boldsymbol{y}^{\mathrm{T}}(\boldsymbol{P}^{\mathrm{T}}\boldsymbol{A}\boldsymbol{P})\boldsymbol{y}=\lambda_1 y_1^2+\lambda_2 y_2^2+\cdots+\lambda_n y_n^2,$$

其中 λ_1，$\lambda_2,\cdots$，λ_n 是矩阵 $\boldsymbol{A}$ 的特征值.

由此可知，用正交变换法化二次型为标准形，标准形中平方项的系数恰好就是矩阵 $\boldsymbol{A}$ 的全部特征值，如果不计特征值的排列顺序，这样的标准形是唯一的.

例 6.1.3　求一个正交变换 $\boldsymbol{x}=\boldsymbol{P}\boldsymbol{y}$，化二次型

$$f(x_1,x_2,x_3)=2x_1^2+6x_2^2+2x_3^2+8x_1x_3$$

为标准形，并指出方程 $f=1$ 表示何种二次曲面.

解　二次型的矩阵为

$$\boldsymbol{A}=\begin{pmatrix}2&0&4\\0&6&0\\4&0&2\end{pmatrix},$$

它的特征多项式为

$$|\boldsymbol{A}-\lambda\boldsymbol{E}|=\begin{vmatrix}2-\lambda&0&4\\0&6-\lambda&0\\4&0&2-\lambda\end{vmatrix}=-(6-\lambda)^2(2+\lambda).$$

于是 $\boldsymbol{A}$ 的特征值为 $\lambda_1=\lambda_2=6$，$\lambda_3=-2$.

当 $\lambda_1=\lambda_2=6$ 时，解方程组 $\begin{pmatrix}-4&0&4\\0&0&0\\4&0&-4\end{pmatrix}\begin{pmatrix}x_1\\x_2\\x_3\end{pmatrix}=\begin{pmatrix}0\\0\\0\end{pmatrix}$，得基础解系 $\boldsymbol{\xi}_1=\begin{pmatrix}0\\1\\0\end{pmatrix}$，$\boldsymbol{\xi}_2=\begin{pmatrix}1\\0\\1\end{pmatrix}$. 因 $\boldsymbol{\xi}_1,\boldsymbol{\xi}_2$ 正交(若不正交则需进行正交化)，将其单位化得

$$\boldsymbol{p}_1=\begin{pmatrix}0\\1\\0\end{pmatrix},\quad \boldsymbol{p}_2=\begin{pmatrix}\dfrac{1}{\sqrt{2}}\\0\\\dfrac{1}{\sqrt{2}}\end{pmatrix};$$

当 $\lambda_3=-2$ 时，解方程组 $\begin{pmatrix}4&0&4\\0&8&0\\4&0&4\end{pmatrix}\begin{pmatrix}x_1\\x_2\\x_3\end{pmatrix}=\begin{pmatrix}0\\0\\0\end{pmatrix}$，得基础解系 $\boldsymbol{\xi}_3=\begin{pmatrix}1\\0\\-1\end{pmatrix}$，单位化得

$$\boldsymbol{p}_3=\begin{pmatrix}\frac{1}{\sqrt{2}}\\0\\-\frac{1}{\sqrt{2}}\end{pmatrix}.$$

取正交矩阵 $\boldsymbol{P}=\begin{pmatrix}0&\frac{1}{\sqrt{2}}&\frac{1}{\sqrt{2}}\\1&0&0\\0&\frac{1}{\sqrt{2}}&-\frac{1}{\sqrt{2}}\end{pmatrix}$，则正交变换 $\boldsymbol{x}=\boldsymbol{P}\boldsymbol{y}$ 将原二次型化为标准形

$$f=6y_1^2+6y_2^2-2y_3^2.$$

显然，方程 $f=1$ 表示单叶旋转双曲面.

2. 配方法

用正交变换化二次型为标准形，具有保持几何形状不变的优点，这是一种重要的方法，但是计算较繁琐.如果不限于用正交变换，也可用配方法找到可逆线性变换，将二次型 f 化为标准形，但此时的标准形

$$f=k_1y_1^2+k_2y_2^2+\cdots+k_ny_n^2$$

中平方项的系数 k_1，$k_2,\cdots$，k_n 不一定是矩阵 $\boldsymbol{A}$ 的特征值. 下面举例说明这种方法.

例 6.1.4 用配方法将二次型

$$f(x_1,x_2,x_3)=x_1^2+2x_2^2+12x_3^2+2x_1x_2+2x_1x_3+8x_2x_3$$

化为标准形，并写出所用的变换矩阵.

解 由于 f 中含有 x_1^2 项，故把含有 x_1 的项归并起来配方得

$$\begin{aligned}f&=x_1^2+2x_1(x_2+x_3)+2x_2^2+12x_3^2+8x_2x_3\\&=(x_1+x_2+x_3)^2+x_2^2+6x_2x_3+11x_3^2.\end{aligned}$$

上式右端除第一项外已不再含有 x_1.继续配方，可得

$$f=(x_1+x_2+x_3)^2+(x_2+3x_3)^2+2x_3^2.$$

令 $\begin{cases}y_1=x_1+x_2+x_3,\\y_2=x_2+3x_3,\\y_3=x_3,\end{cases}$ 即 $\begin{cases}x_1=y_1-y_2+2y_3,\\x_2=y_2-3y_3,\\x_3=y_3,\end{cases}$ 就把二次型 f 化成了标准形

$$f=y_1^2+y_2^2+2y_3^2,$$

所用的变换矩阵为

$$\boldsymbol{P}=\begin{pmatrix}1 & -1 & 2\\ 0 & 1 & -3\\ 0 & 0 & 1\end{pmatrix}\quad (|\boldsymbol{P}|=1\neq 0).$$

例 6.1.5　用配方法将二次型

$$f(x_1,x_2,x_3)=2x_1x_2+2x_1x_3-6x_2x_3$$

化为标准形，并写出所用的变换矩阵.

解　二次型中不含平方项，由于含有交叉项 x_1x_2，可以先令

$$\begin{cases}x_1=y_1+y_2,\\ x_2=y_1-y_2,\\ x_3=y_3,\end{cases}$$

代入二次型可得

$$f=2y_1^2-2y_2^2-4y_1y_3+8y_2y_3,$$

再配方，得

$$f=2(y_1-y_3)^2-2(y_2-2y_3)^2+6y_3^2.$$

令 $\begin{cases}z_1=y_1-y_3,\\ z_2=y_2-2y_3,\\ z_3=y_3,\end{cases}$　即 $\begin{cases}y_1=z_1+z_3,\\ y_2=z_2+2z_3,\\ y_3=z_3,\end{cases}$　就把二次型化成了标准形

$$f=2z_1^2+2z_2^2+6z_3^2.$$

所用的变换矩阵为

$$\boldsymbol{C}=\begin{pmatrix}1 & 1 & 0\\ 1 & -1 & 0\\ 0 & 0 & 1\end{pmatrix}\begin{pmatrix}1 & 0 & 1\\ 0 & 1 & 2\\ 0 & 0 & 1\end{pmatrix}=\begin{pmatrix}1 & 1 & 3\\ 1 & -1 & -1\\ 0 & 0 & 1\end{pmatrix}\quad (|\boldsymbol{C}|=-2\neq 0).$$

定义 6.1.4　如果一个 n 元二次型的标准形为

$$y_1^2+y_2^2+\cdots+y_p^2-y_{p+1}^2-\cdots-y_r^2\quad (p\leqslant r\leqslant n),$$

则称该标准形为**规范形**.

例 6.1.5 中，如果再令 $\begin{cases}t_1=\sqrt{2}z_1,\\ t_2=\sqrt{2}z_2,\\ t_3=\sqrt{6}z_3,\end{cases}$ 则可将二次型化为规范形 $f=t_1^2+t_2^2+t_3^2$. 由此可见，一个二次型的标准形不是唯一的，但是其规范形是唯一的.

一般地，任何二次型都可以用上面两例的方法找到可逆线性变换，把二次型化成标准形，且由定理 6.1.1 知，标准形中含有的项数就是二次型的秩.

习 题 6.1

1. 写出下列二次型的矩阵，并求二次型的秩：

(1) $f = 2x_1x_2 + 4x_1x_3 - 8x_2x_3$；

(2) $f = x_1^2 + x_2^2 + 2x_3^2 + x_4^2 + 2x_1x_2 - 2x_1x_4 - 2x_2x_3 + 2x_2x_4 + 6x_3x_4$.

2. 写出下列对称矩阵所对应的二次型：

(1) $\boldsymbol{A} = \begin{pmatrix} 1 & -1 & 2 \\ -1 & 3 & -2 \\ 2 & -2 & 2 \end{pmatrix}$；　　(2) $\boldsymbol{A} = \begin{pmatrix} 0 & 1 & 3 \\ 1 & 1 & -4 \\ 3 & -4 & 2 \end{pmatrix}$.

3. 求正交变换，将下列二次型化为标准形：

(1) $f = 2x_1^2 + x_2^2 - 4x_1x_2 - 4x_2x_3$；

(2) $f = x_1^2 + 4x_2^2 + 4x_3^2 - 4x_1x_2 + 4x_1x_3 - 8x_2x_3$.

4. 用配方法将下列二次型化为标准形，并写出相应的变换矩阵：

(1) $f = x_1^2 - x_2^2 - 2x_1x_2 + 2x_1x_3 - 6x_2x_3$；

(2) $f = 2x_1x_2 + 4x_1x_3$.

5. 已知二次型 $f = 5x^2 + 5y^2 + tz^2 - 2xy + 6xz - 6yz$ 的秩为 2.

(1) 求参数 t 及此二次型矩阵的特征值；

(2) 指出方程 $f = 1$ 表示何种二次曲面.

6. 已知二次型 $f = 2x_1^2 + 3x_2^2 + 3x_3^2 + 2tx_2x_3 (t < 0)$ 通过正交变换可化为标准形 $f = y_1^2 + 2y_2^2 + 5y_3^2$，求参数 t 的值.

6.2 正定二次型

6.2.1 正定二次型的概念

由 6.1 节的讨论可知，二次型的标准形不唯一，但二次型的标准形中所含的项数(即二次型的秩)是确定的. 还可以进一步证明，在限定变换为实变换时，同一二次型的不同标准形中正系数的个数相同，因此负系数的个数也相同，也即是有下面定理：

定理 6.2.1 设二次型 $f = \boldsymbol{x}^{\mathrm{T}}\boldsymbol{A}\boldsymbol{x}$ 的秩为 r，若有两个实的可逆变换 $\boldsymbol{x} = \boldsymbol{P}\boldsymbol{y}$ 及 $\boldsymbol{x} = \boldsymbol{C}\boldsymbol{z}$ 使

$$f = k_1y_1^2 + k_2y_2^2 + \cdots + k_ry_r^2 \quad (k_i \neq 0, i = 1,2,\cdots,r)$$

及

$$f = \lambda_1z_1^2 + \lambda_2z_2^2 + \cdots + \lambda_rz_r^2 \quad (\lambda_i \neq 0, i = 1,2,\cdots,r),$$

则 $k_1, k_2, \cdots, k_r$ 中正数的个数与 $\lambda_1, \lambda_2, \cdots, \lambda_r$ 中正数的个数相等.

二次型的标准形中，正项项数称为**正惯性指数**，负项项数称为**负惯性指数**，所以上述定理也称为**惯性定理**.

科学技术上用得较多的二次型是正惯性指数为 n 或负惯性指数为 n 的二次型，有下述定义：

定义 6.2.1　设有实二次型 $f=\boldsymbol{x}^{\mathrm{T}}\boldsymbol{A}\boldsymbol{x}$，如果对任意的 $\boldsymbol{x}\neq\boldsymbol{0}(\boldsymbol{x}\in\mathbf{R}^n)$，都有

(1) $\boldsymbol{x}^{\mathrm{T}}\boldsymbol{A}\boldsymbol{x}>0$，则称 f 为**正定二次型**，相应地，矩阵 $\boldsymbol{A}$ 称为**正定矩阵**；

(2) $\boldsymbol{x}^{\mathrm{T}}\boldsymbol{A}\boldsymbol{x}<0$，则称 f 为**负定二次型**，相应地，矩阵 $\boldsymbol{A}$ 称为**负定矩阵**；

(3) $\boldsymbol{x}^{\mathrm{T}}\boldsymbol{A}\boldsymbol{x}\geqslant 0$，则称 f 为**半正定二次型**，相应地，矩阵 $\boldsymbol{A}$ 称为**半正定矩阵**；

(4) $\boldsymbol{x}^{\mathrm{T}}\boldsymbol{A}\boldsymbol{x}\leqslant 0$，则称 f 为**半负定二次型**，相应地，矩阵 $\boldsymbol{A}$ 称为**半负定矩阵**.

不是正定、半正定、负定、半负定的二次型称为**不定二次型**.

6.2.2　正定二次型的判定

定理 6.2.2　n 元实二次型 $f=\boldsymbol{x}^{\mathrm{T}}\boldsymbol{A}\boldsymbol{x}$ 为正定的充分必要条件是：它的标准形的 n 个系数全为正，即它的正惯性指数等于 n，亦即它的规范形的 n 个系数全为 1.

证明　设有可逆变换 $\boldsymbol{x}=\boldsymbol{P}\boldsymbol{y}$ 将二次型 $f=\boldsymbol{x}^{\mathrm{T}}\boldsymbol{A}\boldsymbol{x}$ 化为标准形

$$f(x)=f(Py)=k_1y_1^2+k_2y_2^2+\cdots+k_ny_n^2 .$$

充分性　若 $k_i>0(i=1,2,\cdots, n)$，对任意的 $\boldsymbol{x}\neq\boldsymbol{0}(\boldsymbol{x}\in\mathbf{R}^n)$，则 $\boldsymbol{y}=\boldsymbol{P}^{-1}\boldsymbol{x}\neq\boldsymbol{0}$，故有

$$f=k_1y_1^2+k_2y_2^2+\cdots+k_ny_n^2>0 ,$$

即 f 为正定二次型.

必要性　用反证法.

假设存在 $k_i\leqslant 0$，不妨设 $k_1\leqslant 0$. 取 $\boldsymbol{y}=(1,0,0,\cdots,0)^{\mathrm{T}}$，则 $\boldsymbol{x}=\boldsymbol{P}\boldsymbol{y}\neq\boldsymbol{0}$ 且

$$f(\boldsymbol{x})=f(\boldsymbol{P}\boldsymbol{y})=k_1 1^2+k_2 0^2+\cdots+k_n 0^2=k_1\leqslant 0 .$$

这与二次型 f 正定矛盾，这就证明了 $k_i>0(i=1,2,\cdots, n)$.

推论 1　n 元实二次型 $f=\boldsymbol{x}^{\mathrm{T}}\boldsymbol{A}\boldsymbol{x}$ 为正定二次型的充分必要条件是矩阵 $\boldsymbol{A}$ 的所有特征值均为正.

推论 2　n 元实二次型 $f=\boldsymbol{x}^{\mathrm{T}}\boldsymbol{A}\boldsymbol{x}$ 为正定二次型的充分必要条件是矩阵 $\boldsymbol{A}$ 与单位矩阵 $\boldsymbol{E}$ 合同.

有时，也可以直接按下述方法直接从二次型的矩阵来判断二次型的正定性.

定理 6.2.3　(1) 实二次型 $f=\boldsymbol{x}^{\mathrm{T}}\boldsymbol{A}\boldsymbol{x}$ 正定的充分必要条件是矩阵 $\boldsymbol{A}$ 的各阶顺序主子式都为正，即

$$a_{11}>0\ ,\quad \begin{vmatrix} a_{11} & a_{12} \\ a_{21} & a_{22} \end{vmatrix}>0\ ,\quad \cdots ,\quad \begin{vmatrix} a_{11} & a_{12} & \cdots & a_{1n} \\ a_{21} & a_{22} & \cdots & a_{2n} \\ \vdots & \vdots & & \vdots \\ a_{n1} & a_{n2} & \cdots & a_{nn} \end{vmatrix}>0\ ;$$

(2) 实二次型 $f=\boldsymbol{x}^{\mathrm{T}}\boldsymbol{A}\boldsymbol{x}$ 负定的充分必要条件是 $\boldsymbol{A}$ 的奇数阶顺序主子式为负，偶数阶顺序主子式为正.

此定理称为赫尔维茨(Harwitz)定理，这里不予证明.

定理 6.2.4 实二次型 $f=\boldsymbol{x}^{\mathrm{T}}\boldsymbol{A}\boldsymbol{x}$ 正定的必要条件是 $\alpha_{ii}>0(i=1,2,\cdots,n)$. 其中 α_{ii} 为实对称矩阵 $\boldsymbol{A}$ 的主对角线上的元素.

例 6.2.1 问 t 取何值时二次型

$$f(x_1,x_2,x_3)=x_1^2+x_2^2+5x_3^2+2tx_1x_2-2x_1x_3+4x_2x_3$$

为正定二次型?

解 二次型的矩阵为

$$\boldsymbol{A}=\begin{pmatrix} 1 & t & -1 \\ t & 1 & 2 \\ -1 & 2 & 5 \end{pmatrix},$$

因为二次型正定的充分必要条件是矩阵 $\boldsymbol{A}$ 的各阶顺序主子式都为正，即

$$1>0\ ,\qquad \begin{vmatrix} 1 & t \\ t & 1 \end{vmatrix}=1-t^2>0\ ,\qquad \begin{vmatrix} 1 & t & -1 \\ t & 1 & 2 \\ -1 & 2 & 5 \end{vmatrix}=-t(5t+4)>0\ .$$

即

$$\begin{cases} 1-t^2>0, \\ -t(5t+4)>0, \end{cases}$$

由此解得

$$-\frac{4}{5}<t<0\ ,$$

故当 $-\dfrac{4}{5}<t<0$ 时，该二次型为正定二次型.

例 6.2.2 判断下列对称矩阵的正定性:

$$(1)\ \ \boldsymbol{A}=\begin{pmatrix} 2 & -1 & 0 \\ -1 & 2 & -1 \\ 0 & -1 & 2 \end{pmatrix},\quad (2)\ \ \boldsymbol{A}=\begin{pmatrix} -5 & 2 & 2 \\ 2 & -6 & 0 \\ 2 & 0 & -4 \end{pmatrix}.$$

解 (1) 因为

$$2>0\,,\quad \begin{vmatrix}2 & -1\\ -1 & 2\end{vmatrix}=3>0\,,\quad \begin{vmatrix}2 & -1 & 0\\ -1 & 2 & -1\\ 0 & -1 & 2\end{vmatrix}=4>0\,,$$

所以，由赫尔维茨定理知该矩阵为正定矩阵.

(2) 因为

$$-5<0\,,\quad \begin{vmatrix}-5 & 2\\ 2 & -6\end{vmatrix}=26>0\,,\quad \begin{vmatrix}-5 & 2 & 2\\ 2 & -6 & 0\\ 2 & 0 & -4\end{vmatrix}=-80<0\,,$$

所以，由赫尔维茨定理知该矩阵为负定矩阵.

习 题 6.2

1. 判定下列二次型的正定性：

(1) $f(x_1,x_2,x_3)=x_1^2+2x_2^2+3x_3^2+2x_1x_2-2x_2x_3$；

(2) $f(x_1,x_2,x_3)=7x_1^2+x_2^2+x_3^2-2x_1x_2-4x_1x_3$；

(3) $f(x_1,x_2,x_3)=2x_1^2+2x_2^2+x_3^2-2x_1x_2+2x_2x_3$；

(4) $f(x_1,x_2,x_3)=-2x_1^2-6x_2^2-4x_3^2+2x_1x_2+2x_1x_3$.

2. 判定下列矩阵的正定性：

(1) $\boldsymbol{A}=\begin{pmatrix}1 & 1 & 1\\ 1 & 2 & 2\\ 1 & 2 & 3\end{pmatrix}$；　　(2) $\boldsymbol{A}=\begin{pmatrix}-1 & 1 & 0\\ 1 & -2 & 1\\ 0 & 1 & -3\end{pmatrix}$.

3. 问 t 取何值时，二次型

$$f(x_1,x_2,x_3)=2x_1^2+2x_2^2+2x_3^2-2tx_1x_2-2tx_1x_3-2tx_2x_3$$

为正定二次型?

复 习 题 6

1. 选择题

(1) 二次型 $f(x_1,x_2)=2{x_1}^2-{x_2}^2+4x_1x_2$ 的矩阵为(　　).

(A) $\begin{pmatrix}2 & 4\\ 0 & -1\end{pmatrix}$　(B) $\begin{pmatrix}2 & 2\\ 2 & -1\end{pmatrix}$　(C) $\begin{pmatrix}2 & 1\\ 3 & -1\end{pmatrix}$　(D) $\begin{pmatrix}-1 & 2\\ 2 & 2\end{pmatrix}$

(2) 设 $\boldsymbol{A}$ 是 n 阶实对称矩阵，则下列哪个选项不是 $\boldsymbol{A}$ 为正定矩阵的充要条件(　　).

(A) $\boldsymbol{A}$ 的特征值全大于 0　　(B) $\boldsymbol{A}$ 与单位矩阵 $\boldsymbol{E}$ 合同

(C) $r(\boldsymbol{A})=n$　　(D) $\boldsymbol{A}$ 的顺序主子式全大于 0

(3) 下列哪个选项不是二次型 $f=\boldsymbol{x}^{\mathrm{T}}\boldsymbol{A}\boldsymbol{x}$ 为正定二次型的充要条件(　　).

(A) $|\boldsymbol{A}|>0$　　(B) 正惯性指数为 n

(C) 矩阵 $\boldsymbol{A}$ 是正定矩阵　　(D) 存在 n 阶可逆矩阵 $\boldsymbol{C}$ 使得 $\boldsymbol{A}=\boldsymbol{C}^{\mathrm{T}}\boldsymbol{C}$

(4) 设 $\boldsymbol{A}$, $\boldsymbol{B}$ 都为 n 阶实对称矩阵，则 $\boldsymbol{A}, \boldsymbol{B}$ 合同的充要条件是(　　).

(A) $\boldsymbol{A}$, $\boldsymbol{B}$ 的秩相同　　(B) $\boldsymbol{A}$, $\boldsymbol{B}$ 都合同于对角阵

(C) $\boldsymbol{A}$, $\boldsymbol{B}$ 的全部特征值相同　　(D) $\boldsymbol{A}$, $\boldsymbol{B}$ 的正负惯性指数相同

(5) 设矩阵 $\boldsymbol{A}=\begin{pmatrix}-2 & & \\ & 1 & \\ & & 3\end{pmatrix}$，与 $\boldsymbol{A}$ 合同的矩阵是(　　).

(A) $\begin{pmatrix}1 & & \\ & 1 & \\ & & -1\end{pmatrix}$　　(B) $\begin{pmatrix}-1 & & \\ & -1 & \\ & & 1\end{pmatrix}$

(C) $\begin{pmatrix}1 & & \\ & -1 & \\ & & -1\end{pmatrix}$　　(D) $\begin{pmatrix}-1 & & \\ & 1 & \\ & & -1\end{pmatrix}$

(6) 已知矩阵 $\boldsymbol{A}$ 合同于对角矩阵 $\begin{pmatrix}k_1 & & & \\ & k_2 & & \\ & & \ddots & \\ & & & k_n\end{pmatrix}$，则(　　).

(A) $k_i(i=1,2,\cdots,n)$ 是 $\boldsymbol{A}$ 的全部特征值　　(B) $R(\boldsymbol{A})=n$

(C) $\boldsymbol{A}^{\mathrm{T}}=\boldsymbol{A}$　　(D) $\boldsymbol{A}$ 是正定矩阵

(7) 二次型 $f(x_1,x_2,x_3)=-5{x_1}^2-6{x_2}^2-4{x_3}^2+4x_1x_2+4x_1x_3$ 是(　　).

(A) 正定二次型　　(B) 负定二次型　　(C) 半负定二次型　　(D) 不定二次型

(8) 设 $f(x_1,x_2,x_3)=x_1^2+4x_2^2+2x_3^2+2tx_1x_2+2x_1x_3$ 为正定二次型，则 t 的取值范围是(　　).

(A) $-2<t<2$　　(B) $t<2$　　(C) $-\sqrt{2}<t<\sqrt{2}$　　(D) $t>\sqrt{2}$

(9) 设二次型 $f(x_1,x_2,x_3)=a(x_1^2+x_2^2+x_3^2)+2x_1x_2+2x_2x_3+2x_1x_3$ 的正、负惯性指数分别为 1，2，则(　　).

(A) $a>1$　　(B) $a<-2$　　(C) $-2<a<1$　　(D) $a=1$与$a=-2$

(10) 设二次型 $f(x_1,x_2,x_3)$ 在正交变换 $\boldsymbol{x}=\boldsymbol{P}\boldsymbol{y}$ 下的标准形为 $2y_1^2+y_2^2-y_3^2$,其中 $\boldsymbol{P}=(\boldsymbol{e}_1,\boldsymbol{e}_2,\boldsymbol{e}_3)$，若 $\boldsymbol{Q}=(\boldsymbol{e}_1,-\boldsymbol{e}_3,\boldsymbol{e}_2)$，则 $f(x_1,x_2,x_3)$ 在变换 $\boldsymbol{x}=\boldsymbol{Q}\boldsymbol{y}$ 下的标准形为(　　).

(A) $2y_1^2-y_2^2+y_3^2$　　(B) $2y_1^2+y_2^2-y_3^2$

(C) $2y_1^2-y_2^2-y_3^2$　　(D) $2y_1^2+y_2^2+y_3^2$

2. 填空题

(1) 二次型 $f(x_1,x_2,x_3)=3x_1^2+2x_1x_3+4x_2^2+10x_2x_3+7x_3^2$ 的矩阵形式为____________.

(2) 二次型 $f(x_1,x_2,x_3)=(x_1,x_2,x_3)\begin{pmatrix}1&2&3\\0&1&2\\1&0&3\end{pmatrix}\begin{pmatrix}x_1\\x_2\\x_3\end{pmatrix}$ 对应的矩阵形式为____________.

(3) 二次型 $f(x_1,x_2,x_3)=2x_1x_2+2x_2x_3+2x_1x_3$ 的秩为____________.

(4) 若二次曲面的方程为 $x^2+3y^2+z^2+2axy+2xz+2yz=4$，经正交变换化为 $y_1^2+4z_1^2=4$，则 $a=$____________.

(5) 二次型 $f(x_1,x_2,x_3)=x_1^2+3x_2^2+x_3^2+2x_1x_2+2x_1x_3+2x_2x_3$，则 f 的正惯性指数为________.

________.

(6) 设二次型 $f(x_1,x_2,x_3)=x_1^2-x_2^2+2ax_1x_3+4x_2x_3$ 的负惯性指数为 1，则 a 的取值范围是

____

(7) 设 $\boldsymbol{A}=\begin{pmatrix}\lambda_1&&\\&\lambda_2&\\&&\lambda_3\end{pmatrix}$，$\boldsymbol{B}=\begin{pmatrix}\lambda_2&&\\&\lambda_3&\\&&\lambda_1\end{pmatrix}$，则矩阵 $\boldsymbol{A}$ 与 $\boldsymbol{B}$ 合同，即存在可逆矩阵 $\boldsymbol{P}$，使得 $\boldsymbol{P}^{\mathrm{T}}\boldsymbol{AP}=\boldsymbol{B}$，其中 $\boldsymbol{P}=$____________.

(8) 设矩阵 $\boldsymbol{A}=\begin{pmatrix}1&0&1\\0&2&0\\1&0&1\end{pmatrix}$，当 a 的取值为________时，矩阵 $\boldsymbol{B}=(\boldsymbol{A}+a\boldsymbol{E})^2$ 为正定矩阵.

(9) 设二次型 $f(x_1,x_2,x_3,x_4)$ 的秩为 3，负惯性指数为 1，则 $f(x_1,x_2,x_3,x_4)$ 的规范形为

____________.

(10) 设二次型 $f(x_1,x_2,x_3)=ax_1^2+2x_2^2-2x_3^2+2bx_1x_3(b>0)$，其矩阵 $\boldsymbol{A}$ 的特征值之和为 1，特征值之积为 -12，则 $a=$_______，$b=$_______，二次型的规范形为____________.

3. 求正交变换 $\boldsymbol{x}=\boldsymbol{Py}$，将下列二次型化为标准形：

(1) $f(x_1,x_2,x_3)=x_1^2+2x_2^2+3x_3^2-4x_1x_2-4x_2x_3$；

(2) $f(x_1,x_2,x_3)=4x_1^2+3x_2^2+3x_3^2+2x_2x_3$；

(3) $f(x_1,x_2,x_3)=2x_1x_2+2x_1x_3+2x_2x_3$.

4. 用配方法将下列二次型化为标准形：

(1) $f(x_1,x_2,x_3)=x_1^2+x_2x_3$；

(2) $f(x_1,x_2,x_3,x_4)=x_1^2+3x_2^2+4x_4^2+4x_1x_2-2x_1x_4-2x_2x_3-6x_2x_4+2x_3x_4$.

5. 问 t 取何值时，下列二次型正定：

(1) $f(x_1,x_2,x_3)=x_1^2+2x_2^2+x_3^2+2tx_1x_2+2tx_1x_3+2x_2x_3$；

(2) $f(x_1,x_2,x_3)=tx_1^2+tx_2^2+tx_3^2+2x_1x_2+2x_1x_3+2x_2x_3$.

6. 已知二次型 $f(x_1,x_2,x_3)=\boldsymbol{x}^{\mathrm{T}}\boldsymbol{Ax}$ 在正交变换 $\boldsymbol{x}=\boldsymbol{Qy}$ 下的标准形为 $y_1^2+y_2^2$，且 $\boldsymbol{Q}$ 的第 3 列为 $\left(\frac{\sqrt{2}}{2}\quad 0\quad \frac{\sqrt{2}}{2}\right)^{\mathrm{T}}$，

(1) 求矩阵 $\boldsymbol{A}$；

(2) 证明 $\boldsymbol{A}+\boldsymbol{E}$ 为正定矩阵，其中 $\boldsymbol{E}$ 为 3 阶单位矩阵.

7. 设 $\boldsymbol{A}$ 为正定矩阵，证明：$\boldsymbol{A}^{\mathrm{T}}$，$\boldsymbol{A}^{*}$ 也是正定矩阵.

8. 设 n 阶矩阵 $\boldsymbol{A}$ 是正定矩阵，证明：$\boldsymbol{A}$ 的主对角线上元素

$$a_{ii}>0 \quad (i=1,2,\cdots,n).$$

9. 设二次型 $f(x_1,x_2,x_3)=2(a_1x_1+a_2x_2+a_3x_3)^2+(b_1x_1+b_2x_2+b_3x_3)^2$，记 $\boldsymbol{\alpha}=\begin{pmatrix}a_1\\a_2\\a_3\end{pmatrix}$，$\boldsymbol{\beta}=\begin{pmatrix}b_1\\b_2\\b_3\end{pmatrix}$.

(1) 证明二次型 f 对应的矩阵为 $2\boldsymbol{\alpha}\boldsymbol{\alpha}^{\mathrm{T}}+\boldsymbol{\beta}\boldsymbol{\beta}^{\mathrm{T}}$；

(2) 若 $\boldsymbol{\alpha},\boldsymbol{\beta}$ 正交且均为单位向量，证明 f 在正交变换下的标准形为 $2y_1^2+y_2^2$.

10. 设矩阵 $\boldsymbol{A}=\begin{pmatrix}1&0&1\\0&1&1\\-1&0&a\\0&a&-1\end{pmatrix}$，$\boldsymbol{A}^{\mathrm{T}}$ 为矩阵 $\boldsymbol{A}$ 的转置，已知 $R(\boldsymbol{A}^{\mathrm{T}}\boldsymbol{A})=2$，且二次型 $f=\boldsymbol{x}^{\mathrm{T}}\boldsymbol{A}^{\mathrm{T}}\boldsymbol{A}\boldsymbol{x}$.

(1) 求 a；

(2) 求二次型的矩阵，并将二次型化为标准形，写出正交变换过程.

11. 设二次型 $f(x_1,x_2,x_3)=2x_1^2-x_2^2+ax_3^2+2x_1x_2-8x_1x_3+2x_2x_3$ 在正交变换 $\boldsymbol{x}=\boldsymbol{P}\boldsymbol{y}$ 下的标准形为 $\lambda_1y_1^2+\lambda_2y_2^2$，求 a 的值及一个正交矩阵 $\boldsymbol{P}$.

复习题 6 第 6 题解答

复习题 6 第 9 题解答

复习题 6 第 10 题解答

复习题 6 第 11 题解答

*6 拓 展 知 识

*6.3 二次型的应用

二次型本身可以作为矩阵应用的一个特例. 由前面的学习知道，利用矩阵的性质，我们可以方便地化简二次型，了解二次型的一些性质. 但二次型理论，在现代数学的研究中，例如在模形式等领域，也起着重要作用. 下面我们给出两个简单的二次型的应用.

1. 判定二次曲线的形状

二次型可以用来化简二次曲线. 具体做法如下. 在空间直角坐标系下,二次曲面的一般方程是

$$a_{11}x^2+a_{22}y^2+a_{33}z^2+2a_{12}xy+2a_{13}xz+2a_{23}yz+b_1x+b_2y+b_3z+c=0.$$

若记 $\boldsymbol{X}=\begin{pmatrix}x\\y\\z\end{pmatrix}$， $\boldsymbol{B}=\begin{pmatrix}b_1\\b_2\\b_3\end{pmatrix}$， $\boldsymbol{A}=\begin{pmatrix}a_{11}&a_{12}&a_{13}\\a_{21}&a_{22}&a_{23}\\a_{31}&a_{32}&a_{33}\end{pmatrix}$，其中 $a_{ij}=a_{ji}(1\leqslant i,j\leqslant 3)$，则曲面方程可写为：$\boldsymbol{X}^{\mathrm{T}}\boldsymbol{AX}+\boldsymbol{B}^{\mathrm{T}}\boldsymbol{X}+c=0$. 进一步，利用二次型的知识，对变量 $\boldsymbol{X}$ 作正交变换 $\boldsymbol{X}=\boldsymbol{T}\boldsymbol{X}_1^{\mathrm{T}}=\boldsymbol{T}(x_1,y_1,z_1)^{\mathrm{T}}$，二次项部分可化为标准形 $\lambda_1x_1^2+\lambda_2y_1^2+\lambda_3z_1^2$. 在几何上，正交变换表示对坐标系作旋转变换或者反射变换，使原来的 x 轴，y 轴，z 轴旋转到二次型的主轴方向，记为 x_1 轴，y_1 轴，z_1 轴. 这些方向也是对称矩阵 $\boldsymbol{A}$ 的特征向量方向. 在此旋转变换下，曲面方程变为

$$\boldsymbol{X}_1^{\mathrm{T}}\boldsymbol{T}^{\mathrm{T}}\boldsymbol{ATX}_1+\boldsymbol{B}^{\mathrm{T}}\boldsymbol{TX}_1+c=0,$$

也即

$$\lambda_1x_1^2+\lambda_2y_1^2+\lambda_3z_1^2+b_1'x_1+b_2'y_1+b_3'z_1+c=0.$$

再对上述方程作平移变换，则化为二次方程的标准形式

$$\lambda_1\left(x_1-\frac{b_1}{2\lambda_1}\right)^2+\lambda_2\left(y_1-\frac{b_2'}{2\lambda_2}\right)^2+\lambda_3\left(z_1-\frac{b_3'}{2\lambda_3}\right)^2=\frac{b_1'^2}{4\lambda_1^2}+\frac{b_2'^2}{4\lambda_2^2}+\frac{b_3'^2}{4\lambda_3^2}-c,$$

也即

$$\lambda_1x_2^2+\lambda_2y_2^2+\lambda_3z_2^2=\frac{b_1'^2}{4\lambda_1^2}+\frac{b_2'^2}{4\lambda_2^2}+\frac{b_3'^2}{4\lambda_3^2}-c,$$

$$\begin{cases} x_2 = x_1 - \dfrac{b_1'}{2\lambda_1}, \\ y_2 = y_1 - \dfrac{b_2'}{2\lambda_2}, \\ z_2 = z_1 - \dfrac{b_3'}{2\lambda_3}. \end{cases}$$

由曲面的标准方程，则曲面的类型很容易判断.

【例 1】将二次曲面方程 $2x^2+3y^2+4z^2+4xy+4yz+4x-2y+12z+10=0$ 化为标准方程，并判断曲面的类型.

解　记

$$\boldsymbol{X}=\begin{pmatrix} x \\ y \\ z \end{pmatrix},\quad \boldsymbol{B}=\begin{pmatrix} 4 \\ -2 \\ 12 \end{pmatrix},\quad \boldsymbol{A}=\begin{pmatrix} 2 & 2 & 0 \\ 2 & 3 & 2 \\ 0 & 2 & 4 \end{pmatrix},$$

则曲面方程可写为 $\boldsymbol{X}^{\mathrm{T}}\boldsymbol{A}\boldsymbol{X}+\boldsymbol{B}^{\mathrm{T}}\boldsymbol{X}+10=0$.

首先看曲面方程的二次项部分. 实对称矩阵 $\boldsymbol{A}$ 的特征值和特征向量可分别求得：

当特征值 $\lambda_1=6$ 时，特征向量(标准化后)为 $\boldsymbol{\xi}_1=\left(\dfrac{1}{3},\dfrac{2}{3},\dfrac{2}{3}\right)^{\mathrm{T}}$；

当特征值 $\lambda_2=3$ 时，特征向量(标准化后)为 $\boldsymbol{\xi}_2=\left(\dfrac{2}{3},\dfrac{1}{3},-\dfrac{2}{3}\right)^{\mathrm{T}}$；

当特征值 $\lambda_3=0$ 时，特征向量(标准化后)为 $\boldsymbol{\xi}_3=\left(\dfrac{2}{3},-\dfrac{2}{3},\dfrac{1}{3}\right)^{\mathrm{T}}$.

作正交变换 $\boldsymbol{X}=\boldsymbol{P}\boldsymbol{X}_1$，其中 $\boldsymbol{P}=(\boldsymbol{\xi}_1,\boldsymbol{\xi}_2,\boldsymbol{\xi}_3)=\begin{pmatrix} \frac{1}{3} & \frac{2}{3} & \frac{2}{3} \\ \frac{2}{3} & \frac{1}{3} & -\frac{2}{3} \\ \frac{2}{3} & -\frac{2}{3} & \frac{1}{3} \end{pmatrix}$，$\boldsymbol{X}_1=\begin{pmatrix} x_1 \\ y_1 \\ z_1 \end{pmatrix}$，则原方程可化为

$$6x_1^2+3y_1^2+8x_1-6y_1+8z_1+10=0.$$

对上式配方可得

$$6\left(x_1+\frac{2}{3}\right)^2+3(y_1-1)^2+8\left(z_1+\frac{13}{24}\right)=0.$$

作平移变换，令$\begin{cases} x_2 = x_1 + \dfrac{2}{3} \\ y_2 = y_1 - 1 \\ z_2 = z_1 + \dfrac{13}{24} \end{cases}$，则有$6x_2^2 + 3y_2^2 + 8z_2 = 0$，此即为标准方程. 从方程可知，曲面为椭圆抛物面.

2. 函数最值问题

在解决生活中的问题时，往往会遇到求二次函数最值的情况. 二次型在讨论二次函数的最值存在时，有时可以给出简便的解决方法.

【例 2】讨论$17x_1^2 + 14x_2^2 + 14x_3^2 - 4x_1x_2 - 4x_1x_3 - 8x_2x_3 + x_1 - x_2 + 2x_3 + 3$是否有最值.

解 首先考虑上述函数的二次部分，对应的对称矩阵为

$$\boldsymbol{A} = \begin{pmatrix} 17 & -2 & -2 \\ -2 & 14 & -4 \\ -2 & -4 & 14 \end{pmatrix}, \quad |\boldsymbol{A} - \lambda \boldsymbol{E}| = \begin{vmatrix} 17-\lambda & -2 & -2 \\ -2 & 14-\lambda & -4 \\ -2 & -4 & 14-\lambda \end{vmatrix} = (\lambda - 18)^2(9-\lambda) = 0,$$

特征向量分别为

当$\lambda_1 = 9$时，解$(9\boldsymbol{E} - \boldsymbol{A})\boldsymbol{X} = \boldsymbol{0}$，特征向量为$\boldsymbol{\xi}_1 = \left(\dfrac{1}{2}, 1, 1\right)^{\mathrm{T}}$；

当$\lambda_2 = \lambda_3 = 18$时，解$(18\boldsymbol{E} - \boldsymbol{A})\boldsymbol{X} = \boldsymbol{0}$，特征向量为$\boldsymbol{\xi}_2 = (-2,1,0)^{\mathrm{T}}$，$\boldsymbol{\xi}_3 = (-2,0,1)^{\mathrm{T}}$.

正交化可得变换矩阵为

$$\boldsymbol{P} = \begin{pmatrix} \frac{1}{3} & -\frac{2}{\sqrt{5}} & -\frac{2}{\sqrt{45}} \\ \frac{2}{3} & \frac{1}{\sqrt{5}} & -\frac{4}{\sqrt{45}} \\ \frac{2}{3} & 0 & \frac{5}{\sqrt{45}} \end{pmatrix}, \quad \begin{pmatrix} x_1 \\ x_2 \\ x_3 \end{pmatrix} = \begin{pmatrix} \frac{1}{3} & -\frac{2}{\sqrt{5}} & -\frac{2}{\sqrt{45}} \\ \frac{2}{3} & \frac{1}{\sqrt{5}} & -\frac{4}{\sqrt{45}} \\ \frac{2}{3} & 0 & \frac{5}{\sqrt{45}} \end{pmatrix} \begin{pmatrix} y_1 \\ y_2 \\ y_3 \end{pmatrix},$$

化简二次函数为

$$9y_1^2 + 18y_2^2 + 18y_3^2 + y_1 - \frac{3}{\sqrt{5}}y_2 + \frac{4}{\sqrt{5}}y_3 + 3,$$

继续配方有

$$\left(3y_1 + \frac{1}{6}\right)^2 + \left(3\sqrt{2}y_2 - \frac{1}{2\sqrt{10}}\right)^2 + \left(3\sqrt{2}y_3 + \frac{2}{3\sqrt{10}}\right)^2 + 2\frac{65}{72}.$$

所以二次函数有最大值为$2\dfrac{65}{72}$，且在$y_1 = -\dfrac{1}{18}, y_2 = \dfrac{1}{12\sqrt{5}}, y_3 = \dfrac{1}{9\sqrt{5}}$处. 由变量$y_1, y_2, y_3$的取值，代入变量的变换式，可得到$x_1, x_2, x_3$的取值.

习题参考答案与提示

第 1 章

习 题 1.1

1. (1) -5；　(2) 11；　(3) $a^3+b^3+c^3-3abc$；　(4) $(b-a)(c-a)(c-b)$.

2. (1) $x=3$ 或 $x=-1$；　(2) $x=1$ 或 $x=-3$.

3. (1) 7，奇排列；　(2) 9，奇排列；　(3) $n(n-1)$，偶排列；

   (4) n^2，当 n 为奇数时为奇排列，当 n 为偶数时为偶排列.

4. -1，-5.

5. (1) 1；　(2) $(-1)^{n-1}n!$.

习 题 1.2

1. (1) 8022000；　(2) 58800；　(3) 5；　(4) a^4.

2. 略.

3. (1) $\left[x+(n-1)a\right](x-a)^{n-1}$；　(2) $1+a_1+a_2+\cdots+a_n$.

4. 略.

习 题 1.3

1. (1) 0；　(2) $(a+b+c)(b-a)(c-a)(c-b)$；　(3) $\prod\limits_{0\leqslant j<i\leqslant n}(i-j)$；　(4) $\prod\limits_{i=1}^{n}(a_id_i-b_ic_i)$.

2. -17.

3. -9，18.

4. $\left(1-\dfrac{1}{2}-\dfrac{1}{3}-\cdots-\dfrac{1}{n}\right)n!$.

习 题 1.4

1. (1) $x_1=3$，$x_2=-2$；　(2) $x_1=\dfrac{13}{15}$，$x_2=\dfrac{21}{15}$，$x_3=\dfrac{23}{15}$；

(3) $x_1=1$，$x_2=0$，$x_3=0$，$x_4=0$.

2. $k\neq 0$，1.

3. $\lambda=4$ 或 $\lambda=-1$.

复 习 题 1

1. (1) C； (2) D； (3) D； (4) B； (5) D； (6) C； (7) C； (8) D； (9) A； (10) B.

2. (1) $-2<a<2$； (2) 8，3； (3) $\dfrac{n(n-1)}{2}$； (4) 0； (5) -16； (6) 0；

(7) 0，0； (8) $\prod\limits_{1\leqslant j<i\leqslant n}(x_i-x_j)$； (9) 充分； (10) 1.

3. (1) -4； (2) 0； (3) 28； (4) 0.

4. (1) 正号； (2) 正号.

5. $-4,-3,-15$.

6. 略.

7. 14.

8. (1) $x_1=-5$，$x_2=2$； (2) $x_1=\dfrac{1}{2}$，$x_2=\dfrac{1}{2}$，$x_3=-\dfrac{1}{2}$，$x_4=\dfrac{1}{2}$.

9. $k=0$ 或 $\lambda=1$.

第 2 章

习 题 2.1

1. (1) 第Ⅳ卦限; (2) 第Ⅵ卦限; (3) yOz 平面上;

(4) xOy 平面上; (5) z 轴上; (6) y 轴上.

2. (16, −6, −9).

3. (1) 关于 xOy 平面: (2，−5，−3); 关于 yOz 平面: (−2，−5，3); 关于 zOx 平面: (2，5，3).

(2) 关于 x 轴: (2，5，−3); 关于 y 轴：(−2，−5，−3); 关于 z 轴：(−2，5，3).

(3) 关于坐标原点：(−2，5，−3).

4. (1) 2； $\cos\alpha=-\dfrac{1}{2}$，$\cos\beta=-\dfrac{\sqrt{2}}{2}$，$\cos\gamma=\dfrac{1}{2}$； $\alpha=\dfrac{2}{3}\pi$; $\beta=\dfrac{3}{4}\pi$; $\gamma=\dfrac{1}{3}\pi$.

(2) $\overrightarrow{M_1M_2}$ 在 x 轴上投影为−1； $(\overrightarrow{M_1M_2})^0=\left(-\dfrac{1}{2},-\dfrac{\sqrt{2}}{2},\dfrac{1}{2}\right)$.

5. $(-\sqrt{2},0,0)$ 或者$(0, 1, 1)$.

习 题 2.2

1. (1) 7; (2) −21; (3) 15.

2. $-\dfrac{3}{2}$.

3. $\sqrt{3}$； $(\widehat{\alpha,\beta})=\arccos\dfrac{\sqrt{15}}{5}$.

4. $\left(-\dfrac{1}{2},\dfrac{1}{2},-1\right)$.

5. (1) (−6, 12, −6); (2) −7; (3) (−4, 1, −4); (4) 1.

6. $\pm\left(\dfrac{3}{\sqrt{35}},\dfrac{5}{\sqrt{35}},\dfrac{1}{\sqrt{35}}\right)$.

7. 6.

8. 由定义即可证明.

9. 证明 $\overrightarrow{AB},\overrightarrow{AC},\overrightarrow{AD}$ 混合积为 0 即可.

习 题 2.3

1. $16(x-1)-14(y+2)-3(z-3)=0$.

2. $3x-2z-1=0$.

3. $-3(x-1)-8(y-2)+z-3=0$ 或 $3x+8y-z-16=0$.

4. $\arccos\dfrac{\sqrt{6}}{3}$.

5. $\begin{cases}\dfrac{x-1}{3}=\dfrac{z-2}{-1},\\ y-1=0.\end{cases}$

6. $3(x-1)+8y+7(z+1)=0$.

7. $19(x-1)-5(y+2)-17(z+1)=0$.

8. $\dfrac{x}{-5}=\dfrac{y-2}{2}=\dfrac{z-1}{-3}$.

9. $\arccos\dfrac{1}{\sqrt{28}}$.

10. 0.

11. $\dfrac{2\sqrt{6}}{3}$.

12. $\dfrac{3\sqrt{2}}{2}$.

13. $\dfrac{x-1}{-1}=\dfrac{y-8}{-7}=\dfrac{z-4}{-5}$;

在 xOy 平面上投影方程为$\begin{cases}7x-y+1=0,\\ z=0;\end{cases}$

在 yOz 平面上投影方程为$\begin{cases}5y-7z-12=0,\\ x=0;\end{cases}$

在 zOx 平面上投影方程为$\begin{cases}5x-z-1=0,\\ y=0.\end{cases}$

习 题 2.4

1. $x+y-2z=0$.

2. $(x-2)^2+(y+1)^2+(z-1)^2=6$.

3. (1) 球面； (2) 母线平行于 y 轴的椭圆柱面；

(3) 母线平行于 x 轴的抛物柱面； (4) 母线平行于 z 轴的双曲柱面；

(5) 顶点在原点的圆锥面； (6) 开口朝向 x 轴正向的椭圆抛物面.

4. (1) 绕 x 轴: $4x^2-y^2-z^2=0$; 绕 y 轴: $4x^2+4z^2-y^2=0$.

(2) 绕 x 轴: $-z^2+\dfrac{y^2+x^2}{4}=1$; 绕 y 轴: $-(x^2+z^2)+\dfrac{y^2}{4}=1$.

(3) 绕 z 轴: $z=2x^2+2y^2$.

6. 在 xOy 上投影: $x^2+y^2-2x\leqslant 0$; 在 xOz 上投影: $0\leqslant x\leqslant 2, y=0, 0\leqslant z\leqslant\sqrt{4-x^2}$.

复 习 题 2

1. (1) A; (2) C; (3) A; (4) B.

2. (1) $x=2$; (2) $\begin{cases}2x-y-4=0,\\ z=0;\end{cases}$ (3) $\dfrac{\pi}{4}$; (4) 2;

(5) $\begin{cases}x^2+y^2=1-x-y,\\ z=0;\end{cases}$ (6) $\begin{cases}x^2+y^2=4,\\ z=0;\end{cases}$ (7) $\dfrac{y^2}{b^2}-\dfrac{x^2+z^2}{c^2}=1$.

3. (1) 否; (2) 是.

4. $(-1,5,-7)$.

5. $(0,0,-1)$ 或 $\left(\frac{\sqrt{2}}{2},\frac{\sqrt{2}}{2},0\right)$.

6. $\left(0,-\frac{8}{5},\frac{6}{5}\right),\left(0,\frac{8}{5},-\frac{6}{5}\right)$.

7. $\pm\left(\frac{\sqrt{6}}{6},\frac{\sqrt{6}}{6},-\frac{\sqrt{6}}{3}\right)$.

8. $\sqrt{17}$.

9. 垂直.

10. 简证: $\frac{5}{3}\neq\frac{2}{1}=\frac{4}{2}$，同时向量 $(5,2,4),(3,1,2),(11,2,4)$ 混合积为 0.

11. $\frac{x-\frac{5}{2}}{3}=\frac{y-3}{2}=\frac{z-\frac{5}{2}}{-1}$.

12. $\frac{2\sqrt{6}}{3}$.

13. $\begin{cases}x-2y+z+3=0,\\x+y+z-2=0.\end{cases}$

14. 在 xOy 面上的投影：$\begin{cases}x^2-x-y=0,\\z=0;\end{cases}$

在 yOz 面上的投影：$\begin{cases}y^4-2y^3+2yz-4y+z^2+5z+2=0,\\x=0;\end{cases}$

在 zOx 面上的投影：$\begin{cases}x^4-2x^3-z+2=0,\\y=0.\end{cases}$

15. 在 xOy 面上为圆：$\begin{cases}(x-1)^2+y^2\leqslant 1,\\z=0;\end{cases}$

在 yOz 面上的投影：$\begin{cases}\left(\frac{z^2}{2}-1\right)^2+y^2\leqslant 1,\quad z\geqslant 0,\\x=0;\end{cases}$

在 zOx 面上的投影：$\begin{cases}x\leqslant z\leqslant\sqrt{2x},0\leqslant x\leqslant 2,\\y=0.\end{cases}$

第 3 章

习　题　3.1

1. $\begin{pmatrix} 23 & 34 & 15 & 26 \\ 12 & 24 & 16 & 33 \\ 26 & 33 & 11 & 32 \\ 14 & 28 & 15 & 33 \end{pmatrix}$.

2. 系数矩阵 $\boldsymbol{A}=\begin{pmatrix} 2 & -1 & 4 & 5 \\ 0 & 3 & -2 & 0 \\ -1 & 2 & 1 & -1 \end{pmatrix}$，增广矩阵 $\tilde{\boldsymbol{A}}=\left(\begin{array}{cccc:c} 2 & -1 & 4 & 5 & -1 \\ 0 & 3 & -2 & 0 & 7 \\ -1 & 2 & 1 & -1 & 3 \end{array}\right)$.

3. $\begin{pmatrix} 0 & 0 & 1 & 1 \\ 1 & 0 & 0 & 0 \\ 0 & 1 & 0 & 0 \\ 1 & 0 & 1 & 0 \end{pmatrix}$.

4. A 策略↓，B 策略→

	石头	剪子	布
石头	0	1	−1
剪子	−1	0	1
布	0	−1	0

.

5.

	1	2	3	4	5	6
1		1	0	1	1	1
2	0		0	1	1	1
3	1	1		1	0	0
4	0	0	0		1	1
5	0	0	1	0		1
6	0	0	1	0	0	

，选手按胜多负少的顺序排序为 1, 2, 3, 4, 5, 6.

习　题　3.2

1. $\boldsymbol{X}=\begin{pmatrix} 2 & 3 & -2 & 2 \\ 2 & -2 & 1 & -1 \\ 1 & -1 & -4 & -1 \end{pmatrix}$.

2. (1) $\begin{pmatrix} 3 & 2 & -1 & 0 \\ -3 & -2 & 1 & 0 \\ 6 & 4 & -2 & 0 \\ 9 & 6 & -3 & 0 \end{pmatrix}$；　(2) 10；　(3) $\begin{pmatrix} 6 & 5 & -3 \\ 0 & -1 & 0 \\ 4 & -2 & -2 \\ -2 & -1 & 1 \end{pmatrix}$；

(4) $ax^2 + cy^2 + fz^2 + 2bxy + 2dxz + 2eyz$.

3. (1) $\boldsymbol{AB} = a_1b_1 + a_2b_2 + a_3b_3$ ， $\boldsymbol{BA} = \begin{pmatrix} b_1a_1 & b_1a_2 & b_1a_3 \\ b_2a_1 & b_2a_2 & b_2a_3 \\ b_3a_1 & b_3a_2 & b_3a_3 \end{pmatrix}$；

(2) $\boldsymbol{AB} = \begin{pmatrix} c & a & b \\ a & b & c \\ b & c & a \end{pmatrix}$， $\boldsymbol{BA} = \begin{pmatrix} b & c & a \\ c & a & b \\ a & b & c \end{pmatrix}$.

4. (1) $\begin{pmatrix} 5 & 4 & 0 \\ 6 & -3 & -1 \\ -3 & 0 & -2 \end{pmatrix}$；　(2) 不相等.

5. $f(\boldsymbol{A}) = \begin{pmatrix} 5 & 1 & 3 \\ 8 & 0 & 3 \\ -2 & 1 & -2 \end{pmatrix}$.

6. $\boldsymbol{A}^k = \begin{pmatrix} 1 & k\lambda \\ 0 & 1 \end{pmatrix}$.

7. 设方阵 $\boldsymbol{A} = \begin{pmatrix} a & 1 & 0 \\ 0 & a & 1 \\ 0 & 0 & a \end{pmatrix}$，方阵 $\boldsymbol{A}^n = \begin{pmatrix} a^n & na^{n-1} & \dfrac{n(n-1)}{2}a^{n-2} \\ 0 & a^n & na^{n-1} \\ 0 & 0 & a^n \end{pmatrix}$.

12. $|k\boldsymbol{A}^{\mathrm{T}}\boldsymbol{A}| = k^n a^2$.

习　题　3.3

1. 系数矩阵：$\begin{pmatrix} 1 & 1 & 3 & -1 \\ 0 & 1 & -1 & 1 \\ 1 & 1 & 2 & 2 \\ 1 & -1 & 1 & -1 \end{pmatrix}$，增广矩阵：$\left(\begin{array}{cccc:c} 1 & 1 & 3 & -1 & -2 \\ 0 & 1 & -1 & 1 & 1 \\ 1 & 1 & 2 & 2 & 4 \\ 1 & -1 & 1 & -1 & 0 \end{array}\right)$，

方程组的解： $x_1 = 1, x_2 = -1, x_3 = 0, x_4 = 2$.

2. 该线性方程组为$\begin{cases} x_1 + 3x_2 + 4x_3 = -2, \\ 2x_1 + 5x_2 + 9x_3 = 3, \\ 3x_1 + 7x_2 + 14x_3 = 8, \\ -x_2 + x_3 = 7, \end{cases}$方程组的解为$\begin{cases} x_1 = -7c + 19, \\ x_2 = c - 7, \\ x_3 = c \end{cases}$　(c 为任意常数).

3. (1) 行最简形$\begin{pmatrix}1&0&0&0\\0&0&1&0\\0&0&0&1\end{pmatrix}$，标准形$\begin{pmatrix}1&0&0&0\\0&1&0&0\\0&0&1&0\end{pmatrix}$；

(2) 行最简形$\begin{pmatrix}0&1&0&5\\0&0&1&3\\0&0&0&0\end{pmatrix}$，标准形$\begin{pmatrix}1&0&0&0\\0&1&0&0\\0&0&0&0\end{pmatrix}$；

(3) 行最简形$\begin{pmatrix}1&-1&0&2&-3\\0&0&1&-2&2\\0&0&0&0&0\\0&0&0&0&0\end{pmatrix}$，标准形$\begin{pmatrix}1&0&0&0&0\\0&1&0&0&0\\0&0&0&0&0\\0&0&0&0&0\end{pmatrix}$；

(4) 行最简形$\begin{pmatrix}1&0&2&0&-2\\0&1&-1&0&3\\0&0&0&1&4\\0&0&0&0&0\end{pmatrix}$，标准形$\begin{pmatrix}1&0&0&0&0\\0&1&0&0&0\\0&0&1&0&0\\0&0&0&0&0\end{pmatrix}$.

4. $t=0$.

5. (1) $\boldsymbol{E}(1,2(2))\boldsymbol{A}=\begin{pmatrix}9&12&15\\4&5&6\\7&8&9\end{pmatrix}$；

(2) $\boldsymbol{AE}(3,2)=\begin{pmatrix}1&3&2\\4&6&5\\7&9&8\end{pmatrix}$；

(3) $\boldsymbol{E}(3(2))\boldsymbol{A}=\begin{pmatrix}1&2&3\\4&5&6\\14&16&18\end{pmatrix}$.

6. $\boldsymbol{Q}=\begin{pmatrix}0&1&1\\1&0&0\\0&0&1\end{pmatrix}$.

习 题 3.4

1. 略.

2. (1) $\begin{pmatrix}5&-2\\-2&1\end{pmatrix}$； (2) $\dfrac{1}{9}\begin{pmatrix}1&2&2\\2&1&-2\\2&-2&1\end{pmatrix}$； (3) $\begin{pmatrix}1&-2&7\\0&1&-2\\0&0&1\end{pmatrix}$；

(4) $\begin{pmatrix} a_1^{-1} & & & \\ & a_2^{-1} & & \\ & & \ddots & \\ & & & a_n^{-1} \end{pmatrix}$;　　(5) $\begin{pmatrix} 22 & -6 & -26 & 17 \\ -17 & 5 & 20 & -13 \\ -1 & 0 & 2 & -1 \\ 4 & -1 & -5 & 3 \end{pmatrix}$.

3. (1) $\frac{1}{3}$;　　(2) 9;　　(3) −24;　　(4) $\frac{1}{81}$;　　(5) −9.

4. (1) $X=\begin{pmatrix} 2 & -23 \\ 0 & 8 \end{pmatrix}$;　　(2) $X=\begin{pmatrix} 1 & 0 & 0 \\ 0 & 1 & 0 \\ 0 & 0 & 1 \end{pmatrix}$;　　(3) $X=\begin{pmatrix} 1 & 1 \\ \frac{1}{4} & 0 \end{pmatrix}$;

(4) $X=\begin{pmatrix} 2 & -1 & 0 \\ 0 & 3 & -4 \\ 1 & 0 & -2 \end{pmatrix}$;　　(5) $X=\frac{1}{6}\begin{pmatrix} 6 & 2 \\ -6 & -1 \\ -18 & -5 \end{pmatrix}$;　　(6) $X=\frac{1}{2}\begin{pmatrix} -3 & -6 & 3 \\ -1 & 0 & 5 \\ 5 & 8 & -9 \end{pmatrix}$.

5. $A^{-1}=\frac{1}{2}(A-E)$，$(A+2E)^{-1}=\frac{1}{4}(A-E)^2$.

习　题　3.5

1. (1) $\begin{pmatrix} 7 & 2 & 0 & 0 \\ 7 & 6 & 0 & 0 \\ 0 & 0 & 8 & 9 \\ 0 & 0 & 19 & 22 \end{pmatrix}$;　　(2) $\begin{pmatrix} 3 & 0 & 0 \\ -4 & 0 & 0 \\ -2 & 0 & 0 \\ 0 & 19 & 14 \end{pmatrix}$.

2. $AB=\begin{pmatrix} a^2+1 & a & 0 & 0 \\ a & a^2 & 0 & 0 \\ 0 & 0 & b^2+1 & b \\ 0 & 0 & 2b & b^2 \end{pmatrix}$，$ABA=\begin{pmatrix} a^3+a & 2a^2+1 & 0 & 0 \\ a^2 & a^3+a & 0 & 0 \\ 0 & 0 & b^3+2b & 2b^2+1 \\ 0 & 0 & 3b^2 & b^3+2b \end{pmatrix}$.

3. (1) $\begin{pmatrix} \frac{1}{2} & 0 & 0 & 0 & 0 \\ 0 & -1 & 0 & 0 & 0 \\ 0 & 0 & 0 & \frac{1}{3} & \frac{1}{3} \\ 0 & 0 & 0 & \frac{1}{3} & -\frac{2}{3} \\ 0 & 0 & -1 & \frac{2}{3} & -\frac{1}{3} \end{pmatrix}$;　　(2) $\begin{pmatrix} 0 & 0 & 1 & -4 & -3 \\ 0 & 0 & 1 & -5 & -3 \\ 0 & 0 & -1 & 6 & 4 \\ 0 & \frac{1}{2} & 0 & 0 & 0 \\ -\frac{1}{3} & 0 & 0 & 0 & 0 \end{pmatrix}$;

(3) $\begin{pmatrix} 0 & 0 & \cdots & 0 & \frac{1}{a_n} \\ \frac{1}{a_1} & & & & 0 \\ & \frac{1}{a_2} & & & 0 \\ & & \ddots & & \vdots \\ & & & \frac{1}{a_{n-1}} & 0 \end{pmatrix}$.

4. $\begin{pmatrix} \boldsymbol{A} & \boldsymbol{O} \\ \boldsymbol{O} & \boldsymbol{D}-\boldsymbol{C}\boldsymbol{A}^{-1}\boldsymbol{B} \end{pmatrix}$.

5. −50.

习 题 3.6

1. (1) $r=3$; $\begin{vmatrix} -1 & 2 & 0 \\ 3 & 2 & 1 \\ 5 & -3 & 2 \end{vmatrix} \neq 0$.

(2) $r=2$; $\begin{vmatrix} 1 & 1 \\ 1 & 2 \end{vmatrix} \neq 0$.

(3) $r=2$; $\begin{vmatrix} 1 & 2 \\ 4 & -1 \end{vmatrix} \neq 0$.

(4) $r=3$; $\begin{vmatrix} 2 & -4 & 3 \\ 1 & -2 & 1 \\ 0 & 1 & -1 \end{vmatrix} \neq 0$.

2. $t=5$.

3. (1) 无解；

(2) $\begin{cases} x_1=-8, \\ x_2=3, \\ x_3=6, \\ x_4=0; \end{cases}$

(3) $\begin{cases} x_1=2c_1-c_2, \\ x_2=c_1, \\ x_3=c_2, \\ x_4=1, \end{cases}$ 其中 c_1,c_2 为任意常数；

(4) $\begin{cases} x_1=3-2c_1-2c_2, \\ x_2=-2+3c_1+3c_2, \\ x_3=c_1, \\ x_4=c_2, \end{cases}$ 其中 c_1,c_2 为任意常数；

(5) $\begin{cases} x_1=0, \\ x_2=c, \\ x_3=2c, \\ x_4=c, \end{cases}$ 其中 c 为任意常数.

4. $\lambda=1$时，有解$\begin{cases}x_1=c+1,\\x_2=c,\\x_3=c,\end{cases}$其中$c$为任意常数；$\lambda=-2$时，有解$\begin{cases}x_1=c+2,\\x_2=c+2,\\x_3=c,\end{cases}$其中$c$为任意常数.

5. 当$t\neq-2$时，无解.

当$t=-2$时，有解.

当$t=-2$时，若$p=-8$，则一般解为$\begin{cases}x_1=-1+4c_1-1c_2,\\x_2=1-2c_1-2c_2,\\x_3=c_1,\\x_4=c_2,\end{cases}$其中$c_1,c_2$为任意常数.

当$t=-2$时，若$p\neq-8$，则一般解为$\begin{cases}x_1=-1-c,\\x_2=1-2c,\\x_3=0,\\x_4=c,\end{cases}$其中$c$为任意常数.

复 习 题 3

1. (1) B；　(2) B；　(3) D；　(4) A；　(5) D；　(6) C；
(7) D；　(8) B；　(9)B；　(10) A；　(11) A；　(12) B；
(13) C；　(14) B；　(15) D；　(16) A；　(17) C.

2. (1) -2；　(2) -6；　(3) -4；　(4) 1；　(5) 27；　(6) 1；　(7) 1；　(8) 10；
(9) $\sum_{i=1}^{15}a_{i4}\cdot a_{i8}$；　(10) 1；　(11) $6m$；　(12) $\begin{pmatrix}0&-1&0\\-1&0&0\\0&0&-1\end{pmatrix}$.

3. (1) $\begin{pmatrix}-10&0\\-13&-2\\16&0\end{pmatrix}$；　(2) $\begin{pmatrix}\frac{1}{2}&-1\\2&3\\\frac{1}{2}&0\end{pmatrix}$；　(3) $\begin{pmatrix}1&-4&-3\\1&-5&-3\\-1&6&4\end{pmatrix}$；　(4) $\begin{pmatrix}2&0&1\\0&3&0\\1&0&2\end{pmatrix}$；

(5) $\begin{pmatrix}3&-8&-6\\2&-9&-6\\-2&12&-9\end{pmatrix}$.

4. 0.

5. $\begin{pmatrix} 0 & 3 & 1 \\ -1 & -3 & -1 \\ 0 & 1 & 0 \end{pmatrix}$.

6. $\begin{pmatrix} 1 & -2 & 1 & 0 \\ 0 & 1 & -2 & 1 \\ 0 & 0 & 1 & -2 \\ 0 & 0 & 0 & 1 \end{pmatrix}$.

7. $\begin{pmatrix} -3 & -1 & -1 \\ 1 & 1 & 1 \\ 1 & 0 & 0 \end{pmatrix}$不唯一.

第4章

习 题 4.1

1. $(-3, 6, -3, 9)^{\mathrm{T}}$.

2. (1) 是, 加法, 数乘运算封闭;

(2) 否, 加法运算不封闭;

(3) 否, 数乘运算不封闭.

习 题 4.2

1. (1) $\boldsymbol{\beta} = 2\boldsymbol{\alpha}_2 + \boldsymbol{\alpha}_3 + 2\boldsymbol{\alpha}_4$;

(2) $\boldsymbol{\beta} = -\boldsymbol{\alpha}_1 + \boldsymbol{\alpha}_2 + 2\boldsymbol{\alpha}_3 - 2\boldsymbol{\alpha}_4$.

2. (1) $a \neq 0, b \neq 1$且$-2a = 3(b-1)$;

(2) $a = 0$ 或 $b = 1$ 或 $2a + 3b - 3 \neq 0$.

3. $\boldsymbol{\alpha}_3$.

4. (1) 线性相关;

(2) 线性无关;

(3) 线性相关.

5. 略.

6. 略.

7. 略.

8. 略.

习　题　4.3

1. 略.

2. 略.

3. 略.

4. 略.

5. (1) $R(\boldsymbol{\alpha}_1,\boldsymbol{\alpha}_2,\boldsymbol{\alpha}_3)=3$，极大无关组为 $\boldsymbol{\alpha}_1,\boldsymbol{\alpha}_2,\boldsymbol{\alpha}_3$;

(2) $R(\boldsymbol{\alpha}_1^{\mathrm{T}},\boldsymbol{\alpha}_2^{\mathrm{T}},\boldsymbol{\alpha}_3^{\mathrm{T}},\boldsymbol{\alpha}_4^{\mathrm{T}})=3$，极大无关组为 $\boldsymbol{\alpha}_1^{\mathrm{T}},\boldsymbol{\alpha}_2^{\mathrm{T}},\boldsymbol{\alpha}_3^{\mathrm{T}}$ ； $\boldsymbol{\alpha}_4^{\mathrm{T}}=\boldsymbol{\alpha}_2^{\mathrm{T}}+\boldsymbol{\alpha}_3^{\mathrm{T}}$.

6. (1) $\boldsymbol{A}=\begin{pmatrix}-1&1&2\\0&1&-1\\1&0&0\end{pmatrix}$;　　　(2) $(1,3,1)^{\mathrm{T}}$.

习　题　4.4

1. 三维;

基础解系：$\boldsymbol{\xi}_1=\begin{pmatrix}1\\-1\\1\\0\\0\end{pmatrix}$, $\boldsymbol{\xi}_2=\begin{pmatrix}-1\\1\\0\\1\\0\end{pmatrix}$,$\boldsymbol{\xi}_3=\begin{pmatrix}2\\-1\\0\\0\\1\end{pmatrix}$.

2. (1) 基础解系：$\boldsymbol{\xi}_1=\begin{pmatrix}4\\9\\4\\3\end{pmatrix}$，通解为 $\boldsymbol{x}=k\boldsymbol{\xi}_1, k\in\mathbf{R}$； (2) 基础解系：$\boldsymbol{\xi}_1=\begin{pmatrix}\frac{3}{2}\\\frac{3}{2}\\1\\0\end{pmatrix}$，$\boldsymbol{\xi}_2=\begin{pmatrix}-\frac{3}{4}\\\frac{7}{4}\\0\\1\end{pmatrix}$，

通解为 $\boldsymbol{x}=k_1\boldsymbol{\xi}_1+k_2\boldsymbol{\xi}_2$, $k_1,k_2\in\mathbf{R}$.

(3) 基础解系：$\boldsymbol{\xi}_1=\begin{pmatrix}\frac{19}{8}\\\frac{7}{8}\\1\\0\\0\end{pmatrix}$，$\boldsymbol{\xi}_2=\begin{pmatrix}\frac{3}{8}\\-\frac{25}{8}\\0\\1\\0\end{pmatrix}$,$\boldsymbol{\xi}_2=\begin{pmatrix}-\frac{1}{2}\\\frac{1}{2}\\0\\0\\1\end{pmatrix}$，

通解为 $\boldsymbol{x}=k_1\boldsymbol{\xi}_1+k_2\boldsymbol{\xi}_2+k_3\boldsymbol{\xi}_3$, $k_1,k_2,k_3\in\mathbf{R}$.

3. $\begin{cases}4x_1-3x_2+x_3=0,\\3x_1-2x_2+x_4=0.\end{cases}$

4. $\begin{pmatrix} 1 & -1 \\ 5 & 11 \\ 8 & 0 \\ 0 & 8 \end{pmatrix}$.

5. 略.

习　题　4.5

1. (1) 无解;

(2) 通解: $k_1\begin{pmatrix} -2 \\ 1 \\ 1 \\ 0 \\ 0 \end{pmatrix}+k_2\begin{pmatrix} 3 \\ 4 \\ 0 \\ 1 \\ 0 \end{pmatrix}+k_3\begin{pmatrix} -1 \\ -2 \\ 0 \\ 0 \\ 1 \end{pmatrix}+\begin{pmatrix} -5 \\ -8 \\ 0 \\ 0 \\ 0 \end{pmatrix}$, $k_1,k_2,k_3 \in \mathbf{R}$.

(3) 通解: $k_1\begin{pmatrix} 1 \\ 1 \\ 0 \\ 0 \end{pmatrix}+k_2\begin{pmatrix} \frac{1}{5} \\ 0 \\ \frac{2}{5} \\ 1 \end{pmatrix}+\begin{pmatrix} \frac{11}{5} \\ 0 \\ \frac{2}{5} \\ 0 \end{pmatrix}$, $k_1,k_2 \in \mathbf{R}$.

2. $\boldsymbol{x}=\frac{\boldsymbol{\eta}_1+\boldsymbol{\eta}_2}{2}+k(\boldsymbol{\eta}_1-\boldsymbol{\eta}_3)=(1,0,-1,0)^{\mathrm{T}}+k(1,2,3,4)^{\mathrm{T}}$, $k \in \mathbf{R}$.

3. 略.

4. 略.

5. 通解: $k\begin{pmatrix} a_1+a_2+a_3+a_4 \\ a_2+a_3+a_4 \\ a_3+a_4 \\ a_4 \end{pmatrix}+\begin{pmatrix} 1+a_1+a_2+a_3+a_4 \\ 1+a_2+a_3+a_4 \\ 1+a_3+a_4 \\ 1+a_4 \end{pmatrix}$.

复 习 题 4

1. (1) B;　(2) C;　(3) A;　(4) C;　(5) B;
(6) C;　(7) A;　(8) D;　(9) D;　(10) D.

2. (1) 6;　(2) $\begin{pmatrix} 1 & 0 & 1 \\ 2 & 2 & 0 \\ 0 & 3 & 3 \end{pmatrix}$.

3. 略.

4. (1) 提示：证明行列式 $|\boldsymbol{\beta}_1,\boldsymbol{\beta}_2,\boldsymbol{\beta}_3|=0$ 即可；

(2) 当 $k=0$ 时，存在非零向量 $\boldsymbol{\xi}=(x_1,x_2,x_3)^{\mathrm{T}}$，$\boldsymbol{\xi}=x_1\boldsymbol{\alpha}_1-x_1\boldsymbol{\alpha}_3$，$x_1\neq 0$.

5. (1) $a=4,b\neq 0$ 或者 $a=-2,b\neq 6$；

(2) $a=4,b=0$ 时 $\boldsymbol{\beta}=-5\boldsymbol{\alpha}_1+4\boldsymbol{\alpha}_2+\boldsymbol{\alpha}_3$，$a=-2,b=6$ 时 $\boldsymbol{\beta}=\boldsymbol{\alpha}_1-2\boldsymbol{\alpha}_2+\boldsymbol{\alpha}_3$.

6. 4.

7. (1) 基础解系: $\begin{pmatrix}-1\\2\\3\\1\end{pmatrix}$；　　(2) $\boldsymbol{B}=\begin{pmatrix}-k_1+2 & -k_2+6 & -k_3-1\\ 2k_1-1 & 2k_2-3 & 2k_3+1\\ k_1 & k_2 & k_3\end{pmatrix}$.

8. (1) $\boldsymbol{\xi}_2=k\begin{pmatrix}1\\-1\\2\end{pmatrix}+\begin{pmatrix}-\frac{1}{2}\\ \frac{1}{2}\\0\end{pmatrix}$，$\boldsymbol{\xi}_3=k_1\begin{pmatrix}-\frac{3}{2}\\1\\0\end{pmatrix}+k_2\begin{pmatrix}-\frac{1}{2}\\0\\1\end{pmatrix}+\begin{pmatrix}-\frac{1}{2}\\0\\0\end{pmatrix}$；　　(2) 略.

第 5 章

习　题　5.1

1. (1) 不是；　　(2) 是；　　(3) 不是.

2. (1) 是正交矩阵；　(2) 是正交矩阵；　(3) 不是正交矩阵；　(4) 是正交矩阵.

3. (1) $\boldsymbol{\gamma}_1=\begin{pmatrix}\frac{1}{\sqrt{2}}\\ \frac{1}{\sqrt{2}}\\0\end{pmatrix}$，$\boldsymbol{\gamma}_2=\begin{pmatrix}\frac{1}{\sqrt{6}}\\ -\frac{1}{\sqrt{6}}\\ \frac{2}{\sqrt{6}}\end{pmatrix}$，$\boldsymbol{\gamma}_3=\begin{pmatrix}-\frac{1}{\sqrt{3}}\\ \frac{1}{\sqrt{3}}\\ \frac{1}{\sqrt{3}}\end{pmatrix}$.

(2) $\boldsymbol{\gamma}_1=\frac{1}{\sqrt{3}}\begin{pmatrix}1\\0\\1\\-1\end{pmatrix}$，$\boldsymbol{\gamma}_2=\begin{pmatrix}0\\-1\\0\\0\end{pmatrix}$，$\boldsymbol{\gamma}_3=\frac{1}{\sqrt{6}}\begin{pmatrix}1\\0\\1\\2\end{pmatrix}$.

4. $k=\pm\frac{1}{3}$，$\boldsymbol{A}^{-1}=k^2\boldsymbol{A}=\frac{1}{9}\boldsymbol{A}$.

习 题 5.2

1. (1) $(a,b)=(1,3)$； (2) $x=16$； (3) $3,7,4$；

(4) $\left(\dfrac{|\boldsymbol{A}|}{\lambda}\right)^2+1$； (5) $\dfrac{1}{3},1,\dfrac{1}{5}$； $\boldsymbol{\alpha}_1,\boldsymbol{\alpha}_2,\boldsymbol{\alpha}_3$.

2. (1) $\boldsymbol{A}$ 的特征值为 $\lambda_1=-1,\lambda_2=5$.

当 $\lambda_1=-1$ 时，$\boldsymbol{A}$ 的对应于特征值 $\lambda_1=-1$ 的全部特征向量为 $k_1\begin{pmatrix}1\\-1\end{pmatrix}(k_1\neq 0)$；

当 $\lambda_1=5$ 时，$\boldsymbol{A}$ 的对应于特征值 $\lambda_2=5$ 的全部特征向量为 $k_2\begin{pmatrix}1\\2\end{pmatrix}(k_2\neq 0)$.

(2) $\boldsymbol{A}$ 的特征值为 $\lambda_1=1,\lambda_2=2,\lambda_3=4$.

当 $\lambda_1=1$ 时，$\boldsymbol{A}$ 的对应于特征值 $\lambda_1=1$ 的全部特征向量为 $k_1\begin{pmatrix}1\\-1\\1\end{pmatrix}(k_1\neq 0)$；

当 $\lambda_2=2$ 时，$\boldsymbol{A}$ 的对应于特征值 $\lambda_2=2$ 的全部特征向量为 $k_2\begin{pmatrix}1\\0\\-1\end{pmatrix}(k_2\neq 0)$；

当 $\lambda_3=4$ 时，$\boldsymbol{A}$ 的对应于特征值 $\lambda_3=4$ 的全部特征向量为 $k_3\begin{pmatrix}2\\2\\1\end{pmatrix}(k_3\neq 0)$.

(3) $\boldsymbol{A}$ 的特征值为 $\lambda_1=\lambda_2=2,\lambda_3=8$.

当 $\lambda_1=\lambda_2=2$ 时，$\boldsymbol{A}$ 的对应于特征值 $\lambda_1=\lambda_2=2$ 的全部特征向量为 $k_1\begin{pmatrix}1\\-1\\0\end{pmatrix}+k_2\begin{pmatrix}1\\0\\-1\end{pmatrix}$ (k_1,k_2 不同时为 0)；

当 $\lambda_3=8$ 时，则 $\boldsymbol{A}$ 的对应于特征值 $\lambda_3=8$ 的全部特征向量为 $k_3\begin{pmatrix}1\\1\\1\end{pmatrix}(k_3\neq 0)$.

(4) $\boldsymbol{A}$ 的特征值为 $\lambda_1=1,\lambda_2=\lambda_3=\lambda_4=2$.

当 $\lambda_1=1$ 时，$\boldsymbol{A}$ 的对应于特征值 $\lambda_1=1$ 的全部特征向量为 $k_1\begin{pmatrix}-7\\9\\-1\\2\end{pmatrix}(k_1\neq 0)$；

当 $\lambda_2=\lambda_3=\lambda_4=2$ 时，$\boldsymbol{A}$ 的对应于特征值 $\lambda_2=\lambda_3=\lambda_4=2$ 的全部特征向量为 $k_2\begin{pmatrix}-1\\1\\0\\0\end{pmatrix}+k_3\begin{pmatrix}-1\\0\\0\\3\end{pmatrix}$ $(k_2,k_3$ 不同时为 0).

4. $a=-3,b=0,\lambda=-1$.

习　题　5.3

1. 略.

2. 提示：$\boldsymbol{A}^{-1}(\boldsymbol{AB})\boldsymbol{A}=\boldsymbol{A}^{-1}\boldsymbol{A}(\boldsymbol{BA})=\boldsymbol{BA}$，即 $\boldsymbol{AB}$ 与 $\boldsymbol{BA}$ 相似.

3. (1) $\boldsymbol{A}$ 能对角化，$\boldsymbol{P}=\begin{pmatrix}0&1&0\\1&0&1\\2&1&0\end{pmatrix}$，$\boldsymbol{P}^{-1}\boldsymbol{AP}=\begin{pmatrix}1&&\\&2&\\&&3\end{pmatrix}$；

(2) $\boldsymbol{A}$ 能对角化，$\boldsymbol{P}=\begin{pmatrix}-2&0&-5\\1&0&1\\0&1&3\end{pmatrix}$，$\boldsymbol{P}^{-1}\boldsymbol{AP}=\begin{pmatrix}1&&\\&1&\\&&-2\end{pmatrix}$；

(3) $\boldsymbol{A}$ 不能对角化.

4. $x=0,y=1$，$\boldsymbol{P}=\begin{pmatrix}1&0&0\\0&1&-1\\0&1&1\end{pmatrix}$，$\boldsymbol{P}^{-1}\boldsymbol{AP}=\boldsymbol{B}=\begin{pmatrix}2&&\\&1&\\&&-1\end{pmatrix}$.

5. (1) 正交矩阵 $\boldsymbol{P}=\begin{pmatrix}-\frac{2}{\sqrt{5}}&\frac{1}{\sqrt{5}}\\\frac{1}{\sqrt{5}}&\frac{2}{\sqrt{5}}\end{pmatrix}$，$\boldsymbol{P}^{-1}\boldsymbol{AP}=\begin{pmatrix}1&\\&16\end{pmatrix}$；

(2) 正交矩阵 $\boldsymbol{P}=\begin{pmatrix}-\frac{1}{\sqrt{2}}&\frac{1}{\sqrt{3}}&\frac{1}{\sqrt{6}}\\\frac{1}{\sqrt{2}}&\frac{1}{\sqrt{3}}&\frac{1}{\sqrt{6}}\\0&\frac{1}{\sqrt{3}}&-\frac{2}{\sqrt{6}}\end{pmatrix}$，$\boldsymbol{P}^{-1}\boldsymbol{AP}=\begin{pmatrix}1&&\\&3&\\&&-3\end{pmatrix}$；

(3) 正交矩阵 $\boldsymbol{P}=\begin{pmatrix} -\frac{1}{\sqrt{2}} & \frac{1}{\sqrt{6}} & \frac{1}{\sqrt{3}} \\ \frac{1}{\sqrt{2}} & \frac{1}{\sqrt{6}} & \frac{1}{\sqrt{3}} \\ 0 & -\frac{2}{\sqrt{6}} & \frac{1}{\sqrt{3}} \end{pmatrix}$，$\boldsymbol{P}^{-1}\boldsymbol{AP}=\begin{pmatrix} 2 & & \\ & 2 & \\ & & 8 \end{pmatrix}$；

(4) 正交矩阵 $\boldsymbol{P}=\begin{pmatrix} \frac{1}{\sqrt{5}} & \frac{4}{\sqrt{45}} & \frac{2}{3} \\ -\frac{2}{\sqrt{5}} & \frac{2}{\sqrt{45}} & \frac{1}{3} \\ 0 & -\frac{5}{\sqrt{45}} & \frac{2}{3} \end{pmatrix}$，$\boldsymbol{P}^{-1}\boldsymbol{AP}=\begin{pmatrix} -1 & & \\ & -1 & \\ & & 8 \end{pmatrix}$.

6. $a=b=0$，正交矩阵 $\boldsymbol{P}=\begin{pmatrix} \frac{1}{\sqrt{2}} & 0 & \frac{1}{\sqrt{2}} \\ 0 & 1 & 0 \\ -\frac{1}{\sqrt{2}} & 0 & \frac{1}{\sqrt{2}} \end{pmatrix}$，$\boldsymbol{P}^{-1}\boldsymbol{AP}=\boldsymbol{\Lambda}$.

7. $\boldsymbol{A}=\begin{pmatrix} 4 & 1 & 1 \\ 1 & 4 & 1 \\ 1 & 1 & 4 \end{pmatrix}$.

8. (1) $\varphi(\boldsymbol{A})=-2\begin{pmatrix} 1 & 1 \\ 1 & 1 \end{pmatrix}$；

(2) $\varphi(\boldsymbol{A})=2\begin{pmatrix} 1 & 1 & -2 \\ 1 & 1 & -2 \\ -2 & -2 & 4 \end{pmatrix}$；

(3) $\boldsymbol{A}^{100}=\begin{pmatrix} 1 & 0 & 5^{100}-1 \\ 0 & 5^{100} & 0 \\ 0 & 0 & 5^{100} \end{pmatrix}$.

复 习 题 5

1. (1) D；　(2) C；　(3)A；　(4) B.

2. $\lambda=-2$，$\boldsymbol{c}=(-2,2,1)^{\mathrm{T}}$.

3. (1) $\boldsymbol{\beta}_1=\begin{pmatrix} 1 \\ 0 \\ 0 \end{pmatrix},\boldsymbol{\beta}_2=\begin{pmatrix} 0 \\ 1 \\ 0 \end{pmatrix},\boldsymbol{\beta}_3=\begin{pmatrix} 0 \\ 0 \\ 1 \end{pmatrix}$；

(2) $\boldsymbol{\gamma}_1=\frac{1}{\sqrt{3}}\begin{pmatrix}1\\0\\-1\\1\end{pmatrix},\boldsymbol{\gamma}_2=\frac{1}{\sqrt{15}}\begin{pmatrix}1\\-3\\2\\1\end{pmatrix},\boldsymbol{\gamma}_3=\frac{1}{\sqrt{35}}\begin{pmatrix}-1\\3\\3\\4\end{pmatrix}$.

4. 提示：$\boldsymbol{H}^{\mathrm{T}}=(\boldsymbol{E}-2\boldsymbol{x}\boldsymbol{x}^{\mathrm{T}})^{\mathrm{T}}=\boldsymbol{E}-2\boldsymbol{x}\boldsymbol{x}^{\mathrm{T}}=\boldsymbol{H}$，$\boldsymbol{H}\boldsymbol{H}^{\mathrm{T}}=(\boldsymbol{E}-2\boldsymbol{x}\boldsymbol{x}^{\mathrm{T}})(\boldsymbol{E}-2\boldsymbol{x}\boldsymbol{x}^{\mathrm{T}})=\boldsymbol{E}-2\boldsymbol{x}\boldsymbol{x}^{\mathrm{T}}-2\boldsymbol{x}\boldsymbol{x}^{\mathrm{T}}+4\boldsymbol{x}(\boldsymbol{x}^{\mathrm{T}}\boldsymbol{x})\boldsymbol{x}^{\mathrm{T}}=\boldsymbol{E}-4\boldsymbol{x}\boldsymbol{x}^{\mathrm{T}}+4\boldsymbol{x}\boldsymbol{x}^{\mathrm{T}}=\boldsymbol{E}$.

5. (1) $\boldsymbol{A}^*$ 的特征值为 $6,3,2$；

(2) $\boldsymbol{A}^*+3\boldsymbol{A}+2\boldsymbol{E}$ 的特征值为 $11,11,13$；

(3) 行列式 $|\boldsymbol{A}^*+3\boldsymbol{A}+2\boldsymbol{E}|=1573$.

6. $x=4, y=5$，正交矩阵 $\boldsymbol{P}=\begin{pmatrix}\frac{1}{\sqrt{5}}&\frac{2}{3}&\frac{4}{3\sqrt{5}}\\-\frac{2}{\sqrt{5}}&\frac{1}{3}&\frac{2}{3\sqrt{5}}\\0&\frac{2}{3}&-\frac{5}{3\sqrt{5}}\end{pmatrix}$，$\boldsymbol{P}^{-1}\boldsymbol{A}\boldsymbol{P}=\begin{pmatrix}5&&\\&-4&\\&&5\end{pmatrix}$.

7. $a=2$，正交矩阵 $\boldsymbol{P}=\begin{pmatrix}\frac{1}{\sqrt{3}}&\frac{1}{\sqrt{6}}&-\frac{1}{\sqrt{2}}\\-\frac{1}{\sqrt{3}}&\frac{2}{\sqrt{6}}&0\\\frac{1}{\sqrt{3}}&\frac{1}{\sqrt{6}}&\frac{1}{\sqrt{2}}\end{pmatrix}$，$\boldsymbol{P}^{-1}\boldsymbol{A}\boldsymbol{P}=\begin{pmatrix}-3&&\\&0&\\&&6\end{pmatrix}$.

8. (1) $a=4,\ b=5$；　(2) 可逆矩阵 $\boldsymbol{P}=\begin{pmatrix}2&-3&-1\\1&0&-1\\0&1&1\end{pmatrix}$，$\boldsymbol{P}^{-1}\boldsymbol{A}\boldsymbol{P}=\begin{pmatrix}1&&\\&1&\\&&5\end{pmatrix}$.

9. (1) $x=2$；　(2) 正交矩阵 $\boldsymbol{P}=\begin{pmatrix}0&1&0\\-\frac{1}{\sqrt{2}}&0&\frac{1}{\sqrt{2}}\\\frac{1}{\sqrt{2}}&0&\frac{1}{\sqrt{2}}\end{pmatrix}$，$(\boldsymbol{A}\boldsymbol{P})^{\mathrm{T}}(\boldsymbol{A}\boldsymbol{P})=\begin{pmatrix}1&&\\&4&\\&&9\end{pmatrix}$.

10. (1) $\boldsymbol{B}$ 的全部特征值为 $\varphi(\lambda_1)=-2,\varphi(\lambda_2)=\varphi(\lambda_3)=1$.

$\boldsymbol{B}$ 的属于特征值 $\varphi(\lambda_1)=-2$ 的全部特征向量为 $k_1\boldsymbol{\alpha}_1=k_1\begin{pmatrix}1\\-1\\1\end{pmatrix}$（$k_1\neq0$），

$\boldsymbol{B}$ 的属于特征值 $\varphi(\lambda_2)=\varphi(\lambda_3)=1$ 的全部特征向量为 $k_2\begin{pmatrix}1\\1\\0\end{pmatrix}+k_3\begin{pmatrix}-1\\0\\1\end{pmatrix}$（$k_2,k_3$ 不同时为 0).

(2) $\boldsymbol{B}=\begin{pmatrix}0&1&-1\\1&0&1\\-1&1&0\end{pmatrix}$.

11. 提示：一方面因 $\boldsymbol{A}$ 为实对称矩阵，所以 $\boldsymbol{A}$ 可相似对角化，$\boldsymbol{A}$ 与 $\boldsymbol{\Lambda}=\begin{pmatrix}n&&&\\&0&&\\&&\ddots&\\&&&0\end{pmatrix}$ 相似；另一方面可证明 $\boldsymbol{B}$ 有 n 个线性无关的特征向量，$\boldsymbol{B}$ 也可相似对角化，$\boldsymbol{B}$ 也与 $\boldsymbol{\Lambda}=\begin{pmatrix}n&&&\\&0&&\\&&\ddots&\\&&&0\end{pmatrix}$ 相似；所以 $\boldsymbol{A}$ 与 $\boldsymbol{B}$ 相似.

12. (1) 提示：$|\boldsymbol{A}|=0$，$\boldsymbol{A}$ 必有特征值 0，因为 $\boldsymbol{A}$ 有 3 个不同的特征值，所以 $\boldsymbol{A}$ 可对角化，$\boldsymbol{A}$ 的另外两个 λ_1,λ_2 均不为 0，$\boldsymbol{A}$ 与对角阵 $\boldsymbol{\Lambda}=\begin{pmatrix}\lambda_1&&\\&\lambda_2&\\&&0\end{pmatrix}$ 相似，所以 $R(\boldsymbol{A})=R(\boldsymbol{\Lambda})=2$.

(2) 方程组 $\boldsymbol{A}\boldsymbol{x}=\boldsymbol{\beta}$ 的通解为 $\boldsymbol{x}=k\boldsymbol{\xi}+\boldsymbol{\eta}=k\begin{pmatrix}1\\2\\-1\end{pmatrix}+\begin{pmatrix}1\\1\\1\end{pmatrix}$，$k\in\mathbf{R}$.

13. (1) $\boldsymbol{A}^{99}=\begin{pmatrix}-2+2^{99}&1-2^{99}&2-2^{98}\\-2+2^{100}&1-2^{100}&2-2^{99}\\0&0&0\end{pmatrix}$；

(2) $\boldsymbol{\beta}_1=(-2+2^{99})\boldsymbol{\alpha}_1+(-2+2^{100})\boldsymbol{\alpha}_2$，

$\boldsymbol{\beta}_2=(1-2^{99})\boldsymbol{\alpha}_1+(1-2^{100})\boldsymbol{\alpha}_2$，

$\boldsymbol{\beta}_3=(2-2^{98})\boldsymbol{\alpha}_1+(2-2^{99})\boldsymbol{\alpha}_2$.

第 6 章

习 题 6.1

1. (1) $\boldsymbol{A}=\begin{pmatrix}0&1&2\\1&0&-4\\2&-4&0\end{pmatrix}$，3；(2) $\boldsymbol{A}=\begin{pmatrix}1&1&0&-1\\1&1&-1&1\\0&-1&2&3\\-1&1&3&1\end{pmatrix}$，4.

2. (1) $f(x_1,x_2,x_3)=x_1^2+3x_2^2+2x_3^2-2x_1x_2+4x_1x_3-4x_2x_3$；

(2) $f(x_1,x_2,x_3)=x_2^2+2x_3^2+2x_1x_2+6x_1x_3-8x_2x_3$.

3. (1) 经正交变换$\begin{pmatrix}x_1\\x_2\\x_3\end{pmatrix}=\begin{pmatrix}-\frac{2}{3}&\frac{2}{3}&\frac{1}{3}\\-\frac{1}{3}&-\frac{2}{3}&\frac{2}{3}\\\frac{2}{3}&\frac{1}{3}&\frac{2}{3}\end{pmatrix}\begin{pmatrix}y_1\\y_2\\y_3\end{pmatrix}$，原二次型化为$y_1^2+4y_2^2-2y_3^2$；

(2) 经正交变换$\begin{pmatrix}x_1\\x_2\\x_3\end{pmatrix}=\begin{pmatrix}-\frac{2\sqrt{5}}{15}&\frac{2\sqrt{5}}{5}&\frac{1}{3}\\\frac{4\sqrt{5}}{15}&\frac{\sqrt{5}}{5}&-\frac{2}{3}\\\frac{\sqrt{5}}{3}&0&\frac{2}{3}\end{pmatrix}\begin{pmatrix}y_1\\y_2\\y_3\end{pmatrix}$，原二次型化为$9y_3^2$.

4. (1) $\begin{pmatrix}x_1\\x_2\\x_3\end{pmatrix}=\begin{pmatrix}1&1&-2\\0&1&-1\\0&0&1\end{pmatrix}\begin{pmatrix}y_1\\y_2\\y_3\end{pmatrix}$，原二次型化为$y_1^2-2y_2^2+y_3^2$；

(2) $\begin{pmatrix}x_1\\x_2\\x_3\end{pmatrix}=\begin{pmatrix}1&1&0\\1&-1&-2\\0&0&1\end{pmatrix}\begin{pmatrix}y_1\\y_2\\y_3\end{pmatrix}$，原二次型化为$2z_1^2-2z_2^2$.

5. (1) $t=3, \lambda=0,4,9$；　　(2) 椭圆柱面.

6. $t=-2$.

习　题　6.2

1. (1) 正定；　(2) 正定；　(3) 正定；　(4) 负定.

2. (1) 正定；　(2) 负定.

3. $-2<t<1$.

复 习 题 6

1. (1) B；(2) C；(3) A；(4) D；(5) A；(6) C；(7) B；(8) C；(9) C；(10) A.

2. (1) $f(x_1,x_2,x_3)=(x_1,x_2,x_3)\begin{pmatrix}3&0&1\\0&4&5\\1&5&7\end{pmatrix}\begin{pmatrix}x_1\\x_2\\x_3\end{pmatrix}$；(2) $f(x_1,x_2,x_3)=(x_1,x_2,x_3)\begin{pmatrix}1&1&2\\1&1&1\\2&1&3\end{pmatrix}\begin{pmatrix}x_1\\x_2\\x_3\end{pmatrix}$；

(3) 3；　(4) 1；　(5) 2；　(6) $-2\leqslant a\leqslant 2$；　(7) $\begin{pmatrix}0&0&1\\1&0&0\\0&1&0\end{pmatrix}$；

(8) $a\neq 0,-2$；　(9) $y_1^2+y_2^2+y_3^2-y_4^2$；　(10) $1,2,y_1^2+y_2^2-y_3^2$.

3. (1) 经正交变换 $\begin{pmatrix}x_1\\x_2\\x_3\end{pmatrix}=\begin{pmatrix}\frac{2}{3}&-\frac{2}{3}&\frac{1}{3}\\\frac{2}{3}&\frac{1}{3}&-\frac{2}{3}\\\frac{1}{3}&\frac{2}{3}&\frac{2}{3}\end{pmatrix}\begin{pmatrix}y_1\\y_2\\y_3\end{pmatrix}$，原二次型化为 $-y_1^2+2y_2^2+5y_3^2$；

(2) 经正交变换 $\begin{pmatrix}x_1\\x_2\\x_3\end{pmatrix}=\begin{pmatrix}1&0&0\\0&\frac{\sqrt{2}}{2}&\frac{\sqrt{2}}{2}\\0&\frac{\sqrt{2}}{2}&-\frac{\sqrt{2}}{2}\end{pmatrix}\begin{pmatrix}y_1\\y_2\\y_3\end{pmatrix}$，原二次型化为 $4y_1^2+4y_2^2+2y_3^2$；

(3) 经正交变换 $\begin{pmatrix}x_1\\x_2\\x_3\end{pmatrix}=\begin{pmatrix}\frac{\sqrt{3}}{3}&-\frac{\sqrt{2}}{2}&-\frac{\sqrt{6}}{6}\\\frac{\sqrt{3}}{3}&\frac{\sqrt{2}}{2}&-\frac{\sqrt{6}}{6}\\\frac{\sqrt{3}}{3}&0&\frac{\sqrt{6}}{3}\end{pmatrix}\begin{pmatrix}y_1\\y_2\\y_3\end{pmatrix}$，原二次型化为 $2y_1^2-y_2^2-y_3^2$.

4. (1) $\begin{pmatrix}x_1\\x_2\\x_3\end{pmatrix}=\begin{pmatrix}1&0&0\\0&1&1\\0&1&-1\end{pmatrix}\begin{pmatrix}y_1\\y_2\\y_3\end{pmatrix}$，原二次型化为 $y_1^2+y_2^2-y_3^2$；

(2) $\begin{pmatrix}x_1\\x_2\\x_3\\x_4\end{pmatrix}=\begin{pmatrix}1&-2&2&-1\\0&1&-1&1\\0&0&1&-2\\0&0&0&1\end{pmatrix}\begin{pmatrix}y_1\\y_2\\y_3\\y_4\end{pmatrix}$，原二次型化为 $y_1^2-y_2^2+y_3^2$.

5. (1) $-1<t<1$；　(2) $t>1$.

6. (1) $\boldsymbol{A}=\begin{pmatrix}\frac{1}{2}&0&-\frac{1}{2}\\0&1&0\\-\frac{1}{2}&0&\frac{1}{2}\end{pmatrix}$；　(2) 略.

7. 略.

8. 略.

9. 略.

10. (1) $a=-1$；

(2) $\boldsymbol{A}^{\mathrm{T}}\boldsymbol{A}=\begin{pmatrix}2&0&2\\0&2&2\\2&2&4\end{pmatrix}$，经正交变换$\begin{pmatrix}x_1\\x_2\\x_3\end{pmatrix}=\begin{pmatrix}\frac{1}{\sqrt{2}}&\frac{1}{\sqrt{6}}&\frac{1}{\sqrt{3}}\\-\frac{1}{\sqrt{2}}&\frac{1}{\sqrt{6}}&\frac{1}{\sqrt{3}}\\0&\frac{2}{\sqrt{6}}&-\frac{1}{\sqrt{3}}\end{pmatrix}\begin{pmatrix}y_1\\y_2\\y_3\end{pmatrix}$，原二次型化为 $2y_1^2+6y_2^2$.

11. $a=2$，$\boldsymbol{P}=\begin{pmatrix}\frac{1}{\sqrt{3}}&\frac{1}{\sqrt{2}}&\frac{1}{\sqrt{6}}\\-\frac{1}{\sqrt{3}}&0&\frac{2}{\sqrt{6}}\\\frac{1}{\sqrt{3}}&-\frac{1}{\sqrt{2}}&\frac{1}{\sqrt{6}}\end{pmatrix}$.

参 考 文 献

陈东升. 2008. 线性代数与空间解析几何. 北京：机械工业出版社.

陈东升. 2010. 线性代数与空间解析几何及其应用. 北京：高等教育出版社.

陈建龙，周建华，韩瑞珠，等. 2007. 线性代数. 北京：科学出版社.

黄廷祝，成孝予. 2008. 线性代数与空间解析几何. 3 版. 北京：高等教育出版社.

同济大学数学系. 2014. 线性代数. 6 版. 北京：高等教育出版社.

同济大学应用数学系. 2004. 线性代数及其应用. 北京：高等教育出版社.

吴赣昌. 2009. 线性代数(经管类). 3 版. 北京：中国人民大学出版社.

杨爱民，崔玉环，屈静国. 2014. 线性代数——实训教程. 北京：清华大学出版社.

俞正光，李永乐，詹汉. 1998. 线性代数与解析几何. 北京：清华大学出版社.

张志让，刘启宽. 2009. 线性代数与空间解析几何. 2 版. 北京：高等教育出版社.

郑宝东. 2013. 线性代数与空间解析几何. 北京：高等教育出版社.

Lay D C. 2005. 线性代数及其应用. 刘深泉等译. 北京：机械工业出版社.